KB154591

퀀텀 라이프

퀀텀 라이프

빈민가의 갱스터에서 천체물리학자가 되기까지

하킴 올루세이, 조슈아 호위츠

지웅배 옮김

까치

A QUANTUM LIFE : My Unlikely Journey from the Street to the Stars

by Hakeem Oluseyi, Joshua Horwitz

역자 지웅배

연세대학교 은하진화연구센터에서 은하천문학을 연구하며, 같은 대학교와 가톨릭대학교, 한양대학교 등에서 천문학 강의를 맡고 있다. 구독자 5만 명의 유투브 채널 "우주먼지의 현자타임즈"를 운영하면서 최신 천문학계 논문을 소개하고 있다. 텔레비전 프로그램 「능력자들」에 출연했고 한국과학창의재단, 서대문자연사박물관, 국립과천과학관, TEDx, 빨간책방 등 흥미로운 우주 이야기를 다루는 곳이라면 어디든지 찾아간다. 『썸 타는 천문대』, 『하루 종일 우주생각』, 『별, 빛의 과학』, 『우리 집에 인공위성이 떨어진다면?』 등을 썼고 『진짜 우주를 여행하는 히치하이커를 위한 안내서』, 『나는 어쩌다 명왕성을 죽였나』 등을 번역했다.

편집, 교정_옥신애(玉信愛)

퀀텀 라이프

빈민가의 갱스터에서 천체물리학자가 되기까지

저자/하킴 올루세이, 조슈아 호위츠
역자/지웅배
발행처/까치글방
발행인/박후영
주소/서울시 용산구 서빙고로 67, 파크타워 103동 1003호
전화/02 · 735 · 8998, 736 · 7768
팩시밀리/02 · 723 · 4591
홈페이지/www.kachibooks.co.kr
전자우편/kachibooks@gmail.com
등록번호/1-528
등록일/1977. 8. 5
초판 1쇄 발행일/2022. 6. 15
　　2쇄 발행일/2022. 7. 25

값/뒤표지에 쓰여 있음

ISBN 978-89-7291-773-1 03400

별을 향해서 나아가는 모든 이들에게,

그리고 그들을 가르치는 모든 이들에게 이 책을 바칩니다.

차례

지구에서 허락되지 않은 것을

나는 별에서 찾아야만 합니다.

—알베르트 아인슈타인,

그의 비서이자 연인이었던 베티 노이만에게 쓴 1924년의 편지에서

독자들에게

어린 시절을 돌아보면서, 개인적인 추억을 회상할 때에 개인의 감정과 양심에 따라서 과거의 시간과 공간이 왜곡될 수 있다는 것을 깨달았다. 그럼에도 불구하고 나는 이 이야기에 등장하는 사람들을 다시 만나서 그들의 조언을 들으며 최선을 다해 과거의 장면과 대화들을 재구성했다. 일부 등장인물들에는 신상 보호를 위해서 가명을 사용했다. 과거의 대화를 재구성하면서는 친구들을 "깜둥이"라고 부르고 여자들을 "개년" 또는 "미친년"이라고 부르던 어린 시절 나와 친구들의 언어를 그대로 쓰지 않으려고 했다. 나는 젊은 흑인 남녀들이 자기 혐오적인 발언을 일삼는다고 일반화하고 싶지 않다. 이러한 수정을 제외하고는, 젊은 과학자로 성장하기까지 내가 보냈던 어린 시절을 최대한 진실하게 담기 위해서 노력했다.

프롤로그

몇 년 전 한 잡지에 나의 일대기가 소개되었다. 그 기사는 미국에서 가장 슬픈 역사가 서린 빈민가에서 제임스 플러머 주니어라는 이름으로 태어난 한 너드nerd(지능은 뛰어나지만 사회성이 부족한 사람/옮긴이) 소년이 어떻게 미국 항공 우주국NASA의 과학 임무국에서 근무하는 유일한 흑인 물리학자 하킴 올루세이로 성장할 수 있었는지의 이야기를 다루었다. 그 기사는 나를 "갱스터 물리학자"라고 소개했다. 이 표현은 내가 어디를 가든지 항상 나를 따라다녔다. 나는 이 표현이 나의 과학 박사학위만으로는 열 수 없었던, 빈민가 아이들의 마음의 문을 열어주는 매력적인 별명이라고 생각했다. 그러나 시간이 지나자 그 별명이 원망스럽게 느껴졌다. "갱스터 물리학자"라는 표현만으로는 내가 어떤 사람인지, 얼마나 멀리까지 방황을 했고 또 얼마나 힘든 삶을 살아왔는지를 전혀 설명하지 못하기 때문이다.

나는 책벌레였다. 어렸을 때 살았던 휴스턴의 제3지구와 뉴올리언스 동부의 제9지구와 같은 험악한 동네에서 나 같은 아이는 또래 아이들의 만만한 상대였다. 내가 여섯 살이 되자, 갱스터였던 사촌 형이 길거리에서 살아남기 위한 규칙을 알려준 적이 있다. 그는 길에서 눈을 마주쳐도 되는 사람과 눈을 절대로 마주치면 안 되는 사람을 어떻게 구분하는지 알려주었다. 길에서 마주친 사람이 크립스나 블러드와 같은 갱단 소속인지, 친구인지 적인지를 구별하는 방법도 알려주었다. 나는 거리에서 살아남기 위해서 스스로 "어둠의 눈"이라고 불렀던 여섯 번째 감각도 길렀다. 나는 이 감각으로 어두운 골목 어디에서 마약 밀거래가 벌어지는지, 또 어디 구석에서 경찰이 잠복하는지 등 동네의 모든 더러움을 알아챌 수 있었다. 해가 저물고 거리의 포식자들이 깨어나기 시작하는 순간이 가장 두려웠다.

나는 더욱 넓은 세계, 밤하늘과 우주에 끌렸다. 그러나 내가 살았던 동네에서는 밝은 도시 불빛과 매연들로 별을 많이 볼 수가 없었다. 그리고 길거리에서 살아남으려면 멍하니 밤하늘을 쳐다보는 여유를 부릴 수가 없었다. 하늘의 별을 보고 방향을 찾는 일은 얻어터지지 않고 무사히 집에 돌아가는 데에 아무런 도움이 되지 않았다. 10대 초반이 될 때까지 나는 일부러 더 거칠게 행동했다. 총까지 가지고 다니면서 센 척을 했다. 그러나 실제로 갱단에 합류한 적은 없었다. 내가 아무리 갱스터와 너드의 경계에서 양쪽 모두에 두 발을 걸친 삶을 살려고 노력해도, 나는 그저 센 척하는 과학 너드였다.

1970년대 당시 나의 어린 시절을 돌이켜보면, 나는 마치 하루하루를 겨우 연명하는 짐승과 같았다. 그 시절 나에게는 여러 가지 별명들이 있었다. 나는 "교수님"이라고 불렸다. 내가 열 살 때 손에 닿는 책을 모조리 읽고 다녔기 때문이다. 그 당시에 누군가가 나에게 나중에 어른이 되면 내가 정말로 캘리포니아 대학교 버클리, 매사추세츠 공과대학교, 그리고 케이프타운 대학교의 진짜 교수가 될 것이라고 이야기했다면 그 이야기를 전혀 믿지 않았을 것이다. 나의 동네에서는 그런 공상이 당장 끼니를 해결하거나 그날 밤 무사히 잠을 청할 곳을 찾는 데에 도움이 되기는커녕 짜증만 나게 만드는 헛소리에 불과했다.

그 어떤 가능성을 계산하고 따져보아도, 지금 이렇게 이 자리에서 책을 쓰는 나의 모습은 상상할 수 없었다. 그러나 나는 지금 이 자리에 앉아 있다. 나는 아무리 가능성이 희박한 일이더라도 상상할 수는 있는 일이라면, 그것은 분명 일어날 수 있는 범주 안에 있다는 사실을 깨달았다. 이는 물리학적으로도 증명된 사실이다. 양자역학에는 양자 터널링quantum tunneling이라고 부르는 현상이 있다. 벽을 뚫고 통과하려고 해도 매번 벽으로 가로막힌다. 벽을 통과할 수 있는 확률은 거의 불가능에 가까울 정도로 아주 낮다. 그러나 분명 아주 희박하게나마 벽을 통과할 확률이 아주 조금은 있다. 이 희박한 확률로 벽을 뚫고 통과하는 현상을 양자 터널링이라고 한다. 나의 삶은 마치 새로운 벽을 마주해서 반대 방향으로 강하게 튕겨나가면서도, 결국은 벽을 통과하는 데에 성공하는 진동 패턴과도 같았다. 나 자신이 바로, 우리의 운명이 결정되어 있지 않으며 삶은 이 양자역학의 원리에 따른다는 것을 보여주는 산 증거이다.

나는 운명이 이미 결정된 채로 별에 새겨져 있다는 식의 이야기를 전혀 믿지 않는다. 나는 미국에서 가장 가난한 동네에서 자라서 엘리트 천체물리학자가 될 운명으로 태어나지 않았다. 나의 인생은 어느 방향으로도 펼쳐질 수 있었다. 인생의 중요한 순간마다 나의 운명은 오른쪽 또는 왼쪽 어디로든 흘러갈 수 있었다. 총성은 나의 손에서든 또는 다른 이의 손에서든 울릴 수 있었다.

나의 청춘은 다양한 가능성으로 넘실대는 여러 다중 우주를 넘나들었다. 그 수많은 우주들 중에 한 우주에는 미시시피 주의 잭슨 거리에서 마약 거래를 하다가 문제가 생겨서 총에 맞은 제임스 플러머 주니어가 살 것이다. 또다른 이 평행 우주에는 물리학 박사학위를 따기 위해서 공부를 하는 길을 걸었고, 지금은 태양 주변의 보이지 않는 빛의 스펙트럼을 관측하기 위해서 우주 망원경을 설계하는 물리학자 하킴 올루세이 교수가 산다.

제임스, 하킴, 교수님, 갱스터 물리학자—이 다양한 이름들 중에 그 무엇도 수많은 다중 우주를 넘나든 나의 여정을 예언하지 않았다. 그러나 밤하늘을 가로지르는 수많은 별들처럼, 이 이름들은 나의 양자역학적인 삶에 무수한 가능성이 함께 존재한다는 사실을 일깨운다.

2021년 워싱턴 D.C.에서

제1부

빈민가의 소년

깜깜한 방에서 꽃이 피었다면,
그 말을 믿겠어?

—켄드릭 라마, "시적 정의"

1

1971년, 뉴올리언스 동부

내가 네 살이 되던 해에 우리 가족은 모두 뿔뿔이 흩어졌다. 그날 밤에 내가 기억하는 것은 부모님이 소란스럽게 싸웠던 일뿐이다. 시끄러운 소리 때문에 나와 누나 브리짓은 잠에서 깼고 나는 침대에 누워서 귀를 기울였다. 당시 열 살이던 브리짓은 나의 손을 꼭 잡고서 나를 다시 재우기 위해서 다독이려고 애썼다. 그러나 고함은 더욱 시끄러워질 뿐이었다.

누가 먼저 소란을 피우기 시작했는지는 잘 모르겠다. 엄마와 아빠는 항상 이런저런 일로 말다툼을 했다. 그러나 그날은 말다툼이 유난히 더 사납고 심각했다. 아빠는 엄마가 바람을 피웠다고 소리를 치는 듯했고, 엄마는 추잡한 거짓말 하지 말라고 소리를 지르는 것 같았다. 브리짓과 나는 상황을 살피려고 침실 바깥으로 고개를 내밀었다. 부모님은 30분째 씩씩거리고 울부짖고 있었다.

바로 그때, 엄마가 담배꽁초가 가득 들어 있던 무거운 유리 재떨이를 집어들고 아빠의 머리를 향해서 내던졌다. 아빠는 재빨리 몸을 피했고 유리 재떨이가 벽에 쾅 부딪혔다. 그러자 이번에는 아빠가 엄마를 향해서 주먹을 날렸다. 미디 큰엄마는 아빠가 한때 꽤 괜찮은 아마추어 권투선수였다고 이야기했다. 그러나 나는 아빠가 엄마에게 정말로 주먹을 날리는 모습을 본 적은 없었다. 그날 밤 아빠는 엄마의 얼굴을 정통으로 가격했다. 엄마는 꼭두각시 인형처럼 풀썩 주저앉았다. 엄마가 쓰러지자마자 아빠는 엄마 옆에 무릎을 꿇었다. 그리고 엄마를 쓰다듬고 사과를 하며 흐느끼기 시작했다.

엄마는 지고는 못 사는 성격이었다. 화해를 하기보다는 되갚아주거나 이겨야 직성이 풀렸다. 아빠는 엄마에게 침대로 가자고 애원했지만 엄마는 등을 돌린 채 싫다며 고개를 저었다. 브리짓은 나를 끌고 침대로 돌아와서 차분한 목소리로 자장가를 불러주었다. 엄마에게는 다른 꿍꿍이가 있었다. 그날 밤 아빠가 잠들었을 때, 엄마는 바비큐 그릴에서 기름을 가지고 와서, 침대에서 엄마가 눕는 쪽에 기름을 부었다. 그리고 엄마의 지포 라이터로 불을 붙였다. 그 순간 아빠는 자신이 지옥에서 깨어났다고 생각했을 것이다.

아빠의 비명 소리가 들렸고 브리짓과 나는 서둘러 방 바깥으로 다시 뛰쳐나갔다. 우리는 아빠가 불이 붙은 매트리스를 뒷마당으로 끌고 가는 모습을 지켜보았다. 우리는 아빠의 뒤를 좇아서 집을 가득 채운 짙고 검은 연기를 뚫고 집 바깥으로 달려나갔다.

그날 밤 날씨는 분명 따뜻했다. 이웃들 모두가 잠옷 바람으로 나와서 각자의 현관에서 우리를 구경했다. 아빠는 양동이에 물을 한가득 담아 불이 붙은 매트리스에 퍼부으면서 이웃들에게 소리쳤다. “뭘 쳐다봐? 침대에서 벌레 잡는 거 처음 봐?”

브리짓은 다시 나를 데리고 연기가 가득한 복도를 지나 침실로 돌아갔다. 브리짓은 이런 정신 나간 가족들과 콩가루 집구석에서 살고 있다는 것이 믿기지 않는다는 듯이 고개를 저었다. 엄마는 집 뒤쪽의 현관에 팔짱을 끼고 서서 연기가 나는 매트리스를 바라보며 담배를 피울 뿐이었다.

다음 날 아침이 되자 엄마는 나와 브리짓에게 당장 짐을 싸라고 다그쳤다. "너희 애비가 다시 집구석에 들어오기 전에 어서 서둘러!"

우리에게는 여행 가방조차 없었다. 그래서 우리는 옷가지와 집 바깥으로 챙겨갈 수 있는 모든 것들을 비닐봉지 안에 우겨넣었다. 우리가 짐들을 빨간색 포드 매버릭 트렁크에 모두 넣자 엄마가 말했다. "이만하면 됐다." 나는 운전석 뒤에 올라탔다. 브리짓은 신발 여러 켤레와 볼링 트로피, 오래된 담요, 그리고 옷걸이에 아직 그대로 걸려 있는 엄마의 드레스까지 트렁크에 미처 싣지 못한 모든 것들을 나의 옆자리에 실었다.

그렇게 우리는 뉴올리언스 동부와 당시에 내가 유일하게 알았던 이웃 동네인 구스를 벗어났다. 나는 엄마에게 어디로 가는 건지 물었다. 엄마는 "캘리포니아"라고 대답했다. 나는 "캘리포니아"가 무엇인지도 몰랐다. 나는 엄마에게 아빠도 캘리포니아로 가냐고 물었지만 엄마는 "닥치고 있어"라고 말하며 담배에 불을 붙일 뿐이었다. 나는 울보가 되고 싶지 않았지만, 입술이 파르르 떨리면서 머리 전체가 띵하고 콧물이 흘러나오기 시작했다. 나는 차창 뒤쪽으로 서서히 멀어지는 구스를 보면서 눈으로 작별 인사를 건넸다.

브리짓은 산탄총을 들고 앞좌석에 앉아서 모타운 음악(1960년대에 모타운 레코드 회사에서 발표한 흑인 음악으로, 미국에서 폭발적인 인기를 끌었다/옮긴이)이 나오는 라디오 채널을 이리저리 찾았다. 차에서 슬라이 앤드 더 패밀리 스톤의 음악 "집안 문제"가 흘러나오는 동안 나는 그 음악이 재생되는 185초를 하나하나 세었다. 그러고 나서 차가 마을을 통과하는 동안에는 창문 바깥으로 지나가는 가로등 조명의 개수를 세었다. 나는 상황이 너무 긴박하게 흘러간다고 느낄 때마다 마음을 추스르기 위해서 주변에 있는 것들의 개수를 세는 버릇이 있었다. 나는 심장박동 수를 세기도 했고, 계단의 개수나 선풍기 날개가 돌아가는 횟수를 세기도 했다. 차가 고속도로에 진입하자 나는 우리 차를 지나치는 반대쪽 차선의 자동차 개수를 세었다. 해가 진 후에도 잠이 들 때까지 나의 자동차 개수 세기는 계속되었다.

바깥이 깜깜해진 후에 나는 오줌이 마려워서 잠에서 깼다. 엄마가 차를 세웠고 나는 혼자 찬 밤공기 속으로 나갔다. 차 바깥에는 다른 차도, 달빛도 없이 깜깜했다. 오직 우리 자동차 전조등의 두 줄기 불빛만이 어둠을 비출 뿐이었다. 나는 태어나서 본 가장 크고 가장 깜깜한 하늘 아래에서 오줌을 누었다. 엄마는 차에 기대서 담배를 피우고 있었다. 나는 엄마에게 하늘이 왜 저렇게 커다랗게 보이는지 물었다. "저건 텍사스 주의 하늘이니까. 텍사스 주에서는 모든 게 커다랗거든." 눈이 어둠에 차차 적응할수록 머리 위의 별들이 점점 더 밝아졌고, 나는 점점 더 작은 존재가 되는 것 같았다.

우리는 다시 차를 타고 서쪽으로 이동했다. 깜깜한 고속도로 위에는 개수를 셀 만한 것이 아무것도 없었다. 그래서 나는 엄마의 드레스 더미 위에 누워서 차창 너머로 겨우 보이는 밤하늘을 바라보면서 별들을 세기 시작했다.

2

나의 엄마 일레인은 다른 엄마들과는 전혀 달랐다. 엄마는 자기 말마따나 “떠돌이”의 삶을 살았다. 우리는 뉴올리언스를 떠난 후로 10년간 떠돌면서 살았다. 우리는 로스앤젤레스로, 휴스턴으로, 또다시 뉴올리언스로 옮겨다니며 수십 명에 달하는 친척들의 집에서 얼마간씩 생활했다. 엄마는 항상 싸움을 벌이고 소란을 피우는 것 같았다. 엄마는 애인이나 직장 상사 또는 우리와 사이가 좋지 않았던 친척들과 부딪치고는 했다. 그러면 다시 빨간색 매버릭을 타고 이사를 가야 했다.

과장을 조금 보태자면 나는 거의 엄마의 매버릭 안에서 자랐다고 할 수 있다. 서쪽으로 떠난 후부터, 나는 한 치 앞도 예측할 수 없는 삶을 살았다. 유일하게 예측할 수 있는 일은, 얼마나 오래 머물렀는지와는 상관없이 차 안에 온갖 물건을 싣고 다음 아파트로 이동한다는 사실뿐이었다. 나는 매년 새 학교를 다녔다. 한 해에 두 곳의 학교를 다닌 적도 있었다. 나는 언제나 새로운 친구를 사귀기 위해서 노력하는, 그 동네에 새로 온 아이였다. 나처럼 생각이 너무 많은 별난 아이들과 겨우 친구가 되어도 또다시 이사를 가야 했다. 나는 친구들과 작별 인사도 못 하고 헤어지는 일에 점차 익숙해졌다.

나는 라디오에서 흘러나오던 노래만 들어도 당시에 내가 어디에서 살았는지, 또 내가 몇 학년이었는지를 떠올릴 수 있다.

내가 유치원을 다니던 와츠에서는 스티비 원더의 “미신”이 밤낮없이 흘렀다.

1학년이 되었을 때에 우리는 휴스턴에서 살았는데, 패티 러벨이 “레이디 마멀레이드”를 부르던 시절이었다.

2학년이 되었을 때에는 내털리 콜의 노래 “그럴 거야”를 들으며 캘리포니아 주 퍼모나에서 살았다.

3학년이 되자 다시 뉴올리언스로 돌아갔는데, 그때는 맨해튼스의 “키스와 작별인사”라는 노래가 나와 함께했다.

4학년에 올라갔을 때에는 미시시피 주 파이니 우즈에서 살았고, 나는 화장실 거울 앞에 서서 브라더스 존슨의 “딸기 편지 23호”를 따라 부르고는 했다.

그 시절 나는 엄마와 함께 정말 수많은 곳들을 떠돌아다녔다. 내가 집이라고 부르던 수많은 장소들에서 들었던 노래들을 떠올리는 것만으로도 어질어질하다.

엄마는 떠돌이였을 뿐만 아니라 일개미이기도 했다. 엄마는 항상 직업이 있었다. 엄마는 우체국에서도 일했고 공장에서도 일했다. 또 조립공장이나 술집에서도 일했다. 엄마는 병원의 제빵사였고 트럭 주유소의 편의점 계산원이었고 경비원이었다. 엄마는 아침에 일어나는 것을 죽도록 싫어했기 때문에 보통 야간 근무를 선호했다. 게다가 모든 곳에서 언제나 야간 교대 근무자를 구했다. 아무튼, 내가 엄마에게 왜 항상 밤에만 일하냐고 물었을 때, 엄마가 그렇게 말했다.

계절마다 엄마의 직업은 바뀌었다. 어느 직장이든 직장 상사나 동료가 앙심을 품고는 심한 말이나 행동으로 엄마를 자극했고, 엄마도 그에 맞서서 심한 말이나 행동을 해버렸기 때문이다. 더는 일을 나갈 수 없을 정도였다. “이번이 마지막 월급이라더라.” 엄마가 그렇게 말하면 우리는 매버릭에 짐을 싸고 다시 거리로 나섰다.

추측하건대 엄마는 자존심이 셌고 자존심 상하는 일을 견디지 못했기 때문에 다른 사람들과 항상 다투었던 것 같다. 엄마는 자신이 미국이나 그 어느 나라에서도 노예의 삶을 살지 않았던 크리올 출신의 일레인 조지핀 알렉산더라는 사실을 너무나 자랑스럽게 생각했다. 엄마의 고조할아버지인 새뮤얼 제임스 알렉산더 주니어는 1848년에 프랑스 로렌에서 태어나 도미니카 공화국의 산토 도밍고로 이주했고, 결국 미국 루이지애나 주 뉴올리언스의 제7지구에 정착했다.

엄마의 가족들은 정식 고등교육을 받은 적은 없었지만, 모두 당당하고 성실하게 근무하는 숙련된 노동자들이었다. 엄마의 아버지는 다른 남자 친척들과 마찬가지로 미장공으로 일했다. 나의 외할머니 로즈메리는 집에서 흰색 유니폼을 입고 미용실을 운영했다.

엄마는 흑인 노동자들이 주로 사는 뉴올리언스 동부의 구스라는 동네에서 자랐다. 엄마는 책 읽는 것을 좋아하는 모범생이었다. 그런데 엄마는 경마도 좋아했다. 엄마는 돈을 걸기 전에 언제나 말에게 다가가서 말의 귀에 대고 그날 경기에서 이길 것 같은지 질 것 같은지를 속삭이듯이 물었다. 이렇게 경마장을 드나들던 엄마는 페어그라운드 경마장에서 말을 돌보는 일을 하던 루이스 비주라는 남자를 만났다. 어느 날 루이스는 엄마가 평소에 눈여겨보던 암말의 털을 빗어주고 있었고 엄마와 루이스 그리고 말은 함께 키득거리며 즐거운 시간을 보냈다. 루이스는 엄마에게 계속 달콤한 말을 속삭였지만 엄마가 그에게 임신 사실을 고백할 때까지 무려 석 달 동안이나 자기가 유부남이라는 사실을 밝히지 않았다. 바로 그날 엄마는 그와 헤어졌다. 엄마에게 거짓말을 하고도 무사한 사람은 아무도 없었다. 그리고 바로 그해 봄, 열여섯 살이던 엄마는 아이를 낳기 위해서 학교를 자퇴했다.

첫째인 브리짓을 낳고 1년이 지난 후, 엄마는 로키라는 별명으로 유명했던 월버 존스와 결혼했다. 엄마는 요리를 싫어했지만 로키는 최고의 검보gumbo(닭고기나 해산물에 오크라를 넣고 끓이는 스튜/옮긴이) 요리사였다. 둘의 결혼 생활은 고작 3개월간 지속되었다. 로키가 게으름뱅이에다가 아무 직업도 가지려고 하지 않았기 때문이다. 엄마가 돈을 벌어오지 않는 남자와 결혼 생활을 계속할 리가 없었다.

이후 엄마는 나의 아빠, 제임스 에드워드 플러머를 만났다. 어느 날 엄마는 가장 친한 친구 지니와 함께 집으로 걸어가고 있었는데, 제임스가 그 둘 옆에 차를 세우고는 태워주겠다며 작업을 걸었다. 제임스는 엄마와 지니 모두에게 다정한 말투로 말을 걸었지만, 지니가 먼저 차에서 내린 덕분에 엄마와 더 오래 대화를 나눌 수 있었다. 둘의 연애는 5개월 넘게 이어졌고 제임스는 일레인에게 함께 살 새집을 마련했다고 이야기했다. 같이 산 지 몇 주일도 지나지 않았을 때, 제임스는 묻지도 않고 일레인을 차에 태우고서는 혼인 신고를 하러 법원으로 향했다. 엄마의 이야기에 따르면, 아빠는 먼저 솔직하게 프러포즈를 하면 엄마가 거절할까봐 두려웠단다. 그로부터 3년 후인 1967년에 내가 태어났고, 엄마와 아빠는 아빠의 이름을 그대로 따서 나에게 제임스 에드워드 플러머 주니어라는 이름을 지었다.

엄마와 아빠의 만남이 별에 새겨진 운명은 아니었을 것이다. 아빠는 시골 출신이었고, 엄마는 도시 출신이었다. 엄마는 자유롭게 살았던 자랑스러운 크리올 출신이었지만, 아빠는 짐 크로Jim Crow(시골의 초라한 흑인을 희화화한 캐릭터의 이름이자, 흑인에 대한 혐오표현이었으며 인종 간 분리를 합법화했던 법의 이름이기도 했다/옮긴이)의 미시시피에서 힘든 노동을 하며 노예로 살았던 가문 출신이었다. 아빠는 항상 부드럽고 달콤하게 말하는 기름 같은 사람이었고, 엄마는 식초 같은 사람이었다. 둘이 부딪히면 항상 결국에는 불꽃이 일었다.

우리가 서쪽으로 떠났던 당시에 엄마는 이제 갓 20대 중반이 된 아름다운 여성이었다. 엄마는 갈색 피부에 허리는 모래시계같이 잘록했다. 엄마는 이른바 "LL"이었는데, 밝은 피부색light-skinned에 긴 머리long-haired였다는 뜻이다. 피부색에 민감하게 굴던 뉴올리언스의 흑인 사회에서 이런 외모는 여자에게 이득이었다. 캘리포니아 주에서 몇 개월을 보낸 엄마는 다시키dashiki(서아프리카 양식의 화려한 옷/옮긴이) 상의에 나팔바지를 입고, 여성 정치가 앤절라 데이비스Angela Davis처럼 커다랗고 새까만 아프로 머리를 했다. 이것이 바로 내가 기억하는 그 시절 엄마의 모습이다. 엄마는 동네 사람들을 모두 초대해서 하루 종일 카드놀이를 벌였다. 브리짓은 자정이 되면 나를 재우려고 했지만, 엄마의 파티는 밤새도록 계속되었다. 브리짓이 우리 머리 주변에 베개로 담을 쌓아서 빛을 가려야만 우리는 잠을 잘 수 있었다.

브리짓은 어린 시절 나의 보호자였다. 브리짓은 아침에는 나에게 옷을 입혀주었고 밤에는 나를 재웠다. 아침과 저녁 식사를 챙겨주고 학교와 상점에 같이 가준 것도 브리짓이었다. 나는 집안에서 가장 작고 가장 어린 존재였기 때문에, 한창 쿵후 실력을 뽐내고 싶어했던 로스앤젤레스의 10대 사촌들에게는 너무나 만만한 상대였다. 또 나는 유별난 아이였다. 항상 이상한 말을 중얼거렸고 주변에 있는 것들의 개수를 세고 다녔다. "얘 좀 내버려둬." 누군가가 나를 괴롭힐 때면 브리짓은 나와 그 녀석 사이를 가로막으며 이렇게 말하고는 했다. "얘는 그냥 상상력이 풍부할 뿐이야."

나는 발을 위로 향한 채 의자나 소파에 거꾸로 누운 자세를 좋아했다. 내가 가장 좋아했던 일, 즉 허공을 보면서 혼자만의 상상에 푹 빠지기에 가장 좋은 자세였다. 그리고 어디를 가든 나의 발만 내려다보면서 발걸음을 세고는 했다. 그래서 거의 항상 고개를 푹 숙이고 걸어 다녔는데,

그런데도 사람들은 내가 "악마의 눈"을 가졌다고 수군거렸다. 나의 눈동자가 밝은 녹갈색이기 때문이었다. 나는 또래 남자아이들보다 눈물을 더 자주 흘렸고, 이불에 오줌도 더 늦은 나이까지 쌌다.

그러나 무엇보다도 최악이었던 것은 내가 다른 남자아이들과 복도에서 권투를 하면서 놀지 않고 브리짓이나 다른 여자아이들과 실내에서 어울린다는 이유로 괴롭힘을 당했다는 점이다. 여자아이들은 공기놀이를 하거나 줄넘기를 하거나 "닥터, 닥터"나 "멋진 울새"와 같은 노래에 맞추어 손뼉치기를 했다. 나의 손이 공기놀이를 하기에는 작았지만 나는 손뼉치기와 줄넘기는 잘했다.

캘리포니아 주로 처음 이사갔을 때 우리는 와츠에 살던 먼 친척 존 아저씨의 집에서 지냈는데, 존 아저씨는 내가 여자아이들과 더 자주 어울려서 계집애 같아졌다며 불평했다. 나는 대체 계집애 같아졌다는 것이 무슨 말인지 이해할 수 없었지만 존 아저씨는 계집애같이 굴면 따끔하게 혼을 내겠다고 윽박질렀다. 존 아저씨는 위스키에 취한 늦은 밤이면 나를 무릎 위에 앉히고는 떨어뜨리려는 듯이 나의 가슴에 주먹을 날렸다. 브리짓은 위스키 병을 몰래 숨겼지만 존 아저씨는 항상 새로운 위스키를 찾아냈다.

한번은 내가 펑펑 울면서 엄마에게 존 아저씨가 나를 괴롭힌다고 말했다. 그러나 엄마는 존 아저씨가 단지 나를 더 남자답게 만들어주고 싶어서 그러는 것이라고 말할 뿐이었다. 나는 정말로 궁금했다. 어떻게 다섯 살짜리 소년을 남자답게 만든다는 거야? 남자답다는 게 대체 뭐지? 존 아저씨처럼 입에서 크라운 로열 위스키 냄새가 진동하는 것이 남자다운 걸까? 아니면 우리 아빠처럼 달콤한 목소리로 노래를 부르고 두꺼운 팔뚝이 있는 것이 남자다운 걸까?

여섯 살 때까지 아빠에 대해서는 목소리만 기억날 뿐이었다. 휴일이나 나의 생일날 전화가 울리면, 나는 수화기 너머에서 아빠의 목소리가 들리기를 기도하면서 서둘러 전화를 받았다. 그러나 아빠는 단 한 번도 전화를 걸지 않았다. 결국 나는 전화가 울릴 때마다 뛰어가던 일을 그만두었다.

3

엄마는 로스앤젤레스에서 간호조무사로 일하면서 로버트 블랙을 만났다. 그는 사시로 태어났는데, 엄마는 병원에서 그의 눈동자 교정을 도와주었다. 엄마는 그에게 잡지도 읽어주고 이야기도 나누고 농담도 던졌다. 엄마는 그의 다정함을 좋아했다. 또 그가 요리하는 것을 좋아하고 꾸준히 일도 한다는 것을 마음에 들어했다. 다시 말해서 그는 엄마가 오랫동안 사귈 애인이 되는 데에 가장 중요한 두 가지 조건을 모두 갖추고 있었다.

로버트 블랙의 요리는 평범한 요리가 아니었다. 그는 상선商船에서 조리사로 일하는 **진짜** 요리사였다. 우리는 캘리포니아 주로 이사 온 후로 브리짓이 해주는 통조림 요리만 먹었기 때문에 그는 우리의 슈퍼스타가 되었다. 토요일 오후가 되면 로버트 블랙은 존 아저씨의 집으로 찾아와서 쌀과 다진 소고기로 속을 채운 고추 요리와 같은 이국적인 요리를 선보였다. 나는 짐승처럼 허겁지겁 접시를 비웠다. 나의 그런 모습을 보면서 그가 활짝 미소를 지을 때면, 그의 잘생기고 까무잡잡한 얼굴에서 금을 씌운 앞니가 반짝거렸다.

엄마는 남자친구를 빠르게 갈아치웠다. 로버트 블랙이 엄마의 남자친구가 되자 나와 브리짓은 그를 대디 로버트라고 부르기 시작했다. 엄마는 항상 새로운 남자친구를 사귀는 것 같았다. 만약 어떤 남자가 몇 개월 정도 엄마와 계속 만나면 우리는 그 사람을 대디라고 불렀다. 대디

밥, 대디 프레드 이런 식으로. 그때는 우리의 진짜 아빠가 안중에도 없었기 때문이다. 그러던 어느 날 엄마는 대디 로버트와 결혼을 했다고 돌연 선언했다. 브리짓은 엄마가 자신을 결혼식에 초대도 하지 않았다며 서운해했지만, 엄마는 이전에 했던 결혼식들처럼 조용히 법원에 가서 간단하게 혼인 신고만 하고 왔을 뿐이라고 설명했다. 브리짓이 엄마에게 왜 이렇게 결혼을 자주 하느냐고 묻자, 엄마는 크게 웃으며 말했다.
"그렇게 자주는 아니거든! 윤년에 한 번씩밖에 안 한다고."

그리고 우리는 매버릭에 짐을 싣고 새로운 동네로 이사를 갔다. 이번에는 대디 로버트의 집이 있는 휴스턴이었다. 휴스턴에서 대디 로버트는 집을 들락날락하기는 했지만 "바다에 나가 있을" 때가 더 많았다. 상선에서 일한다면 바다에서 가장 많은 시간을 보내야 하는 법이다.

엄마는 휴스턴에 와서도 밤늦게까지 일을 했는데, 이번에는 직장 상사가 없었다. 우리가 새 동네로 이사를 오자마자 대디 로버트는 엄마에게 '재키의 은신처'라는 이름의 작은 술집을 하나 구해주었다. 나는 재키가 무엇으로부터 몸을 숨겨야 한다는 것인지 이해하기 어려웠다. 엄마는, 재키는 그냥 이 술집 전 주인의 이름일 뿐이라고 설명했다. 그곳에는 술을 마시는 바bar와 작은 무대와 주크박스가 있었다. 주말에는 디제이DJ도 왔다. 브리짓과 나는 낮에만, 그리고 엄마가 우리를 데려갈 때에만 그곳에 들어갈 수 있었다. 우리가 바에 앉아 있으면 엄마는 우리에게 무알코올 칵테일 셜리 템플을 만들어주었다. 술집에 요리사가 오는 날이면 요리사는 우리에게 치즈버거도 하나씩 만들어주었다. 우리는 그곳을 떠나고 싶지 않았다.

엄마는 매일 오후 늦게 출근해서 자정이 될 때까지 재키의 은신처에서 일했다. 엄마는 새벽 서너 시가 되어서야 집으로 돌아왔고 정오까지 계속 잠을 잤다. 가끔은 하루 종일 집에 들어오지 않을 때도 있었다. 엄마는 얼른 침대에 누우라거나 어서 일어나 학교에 가라고 잔소리를 하는 사람이 아니었다. 그런 역할은 브리짓이 했다. 브리짓은 침실뿐만 아니라 침대 위에서까지 나와 대부분의 시간을 보냈다. 그 시절 나의 진정한 엄마는 브리짓이었다. 브리짓도 콩 줄기처럼 빼빼 마른 열두 살의 어린 여자아이였지만 말이다. 나는 브리짓이 누나 그리고 엄마 노릇을 하는 것을 전혀 즐거워하지 않음을 잘 알 수 있었다. 그러나 브리짓은 내가 필요할 때마다 곁에서 나를 돌보아주는 유일한 사람이었다.

대디 로버트가 바다에 나가 있고, 엄마는 계속 일을 하는 건지 카드놀이를 하는 건지 집에 돌아오지 않은 어느 날 밤이었다. 브리짓은 그날 엄마에게 내가 열이 나니까 엄마가 꼭 집에서 나를 돌보아야 한다고 이야기했지만, 엄마는 웃으면서 이렇게 말했다. “릴 제임을 돌보는 일은 나보다 네가 더 전문가잖아.” 릴 제임은 엄마가 화가 나지 않았을 때 나를 부르던 애칭이었다. 보통은 마치 한 단어처럼 쭉 이어서 나를 제임스플러머주니어라고 불렀다.

밤이 되자 열은 더 뜨거워졌다. 브리짓이 재키의 은신처에 전화를 걸었지만, 직원들은 엄마가 일찍 퇴근했다고 말했다. 그러나 엄마는 집에 돌아오지 않았고 전화도 하지 않았다. 나의 몸이 너무 뜨거워서 침대가 땀으로 흥건했다. 브리짓은 나의 곁에서 그날 밤을 지새웠다. 브리짓은 차갑게 젖어버린 나의 옷을 보더니 깜짝 놀라서는 밤 늦게까지 문을 여는 약국으로 달려가서 빅스 바포럽 연고를 몇 통 사왔다. 그리고 내가 숨을 쉬기 힘들어할 때마다 나의 가슴에 연고를 발라주었다.

열로 시름시름 앓으면서 악몽을 꾸는 동안, 옆에서 브리짓이 나를 위해 기도하는 목소리를 들었다. “주여, 부디 오늘 밤 릴 제임이 죽지 않게 해주세요. 죽지 않게 해주세요.” 나는 눈을 뜨고, 침대 옆에 무릎을 꿇고 앉아서 꽉 쥔 두 손으로 자기 이마를 누르고 있는 브리짓을 바라보았다.

나는 브리짓의 손을 향해서 팔을 뻗으려고 했지만, 마치 침대 위에 붕 떠 있는 것 같았다. 계속 이렇게 떠올라서 침실 창문 바깥으로 날아가 브리짓의 기도를 타고 지붕 너머로, 그리고 밤하늘로 올라간다면 얼마나 멋질지 상상했다.

새벽이 다 되어서야 열이 내리기 시작했다. 그리고 그때서야 엄마가 미끄러지듯이 현관으로 들어왔다. 하이힐을 두 손가락에 건 채 한쪽 어깨 위에 올린 모습이었다. 브리짓은 마치 엄마가 10대 딸이고 자기가 엄마의 엄마인 것처럼 야단을 쳤다. 브리짓은 엄마가 부끄러운 줄 알아야 하는 나쁜 엄마라고 소리쳤다.

"나는 괜찮아, 브리짓." 나는 엄마가 브리짓에게 화를 낼까 봐 무서웠다. "나는 괜찮아, 엄마."

그러나 엄마는 브리짓을 신경도 쓰지 않고 깔깔 웃었다. "나보다 네가 동생을 더 잘 돌볼 줄 알았다니까." 물론 엄마의 말은 맞았다.

휴스턴에서 지내면서 나는 백인의 삶을 처음으로 제대로 볼 수 있었다. 길 건너편에 보비라는 이름의 백인 남자아이가 살았다. 그 녀석은 나의 가장 친한 친구가 되었다. 나는 보비의 집에서 함께 노는 것이 너무 좋았다. 보비의 가족은 저녁 시간이 되면 함께 모여서 식사를 했고, 그후에는 둥글게 앉아서 카드놀이를 하거나 텔레비전을 보았다. 그 집에서는 그 누구도 소리지르거나 다른 사람을 때리지 않았다. 적어도 내 앞에서는 그러지 않았다.

보비의 부모님이 나에게 브리지 카드놀이를 알려주었다. 나는 겨우 여섯 살이었지만 브리지는 식은 죽 먹기였다. 카드를 손에 쥐고서 정해진 모양대로 다시 정렬하는 것은 너무나도 쉬웠다. 정작 어려웠던 것은 다른 사람들에게 나의 패가 보이지 않도록 카드 여러 장을 부채 모양으로 줘는 일이었다. 카드를 세고 각각 카드가 어디로 가 있는지를 가늠하는 것도 전혀 어렵지 않았다. 카드는 총 네 가지의 모양에 모양당 13장씩이고 각 카드에는 각기 다른 숫자가 있다. 나는 다른 사람들이 손에 쥔 카드가 무엇인지 직접 보지도 않고 정확히 알아맞히는 특별한 능력이 있었다. 우선 자신의 카드를 훑어보는 다른 사람들의 눈동자를 살폈다. 그러고 나서 그들이 어떤 순서로 카드를 정리하고 어떤 카드를 내미는지를 지켜보았다. 나에게 클로버 에이스 카드가 있다면, 어떤 사람이 킹을 쥐고 있는지를 알아챌 수 있었다. 나의 손에 하트 5가 있으면, 하트 8이 누구에게 숨겨져 있는지도 알아챌 수 있었다. 운이 좋은 날에는 마치 내가 슈퍼맨의 엑스선 투시 능력보다 더 강력한 관통 투시 능력이 있는 만화 속 히어로 울트라 보이가 된 기분이 들었다.

보비의 부모님은 마치 내가 친자식이라도 되는 것처럼 내가 카드를 꿰뚫어볼 때마다 나를 크게 칭찬하고 자랑스러워했다. 그들은 나에게 기꺼이 모든 것을 가르쳐주었다. 채소를 먹는 방법까지도. 대디 로버트는 거의 대부분의 시간을 바다에서 보내야 했기 때문에, 우리는 다시 통조림이나 상자에 포장된 간편식으로 끼니를 때워야 했다. 그러나 보비의 가족은 싱싱한 채소를 한 입 크기로 잘라서 블루치즈에 찍어 먹었다. 치즈와 소시지를 얇게 잘라서 크래커에 얹어 먹기도 했다. 보비의 가족은 모든 음식을 접시에 담아서 먹었다. 간식마저도 그렇게 먹었다. 보비 가족은 탁자 위의 냅킨을 접는 방법도, 알파벳 순서대로 책꽂이에 책을 정리하는 방법도 알려주었다.

나는 마치 스펀지처럼 백인 가족의 생활방식을 빨아들였다. 다른 곳에서는 절대 들켜서는 안 되는, 평행 우주 속 외계인들의 비밀 언어를 몰래 배우는 기분이었다.

4

카드를 유추하고 맞힐 수 있는 나의 특별한 능력을 발견하자, 나는 어쩌면 거의 모든 것을 알아맞힐 수 있을지도 모른다는 생각이 들었다. 나는 대디 로버트가 항구 면세점에서 사온 작은 가전제품과 같은 주변의 물건들 속에서 그것을 돌아가게 하지만 보이지는 않는 신비로운 힘에 관심을 두기 시작했다. 토스터, 믹서, 그리고 램프와 같은 물건은 마치 벽에 꽂힌 선으로 힘을 얻어서 돌아가는 것 같았다. 대체 그 물건들은 어떻게 작동하는 걸까? 나는 자연스럽게 그 빛나는 가전제품들 속에서 어떤 마법이 벌어지는지 궁금해졌다.

학교가 끝나면 나는 대디 로버트의 공구 상자에서 펜치와 드라이버를 꺼냈다. 그리고 가전제품들을 조심스럽게 분해해서 부품 하나하나를 바닥에 펼쳐놓았다. 그리고 다시 원래대로 조립했다. 가끔은 부품이 들어맞지 않을 때도 있었다. 엄마는 집에 돌아와서 미처 다 조립하지 못한 부품들로 둘러싸인 나를 발견하면 벌컥 화를 내면서 부품들을 발로 차버렸다. 허리띠를 쥐고 나에게 휘두르기도 했다. 허리띠가 불편하면 그 대신 전선을 뽑아서 휘둘렀다. 전선은 더 안 좋았다. 어느 날에는 내가 거울 가장자리에 조명이 달린 화장대 거울을 분해해놓은 것을 엄마가 발견하고 말았다. 엄마는 매질을 한 번 할 때마다 잔소리를 한 마디씩 했다. “너는 왜 (찰싹) 매번 (찰싹) 저 망할 물건들을 (찰싹) 다 박살 내는 거야?(찰싹)”

나는 매질이 너무 무서웠지만 멈출 수가 없었다. 집 안의 가전제품들은 마치 누군가가 절대로 건드리지 말라면서 두고 간 쿠키 접시와도 같았다. 나는 그 속에 숨어 있는 비밀을 너무나 알고 싶었다. 대체 텔레비전은 어떻게 영상을 보여주는 걸까? 어떻게 라디오에서 노래가 나오는 걸까? 나는 작은 모터나 스위치 그리고 안에 튜브가 들어 있는 장치들을 특히 좋아했다. 작은 저항기나 축전기가 있는 제품들은 여전히 수수께끼였고 계속해서 나를 유혹했다.

엄마는 나의 실험들에도 매를 들었다. 나는 물건들을 탈 때까지 뜨겁게 달구면 어떤 일이 벌어지는지 미친 듯이 궁금했다. 팝 타르트(구워 먹는 과자/옮긴이)를 먹는 것보다는 토스터에 넣고 노릇노릇하게 변하는 모습을 지켜보는 것이 더 재미있었다. 우리 집 화장실에는 변기 바로 옆 오른쪽 벽에 작은 전기난로가 하나 있었고, 나는 큰 일을 볼 때 그 난로의 전원을 켜는 것을 좋아했다. 밤이면 화장실 불을 끄고는 어둠 속에서 난로의 코일이 뜨거워지면서 주황색으로 변하다가 더 붉게 달아오르는 모습을 지켜보았다. 어느 날 나는 나의 작은 똥 덩어리를 말아서 난로의 코일 바로 옆에 붙여놓으면 어떻게 될지 궁금했다. 답을 확인하려면 직접 실험을 해보는 수밖에 없었다.

큰 어려움 없이 나는 도토리 크기만큼 작은 똥 덩어리를 만들어 난로 코일 바로 옆에 붙여놓았다. 그러고는 화장실 바닥에 앉아서 똥 덩어리가 어떻게 되는지를 유심히 지켜보았다. 처음에는 아무 일도 일어나지 않았다. 그런데 점차 똥 덩어리의 표면이 변하기 시작하면서 지글거리는 소리와 함께 연기가 나기 시작했다. 눈앞의 장면이 너무 황홀해서 지독한 냄새가 나고 있다는 것은 알아채지 못했다. 그러다가 갑자기 냄새가 확 느껴졌다. 정말 끔찍했다! 나는 서둘러 화장실 창문을 열었지만 똥에서 나온 연기가 어마어마했다. 그래서 문을 열고 공기가 화장실 바같으로 흐르도록 했다. 최악의 선택이었다. 불에 탄 똥 덩어리의 냄새가 곧바로 집 안 가득 퍼졌다. 거실에서 엄마와 엄마 친구들이 역겨워하는 소리가 들렸다. "하느님, 맙소사! 이게 뭔 냄새야?"

곧이어 엄마와 두 남자가 화장실 문 앞으로 달려왔다. 그들은 바지를 반쯤 내린 채 난로 앞에 서 있는 나를 발견했다. 그리고 난로에 붙어서 타고 있는 똥 덩어리도. "야! 너 미쳤어?" 한 남자가 얼굴을 구기며 소리를 질렀고 서둘러 난로의 전선을 뽑았다. 화가 머리끝까지 치민 엄마는 나의 셔츠를 잡아채고서는 복도를 따라서 엄마 방으로 나를 질질 끌고 갔고, 허리띠를 풀어서 거센 채찍질을 시작했다.

나의 다음 실험은 엄마가 쓰던 향초에 불을 붙이고 빛나는 향초의 끝을 화장실의 플라스틱 샤워 커튼에 가져다대면 어떤 일이 벌어지는지를 확인하는 것이었다. 놀랍게도, 커튼이 곧바로 타면서 완벽하게 동그란 구멍이 생겼다. 그렇다면 원뿔 모양의 향초로는 더 큰 구멍을 내는 데에 정확히 얼마나 더 오래 걸리는지 추가실험을 해봐야만 했다. 얼마 지나지 않아서 스위스 치즈처럼 샤워 커튼의 절반 여기저기에 구멍이 뚫리고 말았다.

그 광경을 본 순간 엄마는 완전히 뚜껑이 열렸다. 엄마는 누가 이런 짓을 저질렀는지 묻지도 않았다. 엄마는 나에게 곧장 다가와서 허리띠를 높이 들었다. 나는 엄마를 피해서 이 방 저 방으로 질주하다가 화장실로 황급히 돌아와서 화장실 문의 걸쇠를 걸었다. 그리고 샤워장 앞에 있는 러그 위에 무릎을 꿇고서 주일학교 교리문답 시간에 수녀님에게 배운 대로 눈을 꼭 감고 가슴에 손을 모은 채 기도를 시작했다. **주여, 부디 엄마가 채찍질을 못 하게 해주세요!**

엄마는 당장 문을 열라고 소리치면서 문을 흔들었다. "이 문 부순다, 진짜!" 화장실 문의 걸쇠를 힘껏 누르고 있던 나는 문 틈 사이로 버티나이프가 쑥 들어오는 모습을 보았다. 엄마는 결국 버터나이프로 걸쇠를 힘껏 밀어올리고 문을 열어젖혔다. 문 앞에 마치 닌자처럼 한 손에 허리띠를 쥐고 서 있는 엄마가 있었다. 나는 화장실 러그를 몸 위로 끌어당겼지만 전혀 소용이 없었다. 엄마가 허리띠를 너무 세게 휘둘러서 가죽 허리띠가 반 토막이 날 정도였으니까.

그날 교훈 한 가지를 배웠다. 기도 따위로 채찍질을 피하려고 한다면 엉덩이 위에서 허리띠가 두 동강 날 뿐이라는 것을.

나는 대부분의 경우 엄마가 왜 채찍질을 하는지 이해할 수 있었다. 내가 무엇인가를 부수거나 태웠기 때문이었다. 아니면 엄마 지갑에서 돈을 절반 훔치고 거짓말을 했기 때문이었다. 그러나 가끔 엄마는 그냥 화가 나서 무엇이든지 때려야 했다. 한번은 엄마가 이모와 전화 통화를 하고 나서 갑자기 주먹으로 벽을 세게 쳤고 벽에는 구멍이 뚫려버렸다. 대디 로버트가 집에 와서 구멍 난 벽을 손보기까지 한 달이 걸렸는데, 나는 그 구멍이 마치 외눈박이 눈동자처럼 나를 노려보며 경고를 던지는 것 같았다. 엄마를 화나게 해서는 안 된다고.

어느 날 브리짓과 내가 학교를 마치고 집에 돌아왔는데 엄마가 보이지 않았다. 대디 로버트는 주방에서 저녁 식사를 요리하고 있었다. 대디 로버트는 엄마가 휴식이 필요해서 잠시 쉬러 갔다고 우리에게 이야기해 주었다. 나는 엄마가 매주 6일씩 쉬지 않고 하루 종일 재키의 은신처에서 일했으니 당연히 피곤했겠다고 생각했다. 그런데 대디 로버트가 말했다. "일레인은 지금 우울증에 걸렸어. 오랫동안 휴식이 필요할 거야."

엄마가 쉬러 간 지 약 2주일이 흐르고 나서, 대디 로버트는 우리를 데리고 엄마를 만나러 갔다. 토요일이었지만 그는 우리에게 주일학교 갈 때나 입는 말끔한 옷을 입으라고 했다. 엄마가 있는 곳에 도착했을 때,

그곳의 사람들은 자물쇠로 잠긴 곳에는 어린아이들이 들어갈 수 없다고 했다. 엄마는 그 안에 있었다. 그래서 대디 로버트는 엄마를 만나러 혼자 들어갔고 그동안 브리짓과 나는 서로 손을 잡은 채 복도에 그대로 서 있었다. 잠긴 문에는 창문이 나 있었는데 그 창문에는 철조망이 있었고 그래서 마치 감옥 같았다. 아니면 반대로, 창문의 그 철조망은 그 안에 있는 사람들을 보호하는 전기장 장치였을지도 모른다. 저 안에 있는 사람들을 아프게 했던 것이 무엇이었든 간에 그 원인으로부터 그들을 보호하는 일종의 방패였을지도 모르겠다.

"우리 지금 어디에 있는 거야?" 나는 브리짓에게 물었다. "여기는 감옥이야?"

"여기는 미친 사람들이 오는 병원이야." 브리짓은 나의 손을 더욱 꽉 움켜쥐면서 속삭였다. 엄마가 가끔 미친 사람같이 행동한다는 것은 알고 있었다. 그러나 엄마가 정말로 미친 사람이라고 생각해본 적은 없었다. 나는 대디 로버트가 돌아올 때까지 브리짓의 손을 놓지 않았다.

그로부터 일주일 후에 엄마는 집으로 돌아왔다. 엄마는 집에 오자마자 곧장 침대로 향했고 이틀 내내 방에서 나오지 않았다. 나는 엄마에게 3주일 동안 푹 쉬다 왔으면서 왜 이렇게 피곤해하는지 물었다. 그러자 엄마는 슬픈 기분이 들 때 먹는 약을 받아왔는데, 그 약을 먹으면 잠이 온다고 말했다.

엄마는 이런 식으로 지냈다. 엄마는 피곤해하거나 슬퍼하거나 화를 냈다. 아주 즐거워하기도 했다. 엄마의 기분을 유추하는 것은 브리지 카드놀이에서 카드 뒷면을 꿰뚫어보는 것보다 더 어려웠다. 그리고 무섭기도 했다. 엄마의 기분을 잘못 유추하면 보호막도 없는 채로 끔찍한 상황에 빠졌다.

대디 로버트가 바다로 나가 있을 때면 엄마는 집에 다른 남자를 들였다. 엄마가 그 남자들을 재키의 은신처에서 만났는지 아니면 다른 곳에서 만났는지는 모르겠다. 그런 남자들과 함께 있으면 엄마는 전혀 슬프거나 피곤해 보이지 않았다. 엄마는 행복했고 당당했고 시끄럽게 웃고 떠들었다. 엄마는 음악을 틀어놓고 그에 맞추어 몸을 움직였고, 자신이 얼마나 멋진 사람인지를 알고 있다는 듯이 미소를 지었다.

대디 로버트가 아닌 다른 남자가 집에 오면 브리짓은 겁에 질린 채 나를 끌고 침실로 들어갔다. 낮에도 그랬다. 그러나 나는 방 안에만 갇혀 있고 싶지 않았다. 엄마가 어떤 남자들을 만나는지도 궁금했다. 엄마의 남자친구들은 가끔 주머니에서 껌이나 잔돈을 꺼내서 나에게 쥐어주기도 했다. 그러나 보통은 엄마에게만 관심이 있었다.

한동안 엄마는 헨리라는 남자와 데이트를 즐겼다. 그는 오토바이를 즐겨 탔고, 심지어 실내에서도 가죽 재킷을 벗지 않았다. 어느 날 나는 엄마와 헨리가 소파 위에서 입을 열고 서로의 혀를 섞으며 키스를 나누는 장면을 목격했다. 그 전까지 그런 장면은 본 적이 없었다.

일주일 후에 대디 로버트가 집으로 돌아왔다. 그는 문 앞에 더플백을 내려놓고는 엄마의 볼에 너무나 다정하고 부드럽게 키스를 했다.

"대디가 엄마한테 해주는 키스랑 헨리가 엄마한테 해주는 키스랑 다른데." 내가 말했다.

대디 로버트는 눈이 동그래진 채로 엄마를 쳐다보았다.

"저 정신 나간 애 이야기는 신경 쓰지 마." 엄마가 팔로 대디의 허리를 감싼 채 꼭 껴안으면서 말했다. 엄마는 그의 어깨 너머로 나를 노려보았는데, 그 눈빛을 보자 얼른 달아나서 숨고만 싶었다. 나는 어쩔 수 없었다. 그저 머릿속에서 떠오른 말을 툭 내뱉었을 뿐이다. 내가 왜 항상 엄마에게 맞았는지 이해할 것이다.

브리짓은 나의 손을 힘껏 잡아당기면서 침실로 끌고 들어갔다. "얘는 그냥 상상력이 풍부할 뿐이야, 대디 로버트." 브리짓이 말했다.

내가 무심코 내뱉은 말이 원인이 되었는지는 모르겠지만, 얼마 지나지 않아 우리는 또다시 매버릭에 짐을 싣고 휴스턴을 떠났다. 자동차 백미러에 비친 재키의 은신처와 대디 로버트의 모습이 점점 멀어졌다. 브리짓은 대디 로버트와 헤어져야 한다는 사실에 매우 슬퍼했다. 브리짓은 그가 진짜 아빠 같았다고 말했다. 나는 그가 해주었던 이국적인 고추 요리와 그가 웃을 때마다 보였던 그의 금니가 그리웠다. 나를 가장 슬프게 했던 것은 보비 가족들에게 작별 인사도 하지 못했다는 점이었다.

그러나 바로 이게 엄마가 사는 방식이었다. 엄마는 떠돌이의 삶을 살았고, 짐을 싸야 할 때가 오면 또다시 다른 곳으로 떠날 뿐이었다.

5

때로는 좋은 일이 나쁜 일로 번지기도 한다.

내가 여덟 살이 되었을 때 엄마는 내가 세상에서 가장 가지고 싶었던 최고의 생일 선물을 주었다. 바로, 핸들이 아주 높이 달려 있는 검은색 BMX 자전거였다. 심지어 바나나 모양의 안장 뒤에는 숫자 8이 새겨진 번호판도 달려 있었다. 그 당시 우리 가족은 캘리포니아 주 퍼모나에서 살고 있었는데, 엄마는 그 근처에 있는 로스앤젤레스 남부 GM 부품공장에서 일자리를 구했다. 우리 동네는 패티 트랙이라고 불렸고, 웨스트 사이드 퍼모나라는 라티노 갱단이 주도권을 쥐고 있었다. 바로 옆 동네인 신 타운은 크립스라는 흑인 갱단이 꽉 잡고 있었다.

당연히 나는 새로 산 BMX 자전거를 타고 학교에 가고 싶었다. 그리고 또 당연하게도 나는 곧바로 먹잇감이 되었다. 매일 아침 브리짓은 패티 트랙과 신 타운을 거쳐서 학교까지 나와 함께 걸었다. 그러나 학교 정문에 들어서면 그때부터는 내가 알아서 해야 했다. 아이들은 쉬는 시간마다 몰려다녔다. 학교의 양아치들은 아직 정식 갱단에 속하지는 않았다. 그러나 어느 동네에 사는지, 흑인인지 라티노인지에 따라서 자기들끼리 무리를 지었다. 그리고 자기들을 OG 크립스나 웨스트 사이드 마피아 같은 이름으로 불렀다. 서로 다른 무리끼리는 절대로 어울리지 않았다. 그러나 나는 어느 쪽도 아니었다. 나는 무리에 결코 낄 생각이 없는 외로운 늑대였다.

우리 반 나의 앞자리에는 매일 자기보다 약한 아이들에게서 점심이나 과자를 뜯어가는 무서운 남자아이가 앉았다. 우리는 그 녀석을 나우 앤드 레이터라고 불렀다. 나우 앤드 레이터 사탕은 두 가지 맛이 나서 모두에게 인기가 굉장히 많았는데, 그 녀석이 자기보다 덩치가 작은 애들에게 매일같이 그 사탕을 뜯어먹었기 때문이다. 나우 앤드 레이터 녀석은 안 그래도 덩치가 컸는데 항상 XXXL 사이즈 스웨터를 입어서 더 커 보였다. 3학년이기는 했지만 분명 다른 아이들보다 한두 살은 더 먹었을 것이다. 나우 앤드 레이터는 직접 폭력을 행사할 필요가 전혀 없었다. 우리에게는 그 애가 공포 그 자체였다.

아니나 다를까, 내가 자전거를 타고 등교했던 바로 그 첫날, 나우 앤드 레이터는 레이저처럼 나에게 곧장 접근했다. 학교가 끝나고 아스팔트 위에서 8자 타기를 연습하고 있는데, 저 멀리 녹슨 정글짐에 매달린 채 나를 노려보는 그 녀석을 발견했다. 나우 앤드 레이터는 나를 향해서 직접 걸어오지도 않았다. 나보고 자기 쪽으로 오라며 오른손을 까딱거렸다. 나는 자전거 페달을 밟고 멈추지 않으려고 조심하면서 그 녀석 쪽으로 크게 원을 그리며 다가갔다.

“야, 이 새끼야.” 그가 나를 불렀다. “아까 애들이 그러던데, 네가 우리 엄마 뒷담 까고 다닌다며?”

“아냐, 그런 적 없어. 나는 너희 엄마 얘긴 한 적도 없어.”

“자전거나 내놔.” 그가 말했다. 그 녀석은 마치 먹잇감을 다 잡아먹기 직전에 반쯤 죽여버리겠다는 듯한 눈빛을 던지는 킹코브라처럼 나를 매섭게 노려보았다.

나는 계속 커다란 원을 그리면서 페달을 밟았다. 나는 도망쳐야 할지 고민하면서 학교 정문을 힐끔 쳐다보았다. 물론 그때까지 싸우는 방법을 전혀 몰랐던 것은 아니다. 새로운 학교나 동네로 옮길 때마다 매번 신고식을 치러야 했으니까. 보통은 첫 번째 날에 말이다. 신고식은 단순한 뺨 때리기나 욕설을 주고받는 수준이 아니라 제대로 된 주먹다짐이었다. 그래서 또래 아이들과의 싸움에 아주 자신이 없지는 않았다. 그러나 나우 앤드 레이터처럼 덩치가 큰 아이를 상대하는 일에는 자신이 없었다.

망설이는 나를 보자 나우 앤드 레이터는 내가 알아듣지 못할 정도로 목소리를 낮게 깔고 다시 말했다. "내놓고 꺼지라고, 새끼야. 이제 그건 내 거야."

순간 나는 다리가 후들거렸다. 결국 나는 자전거에서 내려서 정글짐에 자전거를 비스듬히 세웠다. 그 녀석은 한쪽 다리를 자전거 안장 위로 넘기고 여유롭게 페달을 밟으면서 학교 바깥으로 유유히 떠났다. 서커스에서 자전거 타기를 선보이는 거대한 곰처럼 보였다. 나는 숫자 8이 새겨진 나의 자전거 번호판이 시야에서 사라질 때까지 울음을 참으려고 애썼다.

나우 앤드 레이터 앞에서 겁을 먹었던 것 못지않게, 엄마가 새로 산 자전거에 무슨 일이 벌어졌는지 알게 되면 나에게 어떤 일이 닥칠지 너무나 두려워졌다. 거리에서는 갱스터들이 세상을 지배했다. 집 안에서는 엄마가 모든 것을 지배했다.

엄마에게 나우 앤드 레이터와 있었던 모든 일을 이야기하자, 엄마는 관자놀이를 손바닥으로 꾹 눌렀다. "너 지금 뭐라고? 그 새끼 엉덩이를 걷어차도 시원치 않을 판에 자전거를 그냥 가져가게 내버려둬? 그걸 그냥 두고 와?"

"그치만 엄마, 나우 앤드 레이터는 평범한 애가 아니야. 학교에서 덩치도 가장 크고 가장 못된 양아치라고. 누구도 그 녀석한테 덤비지 못해. 정말 무서운 애야, 엄마."

"그래? 내가 진짜로 무서운 게 뭔지 당장 보여줄까?" 엄마는 허리를 굽히더니 거실 바닥에 널브러져 있던 나의 주황색 미니카 트랙을 확 집어들었다. 트랙 위에 있던 미니카들이 사방으로 날아갔고, 나는 소파 밑으로 숨으려고 했다. 그러나 몸의 반을 집어넣기도 전에 미니카 트랙이 나의 다리 뒤쪽을 강하게 내려치는 충격을 느꼈다. 허리띠로 맞을 때보다도 더 아팠다. "당장 나가서 자전거 다시 가져와!" 엄마가 중얼거렸다. 그리고 방 한쪽으로 미니카 트랙을 내던지면서 낮은 목소리로 말했다. "못 찾아오기만 해봐. 그때는 진짜 뒤질 줄 알아."

나는 가장 먼저 동네 곳곳을 샅샅이 뒤졌다. 혹시라도 나우 앤드 레이터가 자기 가족들에게 새 자전거가 어디에서 났는지 설명하기 귀찮아서 자전거를 길바닥 어디인가에 버렸을지도 모른다고 간절히 빌면서. 나는 해가 저물 때까지 덤불과 쓰레기통, 버려진 건물 곳곳을 샅샅이 뒤졌다. 쓸데없는 짓이었다.

나는 공포에 휩싸이기 시작했다. 빈손으로 집에 돌아갈 수는 없었다. 그렇다고 밤늦게까지 길거리에 있을 수도 없었다. 그래서 나는 사촌들을 찾아갔다. 그들은 나에게 발길질과 주먹질을 연습했고, 지금은 길거리에서 파란 두건을 하고 돌아다니는 것으로 유명했던 그레이프 스트리트 와츠 크립스라는 이름의 갱단 소속이었다. 사실 나는 그들에게 일을 부탁하고 싶지는 않았다. 왜냐하면, 글쎄, 누군가가 죽지는 않았으면 했으니까. 사촌들은 단순히 거칠게 노는 정도가 아니었다. 돈이 되는 일을 했다. 나는 사촌들의 손으로 자전거 문제를 해결하고 싶은 마음은 없었지만, 자전거도 찾지 못한 채 엄마에게 돌아가는 일이 더욱 두려웠다.

나는 사촌들에게 나우 앤드 레이터와 자전거 이야기를 모두 털어놓았다. 곧바로 그 이야기는 골목 구석구석으로 퍼졌다. 한 시간쯤 지나자,

사촌 세 명이 돌아왔다. "가자, 자전거 반납받으러."

나우 앤드 레이터는 가장 악명 높은 구역에서 살고 있었다. 그 녀석이 살던 아파트 현관은 이미 경찰이 하도 부숴먹어서 손잡이나 걸쇠도 없었다. 머리 위의 복도 조명들이 깜빡거리면서 음산한 분위기를 더했다. 아파트의 열린 문들 틈 사이로 역겨운 냄새와 끔찍한 소리가 새어나왔다. 나는 당장이라도 도망가고 싶었다. 그러나 나의 사촌들은 마치 자기 집이라도 되는 것처럼 당당하게 복도를 걸었다.

그들은 한 아파트의 현관문을 쾅쾅 두드렸다. 경첩이 반쯤 깨져 있던 현관문이 자동으로 열렸다. 사촌 일행 세 명이 나란히 들어갔다. 나는 부디 그곳에 나우 앤드 레이터가 없기를 바라면서 그 세 명 뒤에서 발을 질질 끌며 따라 들어갔다.

어른 몇 명이 소파에 앉아서 커다란 텔레비전으로 농구 경기를 보고 있었고, 나우 앤드 레이터는 어른들 옆에서 소파에 몸을 파묻고 있었다. 텔레비전 화면에는 지글거리는 노이즈가 가득했다. 옷 더미와 온갖 쓰레기가 방구석에 쌓여 있거나 바닥에 널브러져 있었다. 방 안에 있는 모든 평평한 바닥 위에는 담배꽁초로 가득 찬 재떨이들이 있었다. 누구도 우리 쪽을 쳐다보거나 인사를 하려고 일어나지도 않았다.

엄마는 나와 브리짓에게 "우리가 가장 가난한 것 같지만 우리보다 더 못사는 놈들도 있어"라고 말하고는 했다. 나우 앤드 레이터의 집 거실에서 있는 동안 나는 속으로 생각했다. 이 사람들이 우리보다 더 못사는 놈들이구나. 방 안의 모든 물건과 사람들이 "가난"과 "슬픔"을 그대로 표현하는 것 같았다.

사촌들 중에서 가장 나이가 많은 사촌이 텔레비전 속 농구 경기 소리보다 더 큰 목소리로 외쳤다. "친구의 자전거를 돌려받으러 왔다!" 몇 초의 정적이 흐르고 나서, 소파에 있던 어른 한 명이 시큰둥하게 방 한쪽

구석을 향해서 고개를 휙 돌렸다. 바로 그 자리에 나의 자전거가 다른 물건들과 함께 쓰러져 있었다. 마치 죽은 새 같은 처참한 모습이었다. 핸들과 안장은 옆으로 휘어져 있었다. 자전거가 다 죽을 때까지 누군가가 그 위에서 펄쩍펄쩍 뛰면서 짓밟기라도 한 것처럼 완전히 망가진 상태였다.

사촌 한 명이 나의 자전거를 어깨에 들쳐 메었고 우리는 문으로 향했다. 나는 그곳을 떠나면서 나우 앤드 레이터 쪽을 흘깃 훔쳐보았다. 그녀석이 소파에 몸을 너무 깊게 파묻고 있어서 제대로 보이지 않았다. 그 순간 나는 그 녀석이 매일 밤 이 콩가루 같은 집구석에 돌아와야 한다는 것이 안타깝고 슬프게 느껴졌다.

다행히 자전거는 다시 멀쩡해졌다. 숫자 8이 쓰여 있던 번호판은 사라졌지만, 영원히 여덟 살로 남을 수는 없는 법이다. 얼마 지나지 않아 나의 BMX 자전거도 꽤 사용한 티가 났고 그 편이 더 나았다. 반짝이는 자전거는 오히려 거리에서 눈에 잘 띄니까. 뉴올리언스에는 유명한 속담이 하나 있다. 양동이에 들어 있는 여러 마리의 게들 중에 한 마리가 바깥으로 기어나가려고 하면, 다른 게들이 꽉 붙잡아서 양동이 안으로 끌어당긴다고. 인간 사회도 양동이 속 게들과 똑같다는 것을 나는 잘 알고 있었다. 혼자 조금만 더 잘 나가려고 하면, 다른 사람들이 그 꼴을 그대로 두지 않고 다시 시궁창으로 끌어당긴다.

6

초등학교 3학년 때 나는 처음으로 우리 가족이 가난하다는 생각을 했다. 우리 가족은 퍼모나를 떠나서 다시 뉴올리언스 동부로 돌아왔고, 큐란 거리에 사는 브라운 가족과 함께 지냈다. 엄마의 오랜 친구였던 지니는 우체국에서 성실하게 일했다. 그러나 국가가 주는 임금만으로 지니의 일곱 아이들을 모두 챙기기는 버거웠다. 한편 엄마는 뉴올리언스에서 새 직장을 구하는 데에 어려움을 겪었지만, 자존심이 너무 강해서 나라에서 주는 식권이나 복지 혜택으로 생활하고 싶어하지는 않았다.

나는 많은 시간을 굶주렸고 우리가 정말 가난하다고 생각하게 되었다. 우리는 간단한 식사 한 끼도 챙기기 어려웠다. 패스트푸드도 사치였다. 맥도날드도 생일 정도는 되어야 겨우 갈 수 있었다. 하루하루 먹고 살기 위해서 우리는 가급적 포만감을 느낄 수 있는 음식을 샀다. 브라운 가족의 집에서 우리는 매일 아침으로 빻은 옥수수와 마가린을 먹었고, 저녁으로는 레드빈을 먹었다. 쌀은 일주일에 몇 번만 먹었다.

집구석 어디인가에 숨어 있던 달걀이라도 하나 발견하는 날이면 운이 좋았다. 컵으로 빵 가운데를 둥글게 파내고 그 안에다가 달걀 프라이를 해서 먹을 수 있었기 때문이다. 달달한 것이 미친 듯이 먹고 싶으면, 종이컵에 쿨 에이드 음료수를 담아서 얼린 다음에 거꾸로 꺼내서 얼어붙은 달콤한 주스를 핥아먹었다.

집에 음식이 모두 떨어지면 그냥 빵 한 조각에 마요네즈나 케첩을 발라 먹었다. 그 음식을 샌드위치라고 불렀다. 나는 시럽 샌드위치가 가장 좋았다. 집에 먹을 것이 정말 하나도 없는 날에는 빵 조각을 둥글게 뭉쳐서 먹었다. 그러면 빵보다 더 빵 같은 맛이 났다. 그러나 수학적 문제는 해결할 수 없었다. 입이 열 개나 되는 집에서 가장 어린 막내로 산다는 것은 항상 굶주려야 한다는 뜻이다. 학교에서 제공하는 무상 급식이 내가 끼니를 해결하는 유일한 방법이었다.

우체국 월급날까지 일주일이나 남았는데 집에 먹을 것이 다 떨어진 적이 있었다. 그때 지니가 엄마에게 말했다. "저금통을 깨야겠어."

"그래." 엄마는 한숨을 쉬었다. "정말 그래야 할 지경이네."

엄마가 아끼던 저금통이 하나 있었다. 그 저금통은 백인 예수님의 바로 아래에, 그리고 텔레비전 옆에 놓여 있었다. 커다란 도자기 저금통이었는데, 일반적인 분홍색 돼지 모양이 아니라 검은색에 발가벗고 껴안은 채 키스하는 커플의 모양이었다. 엄마와 지니는 집에 돌아올 때마다 몇 안 되는 잔돈을 저금통 여자의 뒷목에 있는 구멍 속으로 집어넣었다. 저금통 안에 돈을 넣는 입구는 그 구멍뿐이었다. 나는 그 저금통에 비밀 구멍이 있는지 수도 없이 뒤져보았기 때문에, 구멍이 하나밖에 없다는 사실을 잘 알고 있었다.

지니가 거실 바닥 위에 시트를 까는 동안 가족 모두가 거실로 모였다. 엄마는 두 손으로 저금통을 들고 와서는 시트 한가운데에 내려놓았다. 나는 대체 저금통 어디에 비밀의 문이 있는지 너무나 궁금했다. 그때 지니가 부엌에서 망치를 들고 등장했다. 나는 너무 무서웠다. "저금통을 깨야겠어"라는 지니의 말이 말 그대로 저금통을 박살 낸다는 뜻이라고는 생각지도 못했다.

지니가 망치를 머리 위로 높이 들었고, 엄마는 동물이 총에 막 맞았을 때처럼 몸을 휙 돌렸다. 지니의 망치가 키스를 나누던 커플을 힘껏 내리쳤다. 저금통이 박살 나면서 깨진 도자기 조각과 동전 무더기가 바닥에 쏟아졌다.

"야호!" 누군가가 소리쳤다. "잭팟!"

우리는 거실 바닥에 널브러진 동전들을 서둘러 모아서 시트 한가운데에 쌓았다. 꽤 많은 돈이 모였다. 나는 그때까지 그렇게 많은 동전을 본 적이 없었다. 이미 눈으로 동전 개수를 세고 있는데, 엄마가 나에게 말했다. "이봐, 로봇 대가리. 이제 네 차례야."

나는 깜짝 놀랐다. 엄마가 나의 특별한 개수 세기 능력을 자랑스럽게 여기는 것처럼 말했기 때문이다. 우리 집에서 누군가를 칭찬하는 일은 돈만큼이나 드물었다. 나는 고개 좀 쳐들고 다니라고 잔소리하는 엄마의 모습이 더 익숙했다. 그날만큼은 엄마도 나의 개수 세기 능력이 쓸모가 있다는 것에 만족스러운 듯이 보였고, 나도 기분이 좋았다.

내가 동전들을 분류해 쌓아가면서 머릿속으로 계산을 하는 동안, 사람들은 주변에 둥글게 서서 기다렸다. 3분이 지나기도 전에 나는 총액을 발표했다. "총 100하고 64달러에 74센트야!" 나는 브리짓과 눈이 마주쳤다. 그녀는 자랑스러운 눈빛으로 나를 바라보고 있었다.

엄마가 나를 자랑스러워했던 또다른 순간이 있다. 함께 퍼즐 맞추기를 했을 때였다. 휴스턴에서 살던 시절에 엄마는 방 안에서 대마초에 불을 붙이고 소파 위에 쭈그려 앉아서 델 퍼즐 책을 풀면서 휴식을 취하는 것을 좋아했다. 엄마는 소파 위에 나를 함께 앉히고는 퀴즈 풀이에 내가 도움을 주면 항상 기뻐했다.

가끔은 엄마랑 함께 나란히 앉아서, 엄마는 십자말풀이를 하고 나는 가로세로 낱말 퍼즐을 풀었다. 내가 가장 잘했던 것은 논리 퍼즐이었다. 다음처럼, 이야기를 읽고 그 안에서 답을 찾는 방식의 퍼즐이었다.

여러 학생들이 악단을 결성하려고 합니다. 여성이 단장을 맡고, 큰북 한 명, 작은북 한 명, 남은 두 명은 심벌즈와 트럼펫을 각각 맡았습니다. 모든 구성원은 나이가 서로 다릅니다. 이 주어진 정보만으로, 각 구성원의 이름과 나이(14세, 15세, 16세, 17세, 또는 18세), 그리고 맡은 역할이 무엇인지 맞혀보세요(참고:여성으로는 어맨다와 에스터가 있고, 남성으로는 레너드와 마크와 오언이 있습니다).

엄마는 이런 논리 퍼즐을 잘 풀지 못했다. 그러나 나는 좋아했다. 그리고 푸는 속도도 아주 빨랐다! 나는 한 1분 정도 눈도 깜빡이지 않고 책을 응시하다가 곧바로 큰 소리로 답을 외쳤다. “어맨다가 18세에 여성 단장이고, 에스터가 17세에 작은북, 레너드가 15세에 큰북, 마크가 14세에 트럼펫, 그리고 오언이 16세에 심벌즈 연주자야!” 그러면 엄마는 책 뒤쪽을 펴고 정답이 맞는지 확인했다. 엄마가 깜짝 놀라서 고개를 흔들면 나는 소파 앞에서 기쁨의 춤을 추었다. 나는 엄마를 웃게 해주고 싶어서 최선을 다해 몸을 움직였다.

7

나는 브라운 가족의 일곱 자녀 중 막내인 다린 브라운과 가장 친한 친구가 되었다. 이 만남으로 양동이에서 탈출하지 못하는 게의 신세와 다름없었던 내 삶에 큰 변화가 찾아왔다. 다린은 거리의 갱스터들 그리고 내게 가망이 없다고 단정한 사람들에게 둘러싸여 있던 나를 바깥 세상으로 꺼내준 사람이었다.

다린은 네모난 얼굴에 앞니는 깨져 있었다. 그리고 밝은 태양빛이라도 본 것처럼 얼굴을 자주 찡그렸다. 다린의 외모는 우리 집 작은 탁자 위에 올려져 있던, 가죽 장정의 커다란 성서에 등장하는 천사와는 거리가 멀었다. 아버지의 칼로부터 이삭을 구하거나 사자로부터 다니엘을 구출하기 위해서 천국에서 내려오는, 긴 금발에 하얗게 빛나는 천사 말이다. 그러나 나는 분명히 위험의 구렁텅이에서 허우적거리던 비참한 히브리인 같은 삶을 살고 있었고, 그는 나의 수호천사였다.

그 사이 브리짓은 10대가 되었고, 복도 건너편에 있는 다른 방에서 브라운 가족의 여자아이들과 방을 함께 썼다. 이제 나와 함께하는 사람은 다린이었다. 그는 나보다 겨우 두 살 더 많았고, 키도 7센티미터 정도 더 컸다. 그러나 그는 나의 방패가 되어주었다. 나는 여전히 집 안에서 가장 덩치가 작고 어린 존재이자 갱스터들의 먹잇감이었다. 집이나 거리에서 나에게 무슨 일이 벌어지면, 다린은 항상 내 앞에 나타났다. 한번은 나를 보호하려다가 다린이 얼굴에 돌멩이를 맞은 적도 있었다.

다린은 브라운 가족 중에서 반짝거리는 동전처럼 눈에 띄었다. 다린의 여섯 명의 형제자매들에게는 서로 다른 세 명의 아빠가 있었다. 그중 아빠 한 명은 배턴 루지 북부에 위치한 앙골라 감옥에서 힘겨운 수감 생활을 하고 있었고, 다린의 10대 형들 중에 두 명은 그를 따라 앙골라 감옥으로 직행하려는 듯이 불안한 삶을 살았다. 누나도 한 명 있었는데 형들만큼이나 성격이 아주 거칠었다. 지니와 엄마는 그녀에게 다른 동생들의 훈육을 맡겼고, 우리는 그녀를 망치라는 별명으로 불렀다. 우리 엄마보다 매질을 더 많이 했기 때문이다.

다린은 달랐다. 내가 보기에 다린은 우리가 가장 좋아했던 만화 속 히어로들과 같은 성품을 갖추고 있었다. 다린에게는 아쿠아맨의 지조와 진실함, 그리고 『록키와 불윙클*Rocky and Bullwinkle*』에 나오는 피보디의 지능이 있었다. 그는 타고난 지도자였고 운동 신경도 뛰어났다. 다린은 나의 똑똑한 동료이자 나에게 영감을 주는 존재였다. 그 덕분에 나는 단순히 이상하고 유별난 존재가 아니라 똑똑한 사람이라는 것에 만족할 수 있었다. 특히, 가장 중요했던 것은 다린이 상냥함을 갖췄다는 점이다. 다린은 내가 보호받고 사랑받을 가치가 있는 것처럼 나를 대한 첫 번째 사람이었다.

다린과 나는 친한 친구들이 하는 모든 일을 함께했다. 우리는 매일 거리에서 터치풋볼을 하면서 놀았다. 우리는 뉴올리언스 동부 끄트머리에 있는 하천과 숲도 탐험했다. 인근 주택단지에 있는 수영장에 몰래 들어갔다가 붙잡혀서 쫓겨날 때까지 신나게 놀기도 했다.

집에서는 보드게임, 카드놀이, 상상하기 놀이를 했다. 우리 둘 모두 동물에 관심이 많았다. 우리가 가장 좋아했던 텔레비전 프로그램은 「자크 쿠스토의 바닷속 세계」 그리고 「와일드 아메리카」였고, 우리는 매주 함께 이 프로그램들을 시청했다. 다린은 나의 좋은 경쟁자 역할도 해주었다. 우리는 함께 경쟁하면서 더 빠르게 달리고 더 똑똑해지고 더 유쾌한 사람이 되기 위해서 노력했다. 무엇보다도 가장 좋았던 것은 바로, 다린이 나에게 책을 구하는 방법을 알려주었다는 점이다.

일곱 살 때부터 나는 손에 잡히는 것은 무엇이든 읽기 시작했다. 그렇다고 엄청 많이 읽은 것은 아니다. 집구석에서 성서 말고 구할 수 있었던 읽을거리는 엄마가 보던 월간지 「리더스 다이제스트*Reader's Digest*」뿐이었으니까. 나는 더 많은 책들에 굶주렸다. 그러나 우리 동네에 있던 유일한 공공 도서관은 이미 문을 닫고 강 건너 다른 동네로 이전한 뒤였다.

그때 나를 구해준 것이 다린이었다. 그는 「리더스 다이제스트」에 있는 광고를 잘라서 "후불 결제"라는 네모 칸에 표시를 하고 그곳에 나와 있는 주소로 보내기만 하면, 한 달에 한 번 책을 보내주는 월간 북클럽에 가입할 수 있다는 것을 알아냈다. 다린은 그 광고의 가장 아래에 아주 작은 글씨로 쓰인 부분을 읽어주었다. "회원 가입은 18세 이상만 가능합니다." 그러면서 내가 아직 어린아이이기 때문에 제대로 된 계약이 성립하지 않으므로, 돈을 내지 않아도 나를 감옥에 넣을 수는 없을 것이라고 설명했다.

그래서 나는 월간 북클럽에 가입했고, 매달 우편으로 책을 받기 시작했다. 우리 집의 다른 사람들이 모두 텔레비전을 보거나 카드놀이를 하는 동안, 나는 침실에 숨어서 아마추어 탐정 낸시 드루가 등장하는 소설이나 『도깨비가 너를 잡으러 갈 거야*The Goblins Will Get Ya*』처럼 유령이 등장하는 섬뜩한 공포 소설에 머리를 박고 열심히 읽었다. 그러고는 에드거 앨런 포의 단편 소설로 갈아탔다. 아쉽게도 얼마 후에 내가 돈을 보내지 않는 것에 지친 북클럽이 새로운 책을 더는 보내주지 않았다. 그래서 이번에는 또다른 북클럽인 타임 라이프 북클럽에 가입했고, 자연, 동물 그리고 고대古代와 관련된 책들을 받아보기 시작했다.

나를 가장 매료시켰던 책은 이디스 해밀턴Edith Hamilton의 『그리스 로마 신화*Mythology*』였다. 나는 이 책의 표지에 그려진 그림 때문에 4월에 읽을 책으로 이 책을 주문했다. 표지에 토가를 입은 한 남자가 날개 달린 말을 타고 하늘을 날며 황금 화살을 쏘고 있는 그림이 있어서 슈퍼히어로 만화책처럼 보였던 것이다.

실제로 그리스 신화 속 영웅들은 만화책에 등장하는 초능력을 가진 슈퍼히어로들과 많이 비슷했다. 다만, 신화 속 영웅들에게는 그들을 지켜주는 위대한 신들이 있었다. 신들이 보살펴주지 않으면 영웅들에게는 끔찍한 일이 벌어졌다. 그리스 신화에서는 신들과 좋은 관계를 유지하는 것이 강한 엄마와 아빠를 만나는 것만큼 아주 중요한 일이었다. 신의 마음에 쏙 드는 행동을 하면 가호를 받을 수 있지만, 신에게 거역하면 비참한 최후를 맞이했다. 나는 신화를 읽으며 나의 삶에서 마주친 강한 어른들의 모습을 떠올렸다.

보잘것없는 인간이 감히 신들의 물건을 훔치거나 신이 정한 규칙을 위반하면, 신들은 다시는 거스를 생각을 하지 못할 정도로 끔찍한 짓을 하는 갱스터들처럼 응징했다. 신에게서 불을 훔쳤던 남자는 거대한 바위에 묶인 채로 매일 거대한 독수리에게 간을 뜯어 먹히는 벌을 받았다. 또다른 사람은 매일같이 언덕으로 무거운 바위를 밀어올려야 하는 벌을 받았는데, 바위는 계속 경사를 따라서 굴러 내려갔고 그의 벌은 영원히 끝나지 않았다.

정말로 똑똑한 사람이 아니라면 신들의 진노를 피할 길이 없었다. 신화에 등장하는 인물들 중에서 내가 가장 존경했던 영웅은 헤라클레스와 같은 근육질의 남자도 아니었고, 아이아스나 아킬레우스같이 용맹한 전사도 아니었다. 나는 똑똑한 머리를 활용해서 신의 벌을 피했던 오디세우스와 같은 사람이 되고 싶었다. 오디세우스는 트로이 전쟁을 치르고 집으로 돌아가기까지 무려 10년이 걸렸고 그 과정에서 그의 배와 부하들을 모두 잃었다. 그러나 그는 누구보다도 영리해서 유일하게 살아남을 수 있었다.

그리스 신화에서 가장 무시무시했던 것은 바로 신과 사람을 구분할 수가 없다는 점이었다. 신들은 가끔씩 땅 위를 걷기 위해서 사람, 심지어 동물의 모습으로 변신할 수 있었다. 그리고 만약 운 좋게 신들의 총애를 받아서 미래를 내다보거나 새처럼 하늘을 날 수 있는 특별한 능력을 얻게 되더라도, 거의 언제나 그 정도가 너무 지나쳐서 도리어 문제가 되고는 했다. 빈민가에서 너무 지나치게 반짝였던 나의 자전거가 문제를 일으켰던 것처럼.

하늘에서 빠른 속도로 내려오는 존재가 나를 올림포스까지 데려가려는 날개 달린 말인지, 아니면 간을 쪼아 먹으려는 독수리인지 겉모습만으로는 결코 구분할 수 없다.

8

나의 날개 달린 말은 어느 토요일 오후에 한창 체스를 두고 있을 때 찾아왔다.

다린은 내가 아홉 살이 되자마자 체스를 알려주었다. 토요일마다 우리는 「타임스 피키윤*Times Picayune*」의 스포츠란에 소개되는 유명한 체스 선수들의 기보를 따라서 체스를 두고는 했다. 그날 토요일 아침 신문에는 1972년 세계 체스 선수권 대회의 제6경기인 보비 피셔Bobby Fischer와 보리스 스파스키Boris Spassky 선수의 경기가 소개되었다. 기사는 피셔가 퀸스 갬빗 거절 전략과 타르타코워 방어 전략을 잘 조합해서 승리를 거머쥐었다고 설명했다. 시실리안 방어, 하르위츠 공격, 그리고 포이즌드 폰 바리에이션 등 체스 전술의 이름들은 마치 갱단 사이에서 벌어지는 전쟁처럼 들렸다. 실제로는 피 한 방울 흘리지 않고 상대를 제압하고 무찌를 수 있다는 점 때문에 나는 체스를 아주 좋아했다.

다린과 나는 신문 기사의 체스 기보를 따라 해보고 나서는 신문을 보지 않고 경기를 똑같이 복기하는 연습을 했다. 우리는 기억나는 데까지는 최대한 복기를 했고, 그 이후부터는 직접 두면서 승부를 보았다. 다린은 나보다 오래 전부터 체스를 두었다. 그러나 나는 말들의 움직임을 더 잘 기억했고, 다음 수도 보통 사람들보다 더 잘 읽었다. 체스 판은 총 64칸의 작은 정사각형들로 이루어져 있지만, 약간 다른 방식으로 보면 그 작은 정사각형들로 이루어진 더 큰 정사각형들을 볼 수 있다. 체스

판 속에 있는 다양한 크기의 여러 정사각형들을 모두 더해보면(64+49+36+25+16+9+4+1) 실제로는 총 204개의 서로 다른 정사각형들이 있는 셈이다. 이 204개의 정사각형을 모두 활용하면 다음 수도 더 많이 내다볼 수 있다. 다린이 두세 수 정도 놓는 동안 나는 대여섯 수를 계산했다.

그날 아침 나는 백말로 체스를 두었다. 한 시간 내내 보비 피셔 선수의 체스에 푹 빠진 채, 그가 경험했을 초인의 수준을 느끼고 있었다는 뜻이다. 피셔는 치명적인 결함이 있는 그리스 신화 속 영웅과도 같았다. 그는 엄청난 천재였지만 너무 비범한 나머지 나중에는 정신이 나가버렸고, 1972년 세계 챔피언이 된 지 3년 만에 체스계에서 사라졌다. 마치 하찮은 인간의 운명을 두고 신들이 할 법한 무서운 운명의 장난 같았다.

우리가 24번째 수를 두고 있는데, 거실에 있던 지니가 나를 불렀다. "릴 제임, 여기로 와봐." 그러나 나는 다린의 룩을 노리던 중이었고 다린이 파놓은 함정에 빠지지 않기 위해서 꼼꼼하게 체스 판을 살펴보느라 못 들은 척했다.

"릴 제임!" 그녀가 소리쳤다. "내가 올라가기 전에 빨리 내려와!"

결국 하는 수 없이 우리는 게임을 멈췄다. 그리고 아이스티를 마시면서 담배를 피우고 있는 어른들 쪽으로 어슬렁어슬렁 걸어갔다. 엄마와 지니 그리고 누구인지 모르는 남자 몇 명과 여자가 있었다. 다린과 나는 소파 끝에 살짝 앉았다. 빨리 체스를 두러 돌아가고 싶어서 푹 앉지는 않았다.

"너 저 사람이 누군지 알아?" 지니가 한 남자를 가리키면서 물었다. 챙이 넓은 모자를 쓰고 턱수염이 더부룩한 남자였다. "저 남자 무릎에 앉아봐."

"이리 오렴, 애야." 그 남자가 웃으면서 말을 걸었다. "해치지 않을게." 내가 똑똑히 기억하는 목소리였다. 나는 그가 시키는 대로 남자의 무릎에 앉았다. 주위를 둘러보니 모든 어른들이 나를 지켜보며 뿌듯한 미소를 짓고 있었다.

“저 사람이 바로 네 아빠야!” 지니가 높은 소리로 시끄럽게 웃음을 터뜨리며 말했다.

나는 엄마를 쳐다보았다. 엄마는 아무 말도 하지 않았다. 고리 모양으로 담배 연기를 뻐끔뻐끔 내뱉으면서 묘한 표정으로 우리를 바라볼 뿐이었다. 나는 그런 엄마를 보면서, 물담배를 피우며 앨리스에게 “너는 누구니?”라고 묻던 『이상한 나라의 앨리스*Alice in Wonderland*』 속 애벌레가 떠올랐다. 엄마의 의미심장한 미소가 새삼스럽지는 않았다. 그러나 앞으로 나에게 뭔가 평범하지 않은 일들이 벌어질 것을 암시하는 듯했다. 상황이 크게 바뀌고 있었다.

솔직히 말해서 우리 가족이 갑작스럽게 서쪽으로 떠난 이후로 나는 수년간 아빠라는 존재를 생각해본 적이 없었다. 엄마는 아빠 이야기를 거의 하지 않았다. 아빠는 특별한 날에도 전화 한 통 하지 않았고 모습도 보이지 않았다. 주변에 있는 다른 애들도 아빠가 없는 경우가 많았기 때문에, 아빠의 목소리와 침대가 불타던 순간의 모습만 어렴풋하게 기억하는 것이 이상하다고 생각하지도 않았다.

그런데 지금 나의 아빠라는 사람이 눈앞에 있었다. 그에게서 풍기는 땀 냄새와 풀 냄새 그리고 남자 향수 냄새를 바로 맡을 수 있을 정도로 아주 가까운 거리에. 나는 고개를 올리고 그 남자의 얼굴에서 나의 얼굴을 찾을 수 있는지 샅샅이 살펴보았다. 그는 밝은 피부색과 회색빛의 눈동자를 가지고 있었다. 나의 눈동자와 피부는 모두 어두운 색이었다. 그는 얼굴도 잘생겼고, 나의 덥수룩한 머리와는 달리 매력적인 아프로 머리와 멋진 몸매를 가지고 있었다. 친절했고 당당해 보였다. 나는 가만히 앉아 있을 줄도 모르는, 덧니가 난 음침한 남자아이였다. 어쩌면 저 사람은 절대로 아빠가 아닐지도 몰라.

곧이어 어른들은 다린과 나는 신경도 쓰지 않고 어른들만의 대화를 나누기 시작했다. 우리는 소파에 앉아서 어른들을 지켜보았다. 나는 아빠라는 그 사람에게서 눈을 뗄 수 없었다. 나는 그에 대해서 더 많은 것을 알고 싶었다. 나는 그가 미소를 지을 때마다 다른 사람들도 모두 미소를 짓고 웃는다는 것을 깨달았다. 심지어 평소에는 잘 웃지도 않던 엄마조차 말이다. 그는 뉴올리언스의 사람들과는 전혀 다른, 아름다운 목소리와 매력적인 말투를 가지고 있었다. 그는 매력적인 남자였고, 모두들 그에게 호감을 느낀다는 것을 눈치챌 수 있었다.

아빠는 돌아갈 때 나를 바라보며 말했다. "너를 데리고 파이니 우즈에 있는 우리 집으로 갈 거야. 곧 그럴 거다."

엄마에게 파이니 우즈에 대해서 묻자 엄마는 그저 고개를 저었다. "그냥 시골이야." 엄마의 태도를 보고 엄마가 시골에서 살고 싶어하지 않는다는 것을 바로 느낄 수 있었다. 엄마는 뉴올리언스 동부 같은 도시가 좋았던 것이다.

9

바로 그다음 주 토요일에 아빠는 약속한 대로 나를 파이니 우즈로 데리러 왔다. 나는 그의 작은 트럭 앞좌석에 그와 나란히 올라탔다. 마을 바깥으로 떠나던 중에 아빠는 데일 거리와 셰프 멘추어 고속도로가 만나는 길모퉁이에 있는 한 정육 식료품점에 들렀다. 트럭에서 내린 아빠가 나에게 가게에 같이 들어가자고 손짓했다. 아빠는 곧장 카운터로 걸어가서 음식을 주문했다. 제대로 된 음식을 말이다. 아빠는 심지어 가격을 따지지도 않았다. 그는 볼로냐 소시지와 살라미 소시지 큰 덩어리, 치즈, 그리고 크래커 한 상자를 샀다.

아빠는 카운터 너머의 점원과 대화를 나누고 농담을 주고받았다. 둘은 잘 아는 사이처럼 보였다. 카운터 점원이 아빠에게 내가 누구냐고 물었다.

"네 이름을 말씀드리렴." 아빠가 말했다.

"저는 제임스 플러머 주니어입니다." 내가 말했다. 내가 이름을 말하자마자 아빠는 큰 소리로 껄껄 웃었다. 엄마와 브리짓, 그리고 지니는 나를 릴 제임이라고 불렀지만, 다른 사람들은 모두 나를 플러머 또는 제임스 플러머 주니어라고 불렀다. 나는 아빠의 이름이 애초에 제임스 플러머일 것이라고는 생각해본 적이 없었다.

우리는 트럭으로 돌아와서 앞좌석에 앉아 음식을 먹기 시작했다. 아빠는 허리춤에 차고 있던 칼집에서 작은 단도를 꺼내서 음식을 잘랐다.

평소에 굶거나 빻은 옥수수와 마가린을 하루에 겨우 두 번 먹는 데에 익숙했던 나에게 그날의 식사는 만찬이나 다름없었다. "천천히 먹어라, 제임스 플러머 주니어." 아빠가 말했다. "그러다가 배 찢어지겠다."

우리가 59번 도로에 다다랐을 때 나는 자동차 앞좌석의 수납장에서 지도를 하나 발견했다. 지도를 본 나는 지금 내가 달리는 길이 미시시피 주 중부에 위치한 켈리 힐로 향하는 약 260킬로미터의 고속도로임을 알 수 있었다. 계산해보니 차로 3시간 정도는 걸릴 듯했다. 나는 아빠와 잘 지내고 싶었고 아빠에게서 더 많은 이야기를 듣고 싶었다. 그래서 아빠에게 농담 몇 개를 던졌다. 내가 「잘 돌아왔어, 코터」와 같은 텔레비전 프로그램에서 들었던 몇 가지 바보 같은 농담들 말이다. 아빠는 나의 농담에 웃음을 터뜨렸고 나는 계속해서 비슷한 이야기들을 했다. 그러다가 슬그머니 아빠와 그의 가족들에 대한 질문을 던졌다. 농담들 사이사이에 아빠에게 질문을 최대 몇 개나 할 수 있을지 가늠하기 위해서 나는 고속도로의 거리 표지판들을 확인했다. 출발한 뒤로 240킬로미터가 지났다는 표지판을 지날 때쯤이 되자, 아빠에 대해서 꽤 많은 것들을 알 수 있었다.

아빠는 미시시피 주 촌구석에 있는 한 시골 마을에서 자랐다고 했다. 아빠는 패추타라는 곳에서 태어났는데, 마을의 실제 이름은 아니고 태어난 곳에서 가장 가까운 우체국의 이름이라고 했다. 그 동네의 공식 지명은 이스트 바넷이었지만, 그 마을에는 소나무들이 아주 많이 자랐기 때문에 그곳에 사는 사람들은 자기 동네를 파이니 우즈Piney Woods라고 불렀다. 아빠가 자신이 1933년생이라고 이야기했을 때 나는 재빠르게 계산해서 아빠의 나이가 틀림없이 마흔세 살일 것이라고 말했다. "그리고 43은 소수예요." 나는 한마디를 덧붙였다.

"일레인 말에 네가 참 똘똘하다더니, 그 말이 맞나 보구나."

아빠는 파이니 우즈에 플러머, 스트리클런, 그리고 켈리라는 세 가문이 함께 산다고 말했다. 그들은 모두 자신들의 밝은 피부색, 밝은 눈동자 색, 그리고 "좋은 머릿결"을 아주 자랑스럽게 생각한다고 했다. 그들의 피부와 눈동자가 밝은 편이었던 이유는 오래 전 조상들의 가계도가 아주 복잡했기 때문이다. 아빠는 친가와 외가 양쪽에 각각 백인 아일랜드계 출신의 할아버지가 있었다. 아빠의 친가 할아버지에게는 백인 가족과 흑인 가족이 있었다. 그 할아버지는 사망할 때 자신과 성이 같지도 않은 흑인 가족들에게 클라크 지역에 있는 커다란 땅을 물려주어서 가족들을 모두 놀라게 했다.

플러머, 스트리클런, 그리고 켈리 가족들은 함께 파이니 우즈를 공유했고 서로 사이도 좋았다. 그러나 가끔씩은 서로 사이가 틀어지고 싸우기도 했다. 몇 번은 기억에 선명할 정도로 크게 싸웠다. 아빠는 오래 전에 누구의 외모가 더 괜찮은지를 두고 가족들끼리 싸우기 시작해서 결국 모두가 피를 보기까지 했다고 말해주었다.

아빠는 열한 명의 형제자매 중에서 열 번째로 태어났고 아홉 살이 되자 농장에서 일하기 위해서 학교를 그만두었다. 이후에 열세 살이 된 아빠는 고향을 떠나 뉴올리언스로 향했고, 그곳에서 하루에 25센트씩을 받으며 주차 대행 아르바이트를 했다. 아빠는 열여덟 살에 입대를 했고, 한국전쟁에 참전했다. 제대 이후에는 알래스카 주에서 잠시 머물렀는데, 그곳에서 미들급 권투 선수로 활동하기도 했다. 그러고 나서 다시 뉴올리언스로 돌아갔고 당시 세인트 버나드 패리시 지역에 새로 문을 열었던 카이저 알루미늄 공장에 취직했다. 공장의 용광로는 굉장히 뜨겁고 괴로웠고, 그래서 아빠는 탈수 때문에 기절하지 않기 위해서 하루 종일 소금 알약을 먹어야만 했다. 아무튼 카이저 공장은 주변의 다른 회사들보다 노동자들에게 더 많은 월급을 챙겨주었다.

그로부터 20년이 지난 지금까지도 아빠는 계속 그곳에서 일하고 있었지만, 항상 다른 부업도 여럿 병행했다. 플러머 가족은 파이니 우즈에 사는 가족들 중에서 가장 기업가스러운 가족이었다. 플러머 가족은 1920년대부터 밀주 사업을 해왔고, 미국 연방 정부의 금주령이 풀린 이후로도 금주령을 유지했던 클라크 지역에서 밀주 사업을 이어갔다.

우리가 켈리 힐로 향하는 59번 도로를 막 나왔을 때 아빠가 소리쳤다. "저기 봐!" 아빠는 도로 한 켠에서 땅을 마구 헤집고 있는 한 무리의 동물들을 가리켰다. 나는 예전에 책이나 「와일드 킹덤」에서 아르마딜로를 본 적은 있었지만 이렇게 가까이에서 실제로 본 것은 처음이었다. 아빠는 트럭을 도로 가장자리 한쪽에 잠시 대고는 우리 뒤에 있던 작은 사물함에서 22구경 라이플 소총을 한 자루 꺼냈다. 아빠는 운전석 문에 기댄 채로 아르마딜로를 향해서 총을 발사했다. 순간 아르마딜로가 마치 올림픽 다이빙 선수처럼 폴짝 공중제비를 돌고는 수풀 쪽으로 부리나케 도망가기 시작했다.

"자, 얘야!" 아빠가 소리쳤다. "빨리 가자!" 아빠는 한 손에 라이플 소총을 높이 들고 숲속으로 뛰어들어갔다. 나도 급하게 트럭에서 내려서 아빠 뒤를 따라갔다.

나는 뉴올리언스 외곽에 있던 공원이나 나무 몇 그루가 있던 작은 밭 말고는 이렇게 제대로 된 숲에 들어와본 적이 없었다. 나는 계속해서 나무뿌리와 덩굴에 걸려 넘어졌고 정강이에는 멍이 들었다. 그러나 나는 아빠의 사냥을 놓치지 않기 위해서 계속 그의 뒤를 쫓아 뛰어갔다. 아빠는 마치 상대의 수비 진영을 향해서 뜀박질하는 미식축구 선수 O. J. 심프슨O. J. Simpson처럼, 나무 사이사이를 춤추듯이 빠르게 달렸다. 그러다가 갑자기 멈춰서서 총을 겨누고 발사했다. 내가 아빠를 다 따라잡았을 때에는 이미 아빠가 죽은 아르마딜로 위로 몸을 숙이고 허리춤에 차고 있던 단도를 꺼낸 후였다. 아빠는 그 죽은 동물의 몸을 뒤집어서 배가 위로 향하도록 했다. 그리고 칼로 배를 푹 찌르고 머리에서 꼬리까지 몸을 반으로 쭉 갈랐다. 아빠가 갈라진 배 안에서 내장을 꺼냈다. 그 순간 아직 등껍질도 없는 아주 조그마한 어린 아르마딜로 새끼 네 마리가 내장 속에서 꿈틀거리는 모습을 볼 수 있었다. 아빠가 잡은 것은 암컷 아르마딜로였다.

"아, 젠장." 아빠가 고개를 저으며 말했다. "쳐다보지 마라."

아빠는 칼로 땅에 작은 구멍을 팠다. 그리고 그의 부츠로 작은 아르마딜로 새끼들을 구멍 속으로 밀어넣고는 흙으로 덮었다. 그러고 나서 한 손으로는 내장을 다 뺀 어미 아르마딜로의 꼬리를 잡고 다른 한 손으로는 라이플 소총을 든 채 다시 트럭으로 향했다.

10

"저녁거리 가지고 왔어!" 현관 앞에서 뒤집은 양철통 위에 앉아 콩 껍질을 까고 있던 미디 큰엄마를 향해 아빠가 소리쳤다.

미디 큰엄마는 그때까지 내가 본 가장 뚱뚱한 사람이었다. "아주 덩치가 크고 책임감이 있는 분이야." 켈리 힐에 있는 미디 큰엄마의 집까지 오는 동안 아빠가 해준 설명이었다. 큰엄마는 파이니 우즈에서 가족의 농장과 사업을 운영했다. 그녀는 아빠의 형수이자 동업자였다.

미디 큰엄마가 나를 훑어보는 동안, 나도 어이없다는 표정으로 큰엄마를 바라보았다. 그녀는 아랫입술 안쪽으로 손가락을 집어넣고는 축축하게 젖은 갈색 덩어리를 꺼냈고, 코르크 마개로 막혀 있던 유리병 속에서 마른 갈색 분말을 꺼내 입 속에 집어넣었다. 그리고 검지와 중지로 자기 입술을 꾹 누르고는 그녀 옆에 있는 입구가 가느다란 병에 갈색 가래를 주욱 뱉었다. 그러는 내내 나에게서 눈을 떼지 않았다.

미디 큰엄마는 켈리 힐에 집을 두 채 가지고 있었다. 그녀는 그중 더 큰 집에서 자신의 형제인 로지 삼촌과 헨리 삼촌, 그녀가 일손으로 고용한 윌, 그리고 열여섯 살인 나의 이복누나 앤드리아와 함께 지냈다. 나의 아빠는 앤드리아의 아빠이기도 했다. 켈리 힐에서 아빠와 함께 자랐던 앤드리아의 엄마는 앤드리아가 아직 아기였을 때 디트로이트로 떠나 버렸다. 자식이 없었던 미디 큰엄마가 앤드리아를 길렀다.

앤드리아는 아빠가 잡아온 아르마딜로를 끌고 건물 안으로 들어갔다. 나도 그녀를 따라서 들어갔다. 그녀는 아르마딜로를 화덕 속의 시뻘건 석탄들 위로 던져놓았다. 아르마딜로가 잘 구워지자, 그녀는 꼬리를 당겨서 아르마딜로를 꺼내더니 마치 생선을 손질하는 것처럼 껍질을 벗겼다. 그러고 나서 예리한 긴 칼로 작게 조각을 냈고, 등껍질과 다른 모든 부위들을 커다란 철제 냄비에 집어넣었다. 잘게 썬 양파, 푸른 콩, 그리고 감자를 냄비에 집어넣고는 그 냄비를 석탄 위에 올려놓았다.

"다른 형제들도 만나봤어?" 앤드리아가 물었다. 그녀는 나에게 아빠의 또다른 두 아들, 바이런과 피온에 대해서 이야기해주었다. 나의 이복형제인 바이런과 피온은 그들의 엄마인 캐리와 함께 뉴올리언스에서 살고 있었다. 알고 보니 아빠는 엄마를 만나기 바로 몇 년 전에 캐리와 바이런을 낳았다. 엄마가 침대에 불을 지른 후에, 아빠는 캐리와 결혼했고 나보다 네 살 어린 피온이 태어났다. 앤드리아는 나에게 뉴올리언스에서 사는 욜란다라는 이름의 또다른 여자 형제가 더 있다고 이야기해주었다. 그러나 나는 도대체 욜란다의 엄마는 또 누구인지, 아빠와는 또 어떻게 연결되는지 다 이해하기가 어려웠다.

나는 앤드리아에게 종이와 연필을 빌려서는 블랙베리 나무처럼 가지가 여러 가닥으로 복잡하게 얽힌 우리 가족의 가계도를 그려보았다. 가계도의 중심에는 아빠의 이름이 있었고, 아빠를 중심으로 세 개의 서로 다른 주에 흩어져 사는 아빠의 모든 자식들과 아내들의 이름이 연결되었다. 마치 제우스의 복잡한 가계도 같았다. 그 이름들이 나의 형제, 자매들에 대해서 내가 알 수 있는 유일한 것이었다.

미디 큰엄마의 집에 전기는 들어왔지만 수도 배관은 없었다. 그래서 우리는 매번 펌프로 물을 퍼서 생활해야 했고 옥외 화장실을 써야 했다. 집이 화려하지는 않았지만, 켈리 힐 농장은 모든 가족들을 거둬들이기에 충분했다. 아빠가 바비큐 맛이 날 것이라고 이야기했던 아르마딜로로 저녁 식사를 하는 동안, 나는 미디 큰엄마의 농장에 거위, 오리, 암컷 뿔닭, 닭, 소, 돼지, 그리고 수퇘지까지 있다는 것을 알게 되었다. 거기에 더해서 언덕 한 켠에는 1만2,000제곱미터에 달하는 채소 농장과 쟁기질하는 노새도 한 마리 있었다.

나는 잠자리에 들기 전에 오줌이 마려워서 바깥으로 잠깐 나왔다. 달빛도 없는 어두운 밤이었다. 도시에서는 그렇게까지 무서울 정도로 깜깜한 밤하늘을 본 적이 없었다. 너무 어두워서 중간중간 농기구에 발이 걸려 넘어지기도 했다. 먼지 냄새도 도시와는 달랐다. 무엇인가 살아 있는 듯한 느낌이 들었다. 켈리 힐에 있는 모든 것이 낯설고 이상했다. 숲. 음식. 동물들의 소리와 냄새. 심지어 그곳 사람들의 대화 소리도 마치 레코드 판을 거꾸로 재생하는 것처럼 기묘하게 들렸다.

아주 천천히, 어둠 속을 더듬으면서 나는 조심스럽게 건물 바깥에 있는 화장실까지 걸어갔다. 나는 볼일을 보고 나서 다시 방으로 돌아갈 수 있도록 발걸음의 개수를 세었다. 그때 갑자기 목소리—아빠인가?—가 들렸다. "얘야, 위를 봐!"

마치 밤하늘에 10만 개가 넘는 구멍이 뚫려 있는데 그 너머에서 무엇인가가 밝게 빛나고 있는 것만 같았다. 밤하늘의 별들은 굉장히 멀리서 빛나는 것처럼 보이는 동시에 손을 뻗으면 충분히 닿을 것처럼 보였다. 너무나 혼란스러웠다. 내가 굉장히 작은 존재이자 아주 거대한 존재인 것처럼 느껴졌다. 아빠가 차에서 뛰어내려서 아르마딜로를 향해서 총을 쏜 후에 내장을 꺼내는 모습을 처음 목격했을 때처럼. 하나, 둘, 셋.

나는 그 자리에 그대로 서서 별빛으로 가득한 하늘을 계속 올려다보았다. 그 많은 별들의 개수를 어떻게 다 세어야 할지 감조차 오지 않았다. 그러나 나는 분명 밤하늘의 별들을 모두 세고 싶었다.

11

시골에서 생활하면서 내가 가장 먼저 배운 것은 모두가 일찍 일어난다는 점이었다. 앤드리아는 다음 날 아침에 이른 새벽부터 나를 흔들어 깨우고는, 밤사이 채워진 변소통 안의 내용물을 비우고 돼지들에게 먹이를 주고 닭에게 모이를 주는 일을 돕게 시켰다.

아침 식사로 팬케이크와 사탕수수 당밀을 먹자마자 아빠와 나는 여름 농작물이 잘 자라고 있는지 살펴보기 위해서 언덕으로 올라갔다. 마치 동화책에 나오는 농장 같았다. 심지어 허수아비까지 있었다. 우리가 농장을 둘러보는 동안 아빠는 셔츠를 벗어 트럭에 두었다. 아빠는 건장한 근육질 몸매였다. 어렸을 때에는 농장 일을 했고, 20년간 카이저 알루미늄 공장의 용광로에서 무거운 알루미늄 통을 나르면서 그런 탄탄한 몸을 갖게 되었을 것이다. 토마토와 오이, 치커리 밭 사이로 걸어가는 아빠의 모습을 보면서, 알래스카 주의 수어드나 페어뱅크스 같은 도시에서 연기가 자욱한 링 위에서 싸우는 젊은 권투 선수 시절의 아빠 모습을 떠올릴 수 있었다. 나의 눈에 아빠는 그리스 신화 속 페르세우스나 헤라클레스 같은 반인반신과도 같았다. 그렇다면 나는 그런 아빠의 아들이니까, 4분의 1은 신인 것이다!

아빠가 키가 큰 옥수숫대 사이로 사라졌고 나는 아빠를 따라 밭으로 향했다. 줄지어 자란 옥수수들 사이로 덤불이 무성한 식물들이 잡초처럼 자라 있었다. 아빠가 그 식물들을 자세히 살펴보는 모습을 보고서야 나는 그게 바로……대마초라는 것을 깨달았다! 나는 거리 모퉁이에서나 카드놀이 파티에서 사람들이 모여 대마초를 피우던 장면을 본 적이 있었다. 엄마도 잠자리에 들기 전에 대마초를 피우면서 긴장을 풀고는 했다. 그러나 땅에서 자라는 대마초를 본 것은 처음이었다.

앤드리아가 나에게 가족의 사업에 관한 힌트를 주었다. 미디 큰엄마는 집 앞에서 5달러짜리, 10달러짜리 마약 봉투를 팔았고, 아빠는 그것들을 뉴올리언스로 가져가서 더 큰 단위로 팔았다. 클라크 지역에서는 여전히 금주령이 시행되고 있었기 때문에, 미디 큰엄마는 머리디언에서 양주를 트럭째 공수해와서 집 앞에서 팔기도 했다. 소프트볼 경기가 열리는 주말이면 미디 큰엄마와 헨리 삼촌은 트럭 뒤에서 맥주를 팔았다.

그날 오후, 아빠는 나를 데리고 파이니 우즈를 드라이브했다. 우리는 미시시피 주 바깥에 있는 가장 가까운 도시인 로럴로 이어지는 11번 고속도로를 달렸다. 우리가 재스퍼 지역으로 들어가는 경계를 넘자마자 아빠는 어떤 표식도 없는 작은 건물 앞에 차를 댔다. 판잣집보다 별로 크지 않은 건물에 아무런 간판도 붙어 있지 않았지만 아빠는 그 건물을 B&M 술집이라고 불렀다. 건물 안에는 당구대, 바, 그리고 건물 뒤쪽 테라스로 이어지는 무대가 있었다. 화창한 일요일인 그날, 건물 안에는 손님이 한 명도 없었지만 텅 빈 맥주병들과 가득 찬 재떨이를 보면서 전날 밤에는 손님들로 바글거렸을 것임을 알 수 있었다.

우리가 술집 안으로 들어가자 보비 켈리가 바 밖으로 나와서 아빠와 포옹을 나누었다. 보비는 맥주 한 병을 따서는 아빠 앞에 내려놓았다.

"보비 사촌에게 네 이름을 말해주렴." 내가 뭐라고 대답할지 이미 알고 있는 아빠가 껄껄 웃으며 말했다. 내가 "제임스 플러머 주니어입니다"라고 말하는 동안, 보비가 나에게 루트 비어(갈색 빛깔의 탄산음료/옮긴이) 한 병을 따서 손에 쥐어주었다. 나는 아빠의 웃음 소리를 듣는 것이 좋았다.

다시 트럭을 몰고 파이니 우즈로 돌아오면서 아빠는 미디 큰엄마와 함께 보비 사촌의 B&M 술집을 살 계획이라고 이야기해주었다. 그리고 그곳을 엄마가 운영할 것이라고도 했다. 브리짓과 앤드리아도 그 술집에서 일할 수 있었다. 새로운 집을 구하기 전까지는 엄마와 브리짓 그리고 내가 미디 큰엄마의 집에서 함께 지내게 될 것이라고 했다.

"넌 이제 퀴트먼 초등학교를 다닐 거야." 아빠가 나의 어깨를 한 손으로 두드리고는 세게 움켜쥐었다. "바로 이 아빠가 다녔던 학교지."

그렇게 나는 시골로 가게 되었다.

12

미시시피 주의 촌구석이 과학 연구자로 성장할 수 있는 터전이라고는 생각도 못 할 것이다. 그러나 놀랍게도, 나는 미디 큰엄마의 농장에서부터 멀고 먼 은하계로 향한 여정을 이끌어준 나의 근면성실한 습관을 바로 그곳에서 길렀다.

브리짓과 나 그리고 엄마는 그해 7월 미디 큰엄마의 집으로 이사했다. 그러나 켈리 힐에서의 여름은 빈둥거릴 틈이 없는 가장 바쁜 시기였다. 농장에서의 삶은 마치 누가 더 최선을 다하는지를 두고 경쟁을 벌이는 것처럼 느껴졌다. 모두가 대가족의 일원이었고, 모두가 농장 일, 대마초와 술 사업, B&M 술집 일, 그리고 도배, 지붕 수리, 공사 등 추가 수입을 버는 다양한 부업까지 가족들의 모든 사업에 동원되어 일을 도왔다.

우리는 매일 아침 일찍 일어나서 각자 맡은 일을 했다. 동이 트기 전에 일을 시작하는 것이 무더운 시골 마을에서 여름을 나는 방법이었다. 나의 새로운 룸메이트인 헨리 삼촌은 아침마다 양손을 벌벌 떠는 신경질적인 술주정뱅이였는데, 그조차도 오후가 되어 쉬면서 술을 마시기 전까지는 아침 내내 괭이질을 하고 밭을 일구고 장작을 패고 돼지들을 거세하는 일을 했다.

우리가 이사를 온 첫날부터 미디 큰엄마는 나에게 "이 집안에서 밥 얻어먹고 싶으면, 저기 망할 닭들이랑 돼지들한테 먹이를 챙겨줘야 할 거다"라고 이야기했다. 그래서 나는 아침으로 팬케이크를 먹자마자 뒤뜰에 있는 닭장으로 향했다. 모이를 뿌리자 닭들이 주변에 모여들었다. 얼굴은 하얀색인 검은 뿔닭 수십 마리도 닭장 주변으로 달려들었다. 그때 수탉들이 암탉 뒤를 쫓아 암탉의 등 위에 올라타고는 암탉의 목에 난 깃털을 부리로 꽉 물었다. 그러면서 날개를 아래로 접었다. 몇 초 후에 수탉들은 뛰어내리더니 가버렸다. 암탉들은 다시 자리를 털고 일어서서 깃털을 고르고 아무 일도 없었다는 듯이 계속 모이를 먹었다.

방금 본 장면이 대체 무슨 상황인지는 바로 이해하지 못했지만, 나는 그 일이 계란과 어떤 관련이 있는지 궁금했다. 나는 훈제실 옆 그늘진 공간에서 그 답에 대해서 생각해보려고 했다. 그런데 바로 그 순간 발끝에 무엇인가가 불타는 듯이 따끔거리는 느낌이 들었다. 내가 붉은개미 떼 위에 서 있었던 것이다. 나는 깜짝 놀라서 날아갈 듯이 재빠르게 집으로 달려갔다.

"이런 징그러운 벌레를 집 안에 들이지 마!" 엄마는 나를 현관으로 쫓으며 소리를 질렀다. 개미에게 물린 다리를 치료하기 위해서 엄마가 가져온 얼음은 아침 더위에 30초 만에 다 녹아버렸다.

모든 것이 살아 있으며 나에게 달려들거나 나를 물거나 독이 오르게 만든다. 시골 생활을 통해서 나는 이 세 가지를 배웠다. 뉴올리언스에서는 모기와 바퀴벌레를 아주 많이 보았다. 그러나 도시의 해충들은 켈리힐에서는 5분도 버티지 못할 것이다.

농장과 주변 숲을 더 많이 알게 되면서, 공격적인 식물과 해충들에 대해서도 더 많이 알아가기 시작했다. 붉은개미는 머리에는 집게가, 엉덩이 끝에는 침이 있었다. 말파리들은 낮에는 밖에서 공격했고 밤에는 집으로 들어와서 괴롭혔다. 누군가가 "집에 말파리 들어왔어!"라고 소리치면, 모두들 말파리를 내쫓아야 했다. 집으로 날아들어온 말파리가 잡힐 때까지 누구도 잠자리에 들 수 없었다. 그냥 잠에 들면 밤새 말파리가 우리를 깨물었고 몸에는 고통스러운 상처가 남았다.

도꼬마리 덤불은 뾰족한 가시로 덮여 있었고 그래서 그 위를 우연히 밟으면 아주 고통스러웠다. 숲속 덤불에 발이 걸리면 빠져나오기까지 30분이 걸리기도 했다. 최악은 독이 있는 오크 나무와 담쟁이 덩굴이었다. 한 번이라도 잘못 건드리면 심한 발진이 몸 곳곳에 퍼졌다.

나는 거의 매일 쏘이거나 물리거나 발진이 나서 엄마나 미디 큰엄마에게 달려가 펑펑 울었다. 미디 큰엄마는 엄마에게 담뱃잎을 씹은 다음에 입에서 나오는 갈색 액체를 뱉어서 발진이 난 부위에 바르라고 시켰다. 엄마는 담뱃잎을 씹는 것이 촌스러운 시골뜨기 행동이라고 생각했지만 미디 큰엄마는 담뱃잎을 씹은 물을 만병통치약으로 생각했고, 집안에서 그 누구도 큰엄마의 말을 거역할 수는 없었다.

살점을 깨무는 해충과 독초들 때문에 나의 피부는 항상 끔찍한 모습이었다. 나는 상처나 발진을 항상 벅벅 긁고는 했고, 집에 있는 다른 사람들은 큰소리로 화를 냈다. "하느님, 맙소사! 릴 제임, 내가 긁지 말라고 했지!" 엄마나 브리짓, 앤드리아, 미디 큰엄마가 나에게 소리를 질렀다. "망할 단 1분만이라도 긁지 말고 가만히 좀 있으면 안 되겠니?"

그러나 신은 마치 욥에게 그러했듯이 나에게 고난을 내렸다. 나는 집 안에서 숨어서 몸을 긁을 수 있을 만한 장소를 찾아다녔다. 나는 다린이 너무나 그리웠다. 다린이 체스를 두고 공놀이를 하고 「와일드 킹덤」을 함께 볼 새로운 친구를 사귀었을지 너무나 궁금했다. 그는 힘겹게 견뎌야 하는 켈리 힐에서의 진짜 야생 이야기를 결코 믿지 못할 것이다.

시골 생활은 불쾌했고, 도시의 삶 못지않게 살아남기 위해서 싸워야만 했다.

13

나는 피부 문제 때문에 밭에서 일을 할 수가 없었다. 그러자 미디 큰엄마는 집 안에서 할 수 있는 일을 시켰다. 아침마다 변소통을 비우고, 펌프로 물을 길어오고, 물을 끓이는 데에 필요한 땔감을 가져와야 했다. 게다가 이 모든 일을 아침 식사 전에 끝내야 했다! 그러고 나서는 닭과 돼지들에게 먹이도 주었다.

집안일 중에 내가 가장 기다렸던 일은 대마초를 다듬고 포장하는 일이었다. 대마초를 수확하면 그것을 훈제실 안에 걸어두고 말렸다. 그리고 마른 대마초를 커다란 자루에 옮겨 담은 다음, 방으로 가져와서 커다란 분홍색 빨래통 안에 쏟아부었다. 대마초는 줄기대와 잎, 씨앗으로 구성되어 있었다. 우리는 저녁을 먹으면 거실에 모두 빙 둘러앉아서 음악을 들으며 대마초를 다듬고 5달러, 10달러짜리 봉지 안에 넣었다.

나는 엄마가 대마초를 다듬는 모습을 평생 동안 보았지만, 그래 봐야 대마초 담배 한두 대를 말기 위한 양 정도였다. 앤드리아는 내게 한 번에 한 움큼씩 대마초를 다듬는 방법을 알려주었고 나는 곧 그 노하우를 터득했다. 나는 오하이오 플레이어스의 최신 더블 앨범을 무릎 위에 펼쳐놓고 앉아서 두 장의 앨범을 직각으로 세우고는, 대마초 잎은 남고 씨앗과 줄기는 앨범 커버를 타고 미끄러져 내려가게 했다. 나는 내가 마치 오하이오 플레이어스의 리드 싱어 슈거풋만큼 멋쟁이가 된 것 같은 기분이 들었다. 슈거풋은 커다란 아프로 머리를 하고, "메시아"라는 별명이 붙은 더블 넥 기타를 연주했다. 오하이오 플레이어스의 앨범 커버에는 항상 섹시한 여성의 사진이 있었다. 그중 가장 섹시하다고 생각한 앨범 커버는 최근에 발매된 「허니」였다. 그 앨범 커버에는 캐러멜 빛깔 피부색의 한 여성이 완전히 발가벗은 채로 한 손에는 꿀단지를 들고 다른 손으로는 한 숟가락 가득 꿀을 퍼서 고개를 쳐들고 입에 털어넣는 모습이 있었다. 그 앨범의 안쪽에는 같은 여성이 온몸에 꿀을 덕지덕지 바르고는 뒤쪽으로 비스듬하게 몸을 기대고 있었다.

나는 트럼프 카드를 이용해서 비스듬하게 기울어진 앨범 커버 속 여성의 몸 위에 대마초를 쓱 밀어올렸다. 대마초 씨앗은 그녀의 가슴과 배와 다리를 타고 아래로 굴러 내려갔다. 다듬어진 대마초가 적당량 모이면, 성냥갑을 이용해서 봉지 안에 넣을 양을 쟀다. 성냥갑 하나만큼의 양은 5달러짜리, 성냥갑 두 개만큼의 양은 10달러짜리였다. 아빠는 더 큰 대마초 봉지를 따로 만들었는데, 그 안에 담긴 대마초를 평평하게 펴 놓으면 아빠 손가락으로 세 마디 정도의 높이가 되는 양이었다. 우리가 대마초를 다듬고 포장하는 동안 오하이오 플레이어스의 노래가 흘러나왔다.

사랑스러운 아이야, 너는 꿀벌 소녀처럼 따끔거리는구나
오, 허니, 허니, 꿀처럼 달콤한 사랑

대마초를 모두 다듬고 봉지로 가득 찬 상자들의 개수도 다 세고 나면, 나는 대마초 줄기에서 씨앗을 따로 분리해 유리병에 넣었다. 씨앗을 심기 위해서였다. 부엌에 있는 창문을 따라서 작은 대마초 모종들이 심긴 화분들이 줄지어 있었다. 가느다란 줄기들이 햇빛이 들어오는 방향으로 구부러져 자라고 있었다. 대마초 모종들이 적당한 높이로 자라면, 앤드리아는 나를 데리고 옥수수 밭으로 나가서 모종을 땅에 옮겨 심는 방법을 보여주었다.

또다른 가족 사업은 도시의 경계를 따라서 11번 고속도로를 타고 한 시간 정도 달려가야 도착할 수 있는 머리디언에서 공수해온 양주를 파는 것이었다. 미디 큰엄마와 앤드리아 그리고 나는 일주일에 한 번씩 흰색 트럭을 타고, 집과 B&M 술집에서 팔 물건들을 운반했다. 우리는 총 세 가지 종류의 술을 팔았다. 캐나디언 미스트 위스키 반 파인트짜리와 울퉁불퉁한 유리병 때문에 “범피 헤드”라고 불린 시그램스 진, 거기에 더해서 달콤하고 값싼 와인 T. J. 스완이었다. T. J. 스완 와인은 돌려서 여는 뚜껑이 달린 1쿼트짜리 병에 담겨 있었는데, 이지 나이츠, 멜로 데이즈, 스테핑 아웃, 매직 모먼트 등 네 가지 맛이 있었다.

사람들이 대마초나 술을 사러 우리 집에 오면, 미디 큰엄마는 뒤집은 양철통 위에 다리를 쩍 벌리고 앉아서 손님을 맞이했다. 옆에는 가래침을 뱉는 병이 있었다. 큰엄마는 술과 대마초를 돈 대신에 다람쥐, 라쿤, 토끼, 주머니쥐하고도 교환했기 때문에, 사람들은 갓 잡은 동물을 끌고 오기도 했다. 생선은 받지 않았다. 다람쥐 세 마리는 5달러짜리 봉지, 토끼 두 마리는 10달러짜리 봉지였다. 나는 누군가가 직접 사냥한 아주 거대한 비버 한 마리를 끌고 왔던 것을 기억한다. 미디 큰엄마는 비버를 꼬챙이에 꽂아서 구웠고, 나는 노 모양의 비버 꼬리를 악취가 날 때까지 가지고 놀았다.

미디 큰엄마는 다른 일 때문에 언덕 위로 잠깐 나가야 할 때면, 손님에게서 받은 돈을 보관할, 비어 있는 시가cigar 상자를 나에게 쥐어주고 가게를 보도록 했다. 사람들이 문을 두드리면 나는 잠겨 있는 철조망 문틈 사이로 그들과 이야기를 나누었다.

“무슨 일로 오셨죠?” 내가 말했다. 그들은 시골 사람처럼 말하지도 않고 시골 사람처럼 보이지도 않는, 악마의 눈을 가진 아홉 살짜리 아이인 나를 곁눈질로 바라보았다. 브리짓이 나의 머리를 땋아주면, 사람들은 내가 어린 여자아이라고 착각하기도 했다.

“꼬맹아, 미디는 어디에 있니?”

“여기에 없어요.” 나는 도시 깍쟁이처럼 보이지 않으려고 신경 쓰면서 시골 아이들처럼 최대한 목소리를 깔고 말했다. “저는 제임스 플러머 주니어입니다. 무엇이 필요하신가요?”

“빌어먹을, 꼬맹아! 처음부터 그렇게 말했어야지!” 아빠의 이름을 대기만 하면 곧바로 사람들의 태도가 친절해졌다.

하루 장사가 마무리되면 미디 큰엄마는 담배 상자에 담긴 현금을 모두 꺼내서 자신이 짠 스타킹 안에 집어넣었다. 그리고 그것을 자기 원피스의 가슴 부분에 우겨넣었다. 미디 큰엄마는 내가 본 여자들 중에 가슴이 가장 거대했다. 스타킹 안에 아무리 현금을 많이 집어넣어도 미디 큰엄마의 가슴에서는 티도 나지 않았다.

미디 큰엄마는 아빠와 함께 사업을 일구는 것을 좋아했다. 저녁을 먹고 나면 큰엄마는 식탁에 앉아서 장부에 그날의 판매량을 정산했다. 큰엄마는 가늘게 뜬 눈으로 장부를 노려보다가 나에게 말을 걸었다. “릴 제임, 이리 와서 망할 네 젊은 눈 좀 빌려다오. 늙은이 계산 좀 도와라.”

나는 숫자들을 더하고 큰엄마의 덧셈과 뺄셈을 확인했다. 큰엄마는 나에게 레모네이드와 직접 구운 쿠키를 주었다. 내가 계산한 결과와 그날의 판매량이 딱 들어맞으면 큰엄마는 굉장히 기뻐하면서 내가 마치 그녀가 가장 아끼는 사냥개라도 되는 것처럼 머리를 쓰다듬었다.

14

나는 대마초를 다듬고 판매하는 방법은 알았지만 스파이더맨이 그려진 티셔츠를 입고 돌아다니면서 현실에서 사는 방법은 여전히 쥐뿔도 모르는 도시 출신의 꼬맹이에 불과했다. 시골에서 살아온 나의 두 사촌, 보비 스트리클런와 앤서니 켈리는 나보다 겨우 한두 살 더 많았지만, 시골 생활에 관해서라면 나보다 훨씬 더 해박했다. 주변을 둘러보지도 않고 숲속의 나무 사이사이로 길을 찾아서 곧장 뛰어다닐 정도였다. 한 번에 두 마리씩 닭의 목을 비틀 줄도 알았다. 22구경 라이플 소총이나 산탄총으로 토끼나 주머니쥐를 사냥하기도 했다. 헨리 삼촌이 수퇘지를 거세할 때면 보비와 앤서니가 직접 우리 안으로 들어가서 어린 새끼 돼지들의 다리를 붙잡고 끌고 나왔다. 심지어 운전도 할 줄 알았다! 사실 파이니 우즈의 아이들 대부분은 열 살이나 열한 살만 되면 시골길, 포장도로 가리지 않고 트럭을 몰고 다녔다. 그러나 내가 할 줄 아는 것이라고는 넝쿨에 다리가 걸려 넘어지거나 붉은개미에게 물리는 일뿐이었다.

운 좋게도, 아빠는 매주 금요일 뉴올리언스에 있는 카이저 알루미늄 공장에서 일이 끝나면 켈리 힐로 돌아왔다. 가끔은 나의 이복형제인 바이런과 피온도 함께 데려왔다. 그러나 아빠와 이름이 똑같은 아들은 내가 유일했다. 나는 통나무 열 개도 겨우 쪼개고 물집에서 피가 터지는 삐쩍 마른 도시 소년이었지만, 내가 제임스 에드워드 플러머 주니어였다. 그리고 내가 이름을 말할 때마다 아빠는 항상 껄껄 웃었다.

아빠는 클라크 지역에서 가장 남자다운 사람이었다. 동네 여자들이 모두 아빠에게 친절했기 때문에, 아빠에게 인기쟁이라는 별명이 붙은 것도 놀랄 일이 아니었다. 무엇보다도 아빠는 농장을 운영하고 관리하는 데에 필요한 지식에 해박했던 덕분에 인정을 받았다. 아빠는 고장 난 펌프를 고치고 멈춘 트럭에 다시 시동을 걸 줄 알았다. 노새에 쟁기를 거는 법도 알았고 바깥에서 셔츠도 입지 않은 채 하루 종일 일하기도 했다. 심지어 겨울에도 말이다. 돼지를 한 마리 도살해야 하면, 사람들은 아빠가 농장에 돌아오기만을 기다렸다. 아빠가 그 일을 정확하게 할 줄 알았기 때문이다. 아빠는 사냥과 낚시에도 능숙했고, 이른 봄에 최고의 블랙베리를 따려면 숲 어디를 살펴야 하는지도 잘 알았다.

아빠는 나에게 이 모든 것을 가르쳐주었다. 그에 더해서 라이플 소총을 쏘는 방법, 토끼 가죽을 제대로 벗기기 위해서 칼날을 날카롭게 가는 방법, 그리고 다람쥐 가죽을 벗기는 또다른 방법들도 가르쳤다. 나는 결코 동물을 쏘지 않았다. 그 일을 별로 하고 싶지 않았다. 대신 아빠는 울타리 위에 올려놓은 깡통을 총으로 맞추는 훈련을 시켰다. 그리고 아빠가 사냥한 동물의 가죽을 벗기는 방법을 알려주었다. 나는 라디오가 되었든 말벌의 벌집이 되었든 머리에 총을 맞은 주머니쥐가 되었든 간에 무엇이든 속을 열고 안에서부터 탐구하는 일이라면 항상 좋아했다.

아빠는 완전 시골 체질이었다. 아빠가 못하는 일은 없었다. 8월 말의 어느 날, 아빠는 이복형제 바이런과 피온 그리고 나에게 미디 큰엄마의 집 언덕 아래에 있는 케인 크릭에 구덩이를 파서 우리를 위해 수영장을 만들어주겠다고 했다. 아빠는 작은 강둑에 다이너마이트 네 개를 끼워 넣는 동안 우리가 강둑에서 멀리 떨어져 있도록 했다. 그리고 나서 아빠는 다이너마이트 신관에 불을 붙이고 우리 쪽으로 빠르게 뛰어왔다. 다이너마이트가 연달아 폭발했다. 쾅! 쾅! 쾅! 쾅! 땅에서 흙더미가 떨어져

나가고, 흙먼지 구름과 진흙 소용돌이가 모두 사라지자, 아빠가 우리에게 약속한 대로 깔끔하게 파인 멋진 수영장 구덩이가 완성되어 있었다.

당시 나는 독서에 몹시 굶주려 있었다. 보비 스트리클런은 만화책으로 가득 찬 커다란 트렁크 가방을 하나 가지고 있었고, 나는 그의 가방 속 책들을 허겁지겁 읽기 시작했다. 1970년대 중반이 되자 마블 코믹스에서는 더 많은 흑인 슈퍼히어로 캐릭터를 선보였다. 블랙 팬서가 처음으로 등장했고, 이후에 팔콘과 블레이드도 등장했다. 심지어 스톰이라는 이름의 "날씨 마녀"인 흑인 소녀 슈퍼히어로 캐릭터도 등장했다. 나중에 그 캐릭터는 최초의 여성 엑스맨이 되었다.

만화책 슈퍼히어로들은 그리스 신화 영웅들과 비슷했지만, 그들은 신이 아닌 어느 미친 과학자에 의해서 방사능에 중독되거나 돌연변이가 되는 등의 수난을 겪었다. 그들은 비밀스러운 능력 때문에 돌연변이가 되기도 했고 그래서 자신의 능력을 철저하게 숨겨야만 했다. 나는 그들이 얼마나 외로운 존재인지 이해할 수 있었다.

나는 어렸을 때부터 내가 똑똑하는 것을 알고 있었다. 심지어 나는 정확히 무슨 능력이라고 부르기는 어렵지만 나에게 특별한 초능력이 있다고 생각하기까지 했다. 나의 능력은 사악한 마왕이나 강력한 악당을 무찌르는 능력은 아니었다. 그러나 나에게는 세상을 다르게 바라보고, 사물을 조금 다른 각도에서 살펴보고, 지나치게 과도한 상상력을 발휘하고, 머릿속으로 물건들의 개수를 계산할 수 있는 특별한 능력이 있었다. 그리고 남들과 다르다는 것이 위험할 수 있음을 잘 알고 있었다. 이제는 나의 곁에 없는 다린을 제외하고, 나는 누구와도 편안한 마음으로 이야기를 나눌 수 없었다. 나보다 나이가 더 많은 사람들은 내가 지나치게 똑똑하다거나 그들의 지적 수준을 비웃는다고 느끼면 나에게 주먹으로 화풀이를 했다.

나의 마음을 사로잡은 흑인 슈퍼히어로는 루크 케이지였다. 그는 할렘에서 성장했고 갱단에 몸을 담았던 인물이었다. 자기가 결코 저지른 적이 없는 죄로 누명을 쓰고 감옥에 가기도 했다. 일찍 출소하기 위해서 그는 세포 재생 의학실험의 피험자가 되는 데에 동의했고, 결국 기형적으로 강한 힘을 가진 초인이 되어 너무나 단단해서 총알조차 튕겨나가는 "무적의 피부"를 얻게 되었다. 그리고 "돈 받는 히어로"가 되었다. 그러나 선량한 사람들을 위해서만 일을 했다. 나는 루크 케이지가 터프 가이가 충분히 될 수 있는 착한 사람이라는 점 때문에 아주 좋아했다. 특히 나를 매료시켰던 그의 특별한 능력은 상처가 나지 않는 천하무적의 피부였다. 나는 세포 재생 의학을 더 알아보기 위해서 따로 메모를 할 정도였다.

트렁크 가방 안에 든 만화책을 전부 읽고 나자 나는 이제 어른이 될 준비를 마쳤다.

15

대체 어떻게 『뿌리*Roots*』 책 한 권이 미디 큰엄마의 집구석에서 뒹굴고 있었는지는 잘 모르겠다. 파이니 우즈에 있었을 때 텔레비전에는 채널이 두 개뿐이었는데, 그중 하나에서 나온 뉴스 프로그램에서 사람들이 이 책을 두고 토론을 하는 장면을 본 적이 있었다. 방송에서는 한 백인 남성이 양복을 입고 창백한 얼굴을 한 흑인 남성과 인터뷰를 했다. 그 흑인은 잭슨 주립대학교의 교수인지 뭔지였는데, 그는 『뿌리』가 아프리카계 미국인에게 아프리카를 되돌려주는 역할을 한다고 이야기했다. 1976년까지는 그 누구도 아프리카계 미국인에 대해서 이야기하지 않았다. 우리에게는 검고 아름다운 피부가 있었고, 우리는 그 사실이 자랑스러웠으며, 우리를 깜둥이라고 부르는 놈들과는 언제든 맞붙을 준비가 되어 있었다. 그러나 아프리카와 관련된 이야기는 나에게 생소했다.

내가 살던 도시에서는 백인과 흑인이 같은 공간에서 어울려 살지 않았다. 도시에서는 인종 간의 긴장감과 적대감을 어렵지 않게 볼 수 있었다. 그러나 미시시피 주에서는 단 한 사람도 빠짐없이 모든 흑인이 백인에게 가식적으로 행동했다. 보험 판매원이나 전기 설비공이 돈을 받으러 올 때마다, 또는 가게 주인이나 마을의 낯선 사람과 대화해야 할 때마다, 흑인들은 항상 머리와 눈을 아래로 깔고 "예, 선생님", "예, 사장님"이라고 말했다. 또는 "백인 양반, 저는 당신을 해치지 않습니다"라는 뜻의 미소를 얼굴에 담았다. 아빠만은 달랐다. 아빠는 뉴올리언스에 있을 때부터 백인을 상대하는 데에 익숙했고, 백인의 눈을 똑바로 쳐다보며 다른 사람들과 대화할 때처럼 똑같이 대화했다. 그래서 나는 아빠가 아프리카계 미국인의 슈퍼히어로라고 생각했다.

『뿌리』는 그림 한 장 없이 650페이지가 넘는, 성서처럼 두껍고 무거운 책이었다. 미디 큰엄마 집에서 굴러다니던 그 책은 마치 4학년에 올라간 첫 번째 날에 펼쳐보는 새로운 사회 교과서처럼 아주 빳빳해서, 그때껏 아무도 읽지 않았음을 알 수 있었다. 정말 마법처럼 누구도 나에게 귀찮은 집안일을 시키거나 나를 집 바깥으로 내쫓지 않았던 날, 나는 턴테이블과 LP 더미 사이에 끼어 있는 『뿌리』를 발견했다. 그래서 나는 존 F. 케네디John F. Kennedy, 마틴 루서 킹Martin Luther King, 그리고 예수님, 세 인물의 액자 바로 아래 거실 바닥에 앉아서 책의 첫 쪽을 넘겼다.

아프리카 노예 시절 감비아의 한 농장 마을에서 자란 쿤타 킨테라는 소년의 이야기를 읽자마자 나는 마치 침낭 속에 빠져들듯이 책의 이야기에 푹 빠져들었다. 그로부터 며칠 동안 나는 미디 큰엄마의 집 이곳저곳에 숨어서 계속 책을 읽었다. 다른 가족들이 나를 집 바깥으로 내보내도 나는 현관 바깥으로 뛰어나가거나 나무 뒤에 숨어서 붉은개미가 나를 물지 못하도록 똑바로 선 채 계속 책을 읽었다.

책의 첫 부분은 쿤타가 북을 만들 나무를 구하러 숲속에 들어갔다가 노예 상인들에게 붙잡히는 장면이었다. 그들은 쿤타를 기절시켰고, 쿤타가 깨어났을 때 그는 이미 알몸으로 몸이 묶인 채 미국으로 향하는 노예선에 탄 상태였다. 쿤타가 살던 주푸레 마을은 내가 사는 켈리 힐과 별반 다르지 않아 보였다. 게다가 나도 쿤타처럼 항상 혼자서 숲속을 돌아다니지 않던가!

태어나서 처음으로 진짜 소설을 읽는데, 영화를 보는 것과 똑같았다. 그러나 내가 보았던 그 어떤 영화나 텔레비전 프로그램보다도 훨씬 더 풍성한 이미지였다. 나는 책 속의 모든 장면들을 단 하나도 놓치지 않았다. 나는 스스로 이미지를 그려나갔다. 게다가 보는 것을 넘어서, 쇠사슬로 판자에 묶인 쿤타가 노예선 안에서 똥을 싸지 않으려고 참았지만 결국 참지 못하고 똥을 싸버렸을 때, 그리고 자기 똥 위에 누워야만 했을 때 어떤 기분이었을지 생생하게 느낄 수 있었다. 나는 그 냄새를 맡을 수 있었고 쿤타가 느꼈을 수치심과 역겨움도 느꼈다. 쿤타가 이슬람교도였기 때문에 노예 상인들이 준 돼지고기를 거부하는 장면에서 그가 얼마나 배가 고팠을지도 느낄 수 있었다. 그리고 그가 혼자 감옥에 갇혀 있을 때 너무 외로워서 귀뚜라미 한 마리를 잡아 말을 거는 장면을 보면서는 그의 고립감도 느낄 수 있었다. 쿤타가 그 귀뚜라미를 풀어주었을 때, 나도 나의 일부가 해방되는 것 같은 느낌을 받았다.

그러나 쿤타가 아프리카 고향에서부터 간직해온 유일하게 남은 것, 즉 그의 이름마저 쿤타의 주인이 빼앗아버리는 장면에서는 눈물이 쏙 들어갔다. 그 장면은 나를 울리기보다는 크게 분노하게 했다. 내가 제임스 플러머 주니어라는 사실은 나에게 특별했고, 만약 정말 누군가가 나에게서 이름을 빼앗아간다면 어떻게 할지는 나도 몰랐다. 한편으로는 쿤타의 주인이 쿤타에게 하사했던 것처럼 어쩌면 플러머라는 이름도 노예의 이름이지는 않을지 의구심이 들기도 했다.

노예 상인들이 쿤타 킨테에게 한 짓들에 너무 화가 나서 눈물이 났는데, 내가 아무도 모르게 옥외 화장실에 있었던 것이 정말 다행이었다. 파이니 우즈에서는 질질 짜는 모습을 누군가에게 들키면 결코 살아남을 수 없었다. 나는 단지 책을 읽는다는 이유로, 말투가 비꼬는 것처럼 들린다는 이유로, 도시 깍쟁이처럼 옷을 입었다는 이유로 다른 아이들에게 충분히 놀림받고 괴롭힘을 당했다. 그리고 나는 아빠가 다른 사람들에게서 자기 아들이 울보라는 이야기를 듣지 않기를 간절히 바랐다.

『뿌리』를 다 읽자마자 당장 다른 사람들과 이 책에 대해서 이야기를 나누고 싶어서 미칠 지경이었다. 그러나 그 책을 실제로 다 읽은 사람을 주변에서 도무지 찾을 수 없었다. "나도 『뿌리』를 읽어보고 싶기는 한데." 헨리 삼촌이 말했다. "그 책으로 곧 텔레비전 드라마를 만든다더라고." 똑같은 내용을 텔레비전 드라마로 볼 수 있다면, 어떤 멍청이가 굳이 책을 읽겠느냐는 뜻이었다.

나는 읽을 만한 또다른 두꺼운 책을 찾아다니기 시작했다. 그러나 켈리 힐에서는 쉬운 일이 아니었다. 대부분의 사람들은 작은 탁자 위에 성서나 「제트*Jet*」 같은 잡지 정도만 두었다. 그러던 어느 주말, 일요일의 저녁 식사를 하러 릴리 큰엄마의 집에 갔다가 내가 그때껏 본 것 중에서 가장 두꺼운 책을 발견했다. 무려 1,248쪽이나 되는 『제3제국의 흥망*The Rise and Fall of the Third Reich*』이었다! 릴리 큰엄마는 그 책을 텔레비전을 괴는 용도로 쓰고 있었다. 나는 그 책의 책등에 그려진 검은색 나치 문양이 빙글빙글 돌아가는 것처럼 보일 때까지 계속 노려보았다.

나는 아돌프 히틀러Adolf Hitler나 제3제국에 대해서는 들어본 적이 없었다. 내가 제2차 세계대전에 대해서 아는 것들은 단지 시트콤 「호건의 영웅들」 재방송을 보면서 배웠던 것이 전부였다. 나는 일주일 만에 그 책의 "부상" 내용을 다 읽었고, 제3제국이 세계를 정복해나가는 대서사시에 흠뻑 빠져들었다. 오스트리아의 빈으로 진격하는 기갑사단. 빠르고 매서운 히틀러의 무력에 제대로 맞서 싸우지도 못하고 붕괴된 유럽과 북아프리카 전역. 히틀러는 전 세계를 장악하려는 대담한 음모를 꾸미는 아주 질 나쁜 갱스터였다. 그리고 그 계획을 실행하기 위해서 국가 전체를 선동하는 말빨 좋은 악당이었다.

역사라고는 아무것도 몰랐던 나는 그 이야기의 주인공이 히틀러라고 생각했다. 이야기의 주인공이면 무조건 영웅 아닌가? 나는 "몰락" 내용에 이르러서야 히틀러의 실체가 인종적 순수성을 내세우면서 수백만 명을 학살한 나쁜 자식, 즉 최악의 악당이었다는 사실을 깨달았다. 나는 나의 무지가 너무나 창피했다.

『제3제국의 흥망』을 읽으며 눈물을 흘리지는 않았다. 대신 마치 추수감사절 만찬을 혼자서 먹은 것처럼 엄청난 포만감을 느꼈다. 그 책 속의 모든 역사, 전투와 장군들의 이야기, 탱크, 비행기, 그리고 잠수함에 이르기까지 모든 것이 이제 나의 머릿속에 있었다. 나는 내가 아주 똑똑하다고 생각했지만 사실 나의 머리는 텅 비어 있었다. 그러나 이제 책만 있다면, 텅 빈 머릿속을 새로운 지식으로 빠르게 채울 수 있다. 어떤 날에는 오랫동안 목말라온 식물처럼 지식을 빨아들이는 것 같다고 느꼈다. 아프리카에서 신대륙으로 노예들을 나르던 노예선들이나 내가 들어본 적 없는 유럽과 아시아 국가들에서 벌어진 여러 전투들처럼 낯설고 새로운 이야기가 나의 머릿속을 채워나가기 시작하면서, 나는 이제 내가 괴짜라는 생각이 들지 않았다. 그 대신 나는 시간과 공간을 넘나들며 암호를 주고받는 어떤 비밀단체의 일원이 된 것 같았다.

똑똑하면서도 동시에 멍청할 수 있다는 사실을 깨달은 것이 이때였다. 켈리 힐에는 엄마, 아빠와 미디 큰엄마를 비롯해서 똑똑한 사람들이 많았다. 그러나 그들은 정식으로 교육을 받은 적이 없었고 책 읽는 것을 굉장히 싫어했기 때문에 지구 반대편에서, 세계 곳곳에서, 인류의 역사적 순간마다 무슨 일들이 벌어지는지는 아무것도 알지 못했다.

16

매일 평일 아침, 나는 스쿨버스를 타기 위해 앤드리아와 브리짓과 함께 소떼를 비집고 켈리 힐을 가로질러서 내려갔다. 울퉁불퉁한 흙길을 따라 버스 천장에 머리를 박으면서 약 한 시간을 가면 브리짓과 앤드리아가 퀴트먼 고등학교에서 내렸고, 나는 퀴트먼 초등학교에서 내렸다.

4학년에 올라가던 해에 나는 브리짓과 앤드리아 말대로 정말 미친 듯이 책을 읽었다. 우리는 첫날 오후에 학교에서 교과서를 받았다. 그리고 나는 바로 그날 밤에 교과서를 전부 읽어버렸다. 그래서 다른 아이들이 몇 주일에 걸쳐 교과서 내용을 따라오는 동안 지루하고 따분해서 미치는 줄 알았다.

미시시피 주에 있는 다른 학교들과는 달리, 퀴트먼 초등학교에서는 흑인과 백인 아이들을 함께 모아놓고 가르쳤다. 나는 백인 아이들에게 별다른 감정이 없었다. 그래서 초등학교 4학년이 되었던 첫 번째 주에 한 아이가 "저 깜둥이들한테 공 뺏기지 마!"라고 소리치는 모습을 보고 큰 충격을 받았다. 학교 운동장에서 나의 면전에 대고 그런 말을 한 사람은 그때까지 아무도 없었다. 적어도 백인 중에서 그랬던 사람은 없었다.

어느 날 쉬는 시간에 나는 친구들과 함께 구름사다리에서 놀고 있었다. 나는 입으로 윙윙거리는 모터 소리를 내면서 "나는 스피드 레이서다!"라고 외쳤다. 「스피드 레이서」는 매주 토요일 아침마다 즐겨 보던 멋진 일본 애니메이션이었다.

“넌 스피드 레이서가 될 수 없어. 흑인이니까.” 내가 멋지다고 생각했던 붉은 머리의 백인 여자아이가 이렇게 말했다. “마크가 스피드 레이서지.” 그 아이는 구름사다리 저 끝에서 엔진 소리를 내고 있는 금발의 백인 남자아이를 보며 미소를 지었다.

나는 속으로 생각했다. 정말 엿 같은걸. 그러나 나는 이렇게 말했다. “그래, 좋아. 그럼 나는 레이서 엑스야.”

이런 인종 가르기가 운동장에서만 벌어진 것은 아니었다. 모든 백인 아이들은 근사한 도시락 안에 랩으로 포장된 샌드위치를 챙겨와서 자기들끼리 앉았다. 그해 백인 남자아이들의 도시락에는 배트맨이나 스파이더맨이 그려져 있었고, 백인 여자아이들은 「파트리지 패밀리」(1970년대 초에 미국에서 방영된 뮤지컬 시트콤 드라마/옮긴이)에 푹 빠져 있었다. 나 같은 흑인 아이들은 우리끼리 모여 앉아서 플라스틱 식판에 무상 급식을 받아먹었다.

퀴트먼 초등학교에서는 4학년 학생들을 교실마다 네 분단으로 나눠서 앉혔다. 백인 아이들은 첫 번째와 두 번째 분단에, 흑인 아이들은 세 번째와 네 번째 분단에 앉았다. 엿 같은 일이라고 생각했다. 사람들은 백인 아이들이 흑인 아이들보다 더 뛰어날 것이라고 생각해서 그렇게 앉혔다. 그래서 나는 진짜 열등한 게 누군지 똑똑히 보여주고 싶었다.

한 분단에서 다음 분단으로 옮겨 앉으려면 여러 번에 걸친 시험과 평가를 한 치의 실수 없이 완벽하게 완수해야 했다. 만약 실수를 하면 엄청나게 많은 자료들을 공부하고 나서야 재시험을 볼 수 있었다. 나는 원체 독서를 좋아했기 때문에 더 높은 분단으로 가기 위해서 아주 많은 책과 글을 읽어야 한다는 점이 오히려 행복했다. 4학년 봄이 되자 네 번째 분단에 앉았던 나는 첫 번째 분단으로 자리를 옮겼다. 그 모든 과제를 가장 먼저 끝낸 것도 나였다. 가끔 백인 선생님이 “제임스, 네 글씨는 닭이 땅에 굶은 모양 같구나"라면서 비아냥거렸지만, 나는 나 자신이 자랑스러웠다. 혹여나 내가 너무 건방지게 굴까 봐 그랬는지 모르겠는데, 그 선생님은 나의 뒤를 이어서 2등을 한 백인 여자아이를 가리키면서 "세라가 더 꼼꼼하고 실수가 적었다는 걸 알아둬"라고 이야기했다.

엄마는 열여섯 살이 되던 해에 고등학교를 그만두었고, 그 점을 매우 아쉬워했다. 그래서 고등학교 검정고시를 치르기 위해서 머리디언 커뮤니티 칼리지community college(지역 전문대학/옮긴이)에서 제공하는 강좌를 듣기 시작했다.

어느 날 나는 엄마가 자기 친구 실리아에게 강의에서 배운 물리학 수업이 얼마나 어려웠는지를 불평하는 소리를 들었다. 나는 엄마의 교과서 『알기 쉬운 물리학*Physics Made Simple*』을 살펴보았다. 예제 문제를 하나 풀고 나서 나는 소리쳤다. "이건 간단해!" 나는 정말 뼛속 깊이까지 논리적으로 그 문제를 이해할 수 있었다. 물리학은 그냥 논리 퀴즈였다!

나는 엄마 바로 옆에 앉아서 그 문제를 어떻게 푸는지 보여주었다. 그러나 엄마는 바로 이해하지 못했다. 그래서 더 많은 예시들을 보여주기 위해서 다른 문제들을 풀어보기 시작했다. 엄마는 잠깐 동안 집중해서 노력했지만 여전히 이해하지 못했다. "잘 봐, 엄마!" 나는 엄마를 부추겼다. "어떻게 하는지 모르겠어? 내가 또다른 문제 푸는 거 보여줄게."

마침내 엄마가 나의 설명을 이해하자 나는 엄마에게 잘 설명한 나 자신이 뿌듯했고 행복했다. 엄마는 머리가 지끈거린다는 듯이 머리를 짚으며 말했다. "야, 네놈의 물리학 강의 때문에 두통이 오는 것 같다. 잠깐 쉬었다가 해야겠어." 그러고 나서 엄마는 내가 탁자에 앉아 교과서 문제들을 푸는 동안 「투나잇 쇼」를 보았고, 마침내는 그만 자러 가라고 말했다.

나의 엄청난 독서량과 배우는 속도 때문에 사람들은 나를 척척박사라고 불렀다. 딱히 기분이 나쁘지 않았다. 또 사람들은 나를 교수님이라고 부르기 시작했다. 나이 많은 어른들은 미시시피 주가 북아메리카에 있는지 남아메리카에 있는지와 같은 사소한 문제로 말다툼을 할 때마다 나를 불러서 언쟁을 끝내고 싶어했다. "어이, 교수님! 책에는 누구 말이 맞다고 쓰여 있나?"

사실 내가 무슨 답을 말하는지는 그들에게 별로 중요하지 않았다. 내가 틀렸다고 말한 쪽은 항상 이렇게 불평했다. "젠장, 그럴 리 없어! 저 꼬맹이가 뭘 알아? 내가 맞아." 그래서 나는 대부분의 경우 어른들이 체면을 구기지 않도록 그냥 입을 다물었다. 학교에서 선생님들의 실수를 바로잡으면 오히려 교실에서 쫓겨난다는 것도 알게 되었다. 그래서 이를테면 헨리 삼촌이 "내가 들었는데, 아이티 섬에 사는 원주민들이 주문 같은 것을 외워서 망할 허리케인이 생기는 거래!"와 같은 이상한 소리를 해도 나는 그냥 고개를 끄덕였다. "내 그럴 줄 알았어."

17

B&M 술집은 파이니 우즈에 아주 오랜만에 등장한 정말 멋진 곳이었다. 모두들 그렇게 이야기했다. 그곳은 아빠가 꽤 괜찮은 동네 술집으로 개조하기 전까지는 그냥 교외의 간이식당에 불과했다. 아빠는 새로운 탁자와 의자를 들였고 당구대 천도 새것으로 교체했다. 또 술집 입구와 무대에 자외선 조명을, 천장과 벽에도 새로운 조명들을 달았다. 심지어 커다란 스피커 네 개가 연결된 디제이 부스도 설치했다. 아빠는 그 모든 일을 할 줄 알았다. 전기도 설비하고 배관도 설치하고 타일도 깔았다. 나는 아빠 옆에서 도구를 건네주거나 마지막 날 청소를 돕기만 했다.

엄밀히 따지면 B&M 술집도 대부분의 술집들과 마찬가지로 정식으로 주류 판매 허가를 받지는 않은 주점이었다. 사실 우리 가게는 손님이 열두 살만 넘으면 누구든지 돈을 받고 원하는 것을 제공했다. 엄마는 바를 운영했고, 앤드리아는 즉석 요리를 만들었다. 브리짓은 앤드리아를 도와서 생선 샌드위치를 만들고 탁자를 정리하고 설거지를 했다.

B&M은 매주 목요일부터 토요일 밤까지 운영했다. 나는 오후 늦게 엄마와 브리짓 그리고 앤드리아와 함께 가게에 갔다. 그리고 다른 사람들이 장사 준비를 하는 동안 당구대에서 포켓볼 연습을 했다. 엄마는 블루스 음악을 틀었다가 손님들이 들어오기 시작하면 R&B 소울 음악으로 바꿨다. 남자 손님들은 나팔바지에 스리피스 정장을 멋지게 차려입고 찾아왔다. 여자 손님들은 짧고 꽉 끼는 드레스를 입고 아프로 머리에

커다란 고리 모양의 귀걸이를 했다.

엄마가 당구대를 비추는 조명을 제외한 나머지 조명들을 모두 끄고 나서 자외선 조명을 켜면, 모든 손님들의 아프로 머리가 마치 미러볼처럼 반짝거렸다. 그러면 나는 용돈을 벌기 위해서 서둘러 당구대로 향했다. 나는 손님들과 1달러를 걸고 당구 내기를 했다. 사람들은 나를 상대로 돈을 쉽게 딸 수 있을 것이라고 생각해서 내기를 거절하지 않았다.

나는 당시에 유행하던 루디 레이 무어의 랩과 비슷하게 거친 랩을 하면서 사람들을 도발하고는 했다.

먼저 너를 때려눕혀, 너는 하나둘 쓰러질 거야
너는 내가 어떻게 할지 전혀 모를 테니까
나는 너무 잘 나가서, 당구 초크나 당구대도 필요 없지
나의 단단하고 큰 것으로도 충분할 테니까

그런 다음에 모여 있던 당구공들을 세게 맞혀 흐트러뜨리면서 구멍으로 깔끔하게 떨어지게 했다. 남은 공들은 캐럼 샷으로 맞히며 구석으로 몰았다. 심지어 나는 등 뒤로 당구대를 넘겨서 공을 칠 수도 있었다. 물론 키가 너무 작아서 두 발 모두 땅에 닿지는 않았지만. 그러나 사람들은 몇 달러를 잃고 나면 더러운 욕설을 내뱉는 아홉 살짜리 꼬맹이가 부리는 묘기에 짜증을 냈고 나를 당구대에서 떨어뜨려놓았다.

밤 9시에서 10시쯤이 되어 술집이 사람들과 연기와 1970년대의 소울 음악으로 가득 차면 엄마는 나를 재우기 위해서 릴리 큰엄마의 집으로 보냈다.

나는 릴리 큰엄마의 집에서 밤새 곯아떨어졌기 때문에, 그다음 날이 되

어서야 전날 벌어졌던 끔찍한 소식을 들었다. 대게 토요일 밤에는 나와 브리짓이 그다음 날 아침에 동부침례교회에 갈 수 있도록 엄마와 브리짓이 가게 문을 닫고 집으로 가는 길에 나를 데리러왔다. 그날 일요일 아침에 릴리 큰엄마의 집에서 눈을 떴을 때, 나는 무엇인가가 잘못되었음을 눈치챘다. 릴리 큰엄마는 아침을 만들고 있었다.

그날 아침 늦게야 릴리 큰엄마가 나를 집까지 데려다주었는데, 엄마와 브리짓은 짐을 싸느라 정신이 없었다. 엄마는 전날 밤의 일을 릴리 큰엄마에게 설명하는 동안에만 짐 정리를 잠시 멈췄다. 지역 보안관이 그날 밤 술집에 누가 있었는지 심문하기 위해서 순찰을 돌고 있고, 아빠가 엄마더러 클라크 지역 밖으로 가 있으라고 했다는 것이다. 엄마는 금주령이 내려진 지역에서 허가도 없이 술을 판매했으니 위험했다.

알고 보니 그날 자정 넘어서 B&M 술집에서 한바탕 소동이 있었다. 그저 평소처럼 누군가가 어떤 여성 손님에게 작업을 걸고 있었다. 그리고 평소처럼 서로 험악한 욕설과 협박 몇 마디가 오고 갔다. 그런데 칼이 등장했고, 총도 등장했다. 총을 든 남자가 중식 칼을 든 다른 남자의 가슴에 총을 발사했다. 그 남자는 가슴을 움켜쥔 채 피를 흘리며 B&M 술집의 무대 위에 쓰러졌다. 대즈의 "브릭"이 끝까지 재생되기도 전에 총을 맞은 사람은 바위처럼 차갑게 죽었다.

경찰이 현장에 나타나기 전에 모든 사람들이 뿔뿔이 흩어졌다. 아빠는 가게에 제때 도착해서 술을 트럭에 전부 옮겨 실었다. 그러나 음향 장비와 자외선 조명 등등은 챙기지 못한 채 자리를 떠야 했다.

결국 그날이 B&M 술집의 마지막 날이 되었고 미디 큰엄마 농장에서의 삶도 끝났다. 심지어 엄마와 브리짓 그리고 나는 파이니 우즈를 떠나 뉴올리언스로 돌아가기 전에 사람들과 작별 인사를 나눌 여유조차 없었다.

18

여름이 다가오자마자 도시로 갔기 때문에 나는 우리가 뉴올리언스 동부에 있는, 에어컨과 수영장이 있는 좋은 아파트로 이사를 갈 거라고 상상했다. 말도 안 되는 나의 지나친 망상이었다. 우리가 지낼 수 있는 곳이라고는 제9지구에 위치한, 작은 침실 두 개가 딸린 아파트 한 채뿐이었다. 그 아파트는 정부의 디자이어 프로젝트Desire Project(가난한 아프리카계 미국인을 위해서 정부가 추진한 주택 공급 계획/옮긴이)로 지어진 주택단지의 끝에 있었다. "더티dirty D"라는 별명으로 더욱 유명했던 디자이어 프로젝트 주택단지는 뉴올리언스의 다른 지역과 완전히 분리되어, 기찻길, 미시시피 강, 산업용 운하 사이에 갇혀 고립되어 있었다. 그 지역에서는 녹색을 찾아볼 수 없었다. 숲도 풀도 관목도 없었다. 우리처럼 빈털터리의 흑인들만 살았다.

디자이어 프로젝트 주택단지 안에서는 결코 마음대로 돌아다녀서는 안 된다. 낮에도 그랬고, 특히 깜깜해진 밤에는 더더욱 위험했다. "바로 그 자리가 네 묫자리가 될 것이다." 학교에서 아이들에게 이런 경고문을 가르칠 정도였다. 스케이트보드를 타고 좌우로 부드럽게 움직이는 기술을 연습하려고 거리로 나갈 때마다, 나는 인도에 있는 마약 중독자들과 갱스터들을 피하기 위해서 조심해야 했다. 낮고 다정한 목소리로 "릴 제임, 우리 이쁜이. 스케이트 타고 이리로 와볼래?"라며 나를 부르는 여자같이 생긴 남자들에게 손을 흔들기는 했지만, 절대로 그들 말대로 스케이트 속도를 늦추거나 멈추지는 않았다.

이사 바로 다음 날 아빠는 엄마의 침실 창가에 작은 에어컨을 하나 달았다. 그러나 거실에는 작은 선풍기 하나뿐이었다. 그 선풍기는 거실 소파 앞에 있는 접이식 의자에 올려져 있었다. 창가 에어컨이 고장 나서 방이 푹푹 찌면, 엄마는 선풍기 바로 앞에 있는 소파에 앉아서 한 손에는 담배를, 다른 한 손에는 손수건을 쥐고 얼굴에서 흐르는 땀을 닦았다.

엄마는 직장도 없었고 아는 친구도 없었다. 엄마는 더티 D에 갇힌 죄수 같았다. 엄마는 텔레비전을 보면서 혼잣말을 구시렁거리기 시작했고, 저녁 뉴스를 보다가 화면 속의 앵커 월터 크롱카이트Walter Cronkite에게 시비를 걸기도 했다. "망할 경제 회복 같은 소리하네! 빌어먹을 일자리가 없다고! 물가도 너무 올라서 전기 요금도 못 내잖아!" 엄마가 그럴 때면 나는 엄마의 심기를 건드리지 않으려고 노력할 뿐이었다.

제9지구에 살면서 가장 슬펐던 것은 다린과 너무 멀리 떨어졌다는 점이었다. 다린은 마을을 가로질러서 구스에 살고 있었다. 내가 구스까지 찾아가더라도 다린은 축구처럼 여러 명이서 하는 운동에 한창 빠져 있었다. 그래서 학교가 끝나거나 주말이 되어도 집에 없었다.

그해 여름에는 브리짓조차 나와 놀아주지 않았다. 브리짓은 B&M 술집에서 한 남자가 총에 맞아 죽은 바로 그날 밤에 만난 한 남자에게 푹 빠져 있었다. 미시시피 주 출신의 드웨인 모건이라는 사람이었다. 나는 브리짓이 자기 친구들에게 하는 말을 들었는데, 그날 밤 브리짓은 드웨인과 함께 춤을 추고 있었고 총성이 울리자 드웨인이 브리짓을 보호했으며 그녀를 서둘러 바깥으로 데리고 나갔다고 했다. 그날 이후로 드웨인은 브리짓과 전화를 주고받았고 브리짓을 만나러 뉴올리언스까지 운전해서 찾아오기도 했다.

이제 브리짓은 남자친구가 있는 열여섯 살의 소녀였기 때문에 열 살

배기 남동생을 챙길 겨를이 없었다. 브리짓은 시내버스를 타고 친구들을 만나러 갈 때 빼고는 항상 엄마의 침대에 누워서 드웨인 생각에 빠져 있거나 전화기를 붙잡고 있었다. 나는 절대로 엄마 방에 들어갈 수 없었다. 내가 방문 너머로 브리짓에게 말을 걸려고 하면, 브리짓은 엄마처럼 방문을 살짝만 열고 나를 내쫓았다.

나는 그 어느 때보다도 외롭고 따분했다. 끔찍할 정도였다. 아파트에는 읽을 만한 책이 단 한 권도 없었다. 나를 구해준 것은 8월의 어느 날 우리 집의 문을 두드렸던 방문 판매원이었다. 그는 인간의 모습으로 변신한 천사였다. 그 사람은 가죽 장정의 호화로운 성서나 무슨 우주선 이름 같은 제품명의 최신 진공청소기 등을 팔러 오는 일반적인 방문 판매원처럼 반팔 티에 넥타이 차림이었다. 보통 같으면 엄마는 "말만 번지르르한 사기꾼 같은 놈"인 방문 판매원을 집 안에 들이지 않았을 것이다. 그런데 그가 반쯤 열린 현관문 사이로 번쩍거리는 천연색 브로슈어를 내밀자 그를 집 안으로 들였다.

엄마는 항상 자신의 친언니인 진 이모에게 인정받고 싶어했다. 진 이모와 엄마가 크게 말다툼을 하는 바람에 서둘러 떠나기 전까지 우리는 로스앤젤레스에 있는 진 이모와 함께 지냈는데, 진 이모는 자기가 가진 월드 북 백과사전 전집을 자랑하고는 했다. "이 정도는 있어야 제대로 된 집구석이라고 할 수 있지." 진 이모는 아주 거만한 목소리로 말했다. 당시 나는 그 책들을 읽기에는 아직 어렸지만, 이모네 집에서 오후 내내 "S권"에 실린 뱀 그림들을 구경했던 기억이 난다.

판매원이 친절한 미소로 매끈한 월드 북 백과사전 브로슈어를 보여주자, 엄마는 축 늘어진 오래된 소파와 구세군 매장에서 산 중고 탁자만 딸랑 있는 아파트를 둘러보았다. 그러고는 지갑에서 땀에 젖은 5달러 지폐를 하나 휙 꺼내더니, 1회 할부금을 냈다.

일주일 뒤 골판지 상자 5개로 포장된 백과사전 전집이 집에 도착했다. A에서 Z까지 알파벳이 새겨진 흰색 가죽 장정의 책 22권이었다. J–K, N–O, Q–R, U–V, 그리고 W–X–Y–Z는 각각 1권으로 묶여 있었다. 우리 집에는 책장이 없었기 때문에, 나는 월드 북 백과사전을 알파벳 순서대로 바닥 위에 두고는 양옆에 벽돌을 괴어놓았다. 진 이모의 말에 수긍이 갔다. 백과사전은 제대로 된 집구석 같은 느낌을 주었다.

나는 당장 백과사전에 빠져들었다. 단 하나도 놓치지 않고 모든 내용을 다 읽고 싶어서 "A권"부터 시작하여 알파벳 순서대로 읽기로 결심했다. 땅돼지aardvark 항목을 읽고 나서는 관치목Tubulidentata 동물들이 땅굴을 파고 먹이를 먹는 방식에 놀라서 입을 다물 수 없었다. 내가 하루 종일 땅돼지 이야기만 떠들어대니 미칠 지경이라고 엄마와 브리짓이 말할 정도가 되자, 나는 앨버트로스albatross와 개미핥기anteater 항목으로 넘어갔다. 내가 백과사전에서 고개를 들고 "엄마, 이것 좀 들어봐!"라고 말할 때마다 엄마는 지겹다는 표정을 지었지만, 나는 엄마가 월드 북 백과사전을 결국 집 안에 들였고 또 그 책을 실제로 읽는 사람이 우리 집에 있다는 사실에 굉장히 뿌듯해하고 있음을 느낄 수 있었다.

19

아빠는 가끔씩 우리를 만나러 제9지구에 찾아왔다. 그러나 엄마와 아빠가 서로 웃는 일은 거의 없었다. 대신 돈 문제로 끊임없이 말다툼을 했다. 아빠는 엄마가 새 아파트로 이사 가는 비용을 보탰다. 그러나 그후로는 찾아올 때마다 호주머니에서 꺼낸 돈만 엄마에게 건넸다. 여름이 지나면서 아빠가 주는 돈의 액수는 눈에 띄게 줄었다.

아빠는 보통 맥주가 담긴 아이스박스를 들고 찾아왔다. 그리고 집에 오자마자 부엌으로 가서 대마초를 말았다. 엄마가 차가운 맥주를 마시고 아빠와 같이 대마초를 나누어 피울 때면 분위기가 좋았다. 나는 기쁜 마음으로 까치발을 들고 부엌에 있는 아빠에게서 대마초를 받아 쇼파에 있는 엄마에게 전달했고, 다시 엄마에게서 대마초를 받아 아빠에게 전달했다.

그렇지만 얼마 지나지 않아서 엄마 기분이 우울해졌고, 나는 어른들끼리 "대화"를 할 시간이라며 아파트 바깥으로 쫓겨났다. 엄마와 아빠가 말다툼을 하기 직전이라는 뜻이었다. 아빠가 떠나기 전까지는 집에 들어갈 수 없었다. 아빠가 해가 저물 즈음에 오면 문제였는데, 어둠이 짙게 깔렸을 때는 길거리에 있고 싶지 않았기 때문이다.

아파트 바깥에서 그나마 안전하게 머무를 수 있는 공간은 건물 1층과 2층 중간에 있는 계단참뿐이었다. 나는 그 작은 공간에서 월드 북 백과사전을 읽기 시작했다. 그곳은 제9지구의 온갖 무섭고 추잡한 것들로부터 피할 수 있는 나만의 대피소가 되었다. 가죽 장정의 백과사전 한 권과 손전등—계단참의 전구는 항상 고장이 나 있었다—만 있다면, 오후 또는 저녁 내내 월드 북 백과사전이 이끄는 세상을 누비며 시간을 보낼 수 있었다.

5학년이 되고 반장을 뽑던 날, 아주 중요한 일이 벌어졌다. 나는 담임선생님의 총애를 받는 학생이었다. 그래서 홀 담임선생님이 "우리 반에서 반장으로 추천할 만한 훌륭한 친구가 누가 있을까?"라고 아이들에게 재차 물었을 때 이미 마음이 들떠 있었다. 나는 다른 아이들이 나를 반장이라고 부르는 모습을 상상했다. 투표가 끝나자 아이들이 교실 맨 앞에서 큰 소리로 개표를 진행했다. 나는 세 명의 후보 중 꼴찌를 했다. 나는 달랑 한 표밖에 얻지 못했다. 내가 나에게 던진 표였다. 제9지구에서 가장 머리가 좋기로 유명한 아이의 인기는 그 정도였다.

나를 좋아하는 사람이 홀 담임선생님 단 한 명이라는 사실을 깨닫자 억장이 무너졌다. 나는 수업이 끝나는 종소리가 울리자마자 쏜살같이 학교를 빠져나갔다. 땀 흘리는 아이들로 가득 찬 무덥고 습한 복도를 가로질러서 세 블록을 내달렸다. 내가 아는 그 누구와도 마주치거나 말할 필요가 없음을 확실히 알 때까지 쉬지 않았다.

집에 도착하자 나는 땀으로 흠뻑 젖었다. 일단 마음을 진정시키고 싶었다. 그래서 반바지부터 벗고 얼음물이 담긴 커다란 유리병을 다리 사이에 끼운 채 선풍기 앞에 앉았다. 허벅지 안쪽을 얼얼하게 만드는 차가운 유리병의 온도에만 집중하며 최대한 다른 생각은 하지 않으려고 노력했다.

바로 그때, 아빠와 함께 내가 처음 보는 백인 남자가 현관으로 들어왔다. 아빠는 나에게 그를 소개하지도 않았고 나의 이름을 크게 말해주라고 하지도 않았다. 아빠는 침실 문을 향해서 "레이니!"라고 엄마를 크게 불렀다. 엄마는 머리를 위로 틀어서 묶은 상태로 나왔다.

엄마는 곧바로 나를 아파트 바깥으로 내쫓았다. 나는 반바지를 끌어올리고 월드 북 백과사전의 "E권"과 손전등 하나를 챙겨서 계단을 허둥지둥 내려갔다. 바닥에 바퀴벌레나 쥐가 있지는 않은지 손전등으로 잘 살피고 나서 바닥에 앉았다. 그리고 책을 읽기 시작했다. 여전히 공기는 답답하고 뜨거웠지만 다리에 닿은 콘크리트 계단 덕분에 시원했다. 작은 손전등 불빛 속에 웅크린 채 나는 앞서 읽다 말았던 "E권"의 페이지를 펼쳤다. 알egg에 관한 내용을 모조리 읽었다. 조류와 파충류 그리고 단공류monotreme의 알과 "식품으로서의 알"에 대한 내용이었다. 굉장히 흥미로웠다. 그리고 그날 반장 선거의 일을 잊을 수 있었다.

그다음으로 이어진 긴 항목은 알베르트 아인슈타인Albert Einstein에 관한 내용이었다. 평소 같았으면 100년 전 독일에서 태어난 한 백인 남자의 이야기는 그냥 대충 빠르게 읽고 넘겼을 것이다. 그러나 그때 나는 왠지 아인슈타인에게 강한 동질감을 느꼈다. 사진 속 그의 부스스한 머리카락을 보고 그가 나처럼 괴짜임을 알아챌 수 있었다. 그리고 그는 외톨이인 것 같았다.

백과사전의 설명에 따르면, 알베르트는 말하는 법을 배우는 데에 너무 더뎠다고 했다. 그래서 독일어로 "멍청이"라는 뜻의 "데어 데페르테der Depperte"라고 불릴 정도였다고 했다. 엄마가 나를 불렀던 "바보 새끼"에 비하면 그다지 나쁘지 않다고 생각했다. 가끔 사람들은 나더러 똑똑한 책벌레라고 하기도 했지만, "허리 좀 세우고 다녀!", "멍 좀 그만 때려!", "뭘 이렇게 자꾸 개수를 세고 있어! 머릿속에 있는 이상한 망상 좀 그만 떠들어!"라고 소리치는 경우가 더 많았다. 백과사전의 설명에 따르면 아인슈타인도 나처럼 학교 선생님들에게 건방지게 굴어서 문제가 된

적이 있었다. 또 우리 가족처럼 아인슈타인 가족도 어렸을 때부터 이사를 많이 다녔다고 했다.

알베르트 아인슈타인과 나는 아주 좋은 친구가 될 수 있었을 것이라고 생각했다.

백과사전은 이어서 아인슈타인이 남긴 유명한 $E=mc^2$ 공식과 상대성 이론을 설명했다. 상대성 이론은 우리 엄마가 파이니 우즈에서 보던 『알기 쉬운 물리학』 교과서 속 물리학과는 차원이 달랐다. 훨씬 더 방대했다. 아인슈타인은 $E=mc^2$, 즉 에너지는 질량에 빛의 속도의 제곱을 곱한 것과 같다는 공식을 만들었고, 그는 질량이 곧 에너지라는 것을 밝혔다. 에너지도 무게를 가질 수 있고 마치 질량처럼 중력을 행사할 수 있다는 것이다.

아인슈타인은 공간과 시간이 서로 완전히 분리되지 않음을 깨달았다. 그리고 공간과 시간을 결합한 4차원의 "시공간"이라는 새로운 개념을 만들었다. 그의 이론에 따르면, 우주의 모든 것들은 항상 빛의 속도로 움직이고 있다. 단, 공간에서만이 아니라 공간과 시간, 즉 시공간을 통해서 그러하다. 만약 공간을 가로질러 빠르게 움직인다면, 그만큼 시간은 반드시 느리게 흐른다. 다시 말해서 우주에는 그 어떤 절대적인 거리도, 시간의 지속도 존재하지 않는다. **모든 거리와 시간은 상대적이다.**

공간과 시간이 상대적이라는 사실을 깨달았을 때, 아인슈타인은 "나의 마음속에 폭풍이 몰아쳤다"라고 말했다. 그리고 그와 똑같은 일이 나에게도 벌어졌다! 그날의 무덥고 깜깜한 계단참에서 나의 머릿속에는 거대한 폭풍이 몰아쳤다. 나는 지루한 수업 시간에는 시간이 아주 느리게 흘러가고 다린과 함께 터치풋볼을 할 때에는 한 시간이 마치 몇 분인 것처럼 시간이 아주 빠르게 흐른다는 것을 언제나 알고 있었다. 아인슈타인은 실제 시간의 흐름이 변화할 수 있음을 밝힌 것이다. 그는 이를

"시간 지연"이라고 불렀다. 공간에 대해서 빠르게 움직일수록 시간에 대해서는 느려진다는 뜻이다.

그러나 상대적으로 느껴지는 것은 시간만이 아니었다. 시공간 안에서는 시간과 공간 모두 왜곡되고 수축되고 늘어날 수도 있었다. 내 그럴 줄 알았어!

나는 이미 오래 전부터 세상은 보이는 것이 전부가 아님을 잘 알고 있었다. 나의 눈과 팔이 닿지 않는 곳, 바로 옆집에만 가도 전혀 다른 세상이 있었다. 나는 몸은 더티 D에 있는 끔찍한 아파트 안에 갇혀 있으면서도, 마음은 나를 제9지구와 거리를 돌아다니는 갱스터들과 엄마의 슬픔과 분노, 그리고 나만의 외로움으로부터 백만 킬로미터나 떨어진 곳으로 데려가던 방법을 상대성 이론이 설명할 수 있을지 너무나 궁금했다.

월드 북 백과사전 속 아인슈타인 항목의 마지막 부분에는 이렇게 쓰여 있었다. "더욱 자세한 내용은 'Q-R권'의 '상대성 이론Relativity'을 참고하라."

가슴이 너무나 두근거려서 심장 소리가 들리는 것 같았다. 나는 잠시 손전등을 끄고 어둠 속에 앉아서 마음을 차분히 가라앉히려고 했다. 그러나 어둠 속에서도 나의 생각들은 빛의 속도로 달리고 있었다. 나는 손전등을 계속해서 껐다가 켜면서, 멀리 떨어진 계단참의 벽에 반사되어 나의 눈동자로 날아오는 불빛의 흔적을 따라잡아보려고 했다. 물론 불가능했다. 그러나 1나노초 만에 나의 마음은 위층으로 뛰어올라가 "P권"과 "S권" 사이에 잘 끼워져 있는 "Q-R권"에 가 있었다. 나는 곧장 책을 바꿔오기 위해서 몸을 일으켜 위층으로 빠르게 뛰어올라갔다.

20

아파트 안으로 들어가자 그 백인 남자가 소파에 앉아 맥주 캔을 따는 모습이 보였다. 나는 그 남자를 지나쳐서 "E권"을 제자리에 꽂았다. 그리고 "R권"을 꺼냈다.

엄마가 침실에서 아빠에게 소리를 지르고 있었다. "이제 더 이상 이 따위로는 못 살겠어, 제임스! 이제 우리도 변화가 필요해. 난 당신이 술집 운영하는 것도 도왔잖아. 그러니까 당신도 나를 도와줘야 할 거 아냐! 저 빌어먹을 고지서들 좀 봐. 저 돈은 땅 파서 내니?"

나는 반쯤 열린 침실 문 틈으로 그 모습을 지켜보았다. "진정해, 레이니." 아빠가 말했다. "다 잘될 거야. 제발 좀 진정해."

문틈으로 엄마와 눈이 마주치자 엄마가 소리쳤다. "밖에 나가 있으라고 했지!" 흥분한 엄마가 나를 향해서 걸어왔고 아빠는 엄마의 팔을 붙잡았다. "이거 놔!" 엄마가 거칠게 소리치면서 아빠 쪽으로 고개를 돌렸다. "저 새끼 당신이 데리고 가서 키워. 이번 크리스마스뿐만 아니라 학기가 끝나면 여름방학 때도 말이야. " 엄마가 아주 낮게 깔린 목소리로 말했다.

"잘못했어, 엄마." 나는 이렇게 말하면서 아파트 문을 열고 서둘러 밖으로 나갔다.

다시 계단으로 돌아와서 "상대성 이론" 항목이 나올 때까지 "R권"의 페이지를 넘겼다. 손전등으로 백과사전의 페이지를 비추면서 심장이 두근거리는 것을 느낄 수 있었다. 나의 두뇌는 손전등 끝에서 쏟아져서 백과사전을 비추는 마법 같은 광자의 흐름을 쫓고 있었다.

아인슈타인은 **빛에는 질량이 없기 때문에** 우주에 있는 그 무엇보다도 더 빠른 속도로 움직인다는 것을 발견했다. 빛은 너무나 가벼워서light 말 그대로 빛light이 될 수 있었던 것이다!

$E=mc^2$ 공식은 우리가 질량이라고 부르던 것이 단순히 "물질적인 것"에 불과하지 않음을 뜻한다. 물질의 질량이라는 것은 원자핵 내부에 갇힌 에너지, 즉 원자핵을 서로 묶는 힘이다. 원자핵 안에 갇힌 그 결합 에너지를 모두 밖으로 해방시키면……펑! 모든 에너지가 빛과 열로 방출된다. 바로 이것이 원자폭탄, 태양 그리고 우주의 모든 별들에서 에너지가 만들어지는 방식이다.

상대성 이론은 질량에서 벗어난 에너지가 온 우주를 돌아가게 한다는 것을 설명한다. 그 에너지가 지구를 데우고 미디 큰엄마의 농장에서 옥수수가 자라게 한다. 이와 동시에, 시공간의 곡률curvature이 밀물과 썰물을 만들어내고 우리의 성장과 노화의 속도도 결정한다.

말도 안 돼! 나는 생각했다. 이게 정말이야? 나는 언제나 성서나 그리스 신화, 만화책에 등장하는 온갖 희한한 마법과 신비로운 이야기에 매료되었다. 그러나 그 이야기들이 진짜라고 생각하지는 않았다. 나는 물을 포도주로 바꿀 수 없고 다른 사람들도 마찬가지이다. 내가 아무리 간절히 원한다고 해도 아이언맨처럼 하늘을 날거나 손에서 거미줄을 쏘거나 투명해질 수는 없다. 특히 나는 무적의 피부도 없었다.

아인슈타인의 초능력은 전부 그의 머릿속에 있었다. 그리고 이제 나 역시 상대성 이론의 초능력을 마음속에 품고 있었다. 나는 마치, 자신이 크립톤 행성에서 지구로 도착했을 때 특별한 능력을 얻은 슈퍼맨이라는 사실을 처음으로 깨달은 소년 클라크 켄트가 된 기분이었다. 나는 비록 빈곤하고 교육을 받지 못한 소년이었지만, 마음으로는 슈퍼맨처럼 자동차를 번쩍 들 수 있었다!

상대성 이론이 단순히 공상이 아니라 진정한 과학이라면, 그 원리로 벌어지는 현상을 직접 관찰할 수 있을 것이다.

"스케이트보드를 가져와야겠어." 나는 큰 소리로 외쳤다.

손전등 불빛이 내가 있는 곳 바로 아래의 계단을 빠르게 기어가는 바퀴벌레 한 마리를 비췄다. 나는 재빨리 그 벌레를 발로 밟았다. 벌레의 외골격이 으스러지면서 부서지는 소리가 났다. 그 소리에 등골이 오싹해졌다.

바로 그때 아파트 현관문이 열리는 소리가 들렸다. "그만 가자고." 백인 남자의 목소리였다. "일레인은 괜찮을거야."

아빠와 그 백인 남자가 계단을 따라서 내려가는 동안 나는 벽에 등을 바짝 기댔다. "아내는 완전 미쳤어." 아빠가 백인 남자에게 말했다. "저 여자는 대체 왜 저러는 거야?"

"그 여자 손 봤어?" 백인 남자가 말했다. "상처 하나 없이 멀쩡하더만."

그들은 나를 보지 못한 듯이 계속 계단을 따라서 내려갔다. 나는 계단 위에 누워 있는 벌레를 바라보며 그들이 벌레를 밟지 않기를 바랐다. 아빠가 벌레를 밟았다. 아빠 신발 바닥에 벌레가 달라붙었다가 두 동강이 나면서 계단 아래로 떨어졌다.

나는 아파트 현관을 열고 방 안으로 들어갔다. 엄마는 오른손을 얼음물이 담긴 그릇 안에 집어넣고 소파에 앉아 있었다. 석고 벽에 큰 구멍이 뚫려 있었다. 엄마가 주먹질을 해서 만든 구멍이었다. 나는 엄마에게 안쓰러운 마음이 들었다. 그렇지만 왜 저런 구멍이 생겼는지 물어보고 싶지는 않았다. 엄마를 슬프게 한 일이라면 나에게도 슬픈 일일 것이 뻔했다. 나는 그저 스케이트보드를 챙겨서 집 밖으로 나가고 싶었다.

"얘야, 담배 좀 가져다줄래?" 엄마가 물었다. 나는 탁자에서 엄마의 담배를 집었고, 엄마는 멍든 손을 얼음물에서 반쯤 들어올렸다. "내 손이 이래서, 대신 불 좀 붙여줘."

나는 담뱃갑에서 담배 하나를 입술로 꺼내 물었다. 그 순간, 주변의 모든 것들이 마치 슬로모션이 걸린 것처럼 느리게 흘러가는 듯했다. 나는 종이성냥을 하나 뜯어서 성냥개비의 붉은 머리를 문질러 불을 붙였다. 불꽃이 굉음을 내면서 아주 느린 슬로모션으로 타올랐다. 원자핵에 갇혀 있던 에너지가 방출되는 순간이었다! 나는 담뱃불이 탁탁 소리를 내며 빛날 때까지 그 불꽃을 만져보았다. 에너지가 더 많이 방출되고 있었다! 나는 박하 향이 나는 담배 연기를 입 안 가득 들이마신 다음 공기 중으로 연기를 내뿜으며 달콤한 질문을 던졌다. 바로 이 느낌이 시공간이라는 걸까?

나는 엄마의 입술 사이에 담배를 끼우고 엄마의 한쪽 볼에 키스를 했다. 그리고 스케이트보드를 챙겨 현관 밖으로 나갔다.

21

내가 거리 바깥으로 이어진 현관 계단으로 내려서자 거리의 가로등이 찰칵 소리를 내면서 켜지기 시작했다. 평소 같았다면 이제 당장 집으로 돌아가야 한다는 신호였다. 그러나 그날에는 모든 것이 다르게 느껴졌다. 시공간의 모든 틈 사이사이로 온갖 에너지가 폭발하는 듯했다. 거리의 가로등 불빛과 스쳐지나가는 자동차 헤드라이트뿐만이 아니었다. 도로 위의 모든 자동차들 그리고 쓰레기통 주변을 어슬렁거리던 늙고 비쩍 마른 길고양이까지 모든 것들이 에너지를 가득 머금고 활활 타오르고 있는 것 같았다.

항상 그렇듯이 거리 곳곳에 갱스터들이 있었다. 그들은 건물 앞 계단에 있거나 가로등이나 주차된 차에 기대서는 다리로 인도의 반을 막고 있었다. 그러나 나는 그들이 두렵지 않았다. 나는 현관 앞에 있던 갱스터들을 지나치면서 도로 위에 스케이트보드를 올리고는 미끄러지듯이 움직이기 시작했다.

"꼬맹아, 이리 와봐." 주차된 차에 몸을 기대고 서 있던 갱스터 한 명이 나를 불렀다. 나는 그의 말을 신경 쓰지 않고 그냥 지나갔다. 나에게는 임무가 있었다.

길 모퉁이에 다다랐을 때에 익숙한 목소리가 들렸다.

"이봐아아아! 릴 제이이이임!"

내가 손을 흔들어주며 지나치고는 했던, 여자 같은 남자였다. 머리 위에 스카프를 나비 모양으로 묶었고 이마 높이까지 눈썹이 그려져 있었다. 나는 그날 밤에는 그를 그냥 지나치지 않았다.

"나 좀 도와줄래?" 나는 그와 그의 두 여자친구들에게 물었다.

"뭘 도와달라는 거야, 못된 꼬맹아?"

"도와주면 뭐 해줄래?" 한 명이 물었다.

"꼬맹아, 뭐가 필요하니?" 또다른 사람이 말했다.

"시간이 느리게 흐르도록 만들려고." 내가 말했다.

"뭐? 젠장." 첫 번째 사람이 고개를 획 돌렸다. 그리고 뒷주머니에 한 쪽 손을 집어넣으면서 말했다. "우리 모두 시간이 느리게 흐르면 참 좋겠다! 뭘 어떻게 할 건데?"

"스케이트보드로. 내가 아주 빠른 속도로 달리면서 돌멩이를 머리 위로 던질 거야. 그러고 나서 돌멩이를 다시 잡는 거지. 내가 그러는 동안 내가 말한 자리에 그대로 서서 돌멩이가 얼마나 오래 공중에 떠 있는지 봐주기만 해줘."

"야, 다 모여봐." 한 사람이 말했다. "이 꼬맹이가 타임머신 만드는 거나 도와주자."

"타임머신이 아니야." 내가 말했다. "시공간이라는 거야."

"참 나, 이 새끼야! 시공간이고 뭐고, 나는 이런 헛짓할 시간 없거든?"

"입 다물어, 멍청아!" 다른 사람이 말했다. "이 꼬맹이는 진지하다고. 이 자식 똑똑하다고 꽤 유명하던데. 저 똘망똘망한 눈동자 좀 봐."

"그래, 보고 있다. 저 망할 입술도 보고 있다고."

"꼬맹이 말 좀 끊지 말라고, 이 자식아. 꼬맹아, 계속해봐. 그래서 방금 빛공간 뭐라고?"

"빛공간이 아니라 시공간이라고!" 내가 설명했다. "공간에서 아주 빠르게 움직이면 시간을 아주 느리게 흐르도록 만들 수 있어. 그게 바로 우주가 돌아가는 원리거든.”

“그으래……. 그래서 우리가 뭘 해주면 된다고?”

“이걸 봐봐.” 내가 말했다. “내가 이 돌멩이를 머리 위로 똑바로 던지고 다시 잡을거야. 이 돌멩이를 계속 똑같은 높이로 던지면, 내가 얼마나 빠르게 스케이트보드를 타고 움직이는지와 상관없이 돌멩이가 공중에 떠 있는 시간은 항상 똑같겠지? 내가 돌멩이를 던질 테니까 시간을 재줘.”

“나한테 더 좋은 생각이 있어!” 한 명이 신나서 이야기했다. “‘가재 구멍’ 노래를 불러줄게. 돌멩이를 던지는 순간 노래를 부르기 시작하고, 다시 돌멩이를 잡을 때 멈추는 거야. 노래를 어디까지 불렀는지 보면 돌멩이가 얼마나 떠 있었는지 알 수 있잖아.”

나는 카운트다운을 했다. “하나……둘……셋…….” 그러고 나서 돌멩이를 공중으로 던졌고 그들은 노래를 시작했다. “너는 줄을 잡고 나는…….”

“나는”이라는 가사가 나왔을 때 돌멩이를 잡았다. 그들도 노래를 멈췄다.

“좋아!” 내가 말했다. “바로 그렇게 하면 돼. 이제 똑같이 몇 번만 더 반복할 거야. 계속 똑같은 시간이 걸리는지 확인해줘.”

나는 세 번 더 똑같이 돌멩이를 위로 던졌다. 그들도 똑같이 세 번 더 노래를 불렀다. 매번 정확하게, 돌멩이는 그들이 같은 부분을 부를 때 나의 손으로 떨어졌다.

“좋아, 계속 같은 시간이 걸리고 있어.” 내가 말했다. “이번에는 내가 빠르게 움직일게. 그러면 시간이 느리게 흐르는지 볼 수 있을거야.”

“야. 우리도 당장 네가 빠르게 움직이는 모습을 보고 싶다, 릴 제임! 널 쫓아가도 돼?”

"아니." 내가 대답했다. "이번에는 각자에게 조금 다른 역할이 있어."

나는 첫 번째 사람에게, 내가 스케이트보드를 타고 달려가다가 돌멩이를 던질 위치에 서 있으라고 부탁했다. 그리고 두 번째 사람에게는, 첫 번째 사람 옆에 서 있다가 내가 스케이트보드를 타고 지나가는 순간에 노래를 시작해달라고 했다. 그리고 세 번째 사람에게는 내가 돌멩이를 다시 잡는 위치를 봐달라고 했다.

나는 그들을 일렬로 세워놓고, 스콧 거리를 따라서 스케이트보드를 타고 최대한 빠르게 내려갔다. 첫 번째 사람이 서 있는 지점을 지나는 순간 나는 돌멩이를 공중으로 던졌다. 그리고 동시에 그들은 "가재 구멍" 노래를 부르기 시작했다. 내가 다시 돌멩이를 잡는 순간, 세 번째 사람이 그 위치를 표시하기 위해서 그 자리로 달려와 섰다. 나는 각자 다른 속도로 총 세 번에 걸쳐서 스케이트보드를 탔다. 매번 나는 다른 위치에서 돌멩이를 잡았지만, 노래는 항상 같은 곳에서 끝났다.

"좋아! 우리가 해냈어!" 나는 네 번째 시도까지 하고 나서 소리쳤다.

"글쎄, 무슨 소리야? 릴 제임." 한 명이 말했다. "내 생각에는 그냥 리듬을 맞춰서 노래했을 뿐인 것 같은데."

"아니, 아니. 우리는 방금 시공간을 입증한 거야!" 나는 흥분해서 이야기했다. "내가 스케이트보드를 타고 움직였을 때랑 가만히 서 있었을 때랑 비교해보면, 내가 던진 돌멩이를 다시 잡는 위치가 전혀 달랐잖아. 돌멩이가 공중에 떠 있는 시간은 변화가 없었는데도 말이야. 움직이지 않고 가만히 서서 돌멩이를 던질 때보다 스케이트보드를 타고 움직일 때 돌멩이가 더 긴 거리를 날아간다는 뜻이야. 같은 시간 동안 이동한 거리가 다르다고. 방금 우리가 확인한 게 바로 그거야!"

"음……흠. 릴 제임, 넌 그런 얘기를 할 때 엄청 흥분하는 것 같더라."

"나한테는 돌멩이가 위아래로 똑바로 올라갔다가 내려온 것처럼 보여. 너희들이 본 것보다 더 짧은 거리인 셈이지." 내가 설명했다. "내가 돌멩이를 던지고 다시 잡을 때까지 너희들이 잰 시간이 내가 잰 시간보다 더 길었다는 뜻이야. 우리는 시간을 느리게 흐르도록 만들었다고!"

"시간이 느려지고 빨라지고 하는 건 모르겠고, 더 이상 이런 헛짓하면서 시간을 낭비하고 싶지는 않다." 한 명이 빈정댔다.

나는 주변의 시공간이 가장 느린 슬로모션처럼 느껴지도록 최대한 빠른 속도로 스케이트보드를 타면서 집으로 돌아갔다. 거리를 달리는 동안 길 위의 사람들은 마치 나에게 누구도 나를 방해할 수 없게 만드는 자연의 힘이라도 있는 것처럼 길을 터주었다.

나는 서둘러 계단을 올라가서 우리 집으로 향했다. 엄마에게 이 사고 실험의 흥미로운 결과를 당장 이야기하고 싶었다.

엄마가 반쯤 채워진 여행 가방 너머로 나를 바라보며 말했다. "너도 얼른 짐 싸. 우리 이사갈 거야."

22

우리는 뉴올리언스 동부의 데일 거리에 위치한 낡은 샷건 하우스shotgun house(방들이 일렬로 배치된, 긴 형태의 협소 주택/옮긴이)에 도착했다. 엄마의 사촌이 그의 할아버지에게 물려받은 집이었다. 누구도 살고 싶어하지 않을 만큼 아주 황폐한 상태였다. 엄마의 사촌은 그 집을 깨끗하게 청소만 하면 무료로 지낼 수 있게 해주겠다고 말했다.

데일 거리에 있던 그 집의 가장 뒷방은 나의 침실이 되었고, 나에게는 처음으로 나만의 방이 생겼다. 조그마한 쥐, 거대한 거미, 그리고 소름 끼치는 도마뱀들이 드글거리는 곳이었지만, 월드 북 백과사전을 다 읽을 수 있는 완벽한 장소였다. 나는 백과사전을 한 권 한 권 읽으면서 그 안에 담긴 놀라운 세계에 흠뻑 빠져들었다. 어느 날 밤에는 "N-O권"에서 아이작 뉴턴Isaac Newton과 그의 결정론적 물리학 항목을 읽는데, 문득 정신을 차려보니 해가 뜨고 있었다.

내가 결합 에너지를 탐구하느라 주방 세제들을 섞다가 집에 불을 낼 뻔하자, 엄마는 나의 열한 번째 생일날 화학 실험 세트를 사주었다. 덕분에 나의 서재이자 침실이었던 방은 작은 비커와 플라스크로 진짜 화학 실험을 하는 실험실이 되었다. 몇 주일 동안 나는 데일 거리에서의 생활을 즐겼다. 그러던 어느 날 모든 즐거움이 날아가버렸다.

나는 일주일 내내 브리짓의 행동이 조금 이상하다는 낌새를 느꼈다. 어느 날 밤에 우리 모두는 엄마 방에서 시트콤 「제퍼슨」을 보고 있었다.

엄마와 나는 깔깔댔지만, 브리짓은 무슨 고민이라도 있는 것처럼 조용하게 방바닥만 뚫어져라 쳐다보고 있었다. 잠시 광고가 나오는 동안 브리짓은 엄마에게 할 말이 있다면서 나보고 잠깐 밖에 나가 있으라고 했다. 나는 방에 가서 책을 읽겠다고 말했지만, 부엌 문 바깥에 몰래 숨어서 무슨 대화를 하는지 엿들었다.

나는 엄마가 브리짓에게 소리 지르는 것을 들었다. 엄마는 보통 브리짓이 아니라 나에게 소리를 질렀다. 방 안으로 다시 들어가자 브리짓과 엄마가 함께 울고 있었다. 엄마는 침대 가장자리에서 몸을 앞뒤로 흔들면서 흐느끼고 있었다. "주여, 주여……. 저희 엄마도 열여섯에 아이를 가졌고, 저도 열여섯에 아이를 가졌는데, 내 딸도 열여섯에 임신을 했습니다. 주여, 이 운명의 사슬은 대체 언제 끊기나이까!"

엄마는 나에게 손짓했다. "이리 오렴, 얘야." 내가 기억하기로는 태어나서 처음으로, 엄마는 나를 품속에 꼭 껴안았다.

브리짓은 두 손으로 얼굴을 가리고 조용히 흐느끼고 있었다. 이상했다. 엄마는 감정이 극단적으로 널뛰었지만, 브리짓은 한 번도 눈물을 흘린 적이 없었다. 대체 왜 엄마가 갑자기 나를 꼭 껴안아준 것인지도 이해하지 못했다. 엄마와 브리짓의 눈물, 그리고 엄마의 포옹은 오히려 나를 긴장하게 만들었다. 대체 무슨 일이지? 앞으로 나에게는 무슨 일이 일어나려는 거지?

엄마가 집을 비웠던 어느 날, 브리짓이 자기 친구 토니에게 임신 이야기를 하는 것을 들었다. "첫 경험이었어. 드웨인은 평소처럼 나를 보러 찾아왔고, 우리는 같이 나가 놀았어. 그런데 그날은 나를 차에 태우고 우리 집이 아니라 자기 사촌 집으로 데리고 가더라. 그 집이 비어 있는데 거기에서 할 일이 있다면서 말이야. 그러더니 차 문을 열어주고 내 손을 잡고는 현관문을 지나서 집 안으로 들어갔어. 내가 새 신부라도 되는 것처럼 말이야. 그러고는 나를 침실로 데려가서 침대 위에 눕혔어."

"그러는 동안 너는 어떻게 했는데?" 토니가 물었다.

"아무것도 안 했어. 그냥 그렇게 냅뒀어. 그날 이후로 생리를 안 해. 그날 딱 한 번이었는데."

"그 남자를 사랑해?"

"사랑해."

"그 아기 낳을 거야?"

"낳을 거야."

"왜?"

"낙태는 안 해. 낳을 거야. 나랑 결혼하겠대."

"진심이야? 넌 이제 겨우 열여섯 살이야. 아이만 안 낳으면 고등학교도 멀쩡히 졸업하고 좋은 직업도 구할 수 있다고. 너는 타자도 빠르게 치잖아."

"나는 이 집을 떠날 거야. 엄마한테 질렸어. 엄마의 남자친구들도 진절머리 나. 몇 달에 한 번씩 이사 다니는 것도 지겨워. 난 독립할 준비가 되었다고. 결혼하고 아이를 낳는 게 독립이라면 그렇게 할 거야. 집을 나가서 다시는 돌아오지 않을 거야."

그 이야기를 들으니 심장이 무너졌다. 나는 어쩌라고? 나는 생각했다. 브리짓이 엄마에게서 벗어나고 싶어하는 심정은 이해할 수 있지만, 대체 왜 나까지 버리고 싶다는 거야? 브리짓이 집을 나가면, 나는 엄마와 단둘이 지내야 했다. 대체 누가 밥을 챙겨주고 아침에 학교 가라고 깨워줄까? 나는 부디 브리짓이 말만 그렇게 한 것이기를 빌었다. 게다가 엄마가 브리짓의 결혼을 허락해줄 리도 없다. 그러나 나의 기대는 빗나갔다.

엄마는 브리짓이 아이를 낳는 것을 원하지 않았다. 그러나 결국 브리짓의 결심은 실현되고 말았다. 그때부터 엄마의 정신이 급격하게 쇠약

해졌다. 엄마는 하루 종일 끼니도 거른 채 매일 담배만 피웠다. 엄마는 날이 갈수록 앙상해지고 우울해 보였다. 그러나 브리짓의 배는 불러갔고 브리짓은 행복해 보였다. 브리짓은 더 자주 집을 비웠다.

그러던 어느 봄날, 브리짓은 미소를 가득 지은 얼굴로 불룩해진 배 속의 아이와 함께 드웨인의 트레일러trailer에서 걸어나왔다. 하얀 드레스를 입고 머리 위에는 하얀 레이스가 달린 모자를 쓰고 있었다. 브리짓은 트레일러 뒤에 있는 벌판에서 드웨인과 혼인 서약을 했다. 수십 명의 가족들이 박수를 쳤다. 결혼식이 모두 끝나자, 브리짓은 깨끗하게 세차를 한 드웨인의 자동차 조수석에 탔다. 드웨인은 운전석에 앉아서 브리짓에게 미소를 지었고, 그들은 멀리 떠나버렸다. 브리짓은 나에게 작별 인사도 하지 않았다. 그저 어깨 너머로 손을 흔들고 떠나버렸다.

23

브리짓이 드웨인과 함께 미시시피 주 하이델버그로 이사를 간 이후로 상황은 끔찍해졌다. 나는 엄마를 챙길 수 없었고 엄마도 나를 돌보지 못했다. 엄마는 저녁 식사로 콩 통조림 한 캔을 사먹으라는 쪽지와 함께 2달러만 달랑 부엌에 남겨놓고는 밤늦게까지 집에 들어오지 않았다. 가끔은 이틀 밤 내내 들어오지 않았다.

그래서 엄마가 엄마 노릇을 하는 데에도 휴식이 필요하다며 학기가 끝나자마자 여름 동안 아빠에게 나를 맡기겠다고 했을 때, 나는 오히려 마음이 놓였다. 뉴올리언스로 돌아온 이후로 나는 아빠 집에서 가끔씩 며칠을 지냈는데, 이제는 6주일 내내 아빠와 함께 지내게 된 것이다!

아빠 집에 간 후로 처음 며칠 동안은 거의 혼자였다. 이제는 퀴트먼 고등학교를 졸업한 앤드리아는 아빠와 지내면서 미용실에서 일하고 있었다. 아빠는 여전히 평일에 카이저 공장에서 근무했고, 아빠의 새로운 아내 스테퍼니는 병원에서 교대 근무를 했다.

리틀 우즈라고 불리는 중산층 동네에 자리한 아빠의 집은 데일 거리의 샷건 하우스와는 차원이 달랐다. 아빠 집에는 에어컨도 있었고, 침실도 네 개나 있었다. 차고 두 개에 거실과 서재까지 있었다. 냉장고에는 항상 음식이 가득했다. 심지어 아침 식사도 먹을 수 있었다. 집 곳곳에는 대마초와 총들도 있었다.

앤드리아가 나에게 아빠가 뉴올리언스에서 새로 시작한 대마초 사업에 대해서 설명해주었다. 미시시피 주에서의 상황과는 많이 달랐다. 아빠는 이제 콜롬비아, 멕시코, 그리고 태국에서 대량으로 대마초를 수입했고, 그것을 비닐에 싸서 차고에 무더기로 보관했다. 나의 침대 밑과 옷장 안에도 아주 많은 대마초 뭉치들이 보관되어 있었다. 콜롬비아산과 멕시코산 대마초는 딱딱한 벽돌 모양으로 압축되어서 들어왔고, 태국산 대마초는 막대기에 돌돌 말려서 신발 상자 안에 담긴 채 들어왔다.

그해 여름 내내 나는 미디 큰엄마 집에서 했던 것처럼 대마초를 다듬는 일을 했다. 그러나 대마초가 너무 단단하게 포장되어 있어서 힘이 더 많이 들었다. 나의 방 바닥에는 각기 다른 종류의 대마초로 가득 찬 커다란 분홍색 플라스틱 바구니가 세 개 있었다. 이제 아빠는 옛날처럼 5달러나 10달러짜리 대마초를 팔지 않았다. 대신 1온스, 4분의 1온스, 또는 1파운드 단위로 팔았다. 아빠의 고객들은 주로 또다른 대마초 판매원이거나 양복을 입은 사람들이었다. 아빠 말에 따르면 그 사람들은 사업가나 정치인이었다. 아빠의 고객 중에는 백인도 있었다.

아빠는 이제 자신이 노점상이 아니고 거실에서 대마초를 거래하는 사업가라고 나에게 설명했다. 아빠는 그 둘의 차이가 무엇인지도 가르쳤다. "길거리에서 마약 거래하는 놈들처럼 입고 다니거나 행동해서는 안 된다. 그런 놈들이 다니는 곳에 가지도 말고. 마약상 놈들이 되면 안 돼." 아빠가 말했다. "거실의 사업가가 되렴. 모든 고객을 정중하게 대하고 절대로 사기 치지 마."

마약을 찾는 손님이 올 때마다 아빠는 그들을 바로 집에 들이지 않고 신분을 확인하는 절차를 밟았다. 아빠가 설명했다. "처음 보는 사람이 집에 찾아오면, 신분을 확실하게 확인하기 전까지는 경찰 아니면 너를 털러 온 강도라고 생각해라."

누군가가 문을 두드리면, 아빠는 침실에서 권총 세 자루를 챙겼다. 아빠는 무지 큰 44구경 매그넘 권총을 현관 선반 위에 있는 뉴올리언스 세인츠 미식축구 팀의 사인 볼 옆에 두었다. 현관 복도 중간에는 탁자가 있었는데, 아빠는 탁자 위에 있는 화분 뒤에다가 또다른 권총을 숨겼다. 세 번째 권총은 아빠의 등과 허리띠 사이의 좁은 틈에 끼워넣었다. 나는 미시시피 주에서 아빠가 총을 자유자재로 다루는 모습을 익히 보았다. "사냥 없이는 먹을 수도 없단다." 아빠가 항상 하던 말이었다. 미디 큰엄마도 항상 자기 침대 매트리스 아래에 권총을, 옷장 안에 산탄총을 보관했다. 촌구석에서 볼 법한 소박한 총들이 아니었다. 진짜 갱스터 영화에서 튀어나온 것 같은 무시무시한 총들이었다.

문 앞에 있는 사람이 경찰이나 나쁜 놈이 아니라는 것을 확인하고 나면, 아빠는 편안한 얼굴로 친절하게 손님을 들였다. 그러나 경계를 완전히 풀지는 않았다. "손님을 집 안으로 들이면 반드시 네 눈동자로 그들의 행동을 계속 주시해야 한다. 경찰이나 마약을 훔치려는 강도가 아니더라도 또다른 꿍꿍이가 있을지 모르거든. 이 동네에서는 온갖 속임수가 난무한단다."

모든 볼일이 끝나면 아빠는 나를 거실로 불렀다. "얘야, 네 이름을 말씀드리렴."

"제임스 플러머 주니어입니다." 나는 자랑스럽게 대답했다. 내가 그렇게 말하면 손님과 아빠는 함께 껄껄 웃으며 주먹 인사를 주고받았다. 그러나 그들 누구도 나에게 자신의 이름을 소개하지는 않았다.

앤드리아와 아빠와 함께 제대로 된 집에서 살면서 아빠의 거실 사업을 도울 수 있어서 나도 행복했다. 게다가 리틀 우즈는 다린이 사는 구스와도 멀지 않았기 때문에, 나는 가끔씩 다린을 만나러 가기도 했다.

여름이 반쯤 지난 어느 날, 아빠는 나를 브라운 가족의 집에 데려다주었다. 나는 그곳에서 지니가 만들어준 치킨 튀김과 레드빈과 쌀로 만든 저녁 식사에 함께했다. 다린과 나는 누가 더 많이 먹을 수 있는지 경쟁을 벌였고, 식사를 마친 후에는 다 같이 카드놀이를 했다. 갑자기 전화벨이 울린 것은 자정쯤이었다.

지니가 전화를 받았다. 나는 그녀의 표정에서 무엇인가 나쁜 일이 벌어졌음을 직감했다. 지니는 “하느님, 맙소사!” 그리고 “알겠어요, 아이는 제가 봐줄게요”라고 말했을 뿐 별다른 말없이 그저 듣고만 있었다.

지니는 대체 무슨 일이 벌어진 것인지 나에게 말해주려고 하지 않았지만, 나는 이야기를 해줄 때까지 집요하게 물고 늘어졌다. “아까 밤에 누군가가 너희 집을 털었대. 그 강도들이 네 이복누나 앤드리아를 총으로 쐈나 봐.” 지니의 얼굴에서 눈물이 흘렀다. 지니는 목이 메여서 말을 잘 잇지 못했다. “네 아빠가 지금 앤드리아랑 같이 병원에 있대. 앤드리아는 곧 괜찮아질 거래.”

바로 다음 날 아빠는 나를 차에 태우고 데일 거리에 있는 엄마 집으로 데려다주었다. 차 안에서는 오랫동안 침묵만이 감돌았다. 나는 아빠에게 앤드리아가 괜찮은지 물었지만, 아빠는 한참 동안 아무 말도 하지 않았다.

마침내 아빠가 입을 열었다. 태어나서 처음 듣는, 아빠의 차분한 목소리였다. 그날 밤 누군가가 앤드리아 혼자 있던 집에 찾아왔고, 앤드리아는 그 사람을 집 안으로 들였다. 순간 그들은 앤드리아에게 총을 겨누었고, 차고에 트럭을 대고 모든 짐을 실었다. 일행 중에 한 명이 앤드리아에게 돈은 어디에 있냐고 물었고, 앤드리아가 대답하지 않자 배에 총을 발사했다. 의사가 지혈을 했고, 앤드리아는 1–2주일이면 퇴원할 것이다. 그러나 총알이 앤드리아의 배를 맞혀서 앤드리아는 이제 아기를 가지지 못한다고 했다.

"앤드리아가 어떻게 생긴 놈들인지 말해줬어. 누군지 알 것 같다." 아빠가 말했다. "그 망할 새끼들한테 앞으로 무슨 일이 벌어질지 두고 봐라. 그런 새끼들이 리틀 우즈 근처에 다시는 얼씬도 못 하게 할 테니."

아빠는 한참 동안 아무 말 없이 차를 몰았다. "이 세상에는 짐승 같은 놈들이 있다. 한 손으로는 악수를 하면서 다른 손으로는 칼로 찌르는 놈들이지." 아빠는 잠시 동안 고개를 좌우로 저었다. 나는 아빠가 우는 줄 알고 불안해졌다. 그래서 데일 거리로 돌아가는 내내 창밖을 보면서 전신주의 개수를 세었다.

24

맥도너 40 초등학교는 우리 집에서 데일 거리를 따라 두 블록 떨어진 곳에 있었다. 교장 선생님이 나를 교실로 데려다준 후에, 교장 선생님이 나의 새로운 담임선생님에게 하는 이야기를 우연히 들었다. “이 아이를 눈여겨봐주세요. 아이 어머님이 말하기를 정말 똑똑하고 모범적인 학생이라더군요.” 그런 소개가 썩 기분 나쁘지는 않았지만, 한편으로는 내가 답을 다 알고 있다거나 담임선생님의 특별한 관심을 받는다는 이유로 같은 반 아이들에게 미움을 살까 봐 걱정이 되었다.

맥도너 40 초등학교의 6학년 담임선생님은 나를 곧바로 마음에 들어 했다. 특히, 사람의 뇌에 관한 과제를 알록달록한 도표를 포함하여 여섯 장짜리 보고서로 만들어 제출하자 더더욱 나를 좋아했다. 처음에 선생님은 나보고 과제를 어디에서 베꼈는지를 물었다. 나는 어디에서도 베끼지 않았고, 뇌를 공부하기 위해서 백과사전에서 여섯 가지 항목을 참고했다고 대답했다. 선생님은 나의 말을 믿어주었다.

그다음 날 수업이 끝났는데 선생님이 나에게 학교에서 제공하는 지능 검사를 받아보라고 제안했다. 제1차 검사는 심리학자와 함께 진행된다고 했다. 선생님은 푸른색 양복을 입은 백인 남자가 기다리고 있는 방으로 나를 안내했다.

“안녕, 제임스. 오늘은 어땠니?”

“잘 지냈어요.”

“내가 너에게 몇 가지 질문을 할 거야. 그다음에 너는 퍼즐을 풀거나 게임을 몇 개 하면 돼. 괜찮을 것 같지?”

“네, 좋아요.” 내가 답했다.

그는 나에게 서류 봉투를 건네며 말했다. “이 봉투를 눈높이로 들고 있으렴. 너에게 질문을 몇 개 할게.” 그는 여러 개의 문제와 정답이 인쇄된 종이를 한 장 꺼냈다. 그는 첫 번째 종류의 질문들을 읽었다. “자, 내가 말하는 과학자들이 어떤 책을 가지고 다니는지 이야기해볼래? 첫 번째, 동물학자zoologist.”

“동물에 관한 책이요.”

“식물학자botanist는 어떤 책을 볼까?”

“풀이나 나무에 관한 책이요.”

“고생물학자paleontologist는?”

“공룡에 관한 책이요.”

“좋아.” 그가 말했다.

“그럼 조류학자ornithologist는?”

생전 처음 들어보는 단어였다. 그때 헤라클레스가 맡았던 여섯 번째 과제가 스팀팔로스의 새들을 쫓아내는 일이었다는 것이 생각났다. 그 새는 그리스어로 스팀팔리데스 오르니테스Stymfalides ornithes였다. 그래서 나는 머리를 굴렸다. “새에 관한 책이요?”

“와! 정말 대단한데!”

계속해서 여러 검사가 이어졌다. 나는 객관식 문제들에 답을 썼고 점점 더 어려워지는 퍼즐도 몇 개 풀었다. 내가 제대로 풀었는지 확신이 들지는 않았다. 그다음 날 나는 또다시 같은 방에 들어갔는데 이번에는 다른 심리학자가 나를 맞이했다. 그는 훨씬 더 어려운 문제들을 냈다. 나는 검사를 마치고는 까맣게 잊어버렸다. 그런데 일주일이 지난 뒤에 학교를 마치고 집으로 돌아왔더니 엄마가 나에게 달려와서 두 팔로 나를 꼭 껴안았다.

"우리 아들이 천재였어!" 엄마는 아주 격양된 목소리로 말했다. 엄마는 나를 품에 안더니 나를 이리저리 흔들면서 덩실덩실 춤을 추었다. "내 그럴 줄 알았어!" 엄마가 말했다. "난 항상 사람들한테 네가 천재라고 말하고 다녔어. 우리 아들 IQ가 무려 162라니! 세상에!" 엄마는 입이 귀에 걸릴 정도로 크게 웃었다. 그러고는 불끈 쥔 주먹을 앞으로 내밀고 이리저리 흔들면서 행복하게 춤을 추었다. "우리 아들! 이 대단한 녀석! 나는 네가 특별한 놈인 줄 알았어. 언젠가는 온 세상이 알게 될 거야!"

난 엄마가 무엇을 잘못 먹었나 싶었지만, 괜히 무례하게 굴고 싶지는 않았다. 엄마는 행복했고, 나는 엄마가 계속 행복하게 두고 싶었다.

다음 날 학교에 갔더니 선생님은 나에게 지능 검사 점수가 아주 높게 나왔기 때문에 앞으로 일주일에 며칠은 원래 교실을 떠나서 영재들을 위한 특별 과정에 참여해야 한다고 말했다. 이제 재능이 있는 아이라고 인정을 받았으니 나는 앞으로 좋은 일만 벌어질 것이라고 생각했다.

그러나 행복은 영원히 이어지지 않았다. 뉴턴의 운동 제3법칙처럼, 모든 힘에는 똑같은 크기에 방향은 정반대인 반작용이 함께 작용한다. 우주는 항상 균형을 유지하려고 한다. 얼마 지나지 않아서 뉴턴의 우주는 나의 행복에 대한 대가를 치르려고 했다.

새로운 학교로 옮긴 지 겨우 2개월이 지났을 때였다. 집에 돌아왔는데 엄마가 로스앤젤레스에 살고 있는 자기 언니와 전화 통화를 하고 있었다. "나도 릴 제임을 언니에게 맡기고 싶지 않아. 그렇지만 다른 방법이 없잖아. 내가 돌봐주지 않으면 브리짓은 배 속의 아이를 잃을지도 몰라. 그렇다고 드웨인에게 브리짓에, 나에, 제임스까지 돌봐달라고 부탁할 수는 없잖아…….” 방에 있던 나와 눈이 마주치자마자, 엄마는 고개를 돌렸다. “그럼 괜찮다는 거지? 그래, 내가 저 녀석한테 기차 요금 쥐어줄게.”

엄마는 전화를 끊자마자 울음을 터트렸다. 그러나 나는 엄마를 위로해주고 싶지 않았다. 엄마는 나를 멀리 보내려고 하고 있었다.

“봐봐.” 엄마가 담배에 불을 붙이고 내가 아닌 창밖을 바라보면서 이야기했다. “브리짓은 곧 아이를 잃게 될지도 몰라. 하루 종일 침대에 누워서 쉬어야 한대. 그래서 내가 미시시피 주에 가서 브리짓을 돌봐줘야 해. 그래서 당분간 너를 로스앤젤레스에 있는 진 이모에게 맡겨야 할 거 같아.”

“나 혼자?”

“아니, 너 혼자가 아니야. 가면 진 이모가 있을거야. 네 사촌 셰릴도 있어. 학교에서 새 친구도 곧 사귈 수 있을 거야. 엄마는 네가 금방 새로운 친구를 사귈 거라고 믿어. 매년 그래왔잖아.”

엄마에게 뭐라고 말을 해야 할지 알 수가 없었다. 마냥 울면서 떼를 부릴 수 있는 나이도 아니었다. 우리 가족이 처음으로 우리 소유의 집에서 살고 있었고, 나는 마침내 학교에서 특별 대우를 받으면서 공부를 할 수 있었다. 그런데 엄마는 나를 다시 갱스터, 그리고 그들 못지않게 폭력적으로 싸우던 친척들에 대한 기억만 남아 있는 로스앤젤레스로 돌려보내려고 하고 있었다. 게다가 우리 가족을 완전히 무시하는 진 이모에게 나 혼자 가라고 말이다. 나는 항상 엄마의 행복만을 바랐고 집 안에서 화를 낸 적도 없었다. 그러나 그날만큼은 엄마가 원망스러웠고 화가 났다.

나는 캘리포니아 주까지 챙겨갈 짐을 정리했다. 평소 같으면 매버릭에 짐을 한가득 싣고 이동했겠지만, 이번에는 달랐다. 혼자서 기차를 타고 이동해야 했기 때문에 단 두 개의 여행 가방 안에 짐을 싸야 했다. 화학 실험 세트나 백과사전을 넣을 공간은 없었다.

나는 방으로 돌아와서 내가 읽던 에드거 앨런 포Edgar Allan Poe의 시집을 펼쳤다. 그는 내가 동질감을 느꼈던 또다른 괴짜였다. 가방 안에 그 시집을 넣을 공간이 없을지도 몰라서, 나는 그 순간의 상황과 가장 잘 들어맞는다고 생각한 시 한 편을 외우기 시작했다.

나 홀로

어릴 때부터 나는 남들과 달랐다네
나는 세상을 남들과는 달리 보았으며
나의 열정은 다른 이들과 같은 샘에서 나오지 않았으며
나의 슬픔도 다른 이들과 같은 근원에서 피어나지 않았으며
다른 이들이 즐거워할 때 나의 마음은 홀로 놀았다네
내가 사랑한 모든 것을 나 홀로 사랑했다네

나는 그 시를 밤새 암송하다가 잠이 들었다. 로스앤젤레스로 떠나는 기차를 타는 내내 그 시가 나의 머릿속을 맴돌았다.

제2부

미시시피 주에서 어른이 되기까지

내가 있는 곳에서 만만하게 굴다가는 길을 잃을 거야. 지금의 길을 고수한다는 것은 역경을 견디겠다는 뜻이니까.

—KRS-One

25

엄마가 나를 서쪽으로 보내고 나서 1년 반이 지난 후, 나는 완전히 다른 사람이 되어 뉴올리언스로 돌아왔다. 나는 겨우 열두 살이었지만 몸 곳곳에 털이 나기 시작했다. 덩치도 훨씬 더 커졌고 더 거칠어졌고 더 강해졌다. 간단히 말해서 나는 센 놈이 되었다. 적어도 로스앤젤레스와 휴스턴 거리에서 나와 마주친 사람들은 나를 그렇게 불렀다.

나는 살아남기 위해서 센 놈이 되어야 했다. 서쪽에서 16개월을 보내는 동안 나는 서로 다른 집을 아홉 번이나 전전했다. 그리고 캘리포니아와 텍사스 주 전역에 걸쳐서 학교를 다섯 번이나 옮겨다녔다. 나는 친척이나 엄마의 친구나 엄마 가족의 친구라는 사람들의 집에서 머물렀다. 그 누구도 나를 진짜 가족처럼 대해주지는 않았다.

한 집에서는 나의 똑똑한 머리 때문에 피곤해지기도 했다. 그 집의 아버지와 그의 10대 아들은 자기들도 똑똑하다고 생각했고 그 사실을 나에게 보여주고 싶어했다. 그래서 매번 나와 체스를 두었다. 나는 그 둘 모두 경기마다 열다섯째 수를 놓기 전에 승리했다. 그 이후로 나는 찬밥 신세가 되었다. 그 집의 아버지는 나를 신데렐라처럼 부려먹었다. 나는 학교가 끝나면 설거지와 부엌 청소를 해야 했고, 저녁 식사가 끝나면 뒷정리를 하고 쓰레기통을 비워야 했다. 내가 집안일을 하는 동안 그 집의 아이들은 텔레비전을 보거나 학교 숙제를 했다. 그는 끊임없이 말도 안 되는 핑계를 대면서 내가 집안의 규율을 위반했다고 비난했고, 내가 입고 있던 꽉 끼는 흰색 속옷까지 다 벗긴 다음에 나의 엉덩이에 허리띠를 힘껏 휘둘렀다.

여름 동안 머물렀던 또다른 집에서는 그 집의 가장이 나에게 뜨거운 햇볕 아래에서 힘겨운 육체 노동을 하라고 강요했다. 그리고 새벽 2시에 나를 깨워서 갑자기 성서를 큰 소리로 읽으라고 시켰다. 다음처럼, 바보같이 사는 것에 대해서 경고하는 구절들이었다.

> 여호와를 경외하는 것이 지식의 근본이거늘, 미련한 자는 지혜와 훈계를 멸시하느니라(「잠언」 1장 7절).

한밤중에 갑작스럽게 진행되던 이 성서 수업에서 내가 배운 "지혜"는 단 한 가지였다. 내가 사악하고 보잘것없으며 혼자라는 것.

사우스 센트럴 로스엔젤레스, 사우스 파크, 그리고 휴스턴의 제3지구까지, 길거리도 항상 무서웠다. 나를 제외한 모든 사람들은 뒤를 지켜주는 가족이나 동료가 있는 것 같았다. 나는 엄마와 아빠는 어디에서도 볼 수도 들을 수도 없었고, 갱스터 무리에는 끼고 싶지 않았다. 폭력적인 범죄자 무리에 합류하는 것은 오히려 손해였다. 그들은 내가 절대 부딪히지 않으려고 했던 음침한 후레자식들과 정확히 똑같았다. 차라리 혼자가 훨씬 안전하다고 생각했다.

그래서 혼자서 살아남는 방법을 터득했다. 나의 지혜와 주먹 두 가지로 세상을 살았다. 나는 내가 먼저 주먹을 날리는 것, 상대를 세게 치는 것, 그리고 타격을 절대로 멈추지 않는 것이 최선임을 배웠다. 내가 먼저 상대를 위협하면 그는 겁을 먹고 나를 위협하지 않았다. 위험하고 나쁜 놈이 되어야 안전할 수 있다는 사실을 깨달았다. 결국 나는 나쁜 놈이 되고 싶었다. 나는 내가 만화책에 등장하는 사악한 악당, 즉 악으로부터 모든 힘을 끌어모은 존재라고 생각하기 시작했다.

그렇게 힘든 나날 동안, 학교 선생님들만이 나의 유일한 생명줄이었다. 그들은 나에게 새로운 지식을 알려주었고 지적 호기심을 충족해주었다. 그리고 내가 학구적인 사람이 되고 싶어하도록 동기 부여를 해주었다. 심지어 선생님들은 수영이나 수학 동아리와 같은 여러 동아리 활동에도 나를 꼬드겼다. 그러나 나는 매번 전학을 가야 했기 때문에 선생님들의 관심이 꾸준히 이어지지는 못했다. 그리고 선생님들의 노력만으로는 스스로를 쓸모없고 외로운 존재라고 여기는 것을 막을 수 없었다.

휴스턴에서 살았을 때의 상황은 끔찍했다. 당시 나는 사우스 파크에서 살았고 제3지구에 있는 학교까지 시내버스를 타고 다녔다. 그 학교에는 영재를 위한 특별 과정이 있었다. 아는 갱스터나 보호자가 없었기 때문에, 한창 갱스터끼리의 전쟁이 살벌하던 지역을 가로지르는 일은 정말 위험했다. 단지 책가방을 메고 버스 정류장에 서 있다는 이유 하나만으로도 갱스터들의 먹잇감이 될 수 있었다. 불과 일주일 사이에 갱스터들에게 두 번 얻어터지자, 누군가가 엄마에게 전화를 했고 엄마는 나를 비행기에 태워서 뉴올리언스로 다시 데리고 왔다.

아빠가 공항까지 우리를 마중 나왔고, 나는 아빠가 앞으로는 같이 살자고 말해주기를 바랐다. 아빠가 끌고 온 회색 트럭을 타고 함께 아빠 집으로 돌아가면서 너무나 마음이 든든했고, 이 기분이 끝나지 않았으면 했다. 나는 자동차 앞좌석에 행복한 표정으로 앉아서 아빠가 챙겨온 샌드위치를 먹었다. 그런데 아빠가 나를 켈리 힐에 있는 미디 큰엄마의 집으로 데려가고 있다는 사실을 깨닫고는 어이가 없었다. 큰엄마의 집에 도착하자 아빠는 미디 큰엄마에게 웨슬리 채플에 머무르고 있는 브리짓에게 연락해서 나를 브리짓과 드웨인에게 맡겨달라고 부탁했다. 그리고는 혼자서 트럭을 타고 뉴올리언스로 떠나버렸다.

그다음 날 아침에 브리짓이 미디 큰엄마의 집에 찾아왔다. 나는 당장이라도 브리짓에게 달려가서 품에 안겨 펑펑 울고 싶었다. 그러나 울보의 마음은 꾹 눌러 담았다. 우리는 그냥 서로 한 번 껴안기만 했다. 나는 브리짓의 차에 올라탔고 우리는 함께 떠났다.

브리짓은 드웨인과 함께 로럴과 머리디언 사이에 위치한 웨슬리 채플의 숲속 트레일러에서 살고 있었다. 엄마는 브리짓이 임신하자 브리짓을 돌봐주기 위해서 그쪽으로 이사를 했다. 그러나 안타깝게도 브리짓은 불과 5개월 만에 배 속의 아이를 잃었다. 그래서 엄마는 다시 뉴올리언스 쪽으로 돌아간 후였고 나는 엄마가 잠깐 머물렀던 트레일러 구석에서 지내게 되었다.

아침 식사를 반쯤 먹었을 때, 나는 1년 반 동안 크게 변한 사람이 나뿐만이 아님을 깨달았다. 브리짓은 미시시피 주 말투를 흉내내고 있었고 밀가루와 돼지고기 기름으로 만든 비스킷에, 설탕과 물을 냄비 안에 넣고 만든 "시럽"과 같은 음식을 냈다. 식사를 시작하자, 포크를 사용하는 사람이 나 혼자라는 것을 발견했다. 드웨인과 브리짓은 음식을 맨손으로 먹었다! 나는 그 사람이 내가 어릴 적에 항상 "음식 좀 맨손으로 먹지 마!"라고 잔소리하며 식탁 예절을 가르쳐주던 브리짓과 똑같은 사람이라는 사실을 믿을 수가 없었다. 그랬던 브리짓이 손으로 음식을 집어먹고 손가락을 쪽쪽 빨고 있었다!

그리고……브리짓은 뭐랄까, 바보같이 보였다. 행동이 그랬다는 말이다. 원래 브리짓은 바보와는 거리가 먼 사람이었다. 미시시피 주에서는 마냥 순진한 척하면서 외지인을 등쳐 먹으려는 사람들을 두고 "시골 바보인 척한다"고 했다. 브리짓과 나는 모두 변하고 말았다. 나는 나쁜 놈이 되었고, 브리짓은 시골 바보가 되었다.

새로 머물게 된 집이 숲속에 있는 작은 트레일러였지만, 나는 비로소 아늑함을 느꼈고 브리짓과 다시 함께 지내게 되어서 행복했다. 브리짓은 시골 바보가 되었지만, 나는 그마저도 행복했다. 여기 미시시피 주에서는 과거처럼 힘든 삶을 살 필요는 없을 것이라고 기대했다. 브리짓과 드웨인과 함께 착한 아이로 살 수 있을 것이라고.

26

웨슬리 채플에서 살면서 개과천선하고 싶다면 아프리칸 감리교회에서 그 구원의 길을 찾을 수 있다. 웨슬리 채플의 아프리칸 감리교회 신도들은 드웨인의 가족들처럼 주로 다섯 명 정도의 대가족이었다. 내가 드웨인의 트레일러로 거처를 옮기자마자, 드웨인은 나에게 일요일마다 교회에 가야 한다고 강요했다.

교회는 나에게 일상이었다. 엄마가 교회에 갔던 적은 거의 없었다. 그러나 내가 기억하는 한 엄마는 브리짓과 나를 언제나 주일학교와 교회에 보냈다. 엄마는 뉴올리언스에서 가톨릭 신자로 자랐지만 교회 출석에 딱히 엄격한 편은 아니었다. 계속 집을 옮겨다니는 동안에도 어느 도시든 간에 흑인 교회가 있다면 우리는 그 교회에 다녔다. 와츠에 살 때에는 성결파 계열 교회를 다녔는데, 그 교회 사람들은 바닥에 뒹굴고 혀를 놀리면서 방언을 했다. 마치 미친 사람들 같았다. 그래서 브리짓과 나는 그 교회를 크레이지crazy 교회라고 불렀다. 휴스턴과 뉴올리언스에서 살 때에는 가톨릭 계열 교회를 다녔다. 나는 그 교회의 냄새와 종, 그리고 십자 성호를 긋는 기도와 사람들에게 자리를 안내하는 자원봉사 일을 좋아했다. 파이니 우즈에서 살 때에는 동부침례교회를 다녔다. 그곳에서는 항상 활기찬 노래 소리가 가득했다. 퍼모나에서 지낼 때에는 여호와의 증인 계열 교회를 다니면서 일주일에 두 번씩 성서 공부를 하기도 했다.

어느 교회를 가든지 모든 교회에서 강조해서 가르치는 두 가지 개념이 있었다. 바로 죄와 용서였다. 한 주일학교 선생님은 사람이 일곱 살이 되기 전까지는 죄를 짓지 않는다고 이야기했다. 그러나 또다른 교회 선생님은 사람이 열두 살이 되기 전에 선과 악을 구분하는 능력이 생긴다고 가르쳤다. 이 죄와 나이의 문제는 나에게 특히 중요했다. 여덟 살이 되던 무렵부터 본격적으로 죄악의 늪에 발을 담그기 시작했기 때문이다.

일요일마다 엄마는 지갑에서 동전 몇 개를 꺼내서 나에게 주었다. 교회의 헌금함에 넣을 돈이었다. 그러나 나도 다른 또래 아이들처럼 군것질에 대한 유혹을 뿌리치기가 어려웠다. 그래서 교회에 가는 길에 가끔 골목 모퉁이에 있던 가게로 가서 헌금으로 달콤한 과자를 사고는 했다. 더 나쁜 짓도 했다. 예수님께 10센트나 5센트짜리 동전을 드린 날, 집으로 돌아오는 길에 가게에 들러서는 25센트짜리 휴빅스 파이나 15센트짜리 스테이지 플랭크와 같은 과자를 훔치기도 했다. 그건 분명히 죄악이었다. 그다음 해에 뉴올리언스에서 브라운 가족과 함께 살 때에는 다린의 형들이 가랑이 사이에 있는 고깃덩어리를 주무르면서 아래쪽에서 "그 느낌"을 느끼는 방법을 나에게 가르쳐주었다. 그러나 당시 나의 고깃덩어리에서는 아무것도 나오지 않았기 때문에 그런 행동이 죄인지 아닌지 알 수가 없었다.

어렸을 적 나는 성서 속에 담긴 마법 이야기들을 아주 좋아했고, 천사와 신들의 기적도 모두 믿었다. 브리짓은 나에게 크레이지 교회 신도들이 하느님을 "만났기" 때문에 미친 듯이 소리를 지르고 고함을 치는 것이라고 이야기했다. 그러나 나는 하느님을 "만나는" 느낌이 무엇인지 이해하기가 어려웠다. 왜 하느님은 나를 만나주지 않으실까? 나는 궁금했다. 혹시 내가 죄를 지어서?

용서는 죄만큼이나 복잡한 개념이었다. 나는 나의 자전거를 빼앗았던 나우 앤드 레이터를 용서했다. 예수님은 나병 환자를 고쳐주거나 빵을 복제해서 사람들에게 나누어주는 기적을 행했다. 그러나 만약 예수님이 와츠에서 살면서 갱스터에게 얻어맞을 때마다 다른 쪽 뺨도 대주었다면 그런 기적을 행하기도 전에 일찍이 죽지 않았을까 생각했다. 나는 예수님을 도무지 이해할 수 없었다. 예수님은 죽은 나사로를 다시 일으킬 만큼 전지전능하고 강력한 초능력이 있었다. 그러나 예수님은 초능력을 적을 무찌르는 데에 결코 쓰지 않았다. 심지어 자신을 공격하는 로마인들로부터 스스로를 지키는 데에도 쓰지 않았다.

솔직히 말해서 웨슬리 채플에는 나를 괴롭히는 갱스터가 없었다. 나는 내가 거친 사람이라는 것을 굳이 증명할 필요가 없었다. 내가 정말로 하느님을 만나고 싶다면, 이제 센 놈 흉내를 내는 짓은 그만두고, 좀더 온순하고 부드러운 사람이 되어야 할 것이다.

그러나 나는 하느님을 만나고 구원을 받기도 전에 다시 숲속으로 일하러 불려나가야 했다.

여름이 다가오자, 드웨인은 모두들 일곱 살만 넘으면 일을 해야 하니 내가 하루 종일 아무 일도 하지 않고 뒹굴거리면 안 된다고 분명히 했다. 브리짓은 매일 깁슨 백화점에서 선반에 물건을 진열하는 일을 했고 드웨인은 전봇대 변압기를 만드는 공장에서 근무했다. 드웨인은 내가 여름 동안 그의 아버지와 다른 형제들과 함께 펄프재를 옮기는 일을 해야 한다고 했다.

드웨인의 아버지 에드 하워드 모건은 펄프재를 자르고 운반하는 일로 가족들의 생계를 책임졌다. 여름 내내 에드 하워드의 여덟 살에서 열세 살 사이의 아들 여럿이 그와 함께 새벽에 숲으로 향했다. 그리고 일주일에 6일을 일했다. 내가 함께 일하게 된 첫 번째 날, 새벽 5시에 모건 가족의 집에 도착했더니 드웨인의 엄마인 배니가 빻은 옥수수, 달걀 그리고 돼지고기로 요리한 정성스러운 아침 식사를 내주었다. 아침을 먹고 난 후 우리는 함께 트럭에 올라타고는 벌목꾼들이 나무들을 일찌감치 베어 놓은 거친 진흙길을 따라서 내려갔다. 펄프재 운반업자들은 벌목꾼들이 잘라놓은 이 나무 토막들에 생계가 달려 있었다. 우리의 일은 날이 너무 더워져서 일을 하기 힘들어지기 전에 펄프재들을 트럭 두 대에 가득 싣고 목재 공장까지 운반하는 것이었다.

첫 번째 하루를 마치고 우리는 저녁 식사를 먹으러 모건 가족의 집으로 돌아갔는데 온몸이 가려웠다. 상체에 고름이 있고 끔찍하게 가려운 두드러기가 나 있었다. 그날 밤 브리짓은 나의 온몸에 분홍색 칼라민 로션 연고를 발라주었지만 아무런 소용이 없었다. 나는 매일 저녁 펄프재를 운반하는 일을 마치고 물이 가득 담긴 욕조 안에 들어가 있는 동안에만 편안함을 느낄 수 있었다. 배니는 나의 피부 증상을 "인디언의 불"이라고 불렀지만, 정확히 무엇이 나를 괴롭히는지는 아무도 몰랐다. 나는 매일 나 자신의 몸과 전쟁을 치르는 기분이었다. 일주일 내내 내가 피부와의 전투에서 참혹하게 패배하자, 결국 배니는 나에게 펄프재를 운반하는 일을 잠시 쉬라고 했다.

다른 사람들이 모두 숲에서 일하는 동안 나는 모건 가족의 집에 혼자 남았다. 나는 집 안에 읽을 만한 것이 없는지 샅샅이 찾았다. 책이라고는 삽화가 있는 커다랗고 하얀 성서와 흔하게 볼 수 있는 킹 제임스 성서, 그렇게 두 권뿐이었다. 물론 나는 교회와 주일학교에서 하도 배워서 이미 성서 속의 이야기들을 잘 알고 있었다. 그러나 『뿌리』와 월드 북 백과사전처럼 성서를 처음부터 끝까지 읽은 적은 없었다. 그래서 성서를 완독할 수 있는 좋은 기회라고 생각했다.

성서에서 좋아했던 부분들은 주로 「신약 성서」에 있었다. 죽은 사람을 되살리거나 물 위를 걷는 등 기적이나 신비로운 일들이 벌어지는 내용들이었다. 그러나 성서의 가장 처음인 「창세기」부터 읽기 시작하자, 「구약 성서」가 온갖 질투와 분노, 폭력으로 가득 찬 콩가루 집안의 이야기임을 깨달았다. 물론 사랑에 대한 이야기도 있었다. 단, 예수님이 우리를 사랑하신다는 그런 종류의 사랑이 아니라 남자와 여자의 낭만적인 사랑, 부모와 자녀들 사이의 복잡미묘한 사랑이었다.

「창세기」에 등장하는 가족들의 이야기는 내가 자라면서 거쳤던 여러 가족들과 우리 가족의 모습을 떠올리게 했다. 이삭 앞에 칼을 들고 등장한 아브라함. 아버지로부터 더 큰 축복을 받기 위해서 서로 사기를 쳤던 야곱과 에서. 그리고 아버지가 요셉만 아낀다는 이유로 요셉을 구덩이에 던지고 이스마엘 사람들에게 팔아넘겼던 요셉의 형제들까지.

나는 내가 야곱처럼 가족의 몽상가일지도 모른다고 생각했다. 물론 나는 아빠가 가장 아끼는 사람은 아니었지만. 나는 야곱에게서 나의 모습을 많이 발견했다. 야곱은 그의 아들 요셉과 마찬가지로 몽상가였다. 그러나 야곱은 아버지의 축복을 훔쳐서 목숨을 걸고 도망치는 삶을 살아야 했던 나쁜 인물이기도 했다. 그리고 몇 년 후에 야곱은 집으로 돌아왔고 가족들은 그를 반갑게 맞아주었다. 어쩌면 웨슬리 채플에서의 삶은 나의 지난 과오를 뉘우치고 내면의 선한 나를 되찾는 기회가 될지도 모른다. 예수님은 "하느님의 나라는 네 안에 있느니라"라고 말했다. 어쩌면 내면의 선한 나를 발견하기 위해서 내면을 더 깊숙이 들여다보아야 하는지도 모른다.

나는 야곱이 천사와 밤새도록 씨름을 했다는 이야기를 몇 번이고 읽고 또 읽었다. 모든 사람들은 천사가 선하다고 생각한다. 그렇다면 대체 왜 야곱은 천사와 씨름을 했던 걸까? 나는 그가 천사의 축복을 너무나 갈망했기 때문이라고 생각했다. 특히 내가 가장 좋아했던 장면은 동이

트기 직전에 마침내 천사가 포기하면서 "좋다, 너에게 축복을 주겠노라, 너는 이제 고향에 와서 이곳에서 평화롭게 지낼 수 있느니라"라고 말하는 장면이었다. 엄마가 나를 혼자 서쪽으로 보낸 뒤부터 나는 살아남기 위해서 홀로 싸워야 했다. 나는 나를 보호하기 위해서 겉으로는 센 척을 했지만, 나의 내면에는 여전히 브리짓과 함께 놀기를 좋아하고 하루 종일 책만 보면서 뒹굴고 싶어하는 여린 아이가 있었다. 나는 다른 사람들과 씨름하는 일에 지쳐 있었다. 그냥 그런 씨름을 포기하고 싶었다.

매일 오후 에드 하워드와 그의 아들들이 숲에서 일을 마치고 땀에 흠뻑 젖은 몸으로 지쳐서 집으로 돌아왔다. 그러면 나는 하루 동안 집에서 읽은 성서 이야기들을 그들과 함께 나누었다. 배니가 준비한 저녁 식사를 함께 먹으며 나는 기억에 선명하게 남을 정도로 재미있었던 성서 이야기를 낭송하거나 심지어는 실감 나게 연기하면서 모두를 즐겁게 했다. 나는 어린아이들이 무서워하지 않도록 너무 무서운 이야기는 피하려고 항상 신경을 썼다. 그리고 배니만을 위한 경이로운 이야기도 준비했다. 나와 비슷한 또래에 웨슬리 채플에서 가장 친한 친구가 된 크리스 모건은 남자들이 사자 굴에 들어가거나 혹독한 시련을 겪는 잔인한 이야기들을 좋아했다. 나는 웬만해서는 잘 웃지 않던 늙은 에드 하워드를 웃게 해주고 싶어서 "다투는 여인과 함께 큰 집에서 사는 것보다 움막에서 혼자 사는 것이 나으니라"와 같은, 성서 속의 우스꽝스러운 격언을 읊은 적도 있었다. 그 말 때문에 배니는 나의 머리를 한 대 쥐어박았다.

얼마 지나지 않아서 우리가 살던 작은 마을에는 내가 성서 공부 선생님으로서 탁월한 재능이 있다는 소문이 퍼지기 시작했다.

27

웨슬리 채플의 아프리칸 감리교회 집사님들은 교회를 다니는 아이들 중에 하나가 심금을 울리는 연기로 성서 이야기를 들려주는 재능이 있다는 이야기를 듣자 나에게 주일학교에서 아이들에게 성서 공부를 가르치라고 시켰다. 성서에 관한 지식이 늘어날수록 나는 더 많은 아이들을 가르치게 되었다. 여름이 끝나갈 무렵이 되자 심지어 성인 대상 성서 공부까지 맡았다. 그때 나는 겨우 열세 살이었다.

주일학교에서 선생님 역할을 하면서 난생처음으로 다른 사람들 앞에서서 성서를 낭송했다. 일반적으로 주일학교에서는 매주 성서에서 배울 수 있는 여러 교훈과 "도덕적인" 내용들을 모아서 정리한, 아프리칸 감리교회 출판부의 소책자를 활용했다. 그러나 나는 소책자의 틀에서 벗어나서 성서 이야기들을 마치 드라마를 보는 것처럼 생생하게 전달했고 나만의 관점으로 해석했다.

얼마 지나지 않아 나는 내가 성서 이야기를 하는 동안 뒤에서 가만히 눈을 감은 채 고개를 부드럽게 끄덕거리며 흡족한 미소를 짓고 있는 체리 목사님을 발견했다. 체리 목사님은 미시시피 주에서는 아주 보기 드문 여성 사역자使役者였다. 그녀는 50대였는데, 한쪽을 회색으로 염색한 중간 크기의 아프로 머리를 하고 다녔다. 1980년대 당시에 대부분의 흑인 여성들 사이에서는 머리를 약품으로 파마하거나 가스레인지로 뜨겁게 달군 빗을 활용해서 쭉 펴는 것이 유행이었는데도 말이다. 특히 여성

신도들이 처음에는 체리 목사님을 잘 따르지 않았다. 그러나 웨슬리 채플은 모계 중심 사회였고, 여름이 지나자 신도들은 서서히 그녀를 정신적인 지도자로 받아들이고 존중하기 시작했다.

교회의 일요일 예배는 존중과 공경이 전부였고 나이 많은 신도들은 항상 연장자로서의 대우와 존경을 받았다. 나이 든 남자 어른들은 교회 연단에 앉았고 나이 든 여자 어른들이 교회 신도석을 꽉 잡고 있었다. 특히, 아주머니들은 화려한 모자를 쓰고 가장 상석인 맨 앞줄에 앉았다. 그중 다수의 아주머니들은 하느님을 만나는 순간이 오면 항상 소리를 크게 질렀다. 무더운 날에 아주 열정적인 설교가 펼쳐지면, 아주머니들이 기절을 하거나 자빠져서 부상당하지 않도록 최소한 네 명이 주의를 기울여야 했다. 성령에 너무나 도취되면 두 사람이 양팔을 각각 붙잡고 부축해주어야 했고 다른 두 사람이 양옆에서 광고 문구가 쓰인 손부채로 부채질을 해주어야 했다. "저는 델타 샐비지 컴퍼니의 물건만 써요!", "옐로 프론트 스토어에서는 같은 가격으로 더 많이 살 수 있습니다!" 그 손부채에는 이런 광고 문구들이 쓰여 있었다. 그리고 뒷면에는 십자가에 못 박힌 예수님이나 최후의 만찬 그림이 천연색으로 그려져 있었다.

예배가 진행되는 동안, 나는 연단에 있는 나이 많은 신도와 집사님들의 얼굴을 하나하나 뜯어보았다. 일요일을 빼고 일주일 내내 그들은 해가 뜨기 전부터 일어나서 논밭이나 공장에서, 그리고 일을 마치고도 뒤뜰에서 등골이 휠 정도로 힘든 육체노동을 했다. 그리고 일주일 내내 백인 앞에서 자존심을 굽히며 지냈다. 특히, 기성 세대들은 굳이 백인과의 불화를 일으킬 수 있는 불필요한 모험을 하지 않았다. 백인의 나이와는 전혀 상관없이 항상 "네, 사장님", "네, 사모님"이라고 말했다. 그러나 일요일만큼은 나이 많은 흑인들이 교회에서 다른 신도들에게 "네, 사장님", "네, 사모님" 소리를 들었다.

운명적인 그날에는 일요일 예배가 진행되고 있었고 영광 성가와 찬양 등이 모두 끝나자 체리 목사님이 설교를 시작하기 위해서 연단으로 올라갔다. 그녀는 마치 누군가를 찾는 것처럼 신도들이 앉아 있는 좌석을 쭉 훑었다. 그러다가 나를 쳐다보고는 미소를 지었다. 좋은 의미인지 나쁜 의미인지 알 수가 없었다. 그러나 나는 곧 그 답을 알게 되었다.

"신도 여러부운!" 그녀가 설교를 시작했다. "지난밤 제가 경험했던 환상을 이 자리에 계신 여러분께 공유하고자 합니다. 바깥이 어두워지자 저는 제 안에서 영혼이 꿈틀대는 것을 느끼기 시작했습니다. 무슨 일이 벌어지는지는 알지 못했지만, 저녁 식사를 하는 내내 신경이 쓰였죠. 그리고 잠자리에 들 준비를 하면서, 저는 하느님께 말씀드렸습니다. '주여, 저를 통하시어 제가 알아야 할 것이 있다면 무엇인지 말씀해주시옵소서.' 그래서 저는 주님의 메시지를 듣기 위해서 마음을 열어둔 채 잠에 들었습니다……." 체리 목사님은 마치 무아지경에 빠진 것처럼 눈을 감은 채 몸을 앞뒤로 마구 흔들었다. "그리고 저는 제 자신을 발견했습니다……. 제가 건물 안으로 들어가고 있었죠. 정말 거대하고 위풍당당한 건물……대저택이었습니다."

대저택이라는 단어가 나오자 객석의 누군가가 소리쳤다. "아, 주님을 찬양합니다!" 매주 일요일마다 우리는 우리 모두를 위해서 하느님이 천국에 대저택을 마련하셨다는 설교를 들었다.

"저는 그 대저택으로 걸어 들어갔습니다. 그 안에는 아주 멋진 방이 있었습니다. 그 방을 채우고 있는 아름답고 찬란한 빛들이 저를 불렀죠. 방 끝에 높은 계단이 하나 보였는데, 누군가가 저에게 그 계단을 따라서 올라오라고 했습니다……. 그리고 계단 꼭대기에 다다랐을 때, 저는 누군가를 보았습니다. 그 존재는 머리에 후광을……너무나 밝게 빛나는 빛의 후광을 두르고 있었습니다……."

"예수님을 찬양하라!" 다른 누군가가 또 소리쳤다.

"그러나 그 존재의 얼굴은 분명하지 않았습니다……. 그래서 저는 더 가까이 다가갔죠……. 그리고 그 형체가 바로 한 어린아이의 모습을 한 남자라는 것을 알아챘습니다. 완전히 어린 갓난아기도, 소년도 아닌 모습이었습니다. 아직 어른은 아니지만, 그렇다고 아주 어린아이도 아닌 모습이었죠. 저는 더 가까이 다가가고 나서야 그 존재가 누구인지 알게 되었습니다……. 제임스 플러머 주니어였습니다."

"무어어어라고?" 내가 이 말을 실제로 크게 외쳤는지는 잘 모르겠다. 그러나 마음속에서 아주 크고 분명하게 외친 것은 확실하다.

교회 의자에 앉아 있던 모든 사람들이 마치 유령이나 성령을 바라보는 듯한 눈빛으로 나를 쳐다보았다. 나는 정말로 바지에 오줌을 지렸다.

"저는 그를 에워싼 밝은 빛의 후광 덕분에 알 수 있었습니다." 체리 목사님은 말을 이어갔다. "이 아이의 모습을 한 남자가 주님을 섬기기 위해서 부르심을 받았다는 사실을요. 저는 잠에서 깨어났지만, 그 찬란한 환영을 마음속에서 떨쳐낼 수 없었습니다. 그래서 저는 주님께 질문했습니다. '주여, 저에게 무엇을 말씀하고 싶으시나이까?' 그러자 주님이 제 심장을 통해서 답을 주셨습니다. 주님께서는 '이 소년은 주의 제단의 부름을 받고 왔느니라'라고 말씀하셨습니다. 그러니 이제, 저는 제임스 플러머 주니어를 연단 위로 모시겠습니다."

나는 크리스 모건 바로 옆자리에 그대로 굳어 있었다. 그는 팔꿈치로 나의 옆구리를 세게 찔렀다. "목사님 말씀 못 들었어? 빨리 올라가!"

교회에서는 연단으로 올라간다는 것이 정말 대단한 일이었다. 어린아이가 연단에 올라가는 일은 보통 허락되지 않았다. 마침내 내가 자리에서 나와 체리 목사님이 서 있는 연단 위로 계단을 따라서 올라갔을 때, 목사님은 마치 나를 축복하는 것처럼 나의 어깨 위에 손을 얹었다.

"주님께서 이 어린 소년을 제단으로 불러올리라 하셨습니다." 목사님이 말했다. "그래서 오늘 아침은 조금 색다르게 예배를 진행해볼까 합니다. 여기 있는 이 아이, 제임스 플러머 주니어가 오늘 저를 대신해서 여러분께 설교를 전할 것입니다." 체리 목사님은 나를 내려다보면서 더없이 행복한 표정으로 미소를 지었다. 그러고 나서 뒤로 물러나 연단 뒤에 마련된 의자에 앉았다.

설교를 전해? 나는 속으로 생각했다. 어쩌라고? 처음에 나는 움직일 수도, 입을 뗄 수도 없었다. 나는 교회에 가는 복장인 반듯하게 잘 다린 나팔바지, 정장 구두, 그리고 연한 파란색의 폴리에스테르 셔츠를 입은 동상처럼 그대로 굳었다. 셔츠에 땀이 스며들고 몸 곳곳이 가려워지기 시작했다. 나는 몸을 긁지 않으려고 정말 있는 힘, 없는 힘을 다 모았다.

나는 그때까지 설교를 해본 적도 없었고 할 생각도 없었다. 그러나 정말 많은 설교를 들어보았던 것은 확실했다.

"하느님은 좋은 분이십니다." 나는 최대한 시간을 끌면서 입을 열었다.

"언제나 그렇습니다!" 누군가가 소리쳤다.

"주님께 맡기세요!" 또다른 누군가가 소리쳤다.

"그를 도와주시옵소서, 주여!"

나는 흰 옷을 입고 연신 부채질을 하는 앞쪽의 아주머니들을 바라보았다. 뜨겁고 땀이 줄줄 흐르는 지옥 같은 삶으로부터 약속의 땅으로 그들을 이끌고 구원하기 위해서 주님이 예언자를 세우셨다는 듯이 희망 가득한 눈빛으로 나를 바라보고 있었다. 그러나 대체 릴 제임, 내가 무슨 말을 할 수 있을까?

그 순간 나는 성서에서 읽었던 사무엘을 떠올렸다. 그도 불과 열한 살의 나이에 예언자로 불리지 않았던가. 사무엘이 응답하기까지 주님은 그를 세 번이나 불렀다. 주님은 정말 체리 목사님을 통해서 나를 부르시는 걸까? 나는 궁금했다.

나는 고개를 돌려서 나의 뒤에 앉아 있는 망할 집사님들 쪽을 쳐다보았다. 모두 한 200살은 되어 보였다. 그중 몇 명은 성서에 등장할 수도 있을 정도로 아주 늙어 보였다. 므두셀라(성서에 언급된 인물 중에 가장 장수한 인물/옮긴이) 주니어 노아 5세 같은 느낌이었다. 나는 다시 앞자리에 앉은 아주머니들을 바라보았다. 그들의 늙은 얼굴에 깊게 파인 주름을 보니 모건의 집에서 처음 읽었을 때부터 가장 소름끼쳤던, 뼈 골짜기의 예언자 에스겔의 모습이 떠올랐다. 순간 이런 생각이 들었다. 여기 앉아 있는 늙은 남자들과 늙은 여자들이 뼈 골짜기를 벗어나 약속의 땅으로 가기를 원하고 있는 것 같다고.

"주님의 손길이 저에게 닿았어요." 극적인 효과를 위해서 나는 흰 옷을 입은 아주머니들을 뚫어져라 응시하면서 에스겔이 했던 말을 그대로 인용했다. "주님은 저를 뼈로 가득한 골짜기 한복판에 내려가도록 하셨어요."

"그래, 꼬맹아! 계속해!" 흰 옷을 입은 아주머니가 소리쳤다.

"제가 보니 골짜기 바닥에 정말 수많은 뼛조각들이 있었어요. 그 뼈들은 아주 말라 있었죠. 주님께서 저에게 물었어요. '인자야, 이 뼈들이 능히 살겠느냐?'"

"물론! 가능합니다!" 신도들이 나에게 화답했다.

"주님은 이렇게 말씀하셨어요. '너희 속에 생기를 넣으리니 너희가 살아나리라! 또 내가 여호와인 줄 너희가 알리라.'"

"주님을 찬양하라!" 한 늙은 아주머니가 마치 지옥불이라도 끄려는 듯이 더 거칠게 부채질을 하면서 벌떡 일어나 외쳤다.

"그리고 주님은 이렇게 말씀하셨어요. '생기야, 사방에서 불어와 이 죽임을 당한 자가 살아나게 하라.' 생기가 뼈들에게 들어가매 뼈들이 살아

나서 일어서니 큰 군대였어요."

"주여!!!" 누군가가 소리쳤다.

"바로 그거야!" 또다른 누군가가 소리쳤다.

교회 안의 신도들이 마치 되살아난 시체들의 군대처럼 모두 번쩍 일어서기 시작했다. 어느 정도 머리가 돌아가기 시작한 나는 약간 노래하듯이 말을 이어갔다.

"그러자 주님께서 이르시길, '인자야, 이 뼈들은 이스라엘 온 족속이라. 그러므로 너는 대언하여 그들에게 이르기를, 나의 백성들아, 내가 너희 무덤을 열고 너희로 거기에서 나오게 하고 이스라엘 땅으로 들어가게 하리라. 내가 또 나의 영을 너희 속에 두어 너희가 살아나게 하고 내가 또 너희를 너희 고국 땅에 두리라' 하셨죠."

"할렐루야!"

"주님을 찬양하라!"

그 망할 늙은 집사님들까지 자리에서 일어나 발을 구르고 있었기 때문에 내가 사람들을 제대로 감동시켰음을 알 수 있었다. 내가 한 일이라고는 어느 날 아침에 펄프재 옮기는 일을 마치고 집에 돌아온 어린 에디 모건에게 들려주면서 대낮인데도 그를 벌벌 떨게 했던 성서의 몇 구절들을 그대로 암송한 것뿐이었다. 그러나 교회의 아주머니들은 마치 내가 그 구절을 직접 쓰기라도 한 것처럼 흥분해서는 몸을 이리저리 흔들고 연신 부채질을 하고 있었다.

나에게 엄청난 설교 재능이 있다는 것을 느끼자 마음속에서 두려움이 사라졌다. 이제 나는 사람들의 고통을 들여다볼 수 있었다. 사람들은 여러 질병으로 고생했다. 사람들은 가난에 시달렸다. 사람들은 자기 자식들, 그리고 자기가 사랑하는 사람들을 걱정하며 고통받고 있었다. 그들에게는 희망이 필요했다. 나는 그들의 지친 뼈들을 구원할 또다른 더 좋은 세상이 기다리고 있다는 희망을 그들에게 줄 수 있었다. 그들을 웃기거나 겁을 줄 필요가 없었다. 나는 사람들에게 영감을 주고 이끌 수 있었다. 나는 자신이 있었고 또 실제로도 아주 잘 했다.

"주님을 찬양하라!" 누군가가 희망을 계속 갈구하는 듯이 소리쳤다.

사실 나에게는 큰 비밀이 있었다. 나는 더 이상 신도들처럼 하느님을 믿지 않았다. 더는 그 무엇도 믿지 않았다.

여름에 성서 공부를 하는 동안, 나는 하느님이 단 7일 만에 온 세상을 창조했다는 이야기에서부터 시작해서 몇 가지 심각한 우주론적 문제에 부딪혔다. 내가 브리짓과 드웨인에게 대체 이게 무슨 소리인지 묻자, 그들은 오히려 의심스러운 눈빛으로 나에게 반문했다. "대체 왜 의문을 가지는 거야? 무신론자라도 된 거야?" 아인슈타인의 복음을 접한 후로, 나는 내가 과학적인 사람이라고 생각했다. 나는 우주가 어떻게 창조되었는지와 같은 중요한 이야기를 믿기 전에 확실한 증거가 있어야 한다고 생각했다. 주님을 찬양하고 믿는 것으로는 충분하지 않았다. 나는 알고 싶었다. 그리고 알기 위해서는 명백하고 재현 가능한 과학적 증거가 필요했다.

예수님이 단 3일 만에 부활했다는 등 어릴 적에 좋아했던 성서 속의 기적들을 모조리 읽고 나자 성서는 그저 사람들이 지어낸 이야기책처럼 여겨졌다. 슈퍼히어로 만화책이나 그리스 신화와 다를 것이 없었다. 나는 제대로 구원을 받고 싶었다. 나는 사랑을 받고 속죄하고 싶었다. 그러나 나는 더 이상 속으로도 겉으로도 주님의 왕국을 믿지 않았다.

그러나 나는 교회 연단에 있었고 흰 옷을 입은 아주머니들은 습한 더위 속에 서서 몸을 이리저리 흔들고 있었다. 내가 사람들의 감정을 완전히 끌어올렸으니 이제는 다시 떨어뜨려야 했다. 어릴 때부터 교회에서 성장했던 나는 설교꾼으로서의 요령을 모두 꿰고 있었다. 그러나 어느 순간 내가 쓸 수 있는 요령이 떨어지기 시작했다.

몹시 땀이 나서 연단에 있던 손부채를 쥐고 부채질을 했다. 그 순간 나는 보았다. 하느님의 계획이 나의 손에 들어온 것 같았다. 손부채의 한쪽에는 치렁치렁한 붉은 옷을 입은 예수님의 그림이 그려져 있었고 그 뒤쪽에는 장례식장 광고가 있었다. "삶에 그림자가 드리웠을 때, 누구를 부르시겠습니까? 벤슨 장례식장:601-334-4400."

나는 크게 외쳤다. "삶에 그림자가 드리웠을 때, 누구를 부르시겠습니까?……바로 예수님입니다!"

"계속 말하거라, 꼬마야!"

"삶에 브레이크가 걸렸을 때 그대로 멈추시겠습니까? 아니면 예수님을 부르시겠습니까? 브레이크는 여러분의 발에 걸려 있습니다!"

"그렇지!"

"여러분의 여자가 다른 남자와 걸어나온다면, 그게 바로 브레이크입니다! 그 여자가 그 남자와 함께 일본으로 도망간다면, 그게 바로 브레이크입니다!"

나는 서서히 몸을 움직이면서 노래하듯이 그루브를 타기 시작했다. 교회 안에 있는 사람들 모두가 나와 함께 몸을 들썩거렸다. 크리스 모건의 엄마 배니만 빼고. 배니는 바로 앞에 앉아서 막 폭발할 것만 같다는 듯이 입을 주먹으로 틀어막고 있었다. 사실 바로 직전 주말에 배니는 크리스와 내가 가수 커티스 블로의 신곡 "브레이크"를 따라 부르며 춤추는 모습을 본 적이 있었다. 그리고 나는 바로 그 노래의 가사를 그대로 읊고 있었다.

교회 안의 모든 신도들이 일어섰다. 나는 연단 앞으로 나와서는 연습했던 브레이크 댄스 동작을 섞어서 몸을 움직였다. 처음에는 팝 댄스 스타일로, 그다음에는 록 댄스 스타일로, 그리고 허공에 있는 줄을 잡아당기는 마임을 하고 몸을 흔들었다. 한쪽 손을 흔들다가 바지 주머니에 집어넣고 다리를 떨었다. 그러고 나서는 몸에 1,000암페어의 전류가 흐르기라도 하는 것처럼 몸 전체를 바들바들 떨면서 춤을 이어갔다.

"손을 하늘 높이 위로, 오른쪽, 왼쪽, 오른쪽, 왼쪽!" 나는 소리쳤다. 100개의 손이 하늘로 향했다.

"오늘 밤 브레이크를 원한다면, 소리쳐주세요!"

"좋아요!"

"후-우!"

"후-우!"

"멈추지 말고, 계속 움직이세요! 자, 소리 질러!"

"와아아아아아!"

"브레이크 다운!"

명령이라도 받은 것처럼, 챙이 아주 넓은 흰 모자를 쓴 앞자리의 아주머니가 그대로 기절했다. 아무도 쓰러지는 그 아주머니를 받아주지 않아서 나는 곧바로 연단 아래로 뛰어내려가 그녀 앞에 착지했다. 그녀는 휘청거리다가 다시 반대쪽으로 쓰러졌다. 그녀가 나의 쪽으로 쓰러졌을 때, 나는 실제로 목사님들이 하는 것처럼 두 팔로 그녀를 붙잡았다.

나는 삼손이 블레셋 사람들과 맞서기 직전에 그랬던 것처럼 주님을 향해서 크게 부르짖었다. "주여! 이번만 나를 강하게 하옵소서!" 물론 주님이 나의 간청을 들어줄 리 없었다. 주님은 내가 삼손과 같은 독실한 주님의 사람이 아니라 블레셋 사람들과 같은 인물이란 것을 아실 테니까. 부채질을 하던 아주머니의 엄청난 무게에 나의 다리가 휘청거렸고, 나는 아주머니 아래에 깔리고 말았다.

내가 계획했던 방식의 무대 마무리는 아니었다. 어쨌든 나의 처음이자 마지막이었던 설교 무대는 그렇게 끝났다.

28

아프리칸 감리교회에서 신임을 잃은 후에, 나의 마음속에서는 착한 제임스와 나쁜 제임스가 서로 씨름을 하기 시작했다.

사우스사이드 중학교 7학년이 되자 마음속의 너드는 여전히 반에서 가장 똑똑한 학생이 되기를 원했다. 그러나 미시시피 주와 같은 촌구석에서 모범생의 기준은 눈 감고도 넘을 수 있을 정도로 너무 낮았다. 다시 말해서 사우스사이드 중학교는 겨우 학교라고 부를 수 있는 처참한 수준이었다.

그 학교에서의 첫날에 수업 종이 울리며 사회 시간이 시작되었을 때, 한 무리의 여자아이들이 벌떡 일어나더니 가수 피치스 앤드 허브의 "재회"를 부르기 시작했다. 모두 그 노래를 잘 알고 있다는 듯이 완벽하게 합을 맞추며 춤까지 추었다. 그에 뒤지지 않겠다는 듯이, 한 무리의 남자아이들이 교실 뒤에서 동전 던지기 놀이를 하기 시작했다. 그리고 또 다른 무리의 남자아이들은 교실 바닥에 둥글게 모여 앉아서 구슬치기를 시작했다. 그러는 와중에 선생님은 책상 위에 발을 올려두고 신문을 펼쳐서 스포츠란을 읽고 있었다.

나는 어안이 벙벙한 채로 책상에 앉아 있었다. 여자아이들이 춤추고 노래하는 모습과 남자아이들이 던지고 치는 모습을 몇 분 정도 지켜보고 나서, 나는 교과서를 펼치고 식민지 시대 미국에서 벌어졌던 종교 갈등에 대한 내용을 읽기로 결심했다.

3교시가 되자 나는 벌써 사우스사이드 학교의 "책벌레"라는 별명을 얻었다. 그저 내가 말할 때처럼 자연스럽게, 책을 목소리로 잘 읽었기 때문이었다. 영어 선생님이 교실을 돌아다니면서 아이들에게 책을 큰 목소리로 읽으라고 시켰다. 만약 내가 우리 반의 학생이 아니었다면, 1학년이나 2학년 교실에 있다고 착각했을 것이다. 그만큼 같은 반 학생들이 글을 잘 읽지 못했다. 그 누구도 이 학생들에게 글을 읽는 방법을 가르치려고조차 하지 않았기 때문에 나는 내가 반에서 가장 유창하게 글을 읽는 학생이라는 자부심을 느낄 수도 없었다.

교실 밖에서는 예측 불가능한 분위기를 풍기며 나를 지켰다. 사람들이 나를 만만하게 보지 않도록 최대한 헛소리를 하면서 엉뚱한 짓을 했다. 내가 만약 위협적이고 기이해 보이는 행동을 하면, 나이가 많은 사람이라도 나를 함부로 공격하지 못하고 물러섰다. 웨슬리 채플에는 갱스터가 있지는 않았지만, 어쨌든 나는 도시에서 지냈을 때처럼 옷을 입고 센 척을 하고 다니는 편이 더 낫겠다고 생각했다. 가장 즐겨 입었던 복장은 발목까지 올라오는 흰색 가죽 신발에 검은색의 헐렁한 바지, 작은 단추로 칼라를 고정시키는 흰색 버튼다운 셔츠에 멜빵이었다.

그해에 나는 딱 두 번 싸웠다. 단 두 번만의 싸움으로도 나에게 함부로 까불지 말라는 뜻을 전달하기에는 충분했다. 윌리 얼이라는 놈이 버스에서 나에게 주먹을 날렸고, 나는 버스 뒷좌석에서 그를 호되게 때려 눕혔다. 그 일로 나는 만만하지 않은 녀석이라는 명성을 얻었다. 그 일 때문에 나는 일주일간 정학을 당해서, 드웨인의 트레일러 뒤에 있는 숲속을 탐험하면서 시간을 보냈다. 그런데 숲속에서 누군가의 대마초가 자라고 있는 것을 우연히 발견했다.

각각 1.2미터 정도 되는 대마초가 20그루 넘게 숲속 넓은 지역에 퍼져 자라고 있었다. 나는 주인이 눈치채지 못할 정도로만 대마초 잎을 몇 장

따기로 결심했다. 나는 대마초 잎들을 접어서 갈색 종이봉투에 집어넣고 그 봉투를 접어서 뒷주머니에 쑤셔넣었다. 그리고 이틀 동안 대마초 잎을 건조시켜서 보관했다.

트레일러로 돌아온 나는 잡동사니가 담긴 서랍 뒤에서 담배 종이 탑스 롤링 페이퍼 한 뭉치를 발견했다. 그러나 나는 대마초를 마는 방법을 몰랐다. 크리스 모건에게 물어보았지만 그 역시 알지 못했다. 그래서 우리는 집에서 한 1.6킬로미터 정도 거리에 떨어져 있는 홀 술집에 가기로 했다. 성인 남자들이 모여서 독한 맥주와 와인을 마시면서 노는 곳이었다. 피위라는 이름의 아저씨가 나의 대마초를 말아서 네 개비를 만들었고 한 개비를 그 노동의 대가로 챙겼다. 그 아저씨가 보여준 대마초 마는 방법이 바로 우리가 찾던 것이었다.

그날 이후로 나는 거의 매일 대마초를 피웠다. 매일 학교가 끝나면 크리스와 함께 대마초를 피웠다. 학교에서는 단 한 번도 숙제를 내준 적이 없었기 때문에, 우리는 수업이 끝나면 항상 숲에 숨어서 대마초 담배에 불을 붙였다. 한편, 크리스와 나는 주말 밤이면 동네의 자그마한 술집들을 드나들기 시작했고 내기 당구도 쳤다. 우리는 술집에 드나드는 유일한 7학년 학생이었다. 그러나 어렸을 때 우리 가족이 운영했던 B&M 술집과 마찬가지로, 우리의 신분증을 확인하는 술집은 하나도 없었다. 내가 숲속에서 발견한 대마초는 계속 자라고 있었기 때문에 나는 대마초를 거의 끊임없이 구할 수 있었다. 그래서 나는 항상 술집에서 다른 사람들과 대마초 담배 한 개비에 T. J. 스완 와인 한 잔씩을 거래할 수 있었다.

대마초를 피우면서 나의 이중생활이 시작되었다. 이제 나는 충혈된 눈과 대마초 냄새를 숨기기 위해서 항상 바이진 안약과 박하사탕을 챙겨 다녀야 했다. 브리짓이나 드웨인에게 대마초를 피우고 다닌다는 사실을 들키기라도 한다면 정말 큰 곤경에 처할 것이다. 그래서 나는 드웨인의 트레일러 근처에서는 대마초를 절대 피우지 않았고 트레일러에 숨겨두지도 않았다. 트레일러에서 나는 여전히 착한 릴 제임이었고 브리짓과 나 사이의 위계도 여느 때와 같았다. 나는 브리짓에게 말대꾸를 하거나 건방지게 구는 일은 생각도 하지 않았다. 단 한 번도. 아주 간단한 일이었다. 나는 트레일러에서 머무는 동안에는 책만 붙잡고 사는, 멋지고 똑똑한 도시 출신 꼬맹이의 모습을 유지했다.

학교에만 가면 문제아가 되었다. 나는 교실의 장난꾸러기이자 난봉꾼이 될 수밖에 없었다. 선생님이 질문을 할 때마다 가장 빨리 정답을 말하는 착한 모범생이 되고 싶다는 작은 욕구가 마음속에 여전히 있었지만, 수업 시간에 예의 바르게 행동할 만큼은 아니었다. 선생님들이 가르치는 내용 중에 절반 이상이 엉망이었다. 그리고 내가 선생님들이 잘못 말한 부분을 지적할 때마다 선생님들은 나를 곧장 교실에서 쫓아내서 교감실로 보냈다.

나는 체육 선생님에게도 대들었다. 사우스사이드 학교에 다니는 신체 건강한 남자아이들은 모두 미식축구를 하고 놀아야 했다. 특히, 열세 살의 어린 나이에 벌써 어른처럼 키가 크고 덩치가 큰 나 같은 아이일수록 더 그랬다.

"다른 선생님들이 네가 똑똑한 녀석이라던데." 그해 가을의 첫 연습 날, 체육 선생님이 나에게 말했다. "그러니까 네가 쿼터백을 맡아라."

나는 쿼터백을 맡고 싶지 않았다. 적어도 심한 태클을 해야 하는 역할은 하고 싶지 않았다. 뉴올리언스 길거리에서 다린과 함께 터치풋볼을 하고 놀았지만, 우리는 정교한 기술을 겨루었다. 태클을 걸며 터치풋볼을 하는 방식은 어리석고 위험하다고 생각했다. 게다가 학생 모두가 쓰기에는 헬멧 개수가 턱없이 부족했기 때문에, 우리는 서로 돌아가면서 헬멧을 착용해야 했다.

새로운 계절이 시작되기도 전에 나는 연습을 빼먹기 시작했다. 복도를 마구 뛰어다녔고 학교 뒤뜰에서 대마초도 피웠다. 어느 날 체육관 뒤에 숨어서 연습을 땡땡이치고 대마초 담배에 불을 붙이려는데 깜짝 놀랄 일이 벌어졌다. 건물 모퉁이에서 존스 교감 선생님이 나타난 것이다.

"제임스 플러머." 그는 나를 보기도 전에 이미 내가 그곳에 있다는 사실을 안다는 듯이 나의 이름을 불렀다. "나를 따라와라."

존스 교감 선생님은 키가 180센티미터를 훌쩍 넘었고, 아주 권위적이었다. 그는 사우스사이드 학교에서 수석 몽둥이꾼이라는 별명으로 악명이 높았다. 그래서 나는 그에게 몽둥이 찜질을 당할 것이라고 생각했다. 그러나 존스 선생님은 나를 자기 방으로 데리고 가는 대신, 학교 뒤편에 있는 언덕 위로 올라갔다. 그리고 내가 한 번도 가본 적 없는 소공연장 건물 안으로 데려갔다.

스무 명에서 서른 명 정도 되는 학생들이 목관악기와 금관악기를 연습하고 있었다. 작은 사무실이 하나 있었고 악단 지휘자 선생님이 낡은 나무 책상에 앉아 있었다. 크로스 선생님은 짙은 피부에 콧수염이 있는 키 작은 남자였는데 입에 파이프 담배를 꽉 물고 있었다. 그는 오선보로 빽빽한 종이 위에 음표를 채워넣느라 정신이 없었다.

존스 교감 선생님이 노크를 하자, 악보를 보고 있던 크로스 선생님이 고개를 천천히 들었다.

"안녕하세요, 크로스 선생님."

"존스 선생님." 크로스 선생님이 말했다. "제가 도와드릴 일이라도 있나요?" 크로스 선생님은 의자에 등을 기댄 채 파이프에 성냥으로 불을 붙였다. 그리고 몇 번 빨더니 달콤한 냄새가 나는 연기를 내뿜었다.

"선생님이 해결하실 수도 있는 문제가 있습니다." 존스 선생님이 말했다. "여기 이 아이는 제임스 플러머라고 합니다. 선생님들이 말하길 머리는 똑똑한데 자꾸 나쁜 길로 새려고 한다더군요. 지난 몇 주일 동안에는 미식축구 연습에도 가지 않고 복도에서 뛰어놀았습니다. 이 학생이 방황하지 않도록 제대로 된 역할을 찾아줘야겠어요."

크로스 선생님은 책상을 빙 둘러서 걸어나오더니 나를 위아래로 훑어보았다. 그는 내가 정신을 차리도록 노력할 만한 가치가 있는 녀석인지를 고민하는 듯이 파이프에 다시 불을 붙이고 연기를 빨아들였다. "이 학생을 여기 두고 가시죠, 선생님. 제가 이 녀석을 한번 바로잡아보겠습니다. 이 아이를 맡는 김에 훈육도 제대로 해보죠."

"고맙습니다." 존스 선생님이 대답했다. "만약 선생님조차 이 학생을 바로잡지 못하면, 더 심각한 조치를 고려해야겠지요."

존스 선생님은 그렇게 자리를 떴고, 크로스 선생님과 단 둘이 남았다.

29

크로스 선생님은 책상 끝에 몸을 기댄 채 파이프에서 뿜어져 나오는 담배연기 사이로 눈을 가늘게 뜨고 나를 쳐다보았다. "훈육이란 무엇일까?" 그가 물었다.

"하고 싶지 않은 일을 억지로 시키는 거죠." 내가 대답했다. "하지만 그렇게 해야 하니까 하는 거예요. 그게 훈육이죠."

크리스 선생님은 고개를 저었다. "아니, 훈육이란 더 큰 처벌을 불필요하게 만들어주는 훈련이야. 내가 앞으로 제대로 된 훈육이 뭔지 알려주마. 앞으로 내 훈육을 따르지 않으면 더 큰 처벌을 받아야 할 거야."

그는 책상 서랍에 손을 집어넣더니 은빛으로 빛나는 작은 깔때기 같은 것을 꺼내 나에게 건넸다. 그리고 또 하나를 꺼내더니 자기 입술에 가져다댔다. "따라해봐." 그가 웅웅거리는 소리를 냈다. 나는 그를 따라서 소리를 내려고 했지만 나의 입에 댄 은색 깔때기 구멍에서는 공기만 조용히 새어나갈 뿐이었다. 그는 침착하게 입에 댔던 깔때기를 뗐다. 그리고 두 입술을 꾹 다물고 입술 틈 사이로 공기를 내뱉으면서 웅웅거리는 소리를 냈다. 나도 다시 그를 따라서 똑같이 입술을 다물고 웅웅거리는 소리를 냈다. 그러자 그는 웅웅거리는 소리를 계속해서 내면서 깔때기를 다시 입술에 댔다. 그러자 아까와 같은 소리가 났다. 나도 그를 따라서 손에 들고 있던 깔때기를 냉큼 입술에 가져다댔다. 그리고 웅웅거리는 소리를 냈다. 놀랍게도, 희미하게나마 웅웅거리는 소리가 났다.

“이건 트럼펫을 불 때 쓰는 마우스피스야.” 그가 말했다. “다른 것도 한번 해보자.”

그는 또다른 마우스피스 두 개를 꺼냈다. 하나는 처음에 보여준 트럼펫용보다 두 배 더 컸다. 또다른 하나는 그것보다 또 두 배가 더 컸다. 그는 나에게 하나씩 차례대로 불면서 웅웅거리는 소리를 내보라고 했다. 나는 처음의 작은 깔때기 두 개로는 겨우 웅웅거리는 소리를 낼 수 있었다. 그러나 가장 큰 깔때기로는 훨씬 쉽게 소리를 냈다.

“그건 튜바를 불 때 쓰는 거야.” 그가 말했다. “너에게 딱 맞는 악기를 찾은 것 같구나.”

크로스 선생님은 곧바로 마우스피스를 더 강하게 물어서 더 높은 음의 웅웅거리는 소리를 내보라고 시켰다. 또 입술을 느슨하게 풀어서 더 낮은 음도 만들어보라고 했다. 혓바닥 끝으로 윗니 뒤를 건드리면서 소리를 중간중간 끊어보라고도 시켰다. 그러더니 숫자를 하나씩 세면서 그에 맞춰 나의 발로 박자를 밟아보라고 했다.

“하나, 둘, 셋, 넷, 하나, 둘, 준비, 시작…….”

웅, 웅, 웅, 웅, 웅, 웅, 웅, 웅. 발로 바닥을 칠 때마다 소리를 냈다.

“이제 오늘부터 너는 매일 5교시마다 여기 소공연장으로 오도록 해라. 네가 할 일은 박자에 맞춰 마우스피스를 부는 연습을 하는 거야. 밖에서 잡담을 나누거나 농땡이를 피우다가 나한테 걸리지 마라. 여기 의자에 앉아서 네 발 박자에 맞춰 마우스피스 부는 연습을 하도록. 이해했지?”

“어……, 네.”

“다시 대답해. 제대로 이해했지?”

“네.” 나는 그의 눈을 바라보며 대답했다.

“말이 짧다. 네, 뭐라고?”

“네, 선생님. 알겠습니다.”

"그래, 좀 낫군. 이제부터 어른들에게 대답할 때에는 '네, 선생님'이라고 대답하도록. 이해했지?"

"네, 선생님."

"훈육이 뭐라고 했지?"

나는 방금 그가 이야기했던 설명이 기억나지 않았다. 그래서 나는 그저 그를 멀뚱히 쳐다보았다.

"훈육이란 더 큰 처벌을 불필요하게 만들어주는 훈련이라고." 그가 반복했다.

그다음 주 내내 나는 마우스피스를 입에 물고 웅웅거리는 소리를 내는 연습만 주야장창 했다. 그런 나를 보며 악단의 다른 아이들은 킥킥거렸다. 그렇게 웅웅 소리만 웅웅거리며 일주일을 보내고 나서, 크로스 선생님이 나를 사무실로 불렀다. 그의 책상 옆에는 악단용 튜바인 수자폰이 활짝 열린 가방 안에 담겨 있었다. 완전히 새것이었다.

"자, 여기." 그가 말했다. "이걸 한번 불어봐라."

그 악기는 정말 무거웠다. 나는 끙끙거리는 소리를 내지 않으려고 노력하면서 악기를 머리 위로 들었다가 상체 쪽으로 내려놓았다.

"너에게 딱 어울리는구나." 크로스 선생님이 뒤로 물러나며 만족스럽다는 듯이 고개를 끄덕였다. "이 건물에 튜바 연주자가 나타나기만을 기다렸지. 자, 마우스피스를 물어라."

나는 마우스피스를 물고 이전까지 수없이 반복했던 것처럼 웅웅거리는 소리를 내면서 바람을 불었다. 그런데 작고 높은 음색의 소리가 아니라, 훨씬 우렁차고 음량이 네 배는 더 큰 소리가 튜바의 구멍에서 울려 퍼졌다. 나는 그 엄청나게 힘 있는 소리에 깜짝 놀랐다. 금관악기의 튜브를 따라서 음이 진동하자 몸 전체가 함께 울리는 것 같았다. 그 소리는 정말 시끄럽고 우렁찼다. 그리고 아주 아름다웠다!

크로스 선생님이 나에게 음 몇 개를 알려주었다. 그는 만족스러워 보였다. "여기 연습용 교본이 있다. 매일 이 악기 부는 연습을 하기를 바란다. 앞으로는 새로운 음을 배워나갈 거야. 그리고 박자를 어떻게 세야 하는지와 중요한 조성 몇 가지를 배우게 될 거야. 음계와 화성도 배울 거다. 배운 것들을 네 머릿속에 잘 집어넣고 매일 연습하도록 해라."

나는 그해 계속 튜바와 붙어 살았다. 리드 사운드를 연주하는 트럼펫과 트럼본도 아주 멋진 악기였다. 그러나 베이스 사운드가 전체 곡을 진정한 악단 음악처럼 더 풍성하게 만들었다. 특히, 흑인 악단에 찰떡인 악기였다. 튜바와 드럼의 베이스 사운드는 음악이 연주되는 내내 절대 멈추지 않는다. 그 사운드는 군중을 춤추게 만든다. 귀로는 리드 사운드의 소리를 듣겠지만, 심장으로는 베이스 사운드를 느낀다. 나는 새로운 목표와 새로운 페르소나를 발견했다. 튜바는 거친 악기였다. 나도 거칠었다. 우리 둘은 정말 찰떡이었다.

음악은 나의 새로운 열정이 되었다. 나는 튜바뿐만 아니라 다른 모든 악기에 대해서도 악보를 어떻게 읽어야 하는지를 빠르게 습득했다. 악보를 그냥 읽기만 해도 금관악기, 목관악기, 그리고 타악기가 함께 만들어내는 하나의 우렁찬 하모니를 상상할 수 있었다.

나의 실력이 하루가 다르게 성장한 덕분에, 그다음 해 크로스 선생님은 자기가 악단 지휘자로 일하는 다른 악단인 하이델버그 고등학교 악단에 나를 외부 연주자로 초청했다. 나는 아직 중학교 8학년이었는데도 말이다. 무더운 여름 내내 연습에 참여해야 한다는 뜻이었지만 나는 즉각 그의 제안에 응했다. 미시시피 주의 무더운 8월 여름의 낮에 13킬로그램이 넘는 무거운 수자폰을 메고 연습을 처음 시작했을 때, 나는 정말

토할 것 같았고 열사병으로 기절하는 줄 알았다. 그러나 나는 신경 쓰지 않았다.

8월의 어느 날 연습을 마치고 집으로 돌아가는 길에 누군가가 뒤에서 자동차 경적을 울렸다. 엄마가 처음 보는 자동차에 타고 있었다. 베이지 색깔의 닷선 210이었다. 1981년의 클라크 지역에서 일본 자동차를 보는 일은 핼리 혜성을 보는 것만큼이나 드문 일이었다. 엄마는 정말 한 치 앞을 예상할 수 없는 사람이었다. 그러나 나는 깜짝 놀랄 만한 엄마의 행동에 이미 익숙했다.

엄마는 내가 모르는 곳에서 지내다가 6개월 전에 드웨인의 트레일러로 이사를 왔다. 드웨인은 자기가 일하는 하워드 산업의 조립공장에서 엄마가 일할 수 있도록 도움을 주었고, 엄마에게 오래되었지만 튼튼한 베가 자동차 한 대를 빌려주었다. 지난 몇 달간 엄마는 돈을 꽤 모았던 것 같았다. 엄마의 닷선 자동차가 거의 새것처럼 보였기 때문이다.

엄마는 파인 거리를 지나서 웨슬리 채플 쪽으로 가지 않았다. 그 대신 메인 거리에서 왼쪽으로 차를 돌려서, 하이델버그 시내 쪽을 향했다. 나는 차 안에서 라디오 다이얼을 건드리며 놀았다. 나는 엄마가 철길 옆에 있는 술집에 간다고 생각했다. 그런데 엄마는 철길을 지나서, 파이니 우즈를 향해 왼쪽으로 차를 돌렸다. 그리고 미디 큰엄마의 농장이 있는 곳으로부터 그리 멀지 않은 곳의 흙길을 달렸다. 엄마는 새로운 벽돌집 앞에 차를 세웠다.

"누구 만나러 온 거야?" 내가 물었다.

"여기가 우리 새집이야. 네 짐도 벌써 다 가져왔어." 트렁크 쪽으로 걸어가며 엄마가 말했다. 내가 황당하다는 듯한 표정으로 엄마를 바라보자, 엄마는 아주 큰 목소리로 소리를 질렀다. "내가 연방 주택 관리국에서 주택 대출을 받게 되었다고! 내 집 마련에 성공한 거야!"

나는 새집에 발을 들이기 전에 한 가지를 확실하게 하고 싶었다. 이곳으로 이사하면 내가 이제 막 악단 활동을 시작한 학교를 또 떠나야 하는지를. 엄마는 걱정하지 말라고 했다. 엄마가 나를 11번 고속도로에 있는 웨스트 브라더스 가게까지 태워다주겠다는 것이었다. 보스버그에서 출발해 하이델버그 고등학교까지 가는 버스를 그곳에서 탈 수 있었다.

집 안에는 엄마가 대출을 받아서 산 새 가구들이 있었다. 그리고 처음 보는 물건이 나의 눈을 사로잡았다. 월드 북 백과사전이 아닌, 완전히 새것인 브리태니커 백과사전이 있었다. 책들은 마치 부르고뉴 군인들처럼 깔끔한 새 나무 책꽂이에 늠름한 모습으로 가지런하게 정렬되어 있었다. 나만의 지식 군대였다.

30

모든 학생들은 중학교에서 고등학교로의 진학을 기대한다. 그러나 내가 하이델버그 고등학교에 진학했을 때, 나는 엘리베이터를 타고 지하에서 겨우 1층으로 올라온 것 같았다.

1980년대의 미시시피 주와 앨라배마 주는 어느 쪽이 더 교육 예산을 적게 쓰는지, 그리고 어느 지역의 학생들이 일제고사에서 더 낮은 점수를 받을지를 두고 경쟁을 벌이는 것 같았다. 두 지역은 교육에 지원도, 관심도 없었다. 1982년 사우스사이드 중학교와 하이델버그 고등학교는 미시시피 주에 있는 모든 학교들 중에서 각각 아래에서 두 번째와 세 번째로 낮은 일제고사 점수를 기록했다.

솔직히, 하이델버그 고등학교는 껍데기만 학교인 곳이었다. 1970년대 중반 주법원은 미시시피 주의 모든 공립학교를 통합하여 백인과 흑인 학생들이 같은 학교에서 공부하도록 법을 세웠다. 그러자 백인들은 자녀가 흑인과 같은 학교를 다니느니 차라리 "자신들의" 고등학교를 모두 불질러버렸다. 그러고 나서 백인 학생들만을 위한 하이델버그 아카데미 사립학교를 새로 설립했고, 미시시피 주정부는 백인들이 불지른 학교를 대체하기 위해서 새로운 학교를 건설해야 했다. 그렇게 지어진 곳이 하이델버그 고등학교였다. 건물 자체는 새것이었지만, 하이델버그 고등학교는 행정 직원, 교사들, 그리고 학생 수를 바닥에서부터 쌓아야 했다.

하이델버그 고등학교의 학생뿐만 아니라 교직원까지 전부 흑인이었다. 나의 담임선생님이자 공민학(시민으로서의 권리와 의무를 다루는 학문/옮긴이)을 가르쳤던 리브스 선생님만 빼고. 그는 키가 작고 뚱뚱해서 종종 농담과 장난의 대상이 되기도 했다. 그러나 그는 꾸준히 나를 지지해준 유일한 선생님이었다. 놀랍지 않게도, 몇몇 선생님들은 수업을 방해하는 나의 태도를 문제 삼았다. 나는 학기 첫 주일에 교과서를 다 읽어버렸기 때문에 교실 맨 뒷자리에 앉아서 여학생들에게 장난을 치고는 했다. 가끔 나는 수업 내용을 선생님들보다 더 잘 이해했고 그 사실을 굳이 감추려고도 하지 않았다. 그래서 나는 재수 없는 문제아 취급을 받으면서 교실 바깥으로 쫓겨나거나 야단을 맞았다.

리브스 선생님만큼은 내가 교실에서 드러내는 지적인 에너지를 높이 평가했다. 그는 나를 믿고 응원해주었다. 그는 내가 조회가 진행되는 동안 공연장 건물 옥상에 올라가서 병으로 만든 로켓을 날리고 놀다가 붙잡혔을 때를 포함해서 여러 번이나 나를 구하러 와주었다. "이 학생은 우리의 응원과 관심이 필요한 똑똑한 장난꾸러기입니다." 리브스 선생님이 교장 선생님에게 말했다. "제임스에게는 아무 문제가 없습니다. 그냥 지루했을 뿐이에요."

그 말이 맞았다. 나는 정말 죽을 만큼 지루했다. 나는 수업 시간에 졸지 않으려고 사투를 벌여야 했다. 학기 중반에 갑자기 운명처럼 찾아온 사건으로, 지루함과 싸워야 했던 나의 전쟁이 막을 내렸다.

크리스마스 휴일을 보내고 나서 학교로 돌아온 뒤 그다음 주일에, 서던 미시시피 대학교의 교수 두 명이 학교를 방문했다. 학생들에게 그해 봄에 열릴 서던 미시시피 대학교 과학전람회 참여를 권유하기 위해서였다. 학교에 찾아온 교수들은 우리 같은 놈들이 아는 사람이거나 자라서 될 수는 없는 사람들처럼 보였다. 그들은 리브스 선생님보다도 더 하얗고 고지식했다.

그 교수들은 우리에게 걸어다니는 강아지 로봇 등 앞선 과학전람회에서 다른 학생들이 만든 수준 높은 프로젝트들을 소개했다. 대부분의 학생들은 그저 학교 식당의 창밖을 멍하니 바라볼 뿐이었다. 하이델버그 고등학교에 다니는 학생들은 과학전람회 같은 것을 들어본 적도 없었다. 우리 같은 학생들에게 로봇 강아지를 만드는 대단한 녀석들과 경쟁해보라고 떠드는 일은 마치 우리보고 나중에 커서 흑인 대통령이 될 수 있을 것이라고 떠드는 것이나 마찬가지였다. 물론 말로는 가능하지만 현실적으로 상상조차 하기 어려운 터무니없는 이야기였다는 말이다.

교수들의 설명회가 끝났고 그 누구도 과학전람회 이야기를 하지 않았다. 심지어 과학 선생님들조차 말이다. 그런데 또 그로부터 몇 주일이 지난 뒤, IBM의 마케팅 부서로부터 마법 같은 깜짝 선물이 하나 도착했다. 바로 최신 개인용 컴퓨터 5150이었다. 과학 실험실 바닥 위에 놓인 거대한 하얀색 상자 한쪽에 아무튼 그렇게 쓰여 있었다. 아무도 그 컴퓨터로 대체 무엇을 해야 할지 모르는 것 같았다. 며칠 후에 과학 선생님인 바버 선생님이 상자에서 컴퓨터를 꺼내서 과학 실험실의 검은색 책상에 올려놓았다. 그 누구도 함부로 컴퓨터 전원을 켜거나 플러그를 꽂으려는 시도조차 하지 않았다. 컴퓨터는 마치 영화 「2001: 스페이스 오디세이」에 등장하는 모노리스 비석처럼 조용히 서 있을 뿐이었다.

점심시간 동안 나는 과학 실험실 안에서 샌드위치를 먹으면서 신문을 읽는 바버 선생님을 발견했다. 나는 그에게 그 컴퓨터를 한번 켜봐도 될지 물었다. 그가 말했다. "해봐라. 대신 고장 내면 안 된다."

바버 선생님은 내가 이미 지난 몇 주일 동안 컴퓨터 프로그래밍을 실험해보고 있었다는 사실을 몰랐다. 그해 가을부터 텔레비전에 가정용 컴퓨터 광고가 등장했지만 공감하기는 어려웠다. 광고에는 보통 즐거운 표정으로 컴퓨터 게임을 하는 백인 가족들의 모습이나 진지한 표정으로 컴퓨터 앞에 앉아서 주택 담보 대출 같은 것을 계산하는 백인 부부의 모습이 등장했다. 그러다가 크리스마스 다음 날, 나는 친구 애니타 페이지의 집에서 처음으로 진짜 컴퓨터를 마주했다.

같은 반 친구였던 애니타는 학교 악단에서 종 연주를 맡은 똑똑한 학생이었다. 애니타의 엄마는 교사였고, 아빠는 꽤 괜찮은 공장에서 노동자로 근무했다. 그래서 애니타의 집에는 다른 아이들의 집에서는 접하기 어려운 값비싼 물건들이 꽤 있었다. 애니타의 식탁 한가운데에는 최신 탠디 TRS-80 컬러 컴퓨터가 있었다.

라디오섀크 사에서 코모도어 64의 대항마로 내놓았던 TRS-80 컴퓨터는 겉보기에는 그리 대단하게 느껴지지 않았다. 그 컴퓨터는 본체 위에 있는 작은 텔레비전 화면과 5.25인치 플로피 디스크 드라이브, 장난감 같은 키보드로 구성되어 있었다. 그러나 화면의 노란 커서가 마치 심장이 뛰는 것처럼 깜빡거리는 모습을 보면, 그 기계의 처리 장치 내부에 지적인 존재가 작업을 수행하는 것 같다는 느낌을 받았다.

애니타와 내가 두세 시간 동안 퐁 게임을 하고 나자 나는 지루하고 따분해졌다. 그러다가 나는 컴퓨터의 설치 패키지 안에서 스테이플러로 묶인 작은 설명서 책자를 발견했다. 책자에는 베이식BASIC이라는 제목이 붙어 있었는데, 초보자용 다목적 기호 명령 코드를 줄인 말이었다. 나는 새해가 밝기 전까지 베이식 프로그래밍을 하는 법을 독학했다.

컴퓨터 프로그래밍은 마치 악단에서 기보법을 배우는 것과 비슷했다. 베이식은 반경 수 킬로미터 안에서 나와 TRS-80 컴퓨터를 빼고는 그 누구도 이해하지 못하는 일종의 비밀 언어였다. 나는 베이식을 활용해서 컴퓨터와 대화를 나누고 명령을 내릴 수 있었다. 베이식으로 명령을 내릴 수 있다면 TRS-80로 간단한 게임을 만들 수도 있었다. 나는 과연 컴퓨터에게 무엇을 또 가르칠 수 있을지 궁금해졌다.

IBM 5150 컴퓨터로 작업을 해보자마자 애니타의 집에서 썼던 TRS-80보다 훨씬 더 성능이 좋은 컴퓨터라는 것을 느낄 수 있었다. 나는 쉬는 시간마다 과학 실험실에 가서 IBM 컴퓨터를 가지고 놀았다. 가끔은 악단 연습을 마치고 학교에 몰래 숨어들어가서, 관리인에게 걸려 쫓겨날 때까지 컴퓨터 프로그래밍을 연습한 적도 있었다. 나는 나만의 개인 컴퓨터가 필요하다는 생각이 들었다.

나는 엄마에게 새 컴퓨터를 사달라고 애원했다. 결국 엄마는 로럴에 있는 히스기야 샐비지 중고매장에서 텍사스 기계회사의 TI-99/4 데스크탑 중고품을 하나 사주었다. 히스기야 샐비지 중고매장은 오래된 물건부터 "거의 새것이나 다름없는" 중고품까지 거의 모든 종류의 물건을 파는 중고매장이었다. 나는 곧바로 TI-99/4를 부엌 식탁 위에 설치하고, 과거의 흔적을 닦아내기 위해서 크로락스 소독제로 컴퓨터를 사랑스럽게 문질렀다. 그날 이후 나는 집에 오기만 하면 튜바 연습을 하거나 잠자는 시간만 빼고는 하루 종일 키보드를 두드리면서 놀았다.

어느 날 밤늦게까지 클래식 체스 오프닝 몇 가지를 프로그래밍 하다가 문득 컴퓨터 안이 어떻게 생겼는지 궁금해졌다. 그래서 컴퓨터 전원을 끄지 않은 채로 컴퓨터 아래쪽과 뒤쪽에 있는 나사를 풀고 뚜껑을 들어올렸다. 그리고 전자 장비들의 내장을 경이롭게 바라보았다. 검은색 메모리 칩, 주황색 콘덴서, 줄무늬가 있는 저항기들이 가늠하기 어려울 정도로 복잡하게 얽혀 있었고, 작동 중인데도 소름 끼치도록 조용했다.

그 순간이 종교적이었다고 표현하고 싶지는 않다. 고등학교를 다니던 그 무렵에 나는 이미 종교와는 거리가 먼, 독실한 이과생이었으니까. 그러나 나는 모세가 불이 붙었지만 타지는 않는 떨기나무를 발견하고 하느님의 천사가 눈앞에 등장했을 때 어떤 느낌이었을지 알 수 있을 것만 같았다. 물론, 분해된 TI-99/4 안에서 무슨 목소리가 들렸다는 뜻은 아니다. 그러나 분명 신성한 감정이 나를 덮쳤다. 컴퓨터 내부를 더 깊이 들여다보면 볼수록, 거대하고 지적인 존재가 있다는 느낌이 더 강해졌다. 지적인 존재는 기계 안에 갇혀 있는 것이 아니라 여러 장비와 선들을 따라서 흐르고 있는 것 같았다.

아인슈타인이었다면 이 컴퓨터로 무엇을 했을까? 나는 그라면 분명 상대성 이론과 관련된 무엇인가를 컴퓨터로 시도해보았을 것이라고 생각했다. 브리태니커 백과사전은 상대성 이론에 대해서 월드 북 백과서전보다 더 깊은 설명을 제공했다. 특수 상대성 이론과 일반 상대성 이론, 그리고 시공간에 대해서 더 길고 자세한 설명이 있었다. 또 나는 양자역학에도 깊이 빠져들었다. 나는 백과사전의 설명 끝에 주석으로 인용된 참고 문헌들의 제목을 발견했다. 그래서 엄마에게 로럴에 있는 공장 근처 공공 도서관에서 구할 수만 있다면 그 책들도 구해달라고 부탁했다. 그러나 책으로 한 공부로는 딱 거기까지였다. 나는 상대성 이론을 개인적인 체험을 통해서 느껴보고 싶었다. 그리고 컴퓨터가 시공간의 세계로 나를 이끌어주는 관문이 되기를 바랐다.

TI-99/4의 머더보드를 바라보면서 나는 궁금해졌다. 컴퓨터는 어떻게 그렇게 빠르게 계산할 수 있을까? 만약 컴퓨터 속 마이크로칩들 속으로 기어들어갈 수 있을 만큼 몸이 작아진다면, 거의 빛의 속도에 가깝게 움직이는 컴퓨터 속의 전자들을 직접 볼 수 있을 텐데. 그 순간 번뜩이는 아이디어가 떠올랐다. 컴퓨터 게임도 아인슈타인의 상대성 이론처럼 수학적인 모델에 바탕에 두고 있다! 시간 지연, 길이 수축, 상대론적 질량, 그리고 시공간의 간격 등 특수 상대성 이론의 방정식들에 담긴 수학적인 개념을 베이식 언어로 변환할 수만 있다면, 상대성 이론을 시뮬레이션하고 시공간을 경험할 수 있는 컴퓨터 프로그램을 만들 수 있다!

나는 무아지경에 빠졌던 것이 분명하다. 엄마가 공장 야간 교대 근무를 마치고 집에 돌아온 것도 눈치 채지 못했으니 말이다.

"야! 너 또 이거 다 분해했어? 세상에, 내가 이 기계에 얼마나 돈을 많이 썼는데. 망가뜨린 거면 너도 박살 날 줄 알아."

시공간의 황홀함으로부터 빠져나온 나는 최대한 빠르게 컴퓨터를 다시 조립했다. 그러고 나서 컴퓨터에 짧은 명령어를 입력하고 엄마를 불렀다. "엄마! 여기 와서 내가 엄마를 위해서 써놓은 것 좀 봐!" 엄마가 한 손에 델 퍼즐 책을 들고 돌아왔다. "이거 봐!" 나는 엔터를 눌렀다.

"**제임스 플러머 주니어는 엄마를 사랑해요**"라는 문장이 컴퓨터 화면에 계속 줄지어 나타났다. 엄마는 활짝 미소를 지었다. "이 녀석! 이런 사탕발림 소리나 하고. 가서 학교 숙제나 해. 그리고 저 싱크대에 망할 접시들이나 닦아놔!"

그로부터 일주일 뒤 점심시간에 나는 과학 실험실에서 바버 선생님을 만났다. 그리고 그에게 과학전람회에 나가고 싶다고 이야기했다.

"어디에 나간다고?" 선생님은 과학전람회를 까맣게 잊은 듯했다.

"해티즈버그에서 열리는 서던 미시시피 대학교 주최 과학전람회요. 저는 이미 컴퓨터 작업 프로젝트를 준비하고 있어요."

"오늘 아침에 컴퓨터 직업 어쩌고 저쩌고라는 말을 들었나 보구나." 그가 피식 웃으면서 말했다. "또 잘난 척이지."

직업이 아니라 작업이었지만, 나는 그날만큼은 바버 선생님 앞에서 건방을 떨고 싶지 않았다. 그래서 나는 다시 이야기했다. "특수 상대성 이론을 컴퓨터로 재현하는 프로그램을 개발하고 있다니까요."

나의 이 말은 그의 관심을 끌었다. 선생님은 먹던 샌드위치와 신문을 내려놓더니 의심스러운 눈빛으로 나를 째려보았다. "네가 그런 것을 만든다고?"

"네, 할 수 있을 것 같아요. 이미 개발을 시작했어요. 베이식으로 컴퓨터 프로그래밍을 할 줄 알아요. 또 이미 특수 상대성 이론의 개념을 수학 공식으로 다 옮겨놓았거든요. 듣기에는 어려울 것 같지만 그렇지도 않아요. 저는 열한 살 때부터 방정식을 공부해와서 꽤 잘 이해하고 있거든요. 프로그래밍으로 구현하는 것은 훨씬 더 쉬워요. 그런데 제가 만들려는 프로그램의 가장 특별한 점은 직접 해볼 수 있는 게임이라는 거예요. IBM 컴퓨터로 직접 보여드릴 수도 있어요."

"잠깐." 바버 선생님이 벌떡 일어나더니 말했다. "다른 과학 선생님들도 좀 모셔와야겠다. 네 이야기를 같이 들어야겠어." 바버 선생님은 생물학을 가르치던 두보스 선생님과 화학을 가르치던 애터베리 선생님을 데리러 갔다.

과학실에 모인 세 명의 선생님들이 높은 의자에 앉았다. 선생님들이 샌드위치를 마저 해치우는 동안, 나는 시간 지연 효과를 떠올리게 만든 아인슈타인의 사고실험 개념을 설명했다. 그리고 베이식을 활용해서 특수 상대성 이론의 방정식을 어떻게 프로그래밍할지, 그리고 그 프로그램을 어떻게 게임으로 구현할지를 설명했다.

선생님들은 모두 아인슈타인의 상대성 이론을 들어본 적은 있었지만, 대학교에서 물리학을 공부했던 바버 선생님만이 나의 설명을 제대로 이해했다.

시간 지연 방정식은 왜 어떤 두 현상이 정지한 관찰자에게는 동시에 관측되는데 아주 빠른 속도로 이동하는 관찰자에게는 동시에 관측되지 않는지를 설명한다. 내가 이 개념을 설명했을 때, 두 선생님은 나의 설명을 제대로 따라오지 못했다. 그래서 나는 정지한 관찰자와 이동하는 관찰자가 각자 거리 간격을 어떻게 다르게 느끼는지를 보여주기 위해서 상대성 이론의 길이 수축 공식을 입력했다.

"보시다시피, 동시에 벌어지는 사건 같은 것은 없습니다. 시간 개념은 그저 허구에 불과해요!"

그러나 선생님들은 이해를 하지 못했고 그래서 나는 그냥 무시하고 나의 멋진 마무리를 향해서 달려갔다. "여기가 가장 멋진 부분이에요." 나는 아주 흥분한 목소리로 설명을 이어갔다. "공간 그리고 시간을 이렇게 합하면……." 나는 키보드로 명령어를 입력했다. "이제 불변 간격 invariant interval을 계산할 수 있는데요……." 나는 엔터를 누르고 완성된 형태의 방정식을 보여주었다.

$$ds^2 = c^2dt^2 - dx^2 - dy^2 - dz^2$$

"……이 방정식은 공간과 시간을 결합해요. 그래서 사람들마다 서로 다른 시간과 거리를 관측하더라도 결합된 간격에 대해서는 동일한 값이라는 거예요. 이게 바로 아인슈타인이 시공간이라고 불렀던 것입니다!"

바버 선생님은 두보스 선생님을 쳐다보았다. 두보스 선생님은 애터베리 선생님을 쳐다보았다. 애터베리 선생님은 다시 바버 선생님을 쳐다보았다. 바버 선생님은 컴퓨터 스크린을 쳐다보았고 나에게 말했다. "그러니까 지금 너는 이걸 가지고 과학전람회에 나가고 싶다는 거지?" 그가 물었다. "얼마나 남았지?"

반면, 애터베리 선생님은 결코 이런 태도를 보이지 않았다. "너는 네가 아주 똑똑한 줄 알지? 아니, 너는 네 생각만큼 똑똑하지 않다." 그는 부스스한 앞머리와 턱수염이 난 민머리 얼굴을 절레절레 흔들면서 말했다. "나도 고등학교 때 물리학을 배운 적이 있어. 그런데 그때는 누구도 시공간 간격 같은 이상한 소리는 한 적이 없다. 네가 지금 없는 이야기를 지어낸 거 같은데."

나는 애터베리 선생님은 그냥 무시하고 바버 선생님에게만 집중했다. "과학전람회는 앞으로 6주일 남았어요. 제가 앞으로 남은 시간 동안 전람회 준비를 끝내려면 이 IBM 컴퓨터를 집에 가져가서 밤새도록 작업을 해야 해요. 저희 엄마가 사주신 TI-99/4 컴퓨터로는 게임 부분까지 프로그래밍할 수가 없거든요."

"내가 듣기로 너는 학교에서 대마초를 팔고 다닌다던데, 왜 우리가 너에게 이 컴퓨터를 마음대로 쓰도록 허락해야 하지?" 애터베리 선생님이 다른 두 선생님들에게 말했다. "난 이 녀석 못 믿겠어요."

"약속할게요, 바버 선생님. 집에 IBM 컴퓨터를 가져갈 수 있게 해주세요. 미시시피 과학전람회에서 하이델버그 고등학교 이름을 꼭 올리겠습니다."

과학 선생님들은 서로의 얼굴을 다시 쳐다보았다. 두보스 선생님은 이제 자기가 끼어들 차례라고 생각했다. "만약 저 아이가 우리 학교에 있는 유일한 컴퓨터를 망가뜨린다면 우리도 참 곤란할 거예요."

"크로스 선생님께서 제가 집에서 연습할 수 있도록 튜바를 집에 가져가도 된다고 허락해주신 덕분에, 저는 주립악단에 들어갈 수 있었어요!"

결국 바버 선생님은 교장 선생님과 대화를 나누었다. 교장 선생님은 크로스 선생님에게 전화를 걸었다. 그리고 내가 튜바를 전당포에 팔아넘기거나 망가뜨린 적이 있지는 않은지를 확인받았다. 크로스 선생님은 내가 훈육과 관련해 큰 진전을 보였다고 이야기해주었다.

그다음 날 엄마는 닷선을 몰고 학교에 찾아왔고, 우리는 IBM 컴퓨터를 차에 싣고 집으로 돌아갔다.

31

나는 나와 같은 너드인 앤트럼 맥기와 애리스토틀 벤더에게 함께 과학 전람회에 참여하자고 꼬드겼다. 앤트럼은 어렸을 때부터 아버지와 함께 온갖 농기구들을 다루면서 일해온 천상 촌놈이었다. 그는 전람회를 위해서 자동차의 라디에이터와 여러 부품들을 조립해서 태양열 온수기를 설계했다. 가족 농장에서 일하면서 자랐던 애리스토틀은 거름으로 만든 배터리를 만들었는데, 나는 그 기계를 그다지 이해하고 싶지도 않았다.

우리 셋은 지역 예선을 아슬아슬하게 통과했다. 프로젝트의 질이 낮았기 때문이 아니라, 발표가 아주 허접했기 때문이다. 우리는 발표 점수가 전체 점수의 거의 절반에 해당하는 줄 몰랐다. 다른 아이들은 모두 금속 경첩으로 세 개의 나무판자를 단단하게 연결한 발표 포스터를 만들었다. 우리는 테이프로 엉성하게 이어붙인 골판지 위에 손으로 쓴 공책 쪼가리를 붙였다. 다른 아이들의 발표 포스터에는 우리가 생전 처음 들어보는 "개요"와 "가설" 부분도 있었다.

우리 지역에는 흑인 학교들이 많았지만, 해티즈버그에 있는 미시시피 대학교에서 열린 지역 예선에 참가한 흑인 팀은 우리가 유일했다. 그래서 우리는 딱 보기에도 불쌍해 보였을 뿐만 아니라, 자기 분수에 맞지 않는 대회에 나와서 헤매고 있는 흑인 학생들처럼 보였다. 우리는 각자 세부 분야에서 3등 안에 들었는데, 심사위원들이 우리의 발표를 보고 연민을 느꼈던 것이 분명하다. 아무튼 그 덕분에 우리는 잭슨 주립대학교에서 열릴 예정인 주립 과학전람회에 나갈 수 있었다.

이제 우리의 수준을 깨달았으니, 주립 과학전람회에서는 같은 실수를 반복하고 싶지 않았다. 바버 선생님은 우리를 데리고 로럴에 가서 대회에서 허용하는 가장 큰 크기의 나무판자를 얻어왔다. 우리는 돈을 모아서 경첩, 커다란 도화지, 스텐실, 컬러 마커, 그리고 고무 접착제를 샀다.

우리가 지역 예선을 치르면서 배운 교훈이 하나 더 있었다. 발표 포스터를 형형색색으로 꾸며야 한다는 점이었다. 딱 봤을 때 프로젝트가 멋져 보이지 않으면 우승을 할 수 없었다. 나는 미적 감각이 별로 좋지 않았지만 정말 고맙게도 리브스 선생님이 많은 시간을 할애해서 나의 그래프와 발표 포스터가 아주 멋져 보이도록 도와주었다. 모든 작업이 다 끝나자 나는 나무판자 위에 질량, 길이 수축, 그리고 시간 지연 효과를 세 가지 색깔로 표현한 알록달록한 포스터를 붙였다. 그리고 "프로그래밍을 통한 특수 상대성 이론의 효과 재현"이라는 나의 발표 제목을 15미터 떨어진 거리에서도 읽을 수 있을 정도로 아주 두껍고 큰 글씨로 썼다. 가장 좋았던 것은 교장 선생님의 허락 덕분에 잭슨 주립대학교에서 열리는 과학전람회 현장에 IBM 컴퓨터를 가져갈 수 있었다는 점이다. 그래서 나는 발표장에서 실시간으로 나의 상대성 이론 모델을 시연할 수 있었다.

주립 과학전람회가 열리던 날 해가 뜨기 전, 바버 선생님은 우리의 발표 포스터와 나무판자, 전시물들을 차에 싣고 제스퍼와 클라크 지역 곳곳에 흩어져 살던 우리를 하나하나 태우러 왔다. 나는 IBM 컴퓨터를 두 팔로 안고 집에서 가지고 나와서 잭슨 주립대학교에 도착할 때까지 무릎 위에 올려놓았다. 앤트럼과 애리스토틀은 도착할 때까지 잠을 잤지만, 나는 너무 긴장되고 흥분되어 잠이 오지 않았다. 나는 전날 밤새도록 IBM 컴퓨터로 시뮬레이션을 돌리고 또 돌렸는데도 졸리지 않았다.

잭슨 주립대학교 농구장에 도착하자 나는 자고 있던 앤트럼과 애리스토틀을 깨웠다. 우리는 차 뒤로 가서 발표 포스터와 나무판자를 내렸다. 과학전람회가 시작되는 10시 전에 포스터를 나무판자에 붙여야 했다. 그런데 나무판자가 단 두 개뿐이었다. 앤트럼과 애리스토틀 것이었다. 어찌된 일인지, 바버 선생님이 나의 나무판자만 두고 온 것이다. 나는 심장에 금이 가는 듯했다.

애리스토틀이 나의 손에 자기 나무판자를 쥐어주면서 말했다. "네가 내 거 써."

"뭐? 그럴 수는 없어." 내가 대답했다. 나는 차를 떠나서 경기장 잔디밭 바깥에 있는 언덕에 낙담한 채 쭈그려 앉았다. 너무 실망스러웠다. 그러나 나는 남자답게 손해를 감수하기로 마음먹었다. 나는 바로 그 선택이 진정한 훈육의 일부라고 스스로에게 되뇌었다.

그때 애리스토틀이 옆에 앉았다. "내 판자 가져다가 써. 우리 셋 중에 네 발표가 최고잖아. 내가 만든 배터리로는 칫솔도 못 움직이는데. 누가 봐도 내가 우승할 리 없다고 생각할걸. 네가 나 대신 발표장에 들어가. 우리 팀을 위해서라도 꼭 그렇게 해."

"아냐, 그럴 수는 없어. 너도 열심히 준비했잖아. 당연히 네가 발표장에 들어가야 해." 나는 진심을 담아서 말했다.

"플러머, 부탁하는 거 아니야. **명령**이야. 저 망할 나무판자 네가 쓰라고. 네 포스터를 붙이고 네가 그 빌어먹을 우승을 하면 되잖아." 그는 나의 발치에 나무판자를 남겨두고 자리를 떴다.

"아, 제기랄." 나는 그를 향해 소리쳤다. "그러면 내가 포스터 붙이는 거 도와줄 거지?" 그러나 애리스토틀은 이미 사라지고 없었다.

내가 포스터 포장을 풀자마자 갑자기 바람이 불어서 포스터들이 날아갈 뻔했다. 나는 포스터들이 날아가지 않도록 위에 돌멩이를 하나 얹었다. 내가 나무판자 위에 고무 접착제로 제목을 먼저 붙이는 동안, 바람이 또 한 번 불더니 그래프와 그림들이 그려진 포스터들을 기어코 잔디밭에 흩뿌려놓았다. 나는 포스터들을 쫓아가서 나무판자 위에 붙였다.

"발표 준비하느라 정말 고생이 많구나." 여자 목소리가 들렸다. 내가 준비를 하던 자리 바로 근처에 한 백인 부부가 앉아 있었다. 약 스무 명 정도 되는 백인 학생들의 보호자로 온 사람들이었다. 백인 학생들은 개별 포장된 샌드위치를 먹으면서 탄산음료를 빨대로 마시고 있었다.

"네, 그러게요." 내가 대답했다. "바람이 저를 못살게 굴어도 저를 막을 수는 없을 겁니다."

그때 더 거친 돌풍이 불어왔고 나의 전시품들을 풀밭위로 날려버렸다. 백인 아이들이 날아간 나의 종이들을 황급히 쫓아가서 돌려주었다. 다행히도 약간만 망가졌을 뿐이었다. 나에게 말을 걸었던 여자가 나의 프로젝트 제목을 읽고는 말했다. "정말 인상적인 제목인걸!" 내가 1학년이었을 때 백인 선생님들이 말했던 것과 같은 말투였다. 물론 칭찬의 의미였겠지만, "너처럼 불쌍한 흑인 꼬맹이가 이런 백인들이나 할 법한 위대한 아이디어를 시도하다니 그거 참 인상적인걸! 너는 내가 한 번도 본 적 없는, 아주 예외적으로 똑똑한 흑인 아이인가 보구나"라고 깔보듯이 이야기하는 것처럼 들렸다. 그 순간 머릿속에서 내가 사람들에게 무례하게 굴면 엉덩이를 걷어차겠다고 겁을 주었던 드웨인의 목소리가 떠올랐고, 그래서 나는 그냥 감사를 표했다.

마침내 나는 포스터를 나무판자에 다 붙였고, 애리스토틀과 앤트럼을 불러 봐달라고 했다. 그 친구들은 나를 치켜세워주었다. 주변의 백인들도 내가 나무판자에 포스터를 붙인 것만으로도 충분히 상을 받을 만한 것 같다는 듯이 나에게 예의상 박수를 쳐주었다.

32

동굴 같은 잭슨 주립대학교 농구장을 한번 둘러보기만 해도 더는 지역 예선 수준이 아니라는 것을 알 수 있었다. 전시물의 수나 수준이 차원이 달랐다. 전시는 행렬을 만들어 줄줄이 전시되었는데 생물학, 화학, 수학 등의 세부 분야가 적힌 현수막이 각 행렬의 끝에 걸려 있었다. 나의 전시물은 컴퓨터 과학 분야였다. 나의 옆에 있는 남학생은 매일 측정한 기온과 강수량 데이터를 기반으로 코모도어 64 컴퓨터를 활용해서 옥수수를 언제 심고 언제 수확할 수 있는지를 계산한 결과를 전시하고 있었고 꽤 근사했다. 또다른 남학생은 울타리 기둥 위에서 움직이는 깡통을 "쏘아서 맞히는" 컴퓨터 게임을 만들어왔는데 그 어떤 컴퓨터에서 본 것보다도 부드럽게 돌아갔다. 내가 가지고 있는 것은 그래프 곡선과 글자들뿐이었는데 그 녀석은 진짜 그래픽을 선보이고 있었던 것이다!

정오가 되자 심사위원들이 클립보드에 점수표를 들고 전시물 사이사이를 이리저리 돌아다녔다. 대학원생들이 심사를 봤던 지역 예선과는 달랐다. 진짜 대학교 교수들이었다. 그들은 소매가 짧은 셔츠에 넥타이를 매고 "심사위원"이라고 쓰인 명찰을 목에 걸고 있었다.

얼마 지나지 않아서 곧바로 한 무리의 심사위원들이 나의 전시물 앞에 모여들었다. 나는 지역 예선에서의 경험을 떠올리며 좋은 징조라고 생각했다. 그런데 심사위원 한 명이 다소 당황스러운 듯한 표정을 지었다. "우리는 모두 컴퓨터 공학자들이란다. 그런데 상대성 이론과 관련된 네 전시물을 도무지 이해하지 못하겠구나. 네 전시물을 컴퓨터 과학 분야에서 물리학 분야로 옮겨야겠다."

30분 정도가 지나자, 이번에는 여섯 명 정도의 물리학 교수들이 물리학 분야로 이동한 나의 전시물을 심사했다. 주립 과학전람회에 관해서 우리가 몰랐던 사실이 하나 있었다. 프로젝트에 대해서 심사위원들에게 얼마나 잘 설명하는지도 점수에 반영된다는 점이었다. 나는 질의응답을 준비하지 못했고 그래서 아주 많은 백인 물리학 교수들에게 둘러싸여서 특수 상대성 이론에 대한 질문들을 받자 너무 긴장이 되었다. 그러나 처음 몇 가지 질문에 요점을 놓치지 않고 차분하게 답하기 시작하면서, 나는 한 가지 사실을 깨달았다. 열 살 때부터 이 순간을 위한 준비가 되어 있었다는 것을. 나는 상대성 이론에 대해서 나와 함께 깊은 대화를 나눌 사람이 이 세상 어디인가에 반드시 있을 것이라고 생각해왔다. 나는 지금 바로 그런 사람 여섯 명과 함께 나의 프로그램과 관련한 즐거운 대화를 나누고 있었다. 그들이 전부 셔츠 앞주머니에 잉크 자국이 묻은 백인 남자인 것이 무슨 상관인가? 그들은 나와 똑같은 언어로 소통했다!

심사위원 한 명이 나에게 약간 까다로운 질문을 했다. "만약에 빛보다 더 빠르게 움직이면 어떤 일이 벌어질까?" 나는 "그게 정말 당신의 최선입니까" 하는 자신만만한 표정으로 그를 바라보면서 대답했다. "아, 교수님. 그건 아주 간단한 수학입니다. $1-v^2/c^2$은 음수가 되잖아요. 좀더 진지한 물리학 이야기를 하면 어떨까요?" 그러자 교수들이 더 심도 깊은 질문들을 던졌다. 그들은 내가 수학, 물리학 그리고 프로그래밍에 대해서 아는 것이 무엇이고 모르는 것이 무엇인지를 파악하기 위해서 많은 질문들을 했다. 나는 그들이 던지는 질문들이 너무 마음에 들었다.

"이런 아이디어를 어디에서 얻었니?" 한 교수가 물었다.

"아인슈타인에게서요."

"아니." 그가 웃으면서 말했다. "내 말은, 누가 너에게 특수 상대성 이론을 활용해서 컴퓨터 프로그램을 짠다는 아이디어를 줬냐는 뜻이야. 또 누가 프로그래밍 작업을 도왔지?"

"아무도 없어요. 저는 특수 상대성 이론을 독학했습니다. 그리고 베이식으로 프로그래밍하는 방법도 혼자 익혔어요." 나는 TI-99/4 컴퓨터 내부를 들여다보았던 경이로운 순간에 대해서는 굳이 이야기하지 않았다. "그리고 저는 어떻게 해야 마치 게임을 하는 것처럼 입력값을 넣고 결과값이 나오게 할 수 있을지 고민했습니다."

내가 나무판자에 붙인 내용을 다 소개하자 심사위원들은 내가 준비한 IBM 컴퓨터의 키보드에 손을 대고는 내가 만든 특수 상대성 이론 게임을 해보고 싶어했다. 그들이 명령어를 입력하는 동안 나는 게임 방법을 설명했다.

"우선 이 중에서 어떤 상대론적 효과를 계산할지 고르세요. 시간 지연, 길이 수축, 그리고 질량 증가 중에서 하나를 고르면 됩니다. 그러면 프로그램이 지속 시간, 길이, 질량, 물체의 추가 속도 등은 어떻게 할지 물어볼 거예요. 그 값들을 입력하면 상대론적 시간, 길이, 질량의 결과값이 출력됩니다."

나는 나무판자들에 붙여놓은, 특수 상대성 이론의 세 가지 효과를 직접 손으로 그린 사랑스러운 그래프들을 가리켰다. 그리고 키보드로 명령을 입력하여 세 가지 변수들 중에서 아무것이나 더하거나 빼서 길이 대 속도, 시간 지연 대 속도, 또는 질량 대 속도와 같이 다양한 결과를 볼 수 있다고 설명했다.

그들의 관심을 끈 것은 **불변 간격**, 즉 시공간을 정의하기 위해서 내가 시간 **그리고** 공간을 결합해서 만든 계산 결과였다. 화면에 내가 프로그래밍 해놓은 대로 **불변 간격**이라는 단어가 나타났다. 핀볼 게임에서 최고 기록을 갱신했을 때 '한 판 더'라는 글자가 깜빡거리는 것과 똑같이. 그러자 심사위원 한 명이 "와우!"라고 소리쳤다.

그때 나는 서던 미시시피 대학교 교수들 중의 두 명이 하이델버그 고등학교에 설명회를 하러 왔던 사람들이라는 것을 알아챘다. 그들 중의 한 명이 앞으로 나오더니 나에게 악수를 청했다. "나중에 대학에 진학할 시기가 되면 우리 서던 미시시피 대학교로 와주기를 바란다." 그가 말했다. "너 같은 학생은 우리와 함께 물리학을 공부해야 해. 너에겐 엄청난 재능이 있어."

그날 일정이 모두 끝나고 우리는 전시물을 해체한 후에 간단한 저녁을 먹으러 갔다. 하루 종일 아무것도 먹지 못했기 때문에 우리는 마음대로 먹을 수 있는 뷔페 식당 쇼니스에 가기로 했다. 뷔페에서 몇 바퀴째 식사를 하느라 시간이 조금 걸렸고, 우리가 다시 농구 경기장으로 돌아왔을 때에는 이미 시상식이 시작된 후였다. 농구장 바닥에 트로피가 세워진 탁자와 연단이 설치되어 있었다.

실내는 참여 학생들과 가족들로 거의 만석이었다. 남은 빈 좌석으로 가는 길에 아까 낮에 나의 전시물들이 바람에 날아갔을 때에 나를 도와주었던 백인 부부를 지나쳤다. 그들은 미소를 지으면서 자신들이 인솔하는 학생들 옆좌석에 앉아도 된다고 말했다. 그날 대회에 참가한 대부분의 학생들은 우리보다 훨씬 더 많은 학생들과 가족들로 큰 무리들을 이루고 있었다. 그래서 우리도 많은 사람들 사이에 앉을 수 있어서 기분이 좋았다. 심지어 몇몇 학교에서는 치어리더까지 데리고 왔다!

주요 상을 시상하기 전, 우선 군과 기업 후원으로 제공되는 여러 작은 상들에 대한 시상이 진행되었다. 이름이 호명된 학생이 연단에 올라가 상을 받고 내려올 때마다 절반 정도의 관객들이 환호와 박수갈채를 보냈다. 군복을 입은 한 남자가 과학과 국방의 중요성에 대해서 짧은 연설을 하더니, 나의 이름을 호명했다. 제임스 플러머 주니어! 나는 내가 받은 상이 정확히 어떤 상인지도 제대로 듣지 못했다. 나는 농구장 맨 아래까지 계단을 따라서 내려갔다가 메달을 받고는 다시 꼭대기 좌석까지 기어올라왔다. 자리로 돌아오자 친구들과 함께 백인 부부 일행이 박수를 쳐주었다.

"축하해, 제임스!" 백인 여자가 말했다. "상을 탔구나! 정말 멋져!" 누군가가 나에게 박수를 쳐준다는 점은 좋았지만, 사실 그녀는 내가 상을 타서 놀란 것처럼 보였다.

그후로 나는 또다른 기업 후원의 우수상을 수상했다. 그냥 리본을 주는 상이었는데, 나는 그 리본을 받으러 농구장 아래까지 또 내려갔다가 다시 꼭대기 좌석으로 돌아와야 했다. 다리가 후들거렸다. 그래도 백인 부부와 바버 선생님, 앤트럼 그리고 애리스토틀이 함께 박수를 쳐주는 모습을 보니 기뻤다.

그러고 나서 본격적으로 중요한 상에 대한 시상이 진행되었다. 나는 미국 교사회에서 주는 "과학전람회에서 수학을 활용한 최고상"을 수상했다. 이번에는 백인 부부와 그들의 학생들까지 박수를 쳤다. 그후로는 생물학, 화학 그리고 다른 여러 과학 분야의 시상이 진행되었다.

진행자가 물리학 분야의 가작 수상자를 발표했을 때 나의 이름은 호명되지 않았다. 나는 리본과 메달을 굳게 움켜쥐었다. 나는 농구장 지붕에 있는 철제 빔의 개수를 하나씩 세기 시작했다. 내가 열여섯 개째 철제 빔을 세고 있을 때, 마치 공기가 아니라 물 속에서 소리가 퍼져나오는 것처럼 스피커에서 아주 낮고 느리게 진행자의 목소리가 들려왔다. "그리고 물리학 분야의 대상입니다……. 하이델버그 고등학교의 제임스 플러머 주니어!"

앤트럼과 애리스토틀이 벌떡 일어나서 나와 앞뒤로 위아래로 함께 주먹 인사를 했다. 백인 선생님들조차 나와 주먹 인사를 나누려고 했는데, 평소라면 어색해서 죽으려고 했겠지만 그 순간만큼은 신경 쓰지 않았다. 연단으로 이어진 계단을 내려가는데 발에서 아무런 감각이 느껴지지 않았다. 나는 계단의 개수를 세기 시작했다. 호흡을 가다듬기 위해서, 또 한편으로는 쓰러지지 않기 위해서였다. 나는 관객들의 얼굴도 세었다. 한 줄에 몇 명이 앉아 있는지, 한 구역에 몇 줄이 있는지, 농구장에 몇 구역이 있는지를. 그러고 나서야 나는 개수 세는 것을 멈추고 관객들의 엄청난 박수갈채를 받으면서 연단에 도착했다.

내가 물리학 분야에서 대상을 탔다. 나는 엄청나게 큰 트로피도 받았다. 나는 미시시피 주의 시간을 통째로 멈추고 흑인이 얼마나 아름답고 위대한 존재인지를 깨닫게 할 만큼이나 우주의 시공간을 왜곡시킬 수 있는 존재였다.

33

과학전람회를 통해서 나는 하이델버그 흑인들의 작은 울타리에서 벗어나 백인들의 안방에서 그들과 제대로 경쟁해볼 수 있었다. 그러나 해티즈버그와 잭슨 주립대학교는 집에서 차로 겨우 90분 거리였다. 반면, 나의 튜바는 나를 더 먼 곳까지 이끌었다. 덕분에 나는 미시시피 주의 작은 촌구석을 벗어나서, 백인들이 사는 전혀 다른 우주를 탐험할 기회를 얻었다.

크로스 선생님이 준 마우스피스로 웅웅거리는 소리를 처음 연습하던 날 이후로 나는 아주 많이 발전해나갔다. 나는 악보 표기법과 편곡법뿐만 아니라 악단 대형을 정확하게 조직하는 방법도 배웠다. 고등학교 2학년이 되자, 크로스 선생님은 나에게 우리 학교 미식축구 경기의 하프타임 쇼에서 선보일 공연곡을 편곡하고 악단의 배치와 안무를 짤 기회를 주었다. 크로스 선생님의 공연 형식과 선곡은 그다지 파격적이거나 날카롭지 않은 매우 전통적인 편이었다. 나는 그다음 단계로 발전시키고 싶었다. 그래서 전원 흑인으로 구성된 악단들의 아주 열정적인 쇼맨십을 본받아서 안무를 짰고 공연곡도 최신 흑인 음악 스타일로 편곡했다. 나는 항상 가장 복잡한 오케스트라 악보를 구성해서 크로스 선생님을 귀찮게 했다. 악보를 보면 음표들이 종이 위로 튀어나와 춤을 추는 것처럼 보였다. 나는 눈으로만 봐도 쉽게 음표들의 위치를 조절하고 다양한 악기들 간의 조화를 맞추며 편곡할 수 있었다.

문제는 고등학교 악단이 지나치게 지역적이라는 점이었다. 우리는 이웃 팀들과의 미식축구 경기에서, 그리고 1년에 세 번 지역 퍼레이드에서 공연했다. 그런데 주에 있는 각 학교의 악단 감독은 두 명의 단원을 남쪽 해안 빌럭시에 있는 주립악단 교습소에 보낼 수 있었다. 나는 고등학교 4년 내내 교습소로 보내진 아주 드문 학생이었다.

이 교습소를 통해서 나는 하이델버그 바깥의 사람들과 경쟁할 또다른 기회를 얻었다. 해티즈버그의 서던 미시시피 대학교에서 열렸던 여름 악단 캠프가 그 첫 번째 기회였다. 100명 이상의 학생들로 구성된 그 거대한 악단에서 흑인 학생은 나를 포함해 딱 세 명뿐이었다. 캠프가 모두 끝나자 시상식 연회가 열렸다. 나는 학생들이 뽑은 최고의 단원 2등상을 수상했는데 정말 큰 충격이었다. 사실상 인기투표나 다름없었는데, 친한 친구들을 빼고 이렇게나 많은 사람들이 나를 좋아할 것이라고는 생각해본 적이 없었기 때문이다. 나는 하이델버그 고등학교에서는 언제나 악단 리더를 맡았다. 그런데 백인들로 가득한 여름 캠프에서 학생들의 선택을 받았다고? 영문을 알 수가 없었다.

악단 총감독은 두 개의 악단에서 한 명씩, 가장 우수한 학생을 총 두 명 선발했다. 나는 두 번째 악단에서 1번 튜바를 맡았기 때문에 가장 우수한 학생으로 뽑힐 가능성이 충분하다면 충분했지만, 총감독이 나를 진짜로 두 번째 악단의 가장 우수한 단원으로 선발하자 깜짝 놀랐다. 나는 음악으로만 순수하게 경쟁하는 것에 자신이 있었다. 그러나 백인 총감독이 수많은 백인 학생들 중에 누군가를 선택하는 대신에 그냥 흑인 학생을 선발했을 것이라는 생각이 들었다. 나는 그들이 편견으로 가득하다고 생각했다. 과학전람회에서 1등을 했을 때와는 전혀 다른 느낌이었다. 전람회의 심사위원들은 프로젝트의 완성도로 평가를 내렸을 것이다. 음악은 더 주관적인 느낌이었다. 아무튼 인종적인 편견이 있었다.

악단 캠프에서의 성공적인 경험으로 용기를 얻은 나는 3학년 때 미시시피 라이온스 클럽 주립악단이라는, 주에서 가장 뛰어난 고등학교 악단의 오디션을 보았다. 크로스 선생님은 우리에게 하이델버그 출신의 트럼펫 연주자가 1970년대 초에 라이온스 악단을 결성한 창시자라는 이야기를 곧잘 했다. 그 트럼펫 연주자는 재즈 분야에서 계속해서 경력을 쌓았고 잭슨 주립대학교의 악단 조감독도 맡았다. 지난 수년간 우리 지역 출신의 많은 학생들이 오디션을 보았지만 그 악단에 합격한 사람은 아무도 없었다.

나는 오디션에 자신이 있었다. 그리고 결국 라이온스 주립악단에 합격했다. 아주 좋은 소식이었다. 한 가지 단점이 있다면, 샌프란시스코에서 열리는 라이온스 국제 퍼레이드의 전국 대회를 앞두고 미시시피 주의 덥고 습한 날씨 속에서 2주일 동안 리허설과 연습을 해야 했다는 점이었다. 잔인한 더위였다. 발에는 물집이 났다. 학생들은 열사병과 탈수로 기절하기 일쑤였다. 튜바가 그렇게나 무겁게, 태양이 그렇게나 뜨겁게 느껴진 적이 없었다. 200여 명의 단원들 중에서 나를 포함해 단 일곱 명뿐이었던 우리 흑인 단원들은 흑인의 체면을 지키기 위해서 토하거나 쓰러지지 않았다.

라이온스 주립악단은 거의 백인만으로 구성된 악단이었다. 그래서 우리가 연주하는 대부분의 음악들은 인종차별적 요소가 있는 미국 남부연맹에 관한 찬양으로 가득했다. 우리가 버스를 타고 샌프란시스코를 향해 떠나기 전에 단원 가족들을 초대하여 선보인 공연은 "회색 옷을 입은 우리의 용맹한 소년들(미국 남부연맹의 군인들을 상징한다/옮긴이)"에게 헌정된 공연이었고, 마지막 곡은 "딕시 랜드에 살고 싶어요"였다. "오, 나는 목화의 땅에 살고 싶어요. 잊을 수 없는 오랜 시간이여……"라는 가사가 나오는 부분에서 흑인 단원들은 그냥 립싱크를 했다. 나는 입술을 튜바 마우스피스에서 떼지 않았다.

샌프란시스코에 도착했을 때 우리는 전차와 골든게이트 다리, 그리고 바로 직전 대회에서 우리가 1등을 했다는 소식 때문에 야단법석을 떨었다. 그때 나의 기억에 가장 선명하게 남은 순간은 바로 피셔맨스 와프에서 연주를 하기 위해서 줄을 서서 기다리던 순간이었다. 나는 우리 뒤의 악단이 붉은 단풍잎이 크게 그려진 깃발을 달고 있다는 것을 발견했다.

"분명 캐나다에서 온 애들일걸?" 나는 우리 악단에서 작은북을 맡은 흑인 친구에게 말했다. "쟤네한테 말 걸어보자." 나는 이전까지 캐나다 사람을 만나본 적이 없었고, 그들의 영어 발음이 매우 궁금했다.

우리는 우리 악단 대열을 슬그머니 빠져나가서 캐나다 악단에 끼어들어갔다. 그리고 조심스럽게 접근했다. 우리의 사회적 규칙을 지켰다는 뜻이다. 반드시 지켜야 하는 첫 번째 규칙으로는 바로 백인 여자아이에게는 절대 접근해서는 안 된다는 것이었다. 고등학교 내내 그렇게 많은 공연에 참여했지만, 나는 단 한 번도 백인 여자아이들과 대화를 해본 적이 없었다. 대화를 나눌 수 있고 친하게 지냈던 친구들은 백인 남자아이들이었다. 7학년이 되어 미시시피 주로 다시 돌아온 후에는 백인 여자아이들과 부딪혀본 적도 없었다. 나의 동네에서 백인 여자아이에게 말을 거는 일은 거의 자살 행위나 다름없었다.

우리는 토론토에서 온, 아주 높은 모자를 쓰고 북을 들고 있던 키 큰 백인 남자아이와 대화를 나누면서 주변을 살폈다. 그러자 피콜로를 든 백인 여자아이 두 명이 우리 앞으로 느긋하게 걸어오더니 우리에게 손을 흔들며 말을 걸었다. "안녕. 아침 내내 이렇게 동상처럼 가만히 서서 기다리는 거 너무 지루하다." 한 명이 말했다.

나 같은 흑인과 이야기를 나누는 것이 늘상 해오던 평범한 일인 것처럼 아무렇지도 않은 듯했다. 처음으로 백인 여자아이와 마주 보고 대화를 나누자 너무나 당황스러워서, 나는 차마 입을 열 수도 없었다. 나는 어릴 때부터, 미소를 지으며 말을 거는 백인 여자아이들은 결국 우리를 죽음으로 인도하는 저승사자라고 배웠던 것이다.

그러다가 작은북 단원이 말을 나누기 시작했고, 곧 우리 넷은 텔레비전 시트콤에 나오는 주인공들처럼 서로 거리낌 없이 대화를 나누었다.

그로부터 몇 분 후에 우리는 다시 우리 악단으로 돌아왔다. 그러자 우리를 기다리고 있던 다른 흑인 남자아이들이 질문을 퍼붓기 시작했다. "쟤네가 뭐래?", "너네 저기 가서 무슨 말했어?", "번호는 받았어?"

"캐나다 사람들은 정말 멋져!" 이 말이 내가 그 친구들에게 해줄 수 있는 대답의 전부였다. 나는 방금 전까지 무슨 대화를 했는지 기억이 나지 않았다. 그저 그 친구들과의 대화로 마음이 뻥 뚫린 것 같다고 느낄 뿐이었다.

34

내림나조 콘트라베이스 튜바를 쭉 펴면 그 길이가 약 5.5미터에 이른다. 3학년이 끝나갈 무렵에 나는 그 기다란 금관악기가 나를 대학으로 이끌어주는 다리가 될 것이라고 생각했다. 라이온스 주립악단에서의 성공 덕분에 나는 남부 지역 명예악단에 들어갈 수 있었고, 또 각 주에서 단 두 명만 들어갈 수 있는 맥도널드 국립악단에도 영입되었다. 맥도널드 악단은 추수감사절 퍼레이드나 로지스 퍼레이드와 같이 국가적인 행사에서 공연하는 악단이었다.

어렸을 때 텔레비전에서 보았던 최고 수준의 흑인대학(Historically Black Colleges and Universities, 1964년 민권법 제정 이전에 아프리카계 미국인을 위해서 설립된 대학/옮긴이)의 악단들이 나에게 홍보 편지와 브로슈어를 보내기 시작했다. 예를 들면 플로리다 A&M 대학교, 앨콘 주립대학교, 그램블링 주립대학교, 테네시 주립대학교, 앨라배마 주립대학교, 그리고 내가 함께 연주해보고 싶다고 꿈꿔온 잭슨 주립대학교의 소닉붐 오브 더 사우스 악단도 있었다. 소닉붐 악단에는 튜바 연주자만 무려 30명이었다!

시카고 외곽의 노스웨스턴 대학교처럼 한 번도 들어본 적 없는 학교에서도 편지를 보내왔다. 나는 노스웨스턴 대학교의 브로슈어에 담긴 오케스트라의 사진을 살펴보면서 단순한 악단 단원 이상의 꿈을 품기 시작했다. 대학을 졸업한 후에 전문적인 튜바 연주자가 되어 오케스트라 단원으로 일을 하는 것이다. 나는 크로스 선생님에게 대학교의 장학 제도가 어떻게 되는지 물어보아야겠다고 생각했다. 어쩌면 노스웨스턴행 비행기를 타게 될지도 모르니까.

그러나 그런 일은 나에게 벌어지지 않았다.

어느 날 아침에 담임선생님의 조회가 한창인데, 나를 찾는 교내 방송이 들렸다. "제임스 플러머, 즉시 교장실로 오기 바랍니다. 다시 말씀드립니다. 제임스 플러머, 즉시 교장실로 오기 바랍니다."

교실에 있는 모두가 나를 쳐다보았다. 나는 나쁜 짓을 들켰거나, 아니면 누가 나를 일렀나 생각해보았다. 나는 교장실로 걸어가면서 대체 누가 나에게 누명을 씌웠는지 궁금했다.

교장실에 도착하자, 그린 교장 선생님이 교장실 바깥에서 나를 기다리고 있었다. 그는 190센티미터나 되는 큰 키에 깔끔하게 면도를 하고 머리를 매끄럽게 넘기고 정장을 깔끔하게 차려입고 다니면서 항상 심각한 표정을 짓던 우리 학교의 1인자였다. 나는 교장 선생님이 나에게 잔소리를 하는 동안 그를 쳐다보느라 목이 꺾이지 않도록 최대한 허리를 똑바로 세우고는 했다. 그는 학생들에게 자리에 앉으라고 굳이 권하지 않았다. 나는 그가 그런 상황을 즐긴다고 생각했다.

"학생은 고등학교를 졸업하면 무엇을 할 계획이지?"

내가 예상한 질문은 아니었다. "대학교에 갈 생각입니다." 내가 대답했다. 구체적인 계획은 없었지만 나는 하이델버그 고등학교의 다른 누구보다도 ACT(SAT와 같은 미국의 대학 입학 시험/옮긴이)에서 높은 점수를 받았다. 뛰어난 성적 덕분에 졸업생 대표가 될 수도 있었다.

"대학교에 간다? 진심이니?" 그가 다시 물었다. "그러면 대학 등록금은 어떻게 낼 생각이지?"

솔직히 말하면 대학교에 다니는 데에 얼마나 많은 돈이 드는지도 전혀 몰랐다. 주변에는 대학교에 다니는 친구나 가족이 단 한 명도 없었다. 부모님도 대학교에 대해서는 전혀 몰랐고, 나의 미래 교육에 관해서도 이야기한 적이 없었다. 하이델버그 고등학교에서 대학교에 진학할 계획이 있는 학생은 부모님이 하이델버그 고등학교 선생님인 아이들뿐이었다. 그러나 나는 그린 교장 선생님에게 그런 세세한 이야기까지 모두 털어놓고 싶지는 않았다. 그래서 그냥 악단이 있는 대학교들의 홍보 편지들과 장학제도에 대해서 대충 얼버무렸다.

"그래서 요즘에는 악단 연주자가 고소득 전문직 취급을 받나?" 그린 교장 선생님이 콧웃음을 쳤다. "이리 와라, 너에게 소개해주고 싶은 사람이 있다."

그는 나를 끌고 교장실로 들어갔다. 방 안에는 키가 큰 백인 남자가 한 명 있었다. 심지어 그린 교장 선생님보다도 키가 더 컸다. 그는 각이 잡힌 흰색 해군 제복을 입고 있었다. 그가 웃으며 나를 향해서 팔을 뻗었다.

"자네를 기다리고 있었네, 제임스 플러머." 그가 말했다. "나는 미해군의 게이지 상사上士라네." 그는 마치 아무도 거들떠보지도 않던 학교에서 뛰어난 쿼터백을 발견한 코치라도 되는 것처럼 아주 뿌듯해 보였다. "젊은이." 그가 나의 눈동자에서 시선을 놓지 않고, 잡고 있던 나의 손을 놓으며 말했다. "내가 지금껏 검토했던 학생들 중에서 자네의 ASVAB 점수가 가장 높았네. 자네는 모든 항목에서 좋은 점수를 얻었어. 나는 여태껏 자네 같은 훌륭한 학생은 본 적이 없네."

몇 달 전, 하이델버그 고등학교의 모든 학생들은 학교의 안내를 따라 식당에서 군사 직업 적성 평가, 즉 ASVAB를 보았다. 나는 평소와 다름없이 시험을 가장 일찍 마쳤는데, 사실 그 시험을 보았다는 사실조차 까맣게 잊고 있었다.

"잘 듣게. 우리는 자네에게 매년 최대 2만 달러까지 지원해줄 수 있어." 게이지 상사가 말했다. "그런데 만약에 자네가 핵 분야에서 복무한다면, 나는 당연히 자네가 그렇게 해줄 것이라고 믿네만, 2년 후에는 진급을 할 것이고 3만 달러까지 받을 수 있지. 어떻게 생각하나?"

나의 마음은 그의 말을 이해하기 위해서 안간힘을 썼다. 엄마는 전에 드웨인이 1년간 1만5,000달러를 벌었다고 뿌듯해한 적이 있었다. 그런데 지금 이 남자는 나에게 무려 매년 2만 달러를, 거기에다가 2년만 더 있으면 3만 달러까지 주겠다고 제안한 것이다!

그린 교장 선생님이 말했다. "어때, 학생? 정말 좋은 기회가 될 것 같은데."

"핵 분야로 간다는 게 무슨 뜻이죠?" 내가 물었다.

"음, 핵 엔지니어가 된다는 뜻이지." 게이지 상사가 말했다. "우리 미 해군은 다른 국가들의 원자력 잠수함을 모두 합친 것보다도 더 많은 원자력 잠수함을 운용하고 있네. 그리고 지금까지 단 한 번의 사고도 없었지. 우리는 자네에게 핵 엔지니어가 되는 방법을 알려줄 것이네. 그리고 만약 대학교에서 공부하기를 원한다면, 그것도 도와줄 수 있지."

나는 잠시 그의 말을 받아들이기 위해서 멈췄다. "그러니까 지금 상사님 말씀은 제가 매년 2만 달러를 벌 수 있다는 뜻인 거죠?"

"물론 처음부터 2만 달러에서 시작하는 것은 아닐세." 게이지 상사가 답했다. "일단 신병 훈련소에 가서 해군 신병으로 시작할 거야. 하지만 신병 교육을 잘 마치고 사우스 캐롤라이나 주의 구스 크릭에 위치한 핵 스쿨에 들어가서 핵 분야 과정을 모두 이수하면 그 돈을 받게 될 걸세."

"맙소사!" 그린 교장 선생님이 큰 소리로 말했다. "이건 정말 귀한 기회야! 어떻게 생각하나, 학생?"

무슨 말을 해야 할지 몰랐다. 누군가가 나에게 핵 엔지니어가 되라며

2만 달러, 아니 어쩌면 3만 달러를 줄 수 있다고 제안하다니 믿을 수가 없었다. 레이건 대통령 시절에 찾아온 경제 불황은 사회에 큰 타격을 주었고, 우리 가족은 모두 직업을 잃었다. 하워드 산업은 구조 조정 명단에 엄마와 드웨인의 이름을 올렸고, 노동자 절반을 해고했다. 드웨인은 조립공장에서 일을 하다가 허리를 다치는 바람에, 미시시피 주의 많은 남자들의 돈벌이 수단이었던 펄프재를 운반하는 일을 할 수 없었다. 심지어 타코 존 가게에서 아르바이트를 하던 브리짓조차 해고를 당했다. 바로 일주일 전에 드웨인과 브리짓은 트레일러를 세를 주고 엄마와 내가 사는 곳으로 이사를 왔다. 아빠는 그때 카이저 알루미늄 공장에서 은퇴하고 연금을 받고 있었지만, 아빠는 그 사이 또 새로운 가정을 꾸렸고 더 이상 우리 가족을 부양하지 않았다.

보통 주변에서 구할 수 있는 일은 백인들의 집을 청소하는 일뿐이었지만, 그마저도 주로 흑인 여자들에게만 허락되었다. 나의 친가와 외가, 즉 플러머 가족과 알렉산더 가족 모두 아주 자존심이 높은 집안이었다. 백인들의 집을 청소하는 일은 우리 집안 사람들이 받아들이기에는 너무 창피한 일이었다. 엄마는 자존심을 굽히지 않았지만, 브리짓은 거의 매일 백인들의 집을 청소하고 있었다. 나도 파이니 우즈와 하이델버그에서 가정집 배관공으로 일을 했고, 봄에는 사람들이 원천 징수 당했던 세금에서 10-20달러 정도를 환급받을 수 있도록 관련 서류를 대신 작성해주는 아르바이트를 했다. 그리고 또 부업으로 나만의 대마초도 키웠다. 매주 금요일 아침 나는 학교에서 대마초 담배 한 개비에 1달러씩을 받고 열 개비 정도를 팔았다. 그러나 그렇게 번 돈은 토요일 밤 술집에서 술을 마시며 놀기 위한 유흥비였다.

내가 그렇게 번 돈은 해군이 제안한다는 금액에 비하면 푼돈에 불과했다. 게다가 방금 게이지 상사는 내가 대학교에 다닐 수 있도록 지원도

해줄 것이라고 이야기하지 않았던가?

보수적이고 애국심이 투철한 미시시피 주의 사람들은 군 복무를 아주 명예로운 일로 생각했다. 학교에서는 매년 국군 감사 행사를 개최해서 글짓기 대회나 웅변 대회를 열었다. 8학년 때에 나도 "안전한 미국을 수호하기 위해서 강력한 군대가 필요한 이유"라는 제목으로 웅변을 했고 머리디언에 위치한 다이어리 퀸 식당에서 쓸 수 있는 10달러짜리 상품권을 받았다. 아빠도 과거에 군에 복무했고, 나는 존경스러운 베트남 참전 용사들의 이야기를 어릴 때부터 많이 듣고 지냈다. 많은 남학생들이 하이델버그 고등학교를 졸업한 직후에 군에 입대하기도 했다. 일부는 독일이나 괌처럼 이름만 들어도 아주 멀리 있을 것 같은 곳에서 군 생활을 했다. 나 역시 그런 길을 걸을 것이라고는 생각해본 적이 없었다. 그러나 그전까지 그 누구도 나에게 엄청난 금전적 혜택과 대학교 교육을 받을 기회를 제공하겠다고 제안한 적이 없었다.

그린 교장 선생님과 게이지 상사가 기대에 가득 찬 표정으로 미소를 지으면서 앞에 서 있었다. 결국 나는 이렇게 답했다. "엄마랑 한번 이야기를 해볼게요. 그렇지만 저도 정말 좋은 기회라고 생각합니다."

나는 저녁 식사가 끝날 때까지 기다렸다가, 입대한다면 게이지 상사가 주겠다고 한 금액과 내가 미성년자이기 때문에 부모의 동의가 반드시 필요하다는 설명을 자세하게 들려주었다. 그런데 내가 핵무기와 관련된 설명을 시작하기도 전에 엄마는 풀고 있던 십자말풀이 책에서 펜을 들어올리고는 말했다. "그래, 알겠으니까 내가 서명할 게 있으면 빨랑 가져와. 서둘러, 해군이 정신 차리고 마음 바꾸기 전에 말이야."

엄마는 출력한 종이 위에 엄마 이름을 썼다. 일레인 조지핀 알렉산더.

"릴 제임은 정말 행운의 아이인 것 같아." 엄마가 믿을 수 없다는 듯이 고개를 저으면서 말했다.

게이지 상사는 자원 입대 신청서 속, 발톱으로 닻을 붙잡은 독수리 모양의 해군 로고 옆에 나의 이름을 미리 써놓고 기다리고 있었다. 제임스 에드워드 플러머 주니어. 나는 깊게 심호흡을 하고 독수리의 가슴에 있는 여섯 개의 빨간 줄무늬를 세고 나서, 서명을 했다.

이제 나는 해군이었다.

35

내가 해군에서 얻은 가장 좋은 것은 바로 격려였다. 게이지 상사는 내가 신병 훈련소에 입소하기도 전부터 나를 격려하고 응원했다. 나는 게이지 상사만큼 나에게 열정적인 어른을 만난 적이 없었다. 학교 선생님들 몇 명, 그리고 크리스 선생님 정도가 나를 지지했고 나에게 훈육의 소중한 가치를 일깨워주기는 했다. 그러나 게이지 상사는 그들과는 달랐다. 그는 마치 황금을 발견하기라도 한 것처럼 나를 대했다. 또 그는 나의 "고결한 인품"에 대해서 끊임없이 칭찬했다. 누구도 나를 이렇게 호의적으로 대하지 않았다. 학교 선생님들은 그러지 않았다. 우리 가족들 중에서도 그런 사람은 없었다. 바로 여기에 있는 해군 장교가 내가 세상에서 가장 똑똑한 데에다가 착한 사람이라고 칭찬해주었다.

게이지 상사는 곧바로 나를 가능한 최고 수준의 과정에 합류시키는 데에 집중했다. 그가 나에게 준 첫 임무는 바로 해군 고등과정 시험, 즉 NAPT에 응시하는 것이었다. 핵 과정에 지원할 자격을 얻기 위해서는 이 시험을 먼저 통과해야 했다. 상사는 나를 위해서 집 근처의 잭슨에서 시험을 치를 수 있게 일정을 조정해주었을 뿐만 아니라, 직접 나를 시험장까지 데려다주기도 했다.

잭슨으로 가는 내내 그는 해군에서 지내면 삶이 앞으로 어떻게 달라질지 이야기했다. "이봐, 자네는 분명 핵 분야에서 일하게 될 거야!" 게이지 상사가 말했다. "저 위에 있는 사람들이 자네를 만나서 자네의 능력을 알게 되면 다들 나처럼 자네에게 푹 빠지게 될 걸세."

나는 능력에 대한 자신감이 부족해서 힘들었던 적은 없었다. 그러나 상사가 해주는 말을 들으니 나 자신을 더욱 믿을 수 있었다. 그리고 그도 더욱 믿을 수 있었다.

자신감을 채워주는 것은 나에게는 마치 로켓의 연료를 채우는 것과 같았다. 나는 해군 고등과정 시험에서 잭슨 지역 내 최고점을 기록하며 선방했다. 그후에 게이지 상사는 장교 선발과 훈련을 위한 폭넓은 기회, 즉 부스트BOOST라고 불리는 또다른 과정에 나를 합류시켰다.

"부스트는 일반 사병들을 장교로 탈바꿈시키는 과정이네." 그가 설명했다. "교육 환경의 수준이 도시만큼 좋지 못한 지방이나 빈민가에서 온 자네와 같은 사람들을 대상으로 하지." 그는 내가 곧 사병으로 입대할 것이고, 앞으로 1년간은 기초 군사훈련과 교육을 병행할 것이라고 설명했다. 그후에 해군 ROTC 장학금을 받으면서 대학교에 다닐 수 있었다.

게이지 상사는 나의 교육과 경력, 그리고 미시시피 주를 벗어나 진정한 세계로 나아가기 위한 앞길을 모두 그려놓고 있었다. 바로 내가 나아갈 길을!

적어도 나는 그렇게 믿었다.

해군에서 보낸 나의 짧은 경력에는 좋았던 부분도, 나빴던 부분도 있다.

샌디에이고 외곽에 있는 신병 훈련소는 영화에서 보는 모습과 거의 비슷했다. 머리를 깎았다. 소변 약물 검사를 했다. 개성은 모두 잘려나갔다. 좋았던 것은 내가 임관식과 졸업식 행사마다 콘트라베이스를 연주했다는 점이다. 신병 훈련소에서 옷과 장비를 깨끗하고 단정하게 유지하는 방법을 배운 것도 아주 좋은 경험이었다.

또다른 좋았던 점은 대수학을 배웠다는 점이다. 나는 부스트 과정을 통해서 형편없는 공립학교들에서 12년간 배운 내용을 1년 만에 보충했다. 그간 혼자서 모든 것을 독학했지만 부스트 과정의 수학 수업 때 접한 대수학은 내가 생전 들어본 적 없는 내용이었다.

한편, 해군은 깊숙하게 자리 잡은 제도적인 인종차별이 무엇인지를 보여주었다. 과정이 시작되었을 때에는 총 450명이 참여했지만, 봄이 되자 200명으로 줄었다. 도중에 탈락한 사람들 거의 대부분은 피부색이 검거나 어두웠다. 유색인종들은 더 궂은 작업을 해야 했고, 성과에 대한 포상을 받을 때에도 불공평한 대우를 받았다.

나는 그럭저럭 잘 지냈다. 나는 학업 부문에서 가장 높은 성적을 받았고, 곧바로 핵 스쿨에 입학했다. 그로부터 얼마 지나지 않아서 피부가 붉게 달아올랐고, 신체검사에서는 나오지 않았던 아토피 피부염을 새롭게 진단받았다. 알고 보니, 아토피 피부염이 있는 사람은 배 위에서 복무를 할 수가 없었다.

좋은 소식은 어릴 적 미시시피 주에 처음 왔을 때부터 나를 괴롭혀왔던 피부 발진의 정체가 무엇인지 명확한 진단명을 확인했다는 점이었고, 해군에서 발진이 누그러지도록 도와주는 연고를 몇 개 처방해주었다는 점이다. 나쁜 소식은 그들이 명예 제대를 제안하면서 집으로 돌아가는 비행기 표를 주었다는 점이다. 핵 엔지니어가 되고 싶었던 꿈은 나의 환상이었던 셈이다.

그로부터 일주일 뒤, 나는 아무런 대안도 없이 파이니 우즈에 쿵 하고 착륙했다.

36

해군에서 갑작스럽게 제대한 것에 화가 난다기보다는 당황스러웠다. 군에 입대하면 옷과 머리카락, 이름의 성까지 지극히 개인적인 것들을 포함해서 정체성을 완전히 빼앗긴다. 대신 그에 대한 대가로 생존을 위해서 필요한 것들을 제공한다. 당시 나에게 그것은 딱히 나쁘지 않은 거래였다. 군은 음식과 입을 수 있는 군복과 밤에 편하게 잘 수 있는 곳을 제공한다. 무엇보다도 군에서는 어디에서 무엇을 해야 하는지를 분 단위로 쪼개서 알려준다. 자기 인생을 책임질 필요가 없는 것이다.

나는 굴욕적이고 비인간적인 기초 훈련들을 받으면서 나의 미래에 찾아올 일들에 대해서 환상을 품었다. 나는 잠들기 전에 자리에 누워서, 수석 엔지니어로서 장교복을 입고 오하이오급 핵 잠수함에 탄 나의 모습을 상상했다. 파이니 우즈로 다시 갑작스럽게 돌아오자, 마치 망망대해를 탐험하는 꿈에서 깨어나 켈리 힐의 호수에 대나무로 만든 낚싯대를 드리운 나 자신을 발견한 것 같았다. 나는 미래에 대한 희망이나 뚜렷한 계획도 없이 취업도 하지 못한 열아홉 살 소년에 불과했다.

누구도 말해주지 않았기 때문에 나는 가족들이 모두 파이니 우즈에서 살던 집을 떠나서 다른 곳으로 이사를 갔다는 사실을 알고서 큰 충격을 받았다. 엄마는 공장에서 잘리고 나서 일을 구할 수 없었고 집값을 낼 돈도 없었고 심지어 가구 할부금도 낼 수 없었다. 트럭이 와서 가구를 전부 압류해가자 엄마는 다시 뉴올리언스로 돌아갔고, 브리짓과 드웨인은 그들이 살던 트레일러로 돌아갔다. 브리짓과 드웨인은 자기들의 두 살배기 딸과 함께 지내자면서 나를 트레일러로 초대했다.

브리짓과 드웨인의 트레일러로 돌아가자 나는 나의 인생이 잘못된 곳으로 향하고 있다고 느꼈다. 그러나 달리 갈 곳이 없는 처지였다.

신병 훈련소와 부스트의 힘든 경험들을 견디게 해준 것은 바로 고향에 두고 온 여자친구 리사에 대한 생각이었다. 그래서 살 집도 미래에 대한 계획도 없이 미시시피 주로 돌아왔을 때 나는 위로받고 싶어서 자연스럽게 그녀를 찾아갔다. 드웨인의 여동생이자 모건 가족의 열네 명의 자식들 중에 열째였던 리사는 나에게 가족이나 다름없는 존재였다. 나는 리사를 그저 나를 성가시게 하는 귀찮은 여자아이라고만 생각했다. 하이델버그 고등학교 3학년이 된 내 앞에, 숱이 많고 긴 생머리에 멋지고 세련된 외모인 그녀가 고등학교 신입생이 되어 등장하기 전까지는. 갑자기 학교의 모든 친구들이 나에게 그녀를 소개해달라고 했다. 나도 그녀를 점차 이성으로 느끼기 시작했다. 그래서 친구들이 아닌 나 자신을 그녀에게 소개하기로 결심했다.

나는 리사의 아름다움, 순수함, 그리고 상냥함에 매료되었다. 실제로 그녀는 고등학생들 사이에서 "스위트"라는 별명으로 통했다. 돌이켜보면 구닥다리 같은 생각이지만, 당시 나는 리사를 마냥 아름답고 순수한 이미지로만 생각했다. 그녀는 연애 경험이 없었고 나도 그랬다. 악단 버스 뒷좌석에서 잠깐씩 만난 여자 단장들을 빼면. 리사는 나의 깊숙한 내면을 어루만졌다. 내가 어릴 적에 빼앗겨서 다시는 되찾지 못할 것이라고 생각했던 내면의 순수함을.

연애에 관한 당시 사회 분위기는 굉장히 고리타분했다. 매주 일요일에 남자는 여자의 집에 방문해서, 다른 어른들이 함께 있는 동안 여자와 소파에 앉아서 어울려 놀았다. 그렇게 몇 번 일요일을 함께 보내야 남자는 여자의 가족에게서 신뢰를 얻을 수 있었고, 단 둘이서 시간을 보낼 수 있었다. 남자는 여자의 집에서 여자의 가족들과 함께 휴일을 보냈다. 그러고 나서 여자의 가족 중에 두 명 정도가 남자의 집을 방문했다. 여자가 열일곱 또는 열여덟 살 정도가 되면 둘이 데이트를 할 수 있었다. 그러다가 둘 다 졸업을 하고 둘 중에 한 명이라도 직장을 구하면 결혼을 했다.

나는 나와 리사가 이런 길을 함께 걸을 것이라고 생각했다. 해군에 입대한 나는 리사가 고등학교를 졸업하고 나도 핵 스쿨을 졸업하면 결혼할 것이라고 생각했다. 나는 신병 훈련소와 부스트 과정 동안 그녀에게 편지를 썼고, 그녀는 내가 그녀의 모습을 마음속에 그릴 수 있도록 침상에 붙일 자기 사진을 보내주었다.

내가 부스트 과정을 마치고 크리스마스에 집으로 돌아왔을 때, 나는 리사에게 약혼 반지를 건넸고 우리는 처음으로 섹스를 했다. 우리 둘 다 섹스를 해본 적 없는 서투른 초보였기 때문에, 우리의 사랑은 아름답고 순수하게 느껴졌다. 내가 미래의 아내가 될 여자와 함께하고 싶었던 방식이었다. 나의 눈에 리사는 공주 같았고 나는 그녀를 지켜주는, 하얀 해군 장교복을 입은 왕자가 되고 싶었다.

이제 나는 갑작스럽게 제대하고 하이델버그로 돌아왔으니 인생 계획을 다시 짜야 했다. 내가 아는 어떤 어른도 나에게 이렇다 할 조언을 해주지 않았다. 부모님은 인생을 무엇인가를 하든지 혹은 안 하든지 둘 중의 하나일 뿐이라고 생각했다. 이 세상에 존재하는 모든 직업은 "무엇인가"라고 여겼다. 나의 진로를 함께 논의한 적도 없었다. 나도 세상에 존재하는 다양한 직업을 알지 못했다. 변호사를 직접 본 적도 없었고, 해군에 입대하기 전까지 의사를 처음 본 것도 하이델버그 고등학교 7학년 때 미식축구 팀에서 신체 검사를 받을 때뿐이었다.

미시시피 주에서 내가 아는 모든 사람들은 그저 먹고살기만을 위해서 할 수 있는 일이라면 뭐든지 했다. 일자리를 구하는 것은 아주 어려웠다. 1980년대 전반적으로 미시시피 주의 흑인 실업률은 약 15퍼센트 언저리를 맴돌았고, 내가 해군을 제대한 해인 1986년에는 역대 최고치를 기록했다. 나는 로럴의 모든 가게와 패스트푸드 음식점에 입사 지원서를 넣었지만 소용이 없었다. 나는 직업 소개소의 단골이 되었다. 그곳에는 군 출신 용사를 위한 별도의 창구가 있었기 때문에 취직에 더 유리하지 않을까 싶었지만, 딱히 그렇지는 않았다.

그래서 나는 실업 급여로 먹고살았다. 미래에 대한 희망도, 꿈도 없었다. 낮에는 리사와 함께 시간을 보내고 밤에는 친구들과 어울리는 것이 나의 삶의 전부였다.

웨슬리 채플에서 나와 가장 친했던 친구는 두 명이 있다. 한 명은 드웨인의 남동생인 크리스 모건이었고, 다른 한 명은 시카고에서 온 조니 가필드였는데 모든 사람들이 그를 "업 사우스Up South"라고 불렀다. 그 별명 덕분에 그가 더 교양 있고 세련되어 보였다. 조니 가필드는 더 멋지게 들린다며 JG라고 불리고 싶어했다. 나는 열두 살 때부터 아프리칸 감리교회에서 JG를 알고 지냈고 고등학교에 다닐 때에는 주말마다 숲에서 그와 함께 대마초를 피웠다. 그는 나보다 1년 먼저 고등학교를 졸업하고 잭슨 외곽에 있는 투갈루 대학교에 입학했다. 그해 여름 그가 학교에서 나를 찾아와서는 나에게 투갈루 대학교를 같이 다니자고 제안했다. "남은 삶을 공장이나 가게에서 일하면서 보내기에는 너는 너무 똑똑해."

JG가 입학하기 전까지는 투갈루라는 이름의 대학교를 들어본 적도 없었다. 하이델버그에 있는 모든 사람들은 잭슨 주립대학교, 앨콘 주립대학교, 그리고 미시시피 밸리 주립대학교처럼 미시시피 주에 있는 저명한 흑인대학들의 이름을 알고 있었다. 그런데 투갈루 대학교라고?

"그 학교에 악단 있어?" 내가 물었다.

"아니, 미식축구 팀도 없어. 남자보다 여자가 다섯 배는 더 많고. 여자들 꼬실 기회가 더 많다는 거지. 게다가 여학생들이 잭슨 주립대학교나 앨콘 주립대학교에 다니는 학생들과는 달리 다들 조신하다고."

나는 그때까지 6주일 내내 집 안에만 머무르고 있었고 여전히 아무런 직업도 구하지 못했다. 그래서 심지어 악단조차 없는 대학교라도 다니는 것이 브리짓 가족들과 함께 트레일러에서 사는 것보다는 훨씬 나은 선택이라고 생각했다.

나는 투갈루 대학교에 전화를 걸었고, 고등학교에서의 성적과 우수한 ACT 성적이 입학 조건을 충족한다는 것을 알게 되었다. 게다가 나는 수석 졸업자였기 때문에 장학금도 받을 수 있었다. 다만 장학금 신청 기한이 마감된 뒤였다. 그다음 달 내내 나는 티글 재단에서 운영하는 장학제도와 연방 재정 지원금인 펠 그랜트Pell Grant, 그리고 학자금 대출을 받아서 등록금을 마련할 수 있었다. 투갈루 대학교는 입학하기만 하면 나에게 일자리를 제공할 수 있을 것이라고 이야기했다.

학교에 가는 날이 되자 나는 리사에게 투갈루는 집에서 겨우 몇 시간 거리라며 그녀를 위로했다. 그리고 자주 보러 오겠다고 약속했다. 나는 걱정하지 않았다. 해군에 입대했을 때 우리는 이보다 더 힘겨운 이별을 견뎠고 그때도 헤어지지 않고 계속 연인으로 남았으니까.

그다음으로 나는 부모님에게 작별 인사를 하러 뉴올리언스의 구스로 향했다.

"대마초나 피울래?" 내가 문을 열고 들어가자마자 아빠가 말했다. 1년 만에 아빠의 말투를 들으니 시골 억양이 유난히 강하게 들렸다. 우리는 새로 도착한 대마초 더미들이 높게 쌓인 주방 탁자에 앉았다. 아빠는 대마초 담배에 불을 붙이는 나를 바라보았다. 나는 해군에 있는 내내 대마초를 피우지 않았지만, 제대 후에는 그간 피우지 못했던 대마초를 잔뜩 보충하는 중이었다.

"너도 정말 다 컸구나." 아빠가 말했다. "이제 네가 원하는 일을 하면서 살면 돼. 바깥은 거친 세상이다. 농담이 아니야. 대마초를 피우고 싶거나 마약을 하고 싶으면 집으로 와라. 길거리에서 아무한테나 구하지 말고. 뭐든 원하는 게 있다면 날 찾아와."

나는 엄마를 만나기 위해서 아메리카 거리로 차를 몰았다. 엄마는 최근에 엄마의 새엄마를 여의고, 새엄마의 집에서 살고 있었다. 작별 인사를 하려고 현관 밖으로 나온 엄마는 심각한 표정이었다. 투갈루는 잭슨 외곽의 지루한 도시였지만, 엄마는 주 중심지에서 벌어지는 자동차 총격 사건, 에이즈, 마약 같은 것에 대한 이야기 때문에 나를 걱정했다. 엄마는 오랫동안 나를 껴안았다.

엄마와 포옹을 하는데, 엄마가 손에 흰 진주로 장식된 22구경 권총을 쥐고 있다는 것을 발견했다. 고등학교 시절 로럴에 있던 위험한 술집을 들락거릴 때마다 엄마가 나에게 가지고 다니라고 빌려주었던 바로 그 권총이었다. 엄마는 그 총을 나의 손에 쥐어주면서, 손가락으로 그 총을 감싸게 했다. 그리고 내가 열다섯 살 때 처음으로 트루바두어 술집에 가던 날 했던 충고를 반복했다. "써야 할 때 빼고는 절대 꺼내지 마." 엄마는 나에게 눈물을 보이지 않으려고 고개를 돌리면서 속삭였다.

제3부

대학교의 역사적 흑인

밤이 어두울수록 별은 더 밝게 빛난다.

—아폴론 마이코프, 1878년

37

투갈루 대학교는 미래의 의사나 변호사를 양성하는 "지적인" 흑인대학으로 유명했다. 대부분의 흑인대학들이 사활을 거는 스포츠 팀을 운영하기에는 학교 규모가 작았고, 주로 학구적인 분위기가 풍겼다. 학생들은 모두 흑인이었고 인문학과 교수들도 대부분 흑인이었다. 1980년대까지만 해도 과학 분야에는 흑인 박사가 거의 없었다. 그래서 이공계 교수진 중에 정규직으로 일하는 흑인 교수는 단 한 명도 없었다.

처음으로 들었던 미적분학 수업으로 나는 새로운 세계에 눈을 떴다. 님르 레즈크Nimr Rezk라는 이름의 이집트 출신 대머리 교수가 칠판에 여러 복잡한 수식들을 쓰면서 수업을 진행했는데, 아주 가끔씩 어깨너머로 우리를 힐끗 쳐다볼 뿐이었다. 학생들은 조용히 자리에 앉아서 공책에 수식을 받아적었다. 나는 대체 이게 무슨 일인지 교실을 둘러보았다. 교수님이 학생들에게 말로 무엇인가를 알려주거나 설명하지도 않는데, 대체 무엇을 저렇게 열심히 받아적는 거지? 나는 도저히 모르겠는데? 나에게는 그러한 강의법과 필기법 자체가 너무 낯설었다. 강의 첫날부터 나는 공부할 준비가 전혀 되어 있지 않다는 기분이 들었다.

고급 영어 수업은 투갈루 대학교 영문학과의 자랑 제리 워드Jerry Ward 박사가 진행했다. 밝은 피부색의 흑인이자 미시시피 주 출신에 투갈루 대학교 졸업생이기도 한 그는 시인, 수필가, 문학 비평가로 활동했으며, 작가 리처드 라이트Richard Wright를 연구한 전문가로 명성이 자자했다. 그는 수업 첫날에 우리에게 아주 큰 기대를 하고 있다고 말했다. 우리는 학기 동안 토론을 해야 했고 아주 고급 수준의 작문도 제출해야 했다.

워드 박사가 수업 첫날에 작문 주제를 주었을 때, 나는 아주 정형화된 글 한 페이지를 후딱 써내려갔다. 언제나 그랬듯이 나는 가장 빠르게 글을 완성했다. 그리고 교실 맨 뒷자리에서 앉아 다른 학생들이 글을 완성하기를 기다리면서, 옆자리에 앉은 학생이 어떻게 쓰고 있는지 살펴보았다. 그런데 그 학생의 어휘 수준과 작문법이 나보다 훨씬 수준이 높았다. 심지어 그 학생은 나와 함께 기숙사에서 대마초를 피우던 녀석이었는데도! 이런 애까지 높은 수준의 글을 쓰는데, 더 모범적인 학생들의 글은 얼마나 높은 수준일까? 워드 박사가 한 학생에게 본인의 글을 큰 목소리로 읽어보라고 시켜서 그 학생이 읽는 아주 정교하고 복잡한 구조의 문장들을 듣는데, 내가 어쩌면 내 수준에 어울리지 않는 교실에 와 있는 것은 아닐까 생각했다. 아니, 잘못된 학교에.

나는 고등학교 때부터 수업 첫 주일에 교과서를 겉표지부터 모조리 읽는 습관이 있었다. 대학교를 다니는 동안에도 똑같았다. 그러나 대학교 강의를 들으면 교수들이 교과서를 다루는 방식에 혼란스러워졌다. 고등학생 때에는 종종 선생님보다 내용을 더 많이 알았다. 그러나 대학교수들은 수준이 완전히 달랐다. 그들은 교과서만 가지고 가르치지 않았다. 단지 강의할 뿐이었다. 아무리 열심히 수업을 들으려고 집중해도, 무엇인가가 나의 귀와 뇌 사이를 가로막는 느낌이었다. 나는 대학교에 와서 처음으로, 책상 위에 공책을 펼치고 연필로 필기할 준비를 한 다른 학생들과 내가 다르게 공부해왔음을 깨달았다. 강의실의 분위기 때문에 불안하고 혼란스러워서 나는 맨 뒷자리에 앉아 한쪽 눈으로 계속 강의실 밖으로 향하는 출구만 바라볼 뿐이었다.

대학교에서는 출석이 의무가 아니라는 사실을 알게 되자 나는 강의에 출석하지 않기 시작했다. 수업 첫날이나 마지막 날, 시험 바로 전날 등 중요한 날에만 출석했다. 그런 식으로 좋은 성적을 받을 수 있을 리가 없었다. 그간 훌륭했던 나의 학창 시절 성적은 아주 낮은 수준의 교육 환경과 기대치 속에서 얻은 성과일 뿐이었다. 머리만 좋고 경쟁심만 있으면 사우스사이드 중학교와 하이델버그 고등학교에서 좋은 성적을 얻을 수 있었다. 그러나 투갈루 대학교에서 내가 정복해야 하는 수업은 훨씬 복잡했고 학교에서 요구하는 수업 성취의 기대치도 훨씬 높았다.

성적이 떨어지면서 자신감도 함께 떨어졌다. 초등학교 때부터 나는 줄곧 우수한 학업 성적을 얻어왔다. 그러나 대학교에서 요구하는 수준에는 준비가 되어 있지 않고 배움도 부족하다는 사실을 마주해야만 했던 일은 너무나 큰 충격이었다.

학생들과의 관계도 강의실만큼이나 전혀 끌리지 않았다. 나는 투갈루 대학교에 다니는 학생들 같은 흑인은 본 적이 없었다. 그들은 중산층 가정에서 고등교육을 받은 부모님 아래에서 자랐다. 그들은 세련되었다. 나는 후줄근했다. 많은 학생들이 나를 원시적인 오지에서 온 흑인이라고 보았고, 그들과 비교해보면 내가 실제로 그런 사람이기는 했다.

투갈루 대학교에는 남학생보다 여학생이 훨씬 더 많았지만, 신입 남학생들은 그다지 사람 대접을 받지 못했다. 여학생 모임의 학생들은 잠재적 수입 능력이 있는 남자친구를 만나고 싶어했는데, 나에게는 전혀 없는 능력이었다. 그래서 나는 휴일이나 주말에 하이델버그로 돌아가 만날 여자친구가 이미 있어서 참 다행이라고 생각했다. 시골 빈민가 출신이 아닌 척할 필요가 없는 곳에서 며칠간 머무를 수 있어서 안도했다.

2학년까지는 남학생 모임에 가입할 수 없었기 때문에, 신입생들은 자기들끼리 따로 학생 모임을 만들었다. 나는 같이 놀기 편하다고 생각되는 남자아이들, 다시 말해서 신입생 기숙사에서 나와 같이 대마초를 피우는 놈들과 자연스럽게 어울렸다. 저녁 시간 대부분 우리는 기숙사 방에 모여서 대마초를 피우며 아주 큰 소리로 스틸 펄스나 블랙 우후루와 같은 레게 밴드의 음악을 들었다.

아빠가 마약이 필요하면 언제든 집에 오라고 했다는 이야기를 왜 JG에게 했는지 잘 모르겠다. 아마도 내가 대마초를 가장 중요한 화폐로 여기던 골초들과 어울렸기 때문이 아닐까 생각한다. JG는 내가 총도 가지고 있다는 것을 알고 나자 우리가 마치 투갈루 대학교 최고의 대마초 딜러가 된 것 같다면서 흥분했다. 그리고 내가 아빠에게 전화를 할 때까지 계속 나를 성가시게 했다.

"아빠!" 나는 학교 복도에 있는 공중전화로 아빠에게 전화를 걸었다. "제임스 플러머 주니어야!"

"오, 그래, 릴 제임! 잘 지내고 있니?"

"이번 주말에 아빠 집에 가려고. 어떻게 생각해?"

"네가 오면 아주 행복할 거야." 아빠가 따뜻한 목소리로 웃으며 말했다. "내려와."

"그리고 하나 더 할 말이 있는데, 아빠가 전에 말한 대로 집에 가면 뭐든 원하는 걸 구할 수 있는 거 맞지?"

"그럼, 당연하지."

"음, 부탁하고 싶은 게 있어."

"뭐든 말해봐."

"내 친구 JG도 데려가도 돼? 하이델버그에서 7학년 때부터 같이 알고 지내던 놈인데, 아주 멋진 녀석이야."

"당연히 좋지. 그 친구랑 같이 와."

38

JG와 나는 55번 도로를 따라서 세 시간을 달린 끝에 이른 저녁에 뉴올리언스 동부에 있는 아빠 집에 도착했다. 아빠는 현관에서 나와 악수를 하고 포옹을 하면서 반갑게 맞이했다.

"어서 와!" 나는 JG를 소개했다. "반갑다." 아빠가 그에게 팔을 뻗으며 말했다.

"저도 반갑습니다, 플러머 씨."

"이리 와, 부엌으로 가자."

부엌과 식당 사이에 있는 바bar의 의자에 나의 이복형 바이런이 앉아 있었다. 나는 지난 1년 넘게 그를 보지 못했다. "바이런! 여기 있을 줄은 몰랐는데!" 나는 그에게 반갑게 주먹 인사를 했고 우리는 서로 포옹을 했다.

"아빠가 네가 올 거라고 해서. 어떻게 지냈어? 네가 해군에 가 있는 줄만 알고 있었는데."

"거기서 쫓겨났어." 나는 어깨를 으쓱했다. "그리고 이제는 대학교에 다니고 있지. 투갈루라고."

"그래, 대학교에 다니는 게 너한테 더 어울려." 그가 말했다. "사람들이 어릴 때부터 너보고 천재라고 그랬잖아."

"천재라기보다는 너드에 더 가깝지?" 내가 말했다.

"너드라고?" 그가 껄껄 웃었다. "이봐, 넌 제임스 플러머 주니어라고!

너드라니, 훨씬 더 대단한 놈이지! 참 나."

"글쎄, 친구들은 나보고 쿨한 너드라던데." 내가 대답했다.

"그렇다면 계속 쿨하게 책에 빠져서 살아야지."

JG는 조용히 상황을 살피기만 했다. 그게 흑인들 사이의 일반적인 예절이었다. 아는 사람이 없다면 그냥 입을 다물고 있어야 한다.

아빠는 JG와 나를 위해 맥주를 꺼내 탁자 위에 올렸다. "모두들 한 대씩 피울래?"

"좋아." 내가 크게 미소를 지으며 답했다.

"바이런, 망할 대마초에 불 좀 붙여줄래?" 아빠가 말했다. 바이런은 바에 이미 쌓여 있던 대마초 더미에서 하나를 들고 불을 붙였다. 그리고 길게 빨아들인 후 나에게 건넸다.

그러는 동안 아빠는 투명한 유리 파이프를 집어들고 작은 토치로 그 끝을 달구더니 연기를 빨아들였다. 그리고 그것을 바이런에게 건넸다. 바이런은 아빠처럼 하더니 냄새가 강하지 않은 흰 구름을 내뿜었다. 바이런은 파이프를 물고 아빠를 바라보면서 JG와 내 쪽으로 머리를 까딱거렸고 아빠는 고개를 끄덕였다.

"너도 한번 피워볼래?" 바이런이 물었다.

"이게 뭔데?" 내가 말했다.

"이건 록(코카인을 덩어리로 만든 후, 가열하여 그 연기를 흡입하는 마약 '크랙 코카인'의 별칭/옮긴이)이라고 하는 거야."

나는 JG 쪽을 보고는 대답했다. "나는 괜찮아."

JG는 아주 들뜬 표정으로 벌떡 일어났다. "나는 해볼래."

나는 어릴 때부터 대마초와 함께 성장했고, 열세 살 이후로는 거의 매일 대마초를 피웠다. 그러나 나는 술은 많이 마시지 않았고 더 강한 마약에도 별로 관심이 없었다. 더 해롱거리게 만드는 엔젤 더스트와 같은 강한 마약은 고등학교 내내 최대한 가까이 하지 않으려고 했다. 나는 술집을 들락거리면서, 대마초에 푹 빠진 사람들이 어떻게 되는지를 아주 많이 보았다. 그들은 마치 연기의 소용돌이 속에서 영혼이 몸을 빠져나간 좀비 같았다. 그에 비해서 코카인은 훨씬 순해 보였다. 나는 수 년간 많은 사람들이 자동차 열쇠 위에 코카인 가루를 올려놓고 코카인을 하는 모습을 많이 보았다. 엄마, 아빠, 그리고 앤드리아도 했다. 그러나 록은 처음이었고, 겉으로는 그렇게 세 보이지 않았다.

JG는 파이프를 받아서 자기 입술로 물었다. 그동안 바이런은 파이프를 토치로 가열했다. JG는 증기를 들이마셨고 오랫동안 머금고 있다가 밖으로 내뱉었다. 그리고 잠시 후 그는 작은 신음소리를 내더니 한숨을 쉬려고 준비하는 것처럼 다시 한번 더 깊이 숨을 들이마셨다.

"어때, 마음에 드냐?" 바이런이 JG에게 물었다.

"너어어어어무 좋은데!"

"넌 정말 안 피울 거야?" 바이런이 나에게 물었다.

"응, 괜찮아."

"전에 다른 데서 해본 적 있어?" 아빠가 JG에게 물었다.

"아뇨, 아저씨. 시카고에서 사람들이 하는 걸 본 적은 있는데, 직접 해보는 건 처음이에요."

"어때? 죽이지?" 바이런이 물었다. "최고로 뿅 가는 기분을 느낄 수 있어." 그는 파이프에 다시 불을 붙였다.

나는 그들을 바라보았지만 맛이 가서 들뜬 사람처럼 보이는 어떤 징후도 볼 수 없었다. 눈이 붉게 물들지도 않았고 말을 더듬지도 않았다. 그러나 그때 나는 JG가 파이프를 노려보는 모습에서 섬뜩한 느낌을 받았다. 당장이라도 한 대 더 피우고 싶어서 안달 난 사람의 눈빛이었다.

"바이런." 아빠가 주머니 속 돈 뭉치에서 지폐 두 장을 꺼내면서 말했다. "JG 데리고 위 네버 클로즈 가게에 가서 새우랑 가재 좀 사와라. 간김에 맥주도 좀 사오고."

JG와 바이런이 떠나자, 아빠는 나의 맞은편에 앉았다. "그래서 이제 앞으로 뭘 할 거야?"

"글쎄, 아직 학교에 다니는 중이고 직업은 없잖아. 그래서 작은 사업을 하나 해볼 생각이야. 학교 캠퍼스에서 대마초를 파는 사람은 한 명도 없거든. 그리고 그 동네에서 유통되는 대마초는 품질이 별로야. 그래서 이 망할 놈의 대마초들이 우리 캠퍼스 주변에서 아주 좋은 물건이 될 것 같아." 나는 씨가 없는 대마초에 대해서 쭉 설명했다. "그리고 우리 학교 학생들은 학업 스트레스가 어마어마하거든."

"그래서 얼마나 필요한데?"

"한 몇 온스 정도 생각했지."

"몇 온스?" 아빠가 웃었다. "이봐, 네가 그 동네에서 이렇게 품질이 좋은 대마초를 가진 유일한 사람이라는 소문이 퍼지면, 그 정도로는 한참 부족하지. 일단 4분의 1파운드만 줄게." 4분의 1파운드는 당시 아빠가 거래하던 대마초의 가장 작은 단위였다(4분의 1파운드는 4온스이고 약 113그램이다/옮긴이).

"얼마 주면 돼, 아빠?"

"됐어, 너는 돈 낼 필요 없어. 아직 사업을 시작하기 전이잖아."

39

JG와 나는 투갈루에 돌아오자마자 곧장 문구점으로 향해서 작은 노란색 봉투를 한 상자 샀다. 우리는 대학생이라면 충분히 감당할 만한 가격으로, 대마초 한 봉투를 20달러에 팔기로 했다.

그다음 날 나는 JG의 방으로 갔다. 그 녀석은 대체 어디에서 났는지 트리플 빔 균형 저울을 가지고 있었다. 우리가 일반화학 실험실에서 사용하던 것과 같은 종류 같았다. 그날 저녁 내내 우리는 JG의 방에서 대마초를 피우고 함께 음악을 들으며 대마초를 다듬고 봉투에 포장했다. JG는 대마초 담배도 말아서 1달러에 하나씩 팔기로 했다. 나는 고등학교 때처럼 대마초를 팔고 싶지 않았다. 더 작은 양으로 쪼개서 팔면 수익을 올릴 수 있겠지만, 고객이 많아지면 그만큼 위험 부담도 커졌다. 나는 적발되어 처벌받는 것보다는 똑똑한 과학 너드라는 나의 명성이 날아가는 것이 더 걱정되었다.

나는 4분의 1파운드짜리 뭉치를 반으로 쪼개서, 기숙사 친구들과 함께 피울 대마초를 떼어냈다. 나머지 절반은 20달러짜리 봉투 56장에 나누어 담았다. 이 정도면 1,000달러도 넘게 벌 수 있었다! 나는 과연 다 팔 수 있을지 궁금했다.

정말 JG답게, 그는 주변 사람들에게 사업을 시작했다는 이야기를 소문내고 다녔다. 우리 제품의 좋은 품질이 입소문을 타면서 사업이 빠르게 돌아가기 시작했다. 나는 안전을 위해서 매일 밤 8시 이후에는 거래하지 않았다. 만약 낯선 사람이 대마초를 구하러 오면, 나는 그에게 대마초 담배를 하나만 주면서 "일단 불을 붙이고, 마음에 드는지 직접 피워보세요"라고 했다. 만약 잠복 경찰이라면 대마초를 피우지 않을 것이라고 생각했기 때문이다. 또 하루에 100달러까지만 팔기로 했다.

3주일이 지나자 우리의 대마초는 매진되었다. 나는 돈을 아껴서 자동차 휘발유, 책, 음식, 그리고 맥주를 샀다. JG는 여기저기에서 현금 뭉치를 자랑해댔다. 그는 벤저민 프랭클린이 그려진 100달러짜리 지폐를 은행에 가지고 가서 전부 1달러짜리 지폐 100장으로 바꿨다. 그리고 단지 자랑하고 다닐 목적으로 돈 뭉치를 가지고 다녔다. 빈민가가 아니라 대학교 캠퍼스 안이어서 정말 다행이었다. 만약 길거리였다면 눈 깜짝할 사이에 강도를 당했을 테니까.

그로부터 2주일 후에 우리는 다시 마약을 받으러 뉴올리언스 동부로 갔다. 이번에는 JG와 내가 각자 300달러씩 냈다. 그곳은 처음에 갔을 때와 매우 비슷했다. 아빠는 록을 피우고 있었다. JG도 아빠와 함께 피웠고 나는 그러지 않았다. 아빠는 우리에게, 코카인은 여기저기에서 물밀듯이 들어오는데 대마초 공급망은 고갈되고 있다고 이야기했다. 그 이후로 우리는 대마초를 한 번에 겨우 4분의 1파운드만 얻어올 수 있었다.

가을 학기가 끝날 무렵, 첫 성적표를 받았다. 나는 내가 얼마나 형편없는 성적을 받았는지를 보고 충격을 받았다. 내가 처음 투갈루 대학교에 입학했을 때, 전공을 어떻게 선택해야 할지에 대해서는 아무 생각이 없었다. 그냥 생각해보았을 때, 나는 똑똑한 과학 너드니까 의예과에 가면 되지 않을까 하고 생각했다. 그러나 대학교는 고등학교와는 달랐다. 대학교에서는 단순히 머리가 좋아도, 또는 사람들 사이에서 머리가 좋다고 소문이 나도 아무런 의미가 없었다. 좋은 성적을 받으려면 집중력과 노력이 필요했다. 그러나 나는 두 가지 모두 없었다. 특히, 실험 수업을 듣지 않은 것이 강의에 출석하지 않은 것보다 더 나쁜 전략이 되고 말았다. 나의 2학기 성적은 수련의가 되기에는 턱도 없는 수준이었다. C 성적으로 의대는 들어갈 수도 없었다.

2학년에 올라가는 시기가 다가오자, 나는 상황을 바꿀 기회가 학생 모임에 있다는 희망을 품기 시작했다. 미식축구 팀도, 악단도 없는 투갈루 대학교에서 학생 모임은 대학 생활의 가장 중요한 공동체 역할을 했다. 캠퍼스에는 유서 깊은 흑인 학생 모임이 네 개 있었다. 그 모임에는 각자 특징이 있었다. 오메가스는 활기 넘치는 체육부 분위기였다. 알파스는 좀더 학술적인 분위기였고, 시그마스는 투박한 느낌이었다. 나는 카파 알파 프사이에 들어가고 싶었는데, 그 모임의 모토가 "인간 노력의 모든 분야에서의 성취"였기 때문이다. 나는 내가 그 모토에 어울린다고 생각했다. 그리고 나는 학생 모임에 들어가기 위한, 아주 철저하고 까다로운 입단 평가에 기꺼이 도전할 준비가 되어 있었다.

그러나 그 모임에 들어가려면 사람을 한계까지 몰아붙이는 학대와 수면 부족과 언어적, 신체적 폭력을 견뎌야 했다. 수십 년간 이어져온 전통이었다. 카파 알파 프사이가 되기 위한 과정은 해군 신병 훈련소보다도 더 힘들었다. 그러나 두 곳 모두 동일한 원칙에 기반을 두고 있었다. 바로 밧줄이 끊어지기 전까지는 얼마나 강한지 알 수 없다는 정신이었다. 밧줄이 끊어지고 나서야—물론 모든 밧줄은 언젠가는 끊어지기 마련이다—비로소 그들의 형제로 인정받을 수 있었다.

바깥 사람들에게는 신고식이 터무니없이 위험하고 폭력적으로 보였을 것이다. 그러나 나름대로 목적이 있는 학대였다. 남자 선배들이 이야기했듯이, 그 신고식에서 살아남을 수 있다면 이 세상에서 형제로서 번영을 누릴 수 있다는 것이었다. 신고식에서 벌어지는 이러한 괴롭힘은 우리가 졸업을 하고 성인의 세계에 들어섰을 때에 겪게 될 미국 사회의 인종차별을 견디기 위한 일종의 훈련으로 여겨졌다. 학생 모임의 선배들은 우리가 흑인의 형제로서 평생 인정받을 수 있도록, 몇 주일 동안 절대 실행할 수 없을 것 같은 가혹한 임무를 시키며 극심한 압박을 가했다. 나는 인정받기 위해서 그 무엇이든 견딜 각오가 되어 있었다.

그렇게 혹독한 신고식이 벌어지던 기간에 나는 전혀 예상치 못한 기회를 만났다. 바로 제시카를 만나게 된 것이다. 나에게는 너무 과분한 여자였다. 나는 촌구석 빈민가 출신이었지만, 그녀는 훨씬 잘 사는 집안 출신이었다. 나는 시골에서 온 너드였고, 제시카는 투갈루의 왕족이었다. 말 그대로였다. 동문회에서 그녀는 학과를 대표하는 미스 2학년과 미스 3학년으로 선발되었다. 모든 여학생들이 원하는 영예였다. 심지어 제시카는 2년 모두 기명 투표를 통해서 뽑혔다! 그녀는 아름답고 품위 있는 성격의 차분한 여자였다. 그녀는 나체즈에 있는 좋은 동네에서 부모와 함께 자랐고 멋진 SUV를 몰고 캠퍼스를 돌아다녔으며 미국 최초의 흑인 여학생 모임인 알파 카파 알파 소속이었다. 알파 카파 알파의 모토는 "문화와 가치로"였다. 카파 알파 프사이의 남학생들이 "예쁜 소년들"이라는 별명으로 불렸듯이, 알파 카파 알파의 여학생들은 스스로를 "예쁜 소녀들"이라고 불렀다.

나는 그녀를 화학 실험실에서 처음 만났다. 그때까지만 해도 그녀가 누구인지 전혀 몰랐다. 일반화학은 내가 신입생이었을 때 가장 성적이 좋았던 수업이었고, 교수님은 내가 돈이 되는 일에 혈안이 되어 있다는 것을 알고는 나를 조교로 고용했다. 제시카와 그녀의 친구 베로니카는 내가 조교로 일했던 수업을 들었다. 나는 제시카가 나에게 추파를 던지는 것인지 아니면 그냥 고분자가 무엇인지 설명을 해달라는 것인지 그녀의 의중을 알 수가 없었다. 그러다가 그녀가 또다시 나에게 도와달라고 네 번째나 말을 걸었을 때, 그녀 옆에 있던 베로니카가 불쑥 끼어들었다. "야! 우리 일단 과제부터 끝내고 시시덕거리면 안 될까?"

제시카는 깔깔 웃으면서 나를 내쫓았다. "지금은 됐어. 고마워."

JG와 같이 점심을 먹으면서 나는 "화학 실험 수업을 듣는 여학생 한 명이 나한테 관심이 있는 것 같아"라고 말했다.

"아, 그래? 누군데?"

나는 JG에게 그녀의 이름을 들려주었다.

"어휴, 플러머. 넌 제시카랑 사귈 수 없어. 꿈 깨. 그 애는 이미 데너드의 여자라고."

"뭐라고? 제기랄!"

나는 데너드가 누구인지 알고 있었다. 모두가 아는 남자였다. 그는 우리 학교 농구 팀의 슈팅 가드였다. 농구 팀은 투갈루 대학교에 있는 유일한 스포츠 팀이었기 때문에, 데너드는 캠퍼스에서 유명인사였다.

"그래, 그러니까 이제 그만 잊어."

"제기랄! 정말 끝내주는 여자라고! 너 정말 확실해? 제시카가 나한테 작업을 건다니까!"

"뭐, 그랬을지도 모르지. 아닐 수도 있고. 하지만 데너드랑 제시카는 굉장히 잘 지내던데. 내 생각에 그 둘은 고등학교 때부터 사귄 거 같아. 잊어버려. 주변에 여자 많잖아. 사실은 요전에 트루디가 나한테 너에 대해서 물어보더라고. 너도 트루디가 얼마나 섹시한지 알지?"

"야! 나는 트루디는 무섭다니까! 트루디는 과하게 섹시해."

우리는 둘 다 웃음을 터뜨렸다.

40

신고식 기간 내내 우리는 옷을 입은 채로 잠을 자야 했다. 학생 모임 선배들이 한밤중에 갑자기 불러내서 많은 사람들이 고함을 치는 와중에 한 발로만 선 채로 학생 모임의 역사를 낭독하게 하거나 가혹한 임무들을 시켰기 때문이다. 선배들이 시킨 임무를 완수하지 못하면 나뿐만 아니라 우리 기수 동기들이 전부 신체적인 처벌을 당했다.

어느 날, 선배들이 우리에게 미국의 모든 주에 걸쳐서 사는 카파 알파 프사이 선배들이 잭슨에 모이는 행사가 열릴 것이라고 했다. 그러면서 카파의 선배들이 방문하면 뼈에 심각한 손상이 가해질 수도 있으니 그날 밤만큼은 안전한 곳에 알아서 숨어 있으라고 언질을 주었다.

나는 동기 해니스 론지노와 함께 칼라라는 여학생의 도움을 받아 숨을 계획을 세웠다. 칼라는 제시카와 같은 기숙사 건물에서 살았다. 자정이 되기 직전에 우리는 여학생 기숙사 건물의 1층 로비에 도착했다. 남학생은 거기까지만 갈 수 있었다. 칼라는 우리를 마중하러 내려왔고 망보는 사람들의 도움을 받아서 우리를 3층 복도로 몰래 데리고 올라갔다. 해니스가 나더러 제시카의 기숙사 방문을 두드리라고 했지만 나는 너무 겁이 났다. 그러자 해니스가 방문을 두드려주고는 칼라와 함께 복도 끝으로 도망가버렸다.

잠시 후 문이 열렸다. 제시카는 잠옷 차림이었다.

나는 눈을 어디에 둬야 할지, 그리고 뭐라고 말을 해야 할지 아무 생각이 나지 않았다. 나는 그녀의 발목만 쳐다보면서 작게 중얼거렸다. "선배들이 오늘 밤 학교에 몰려온대. 무조건 숨어야 해." 그런 후에 그녀의 눈을 보았다. "오늘 네 방에 숨어 있어도 될까?"

"그래, 좋아." 그녀가 달콤한 남부 억양으로 대답했다.

투갈루 대학교의 모든 사람들은 학생 모임 신고식이 참 가혹하다고 생각했다. 그래서 누구든지 우리와 같은 처지의 학생을 도와주려고 했다. 때로는 음식을 나눠주기도 했다. 가끔씩은 공부를 도와주었다. 또 가끔씩은 기숙사에 숨는 것을 허락하기도 했다. 그래서 나는 제시카가 나를 안쓰러워하는 거라고 생각했다. 나는 그녀를 따라서 어두운 기숙사 방 안으로 들어갔다. 제시카의 룸메이트인 케냐가 맞은편 침대에 누워 있었다.

혼란스럽고 아수라장이었던 신고식 때문에 나는 일주일간 샤워도 제대로 하지 못한 상태였다. 그래서 나는 두 침대 사이에 있는 바닥에 누워서 자는 것이 예의에 맞을 것이라고 생각했다.

잠시 후에, 어둠 속에서 부드럽게 나를 부르는 제시카의 목소리가 들렸다. "올라와. 나랑 같이 침대에서 자자." 나는 그 제안 속에 어떤 꿍꿍이가 숨어 있는지를 알아내기 위해서 머리를 열심히 굴렸다. 제시카는 데너드의 여자였다. 그리고 나에게는 너무 과분한 여자였다. 나는 며칠째 씻지도 못해서 더럽고 냄새 나는 상태였다. 도대체 무슨 말이지?

나는 양말과 신발을 벗고 그녀가 있는 침대 위로 기어올라갔다. 그리고 다섯 살 때 브리짓과 함께 침대를 썼던 이후로는 처음으로 다른 누군가와 함께 침대에서 포옹을 했다. 제시카는 한쪽 팔로 나를 꼭 껴안고는 자기 몸을 바짝 붙였다. 그녀의 뺨이 나의 뺨에 닿았다. 나는 이렇게까지 가까운 거리에서 여성의 친밀감이나 부드러움을 느껴본 적이 없었다. 피부 질환이 있는 나의 몸을 누군가가 이렇게 포근하게 받아들이는 경험도 처음이었다.

몸 곳곳의 세포에서 에너지가 솟구쳤다. 모든 감각이 단번에 되살아났다. 나는 그녀의 입술에 입을 맞췄고, 그녀도 내게 키스를 하기 시작했다. 우리의 혀는 함께 춤을 추었고 우리의 몸은 더 가까이 달라붙었다. 나의 손은 그녀의 허리를 문지르고 원을 그리며 그녀의 엉덩이까지 뻗어나갔다. 그녀는 나를 더 열정적으로 끌어당겼다. 그러다가 갑자기 나를 밀쳐냈다.

"안 돼." 그녀가 말했다. "우리는 이러면 안 돼."

"알겠어." 나는 숨을 헐떡이며 말했다. "괜찮아. 나도 이해해."

그런데 놀랍고 혼란스럽게도, 제시카가 나를 다시 껴안았다. 그녀의 얼굴과 몸이 나에게 달라붙었다. 나는 몸을 굽혀 그녀와 다시 키스를 했다. 제시카가 응답하듯이 나를 끌어당겼다. 그러더니 다시 물러났다.

"말했잖아." 그녀가 말했다. "이러면 안 된다고. 다시는 이러지 마."

머리가 핑핑 돌았다. 시간이 잠깐 흐른 후에, 우리의 몸은 다시 한번 서로를 향해 미끄러졌다. 나는 그녀에게 입을 맞췄다. 그때 그녀가 침대에서 몸을 꼿꼿이 세우더니 단호한 목소리로 말했다. "한 번만 더 나를 건드리면 방에서 나가라고 할 거야. 여기서 자는 건 돼. 그런데 나랑 키스하는 건 안 돼." 맞은편 침대에서 케냐가 킥킥거리는 소리가 들렸다.

그날 밤 나는 잠을 푹 자지 못했다. 그다음 날 아침 제시카는 새벽에 나를 깨웠고 나는 기숙사에서 몰래 빠져나갈 수 있었다.

며칠 뒤 화학 실험실에서 그녀와 다시 마주쳤다. 나는 바보 같은 미소를 지으면서 제시카와 베로니카 주변을 어슬렁거렸다. 제시카는 재빠르게 선을 그었다. "화학 실험 이야기에 집중하면 안 될까? 오늘은 할 일도 많고 농담하면서 놀 시간 없어."

그 주말, 나는 다시 한번 은신처가 필요했다. 이번에는 베로니카의 눈과 귀를 피해서 더 조심스럽게 제시카에게 다가가서는 그날 밤에 한 번 더 그녀의 방에 머물러도 되는지 물었다. 그녀는 알겠다고 대답했다.

그날 저녁 나는 깨끗하게 샤워를 하고 제시카의 기숙사로 몰래 들어가 조용히 문을 두드렸다. 그녀는 티셔츠 한 장만 걸친 채로 바로 문을 열었다. 그녀가 방 안에서 나에게 손짓을 했다. 맞은편 침대에는 케냐가 없었다.

"저기 빈 침대에서 자면 될까?" 내가 물었다.

"아니." 그녀가 답했다. "나랑 같은 침대에서 자."

내가 그녀의 침대로 올라가는 순간, 마음속에 남아 있던 의심이 모두 사라졌다. 그녀는 지난번처럼 나를 꼭 껴안았다. 이번에는 그녀의 입술이 먼저 나의 입술을 찾았다. 나는 갈망하듯이 그녀의 입술을 받아들였다. 우리의 손은 서로의 몸을 배회했다. 그녀의 손이 나의 허리 아래에 닿자 나는 나의 물건이 솟아 있다는 것을 느낄 수 있었다. 그 순간 그녀가 나의 옷을 벗겼고 나는 그녀의 몸을 더 바짝 잡아당겼다.

나는 전에도 섹스해본 적이 있었다. 그러나 이렇게 진실한 사랑을 느꼈던 것은 처음이었다. 제시카는 분명히 나보다 경험이 더 많아 보였다. 순진한 스위트 리사와 그녀에게 주었던 우리의 약혼 반지가 떠올랐다. 나는 스스로에게 오늘 밤 이후로 리사에게 더 좋은 연인이자, 남편이 되겠다고 계속 되뇌었다.

내가 제시카의 허리를 바짝 잡아당기자 그녀가 나의 귀에 속삭였다. "서두르지 마. 알아서 할게."

나는 그녀가 마음대로 하게 내버려두었고, 그녀는 나에게 아주 제대로 보여주었다.

그렇게 한바탕 일을 치르고 나서 우리는 팔다리가 땀으로 흥건하게 젖은 채 누웠다. 나는 다시 태어난 기분이었다. 그리고 이것이야말로 진정한 섹스라고 생각했다. 욕정의 세계에 숨어 있던 지상 낙원을 우연히 발견한 기분이었다. 무엇보다 놀라운 것은 그다음에 벌어진 일이었다. 우리는 서로를 껴안았다. 우리는 수다를 떨었다. 우리는 서로의 비밀에 대해서 이야기했고 서로의 귀에 설탕처럼 달콤한 이야기를 속삭였다. 우리는 새벽 동이 트기 전까지 두 번 더 사랑을 나누었다.

우리는 시끄러운 노크 소리에 잠에서 깨어날 때까지 침대보를 뒤집어 쓴 채 잠들어 있었다.

"문 열어!" 데너드의 목소리였다. 우리는 그대로 자리에 얼어붙었다.

전날 밤 다시 거사를 치르기 전에 제시카는 데너드와 말다툼을 하다 보면 그가 손찌검을 한다는 고민을 털어놓았다. "우리는 마치 개와 고양이처럼 싸워." 그녀가 말했다. "곧 그 녀석을 차버릴 거야."

데너드는 문을 더 강하게 두드렸다. 다행히 문은 잠겨 있었다.

"안 열 거야!" 제시카가 침대에서 소리쳤다.

그러는 동안 나는 나의 발가벗은 몸을 숨길 만한 공간을 찾았다. 그 방에는 커다란 옷장도 없었다. 아주 작은 옷장만 달랑 하나 있을 뿐이었다. 나는 본능적으로 그 뒤에 몸을 숨겼다. 그리고 창문 바깥을 내다보면서 내가 3층 높이에서 아래로 떨어지면 어느 정도의 속도로 자유 낙하를 하게 될지 머릿속으로 계산했다. 내가 진정으로 사랑을 느낀 첫 번째 여자 앞에서 발가벗은 채 숨어 있는 모습을 보이고 있다는 것이 썩 유쾌하지 않았다. 그러나 데너드와 맞서 싸우거나 뉴턴의 운동 제2법칙에 나의 몸을 맡길 용기도 없었다.

"플러머!" 데너드가 소리쳤다. "그 안에 있지!"

제시카는 입에 지퍼를 닫는 시늉을 하면서 나에게 조용히 있으라는 신호를 굳이 주었다. 데너드는 계속 문을 쾅쾅 두드렸고, 제시카는 기숙사 경비를 불러 감옥에 처넣기 전에 복도에서 당장 꺼지라고 계속해서 소리쳤다. 나는 제시카가 데너드를 너무 도발하지는 않기를 기도했다. 방문이 그저 네모난 합판에 불과했기 때문에, 데너드처럼 완전히 돌아버린 상태의 운동선수 정도면 어렵지 않게 부숴버릴 수 있었다. 나는 엄마와 남자친구가 잠긴 문을 사이에 두고 말싸움을 하다가 결국 소동을 피우고 눈물을 흘리고 문을 부수던 광경을 수도 없이 보았다.

데너드는 다가오는 농구 경기 시즌을 앞두고 무리해서 손을 쓰는 것이 적절하지 않다고 생각한 듯했다. 곧 그는 문을 두드리는 것을 멈췄다. 그리고 그 자리를 떠나기 전에 소리쳤다. “난 네가 어디 사는지도 알아, 플러머. 나랑 마주치지 않게 조심해라!” 나는 옷을 주섬주섬 입고 한참 동안 기다렸다가 조심스럽게 복도 바깥으로 기어나갔다.

그다음 주를 “넘기고 나서” 나와 제시카의 일이 학교에 잔뜩 소문이 났다. 그사이에 선배들에게 몽둥이로 얻어맞아서 생긴 멍 자국도 다 사라졌고, 나는 어엿한 카파 알파 프사이의 회원이 되었다. 제시카의 친구들도 대부분 나와 사이가 괜찮아졌다. 제시카의 여학생 모임의 친구 몇몇은 내가 대마초를 팔고 피우는 무리와 어울린다는 이유로 내가 그녀에게 어울리지 않는다며 제시카에게 경고하기도 했다. 그러나 우리는 카파 알파 프사이와 알파 카파 알파, 두 학생 모임 사이에서 맺어진 커플이었기 때문에, 학생들 사이에서 꽤 인기가 좋았다. 나의 뒤에는 든든한 카파 알파 프사이 동료들이 있었고, 나의 팔에는 동문회의 여왕이 안겨 있었다. 나의 대학 생활이 드디어 꽃피기 시작했다.

41

제시카와의 열정적인 관계에 흠뻑 빠져 있기는 했지만, 내가 사랑하고 결혼하고 싶은 상대는 리사였다. 투갈루 대학교의 대다수 남학생들처럼, 고향에 있는 애인과 캠퍼스에서 만난 불장난 상대는 각자 분리된 평행 우주에 있었다. 대학교에 머무는 동안에는 리사에 대한 감정을 냉정하게 유지했다. 나에게는 리사와 제시카가 서로에 대해서 전혀 모르는 것이 편리했다. 그러나 우선순위에 대해서는 혼란스럽지 않았다. 리사가 나의 진정한 사랑이었고 미래의 행복이었다. 제시카는 아주 섹시하고 나와 쾌락을 나누는 나체즈 출신의 애인이었다.

나는 과거에도 술집과 과학전람회 사이, 갱스터와 너드 사이, 시골 촌뜨기와 학생 모임의 일원 사이를 오가며 두 가지 삶 사이에서 균형을 맞춘 경험이 있었다. 나는 사랑과 관련해서도 교통 정리를 할 수 있다고 생각했다.

추수감사절 연휴에 집에 돌아오자마자 리사가 한 가지 소식을 전했다. 그녀가 임신을 했다는 소식이었다. 리사는 임신한 지 꽤 되었다고, 여름 방학이 시작된 즈음에 임신했다고 했다.

내가 처음 들었던 생각은 '우리는 몇 번밖에 같이 안 잤는데! 그리고 피임도 했는데!'였다. 그리고 두 번째로 든 생각은 '이 아이가 태어나서 우리 둘의 삶이 완전히 뒤바뀌는 일이 벌어지지 않았으면 좋겠다'였다.

그러나 나는 나의 진심을 그대로 내뱉지는 않았다. "그래, 자기야. 그러면 이제 어떻게 하면 좋을까?"

리사는 나에게서 눈길을 돌렸다. 우리는 모건의 집 앞의 현관에 앉아서 서로 아무 말도 하지 않고 그저 생각에만 잠겨 있었다. 일주일에 걸친 대화에도 아무런 진전이 없었다. 리사는 분명 아이를 낳고 싶어했다. 그 당시에는 결혼을 하려면 대학을 중퇴해야 했다. 나는 그 부분 때문에 고민이 되었지만, 리사의 엄마인 배니의 생각은 완고했다.

"내 자식들 중에 결혼하기도 전에 아이를 낳은 사람은 없다." 배니가 말했다. "드웨인은 브리짓과 결혼했어. 너도 리사와 결혼할 거지?" 나는 그때 배니를 차에 태우고 약국에 가는 중이었는데, 그녀의 번뜩이는 눈을 마주 보고 대답하지 않아도 되어서 참 다행이라고 생각했다.

"네." 내가 말했다. "저는 리사와 결혼할 겁니다." 진심이었다. 나는 리사를 사랑했고 그녀에게 올바른 일을 하고 싶었다. 내가 해군에 복무하던 시절 그녀에게 약혼 반지를 주었던 것은 분명히 그녀와 결혼을 하겠다는 뜻이었다. 나는 단지 대학교를 먼저 졸업할 수 있으면 좋겠다고 생각했다. 리사와 결혼한 뒤에도 계속 학교를 다닐 수 있는 방법은 없었다. 결혼을 한다면, 학교를 그만두고 하이델버그로 돌아와서 다른 일을 찾아야 했다.

엄마와 브리짓은 배니와는 전혀 다른 관점에서 나에게 단호한 조언을 했다. 둘 모두 열여섯 살이라는 어린 나이에 임신을 하면서 고등학교를 중퇴했다. 둘 모두 학교를 그만두기 전까지는 모범적인 학생이었다. 그들은 임신 때문에 교육받을 기회를 빼앗겼다. 그 외에도 많은 것을. 그들은 나에게 인생에 대한 조언을 해준 적은 없었지만, 내가 특별한 일을 하는 사람이 될 것이라는 기대는 늘 가지고 있었다. 그리고 나의 창창한 미래를 리사 한 사람 때문에 희생하는 것은 옳지 않다고 아주 분명하게 이야기했다.

엄마가 말했다. "리사가 네 인생의 전부가 아니야, 아들. 결혼할 필요 없어."

브리짓이 말했다. "넌 이제 대학교에 다니기 시작했잖아. 네 인생이 어디론가 향하는 중이라고. 리사는 너한테 안 어울려."

둘 모두 말했다. 그들이 리사와 같은 동네에서 살고 있으니 리사와 아이를 돌봐줄 수 있다고. 리사와 아이에게 돈을 주고 나는 계속 대학교에 머무르라고.

심지어 리사 본인조차 나에게 학교를 그만두지 말라고 이야기했다. 그러나 리사는 아이를 낳고 싶어했고, 결혼 반지를 받고 싶어했다.

리사와 함께 복잡한 일을 해결해야 하는 것은 이번이 처음이었다. 이제 세 명, 아니 최소한 두 명의 인생이 걸린 일이었기 때문에 쉽고 단순하게 해결할 일이 아니었다. 나는 리사와 결혼할 것이라고 생각은 했지만, 아이가 태어나기 전에 당장 결혼하라는 배니의 압박을 받고 싶지는 않았다.

나는 아이가 태어나기 전에 결혼을 먼저 하겠다는 약속을 하지 않았다. 리사 집의 철문은 굳게 닫혔다. 리사의 엄마와 자매들은 끊임없이 나를 비난했고 리사의 마음도 아프게 했다. 크리스마스 휴일을 맞이해서 하이델버그로 돌아가자, 리사의 가족들은 나를 마치 예수를 의심하며 어린 소녀를 임신시킨 대도시의 껄렁한 대학생처럼 대했다.

나는 여전히 리사와의 관계를 잘 풀 수 있을 것이라고 생각했다. 어쨌든 우리는 서로를 사랑했고 함께 있고 싶어했으니까. 그러던 어느 날 오후 나는 리사와 사소한 문제로 다퉜다. 그녀는 나에게 5시까지 자기 집으로 오라고 했고, 나는 5시 10분에 도착했다. 그게 다였다. 그런데 리사가 입을 열지 않기 시작했다. 나는 매일 그녀에게 찾아가 바로 옆에 앉아서 말을 걸었다. 그러나 그녀는 단 한 마디도 하지 않았다. 그런 상태가 2주일 내내 지속되었다.

새해가 밝자 나는 투갈루 대학교로 돌아갔다. 나는 제시카에게 내가 곧 아빠가 된다는 사실을 고백할 용기를 내기로 했다. 제시카 역시 내가 결코 싸우고 싶지 않은 강한 여자였다. 나는 제시카에게서 장황한 비난을 받지는 않을까, 혹은 더 나쁘게는 제시카 역시 나에게서 마음의 문을 완전히 닫아버리지는 않을까 걱정했다. 그런데 제시카는 나를 깜짝 놀라게 했다.

그녀는 나에게 딱 두 가지를 물었다. "여전히 리사를 사랑해?", "아직도 리사랑 같이 자?"였다. 나는 제시카에게 솔직하게 대답했다. 나는 그녀에게 아직 리사를 사랑하고, 리사와 함께 그 일을 해결하고 싶다고 말했다. 그러나 최근에 리사가 마음의 문을 닫아버렸고 나와는 대화조차 나누지 않는다고 말했다. 제시카는 내가 리사와 몸을 섞지 않는다니 괜찮다면서, 우리가 섹스를 그만두기에는 너무 좋았다는 농담을 했다.

다음 날 밤에 나는 제시카의 방을 찾아갔다. 그리고 방 안에서 눈물을 흘리고 있는 제시카를 발견했다. 남 일에 끼어들기 좋아하는 제시카의 친구들은 내가 하이델버그에서 몰래 아이를 만들었으니 나와 헤어져야 한다고 그녀에게 오지랖을 부렸다. 제시카는 그들에게, 이미 내가 그 사실을 자신에게 털어놓았으며 자신은 계속 내 곁에 있을 거라고 말했다. 그러나 방에 혼자 있게 되자 몸과 마음이 무너지고 말았던 것이다.

제시카는 내 곁에 있었다. 나는 그녀와 나 사이에서 단순히 좋은 섹스를 넘어선 더 특별한 감정을 느끼기 시작했다.

나의 아들 마텔은 그해 2월에 로럴에 있는 병원에서 태어났다. 가난한 흑인들이 출산할 때 주로 이용하는 무상 병원이었다. 정말 길고 험난한 과정이었다. 아이를 꺼내기 위해서 분만겸자를 쓸 정도였다.

병원에 가장 먼저 도착한 사람은 바로 나였다. 병동 안에 들어가서 리사와 아이를 직접 만날 수는 없었다. 사람들이 출산을 위해서 리사를 휠체어에 태우고 수술실로 데려갔기 때문에, 나와 리사는 벽 너머로 서로에게 외쳤다. "가서 피자 사와!" 리사가 소리쳤다.

"알겠어!" 리사의 말은 단지 음식을 달라는 것이었지만, 나는 드디어 리사가 나에게 말을 걸었다는 사실에 안도하면서 힘차게 대답했다. 이제 마텔이 태어났으니, 리사와 내가 부모가 되어서 아들을 함께 키울 것이라는 생각에 행복했다.

내가 피자를 가지고 돌아오자 다른 가족들도 병원에 도착해서 리사의 병실에 모여 있었다. 아기는 아직 신생아실에 있었다. 브리짓이 사람들에게 말했다. "이제 이 사랑스러운 부부가 둘만의 시간을 보낼 수 있게 자리를 비켜줄까요?" 그러고는 나를 뺀 다른 나머지 사람들을 모두 병실 바깥으로 내쫓았다.

리사와 단 둘이 남은 나는 그녀의 손에 키스를 하려고 했다. 그런데 리사는 손을 즉시 뿌리쳤다. "내가 필요할 때 넌 옆에 없었어." 그녀는 나를 쳐다보지도 않고 말했다. "그러니까 나도 네가 필요 없어."

그 순간 나의 심장은 절벽에서 떨어져 땅에 세게 처박혔다.

42

리사의 병실 바깥으로 나오자 JG가 복도에서 나를 기다리고 있었다. 그는 밝은 미소를 지으면서 나에게 주먹 인사를 하려고 했다. "이봐, 친구! 플러머! 우리 같이 축하해야지!"

나는 JG를 보고 웃지 못했다. 나는 상처를 받고 혼란스러운 상태였다. 대체 왜 리사와의 싸움이 끝나지 않는 걸까? 드디어 우리 아들이 태어났는데. 이제 우리가 해야 할 일은 우리 사이의 소란스러운 싸움을 그만두고 함께하는 것이라고 생각했는데. 그런 일은 일어나지 않았다. 리사는 나를 밀어냈고 나는 고통스러웠다. 나는 이 고통이 멈추기를 바랄 뿐이었다.

나는 투갈루 대학교의 기말고사가 끝난 후에 슬픔에 빠져 매일 독한 술을 한 병씩 마시는 습관이 생겼다. 심한 술꾼은 아니었지만, 투갈루 대학교에서 한참 부족한 성적을 기록한 것이 너무나도 수치스러웠고 형편없는 성적표로 인한 고통을 무디게 해줄 무엇인가가 절실했다. 그러나 리사가 나를 매몰차게 내쫓았던 그날 밤의 고통은 알코올의 힘만으로 버티기에는 너무나 가혹했다.

"아빠 집으로 가자." 나는 JG에게 말했다.

뉴올리언스로 가는 두 시간 동안, JG는 나의 기운을 북돋워주려고 했고 나는 그냥 조용히 있었다. "플러머, 이봐! 너희 둘은 이제 아이를 낳았잖아. 리사도 언제까지 저렇게 굴지는 못할 거야. 곧 화가 풀리겠지.

그리고 곧 너한테 돌아올 거야. 너무 걱정 마."

나는 그저 자동차 헤드라이트 너머의 어둠을 응시하고 있었다.

"아기라면 이런 개 같은 상황도 모두 해결할 수 있다니까!" JG가 계속 떠들었다. "망할 인종차별주의자 새끼들도 흑인 혼혈 손주를 보면 마음을 연다고, 안 그래?" 나는 여전히 웃지 않았다. "젠장, 플러머! 이런 모습 처음 봐. 대체 리사가 뭐라고 했길래 그래?"

"나보고 헤어지재."

"망할, 말도 안 돼! 잘못 들은 거 아니야? 정말이야?"

"응, 제대로 들었어. 리사가 나한테 말했어. '내가 필요할 때 넌 옆에 없었어. 그러니까 나도 네가 필요 없어.'"

"젠장, 플러머! 우리 대마초 좀 피워야겠다. 너 지금 당장 빨 수 있지? 아니면 차 타고 같이 술이나 마시러 갈까?"

"됐어. 그냥 계속 운전이나 해. 지금 필요한 게 뭔지 정확히 알고 있으니까."

자정이 다 되어서 우리는 아빠 집에 도착했다. 흰 민소매 티셔츠에 챙이 넓은 흰색 모자를 쓴 아빠가 문을 열었다.

"어서 와, 아들!" 아빠가 나를 안아주려고 앞으로 나오면서 말했다. "들어와, 그래. JG는 어떻게 지냈어?" 아빠가 JG와 주먹 인사를 하면서 말했다.

"플러머 아저씨, 아저씨는 이제 할아버지가 됐어요! 제임스 아들이 오늘 태어났다고요!"

"정말이야?" 아빠가 나를 쳐다보았다. "정말 멋지구나! 이번이 처음이지? 그치?"

"응, 맞아요." 내가 침울한 목소리로 말했다.

"들어와 앉아. 맥주 마실래? 아니면 대마초 줄까?"

"응." 내가 답했다. "그런데 지금은 대마초 말고 록을 피우고 싶어."

밝았던 아빠 표정이 진지하게 변했다. "정말로? 너 이제 록도 하니?"

"상황이 너무 버거워. 당장 이 기분을 풀어주거나 아무 생각도 안 들게 해줄 만한 뭔가가 필요해."

아빠는 우리를 식탁에 앉히고 버드와이저 맥주를 하나씩 건넸다. "무슨 일인데 그래. 나한테 말해봐."

나는 아빠에게 리사와 있었던 일을 들려주었다. 아빠는 고개를 끄덕였다. "그래, 이해해." 아빠가 말했다. "권투에서 말하길 녹아웃시키는 주먹은 보기도 전에 날아온다지."

그러고 나서 아빠는 JG 쪽으로 고개를 돌렸다. "얼마나 필요해?"

"8분의 1온스짜리 코카인 두 개는 얼마예요?" JG가 물었다.

"한 200에서 300달러에 구해줄 수 있어." 아빠가 대답했다.

"그렇게 해주세요!" JG가 말했다.

"좋다. 내가 한번 전화 걸어볼게."

20분 후에 초인종이 울렸다. 아빠가 거실에서 마약을 거래하는 동안 JG와 나는 부엌 탁자에 앉아서 기다렸다. 돌아온 아빠는 하얀색 가루 덩어리로 가득 찬 비닐봉지 두 개를 탁자 위에 내려놓았다.

"제길, 완전 빵빵하네!" JG가 말했다.

"맛 좀 봐." 아빠가 말했다.

JG는 코를 박더니 킁킁거렸다. "와우! 이거 정말 죽이는데요!"

아빠가 나를 바라보았다. "너도 맛 좀 볼래?"

"아니, 괜찮아." 나는 그것보다 더 강한 게 필요했다. "난 록을 할래."

"바로 만들어줄게." 아빠는 가스레인지 위에 냄비를 올려놓고 물을 끓였다. 그리고 소독용 알코올 한 병과 시가 상자를 가지고 탁자로 돌아왔다. 상자 안에는 유리 파이프, 면도칼 몇 개, 부러진 철사 옷걸이 조각 몇 개, 솜뭉치, 양초, 그리고 라이터가 있었다.

아빠는 코카인으로 록을 만들었다. 그리고 록을 작은 거울 위에 올려놓더니 면도칼을 사용해서 작은 조각을 잘라냈다. "준비됐니?" 아빠가 나에게 물었다.

"응." 내가 답했다.

아빠는 록을 파이프에 넣어 나에게 건넸다.

"여기 받아. 제임스 플러머 주니어……. 아주 천천히, 그리고 쭉 빨아들여."

나는 파이프를 나의 입술에 댔고 아빠는 파이프 끝을 불로 달궜다. 나는 진한 하얀 증기를 폐 깊숙이 들이마셨다. 아빠는 토치를 멀리 치웠다. "잠깐 동안 그대로 있다가 내뱉어." 나는 아빠가 말하는 대로 했다.

코카인이 나의 몸으로 흘러들어왔다. 아주 기분 좋은 따뜻한 파동이 몸 전체로 울려퍼졌다. 나를 괴롭히던 모든 스트레스와 고통이 날아가는 기분이었다. 몸속의 모든 세포가 한번에 깨어났다. 뇌가 머리 위로 붕 떠오르는 기분이었다. 그 순간 나는 호흡을 인식하기 시작했다. 나는 아주 깊게 숨을 들이마시고 내쉬었다.

"와우!" 나는 마치 JG가 처음 록을 피우면서 반복해서 감탄했을 때처럼 똑같이 외쳤다.

아빠는 '그래, 이제 알겠지'라는 표정으로 천천히 고개를 끄덕였다. 그러고 나서는 아까의 두 배 크기로 록 조각을 자르고 토치로 불을 붙이고 폐 깊숙이 록의 증기를 들이마셨다. 아빠는 JG를 위해서도 파이프를 채워주었다.

우리 셋은 여섯 시간 동안 거실 탁자에 앉아서 록을 피웠다.

JG와 나는 불을 붙이면서 쉬지 않고 대화를 했다. 온통 말이 안 되는 이상한 소리들이었다. 나는 그 어느 때보다도 기분이 좋았다. 파이프를 물고 연기를 빨아들이는 순간만큼은 마치 몸속에 제트기 엔진 연료를 채워넣고 고도 약 10킬로미터의 높이까지 올라간 듯한 기분이었다.

그런데 어느 순간, 내가 이를 아주 세게 다물고 있다는 것을 깨달았다. 아빠의 입에서는 아주 이상한 경련이 일고 있었다. 아빠의 눈동자는 검은 동공이 크게 확장되어 가느다란 청회색의 홍채가 겨우 보일 뿐이었다. 10분마다 아빠는 다시 파이프에 불을 붙였고 벌떡 일어나서 창문 블라인드 틈으로 어둠을 노려보기도 했다.

새벽이 되었을 때 아빠의 젊은 아내 스테퍼니가 아래층으로 내려왔다. 임신 9개월 정도 된 것 같았다.

"제임스!" 스테퍼니가 아빠의 상의를 잡아당기면서 말했다. "나 진통이 느껴져. 병원에 데려다줘."

43

그로부터 2주일 후에 브리짓은 학교에 있던 나에게 전화를 걸어 마텔에게 문제가 생겼다고 했다. "당장 집으로 와." 그녀가 말했다.

내가 아버지가 되기 전에는 단 한 번도 느껴보지 못했던 충격으로 심장이 멈추는 듯했다.

"사람들이 그러는데 마텔이 뇌성마비에 걸렸대."

"그게 뭔데?" 내가 물었다.

"뇌 일부가 죽어 있는 거래."

그 주말에 나는 아들을 보러 리사의 집으로 갔다. 마텔의 눈은 움직임을 멈추지 않았다. 마텔은 계속해서 눈동자를 데굴데굴 굴렸다.

"너무 가슴이 아파." 내가 리사에게 말했다. "마텔에게는 돌봐줄 부모가 필요해. 이제 그만 마음을 열어주면 안 될까? 그러면 당장 결혼해서 함께 가정을 이루겠다고 약속할게." 리사는 아무런 대답 없이 냉랭한 침묵만 지킬 뿐이었다.

나는 포기할 준비가 되어 있지 않았다. 나는 주말마다 리사와 마텔을 찾아갔고 그녀의 집에 머물렀다. 리사는 여전히 나에게 아무 말도 하지 않았다. 그래도 내가 토요일 밤 사이에 마텔을 데리고 브리짓과 드웨인이 있는 트레일러에 들렀다가 올 수 있게 허락해주었다.

몇 달 후에 나는 브리짓으로부터 리사의 소식을 들었다. 자기 친척들과 함께 지내기 위해서 휴스턴으로 이사를 갔다는 것이다. 마텔과 자신의 엄마는 하이델버그에 두고.

그해 봄 내내 나는 마텔을 만나러 하이델버그를 찾아갔다. 제시카도 함께 갔다. 제시카는 간호학과 학생이었기 때문에 나보다 뇌성마비를 더 잘 이해했다. 그녀는 그 병이 아기가 아직 자궁에 있을 때 겪는 선천적인 외상, 즉 뇌졸중에 의해서 나타난다고 설명했다. 리사의 출산을 담당했던 병원 직원들은 자신들에게 아무런 잘못이 없다고 주장했다. 우리는 무상 병원에 다니는 가난한 흑인이었다. 아기가 태어나는 동안 병원에서 일어날 수 있는 잘못된 일들을 의사에게 추궁하는 것보다는 차라리 예수의 존재를 의심하는 것이 더 쉬운 일이었다.

제시카는 챔피언이었다. 나와 제시카는 마텔이 우리와 함께 살 수 있게 하려고 노력했다. 그러나 우리 흑인의 모계 중심 사회에서는 엄마에게 아이의 양육권이 있다는 인식이 지배적이었다. 법원이나 사회복지 사무소에 가서 도움을 요청하고 싶었지만, 그것은 곧 흑인 가족의 문제에 백인들을 개입시킨다는 뜻이었다. 그리고 그런 일은 벌어지지 않았다.

마텔이 3개월이 되었을 때 리사가 휴스턴에서 돌아왔고 마침내 침묵을 깨고 입을 열었다. 그녀는 이제 나에게 말을 해도 될 정도로 충분히 오랜 시간이 지났다면서, 새로운 남자친구가 생겼다고 했다. 절망과 낙오의 어두운 구름이 나를 감쌌다. 나는 리사와 마텔과 가족이 될 수 없었다. 나는 아들의 진정한 아버지가 될 수 없었다. 나는 너무나 부끄럽고 비참했다. 내가 할 수 있는 일은 그저 나 자신을 스스로 파괴하는 길을 선택하는 것뿐이었다.

그 학기 동안 나는 대학교에서 수학 과외를 맡았다. 과외로 벌어들인 돈은 모두 코카인을 사는 데에 탕진했다. 매주 주말 나는 JG와 함께 잭슨 거리 이곳저곳을 돌아다니면서 모은 돈을 흥청망청 쓰면서 시간을 낭비했다. 코카인으로 인한 약 기운에서 깨어나기까지 꼬박 하루가 걸릴 정도였다. 한편, 평소 낙천적이던 성격은 점점 우울하게 변했다. 학업 성적도 같이 떨어졌다. 제시카는 그렇게 변해가는 나의 모습을 지켜보았다. 그러나 나는 그녀에게 크랙 중독에 관해서는 비밀로 했기 때문에, 그녀는 그저 내가 마텔의 일로 힘들어한다고 생각했다. 내가 그녀에게 이야기한 것은 마텔에 대한 것뿐이었으니까.

여름이 다가오면서, 나는 어디로 가야 할지, 앞으로 무엇을 해야 할지 아무런 생각이 없었다. 나는 5월에 학기가 끝나도 집에는 가지 않을 생각이었다. 나는 가족에게 짐이 되고 싶지 않았고, 고향에는 실업의 우울함과 슬픔만 있을 것이 뻔했다.

내가 투갈루 대학교 근처에서 구할 수 있었던 유일한 직업은 패스트푸드 체인점인 웬디스에서 일하는 것뿐이었다. 당시 미시시피 주의 젊은 흑인 남자들은 가게의 계산대에서는 일하지 못했다. 심지어 패스트푸드 체인점에서도 그랬다. 나는 기름 방울이 튀는 아주 거대한 튀김기 속에 약 10킬로그램의 냉동 감자를 가득 집어넣고 튀김기가 다 빌 때까지 그 앞에서 일을 했다. 그리고 이상하게 생긴 사각형 패티를 뒤집었다. "웬디스는 모서리를 자르지 않습니다"라는 슬로건에 따른 웬디스의 대표 메뉴였다. 그곳에서 나는 최저임금인 3.35달러를 받았다. 웬디스는 교대 시간마다 끼니를 딱 한 끼만 제공했고 나는 매일 그 딱 한 끼만 먹으며 지냈다.

쥐꼬리만 한 급여를 모아서 리사에게 일주일에 한 번 35달러를 보냈다. 그러고 나면 집값을 낼 여유가 없었다. 당시 캠퍼스에서 여름 아르바이트를 하던 JG가 소식을 전해주었다. 여학생 기숙사 건물 일부에서 보수 공사를 하느라 에어컨을 틀어놓았다는 것이다. 나는 공사 중인 기숙사 건물에 들어갈 방법을 찾아냈고, 그 안에 몰래 들어가서 매트리스 위에서 잠을 잤다.

8월의 어느 날, 나는 고기를 재포장하던 중에 고기를 싸고 있던 커다란 산업용 비닐 랩의 톱니 모양 가장자리에 손을 베었다. 손은 곧바로 세균에 감염되었다. 나는 병원에 갈 돈도 없었고 보험도 없어서 3일 내내 병원에 갈 엄두도 내지 못했다. 손이 풍선처럼 불룩해지고 몸 곳곳의 림프절도 크게 부어올랐다. 나는 아주 끔찍한 고통에 시달렸다. 결국 잭슨에 있던 한 자선 병원 응급실을 찾아갔다. 그곳에서는 손에서 고름을 빼내고 항생제를 잔뜩 놓아주었다. 그곳 의사는 손가락을 모두 구하지 못할 수도 있다고 말했다.

며칠 후에 다행히도 붓기가 가라앉기 시작했다. 그러나 이미 웬디스는 나를 대신할 다른 바보에게 튀김 아르바이트 자리를 내준 후였다. 나는 그해 여름의 마지막 몇 주일을 손이 회복되기를 그리고 3학년이 시작되기를 기다리면서 여자 기숙사에서 보냈다.

44

나는 5월에 학기가 시작되면 JG와 같은 방을 쓰는 것이 좋겠다고 생각했다. JG는 학기가 시작되는 첫날에 기숙사 방에서 나를 기다리고 있었다. 그는 우리가 함께 부자가 될 수 있는 계획을 세웠다며 들떠 있었다. 나는 완전히 빈털터리였다. 그러나 JG는 여름 동안 모아놓은 1,000달러 이상의 돈이 있었고 그 돈을 쓰고 싶어서 안달이 나 있었다.

"플러머!" 그가 방 안에서 빙빙 돌면서 이야기했다. "코카인을 사서 록으로 만들어서 팔면, 장담하는데 세 배는 더 벌 수 있을 거야. 나한테 2온스 정도는 살 수 있을 만큼 충분한 빵이 있어. 네 아버지, 플러머 아저씨가 코카인을 구해줄 수 있을 거야. 나는 완판시킬 자신도 있어."

"그래, 그렇지만 팔기도 전에 우리가 다 피워버리면 어떡해? 우리가 그 많은 록을 피우지 않고 잘 보관할 수 있을까?"

"우리가 하나도 안 피울 거라고는 안 했어. 그렇지만 설마 다 피우겠어? 생각해봐. 우리가 돈을 세 배로 불리는 일을 두어 번만 반복하면, 나중에는 몇 킬로그램 수준으로 양을 늘릴 수 있을 거야. 연말에는 캐딜락도 탈 수 있을걸!"

나는 캐딜락이건 다른 자동차건 다른 것에는 관심이 없었다. 그러나 최저임금 이상의 돈을 벌어본 적 없는 사람에게는 돈을 세 배로 불릴 수 있다는 말이 자산을 일구는 너무나 매력적인 방법으로 들렸다. 그러나 나는 록을 파는 일이 대마초를 파는 일과는 완전히 다르다는 것을 알고 있었다. 훨씬 어렵고 위험한 일이었다. 대마초 구매자들은 냉정하고 깔끔했다. 록 구매자들은 악마 같은 놈들이었다. 나는 악마 같은 록에 대한 원초적인 두려움과, 리사와 마텔에게 보낼 양육비를 벌고자 하는 나의 절박함을 저울질해보았다.

"젠장, 나도 낄게." 내가 대답했다.

JG가 웃었다. "내가 그래서 널 좋아한다니까, 플러머. 내가 '우리 같이……'라고 말하면 그 뒤에 어떤 말이 따라오든 넌 항상 나와 함께해주니까."

새로운 사업에 관해서 이것저것 이야기를 나누는 동안에도 내면의 똑똑한 플러머는 지금 우리가 부질없는 대화를 나누고 있다는 것을 알고 있었다. JG와 내가 그때까지 몇 온스나 되는 크랙을 피운 적이 없었던 이유는 단 하나였다. 그렇게 많이 구해본 적이 없었기 때문이다. 록의 법칙은 물리 법칙만큼이나 절대적이었다. 앞으로 벌어질 일은 이미 결정된 것이나 마찬가지였다. 록의 제1법칙은 다음과 같다. 일단 한 번 피우기 시작하면, 모조리 사라질 때까지 절대로 멈출 수 없다.

코카인을 구하는 것은 매우 쉬웠다. 아빠는 우리와 함께 2분의 1파운드의 코카인을 2,500달러에 구했다. 아빠가 그 절반인 1,250달러를 냈고, JG가 자기가 여름에 벌었던 수입보다 더 많은 돈을 낸 셈이다. 아빠는 거래 현장에 우리를 데려갈 테니 자기를 엄호하라고 했다. 그는 JG에게 권총을 한 자루 쥐어주면서 허리춤에 끼우라고 했고 또다른 권총은 자기 등 쪽에 숨겼다. 아빠는 한때 엄마가 가지고 있던 총이 나에게 있다는 것을 알자 웃으며 말했다. "내가 네 엄마에게 그 작은 총을 직접 준 날이 아직도 기억나는구나. 네가 태어나기도 전에, 나와 레이니가 함께 구스에서 살던 시절이었어."

아빠는 우리에게 절대 흥분해서는 안 된다고 경고했다. 우리는 굳이 먼저 총을 꺼내서 보여줄 필요가 없다는 것을 잘 이해했다. 총을 먼저 꺼내면 오히려 상황을 악화시키만 할 뿐이다. 총은 정말 꼭 필요할 때, 꼭 쏴야 할 때에만 꺼내야 했다.

아빠가 길 건너편 차고에서 한 남자와 이야기를 나누는 동안 JG와 나는 차 옆에 서 있었다. 우리는 거래가 진행되는 과정을 모두 지켜보았다. 그 남자는 아빠에게 코카인 한 덩어리를 건넸는데 포장도 되어 있지 않았다. 그냥 거대한 스티로폼 덩어리처럼 보였다.

우리는 아빠 집으로 돌아와서 그것을 얇게 썰었다. 코카인은 강에서 갓 건져낸 사금처럼 반짝였다. 깨끗하고 순수한 코카인을 바라보기만 해도 심장이 빠르게 요동치고 배가 떨렸다. 나는 손가락 사이로 코카인을 문질렀다. 버터처럼 부드러웠다. 예전에 만졌던 것처럼 분필 같은 느낌이 아니었다. JG는 코카인 조각 일부를 잇몸에 문지르더니 탄성을 질렀다.

아빠는 그중 일부를 록으로 만들었고 우리는 함께 록을 몇 번 피웠다. 아주 순수한 니트로 화합물이었다. 그러고 나서 아빠는 4온스를 덜어서 무게를 재고 포장했다. 그리고 우리에게 고속도로를 달리다가 갑자기 붙잡혀서 차를 세우게 되면 코카인을 어디에 숨겨야 할지 알려주었다. 우리는 투갈루로 돌아가는 길에 몇 대 피울 수 있게 작은 록 조각 몇 개와 유리 파이프를 챙겼다. 그게 바로 록이었으니까. 한번 잡으면 곧바로 다 피워야만 손에서 뗄 수 있다.

잭슨을 지나는 동안 빈민가에 들러서 물품들을 구했다. 소독용 알코올, 솜뭉치, 날카로운 면도날, 라이터, 유리 파이프, 그리고 아주 많은 베이킹 소다. 캠퍼스에 돌아온 나는 화학 실험실에 가서 시험관, 비커, 디지털 저울을 챙겼다. 엄밀히 말하자면 빌려왔다. 해가 질 무렵이 되자 우리는 기숙사 방을 정리하고 록을 만들기 시작했다. 몇 분 뒤 우리가 만든 첫 록이 비커에서 책상으로 굴러떨어졌다.

"제길, 플러머!" JG가 말했다. "제대로 된 새끼가 완성됐는걸!" 그는 우리가 만든 록 덩어리를 반으로 잘라서 유리 파이프에 집어넣고 불을 붙였다. 우리는 한참 동안 뿅 가는 경험을 했다.

다음 날 해가 뜰 때까지 우리는 계속 록을 피웠다. 그리고 휴식을 위해서 겨우 잠깐 쉬었다. 정오가 다 되어서야 일어난 우리는 샤워를 하고 면도를 하고 옷도 갈아입었지만, 깔끔한 상태로 교통사고를 당한 시체 같은 느낌이 남아 있었다. 교내 식당에서 점심을 먹으면서 우리는 저녁을 먹은 뒤에만 록을 피우자고 약속했다. 그리고 우리의 안전을 위해서 목요일, 금요일, 토요일에만 록을 피우기로 맹세했다. 그 맹세는 그다음 주말부터 지키기로 했다. 왜냐하면 그날은 일요일이었고 우리는 이제 막 코카인을 구해온 뒤였기 때문이다.

감당하지 못할 정도로 많은 코카인을 다루는 위험을 피하기 위해서 우리는 록을 직접 판매하는 대신 JG의 친구 한 명을 통해서 4분의 1온스를 도매로 제공했다. 그렇게 하면 총수익이 조금 줄기는 했지만 잭슨의 살벌한 거리에서 심각한 록 중독자들을 직접 상대해야 하는 끔찍한 위험을 줄일 수 있었다. 만약 그 친구가 우리에게서 록을 살 돈이 없으면, 우리는 그에게 위탁 판매를 했다.

그날 오후 우리는 계획한 대로 JG의 친구에게 록 4분의 1온스를 제공했다. 그러고 나서 식당에서 저녁을 먹었다. 평소처럼 JG는 자기 친구들과, 나는 카파 동기들과 함께였다. 저녁을 먹고 난 뒤 우리는 곧바로 우리 방으로 향했고 다시 록을 피웠다.

우리는 그다음 3일 내내 밤낮으로 방구석에서 록을 피우며 시간을 보냈다. 그럴 계획은 아니었다. 그냥 그렇게 되었다. 세 번째 날 새벽이 되자 우리는 모공에서 나오는 코카인 냄새를 맡을 수 있을 정도가 되었다. 우리는 편집증에 사로잡혀서 새벽 4시에 록을 피우는 것을 멈추고 방문 바깥의 소리에 집중했다. 4시 7분에도, 4시 12분에도 그랬다. 우리는 마치 흡혈귀처럼 햇빛을 무서워하면서 지냈다. 우리는 끓일 물을 채워오기 위해서 복도를 미친 듯이 달려가 화장실에 다녀왔다. 그러나 모두 자고 있는 시간에만 다녀왔다. 방 바깥으로 록 냄새가 새어나가지 않도록 마른 수건을 문 밑바닥에 잔뜩 끼워넣었다. 그리고 섬유 유연제를 묻힌 페이퍼 타월로 휴지 심을 채우고는 그 심을 통해서 창문 바깥으로 연기를 뱉었다. 우리는 심장이 터지지 않도록 두어 시간에 한 번씩 휴식을 취했다. 그렇게 쉬는 동안에는 바닥에 드러누운 채로 가슴속에서 달리는 폭주기관차를 서서히 멈추게 하려고 했다. 그리고 다시 록을 피웠다.

며칠 동안 기숙사 방 안에서만 지내면서 학교 생활은 완전히 뒷전이었다. 우리는 주말에만 록을 피우지 않았다. 왜냐하면 주말은 여자친구와 보내야 했기 때문이다. 제시카는 간호학교에 다니기 위해서 잭슨으로 이사를 갔고 그곳에 있는 미시시피 대학교 의학 센터의 기숙사에서 지냈다. 그녀는 하루하루를 공부하면서 보냈고 저녁 시간 대부분에는 의학 센터에서 일했다. 나와 제시카는 주말에만 만났기 때문에, 록을 하는 버릇을 제시카에게 숨기는 일은 비교적 쉬웠다. 나와 제시카는 열정적인 연애와 격렬한 사랑 싸움을 오고 가면서 다른 커플들처럼 시간을 보냈다.

학생 모임 동기들은 제시카보다 더 가까운 거리에 있었다. 우리는 학교 식당에서 카파 학생들만 앉는 자리에 앉아서 식사를 함께했고 서로의 얼굴을 확인했다. 나는 대부분의 저녁 식사 자리에 참석했고 카파 학생들에게는 밤새 방에서 공부를 하며 주말에는 제시카와 시간을 보낸다고 거짓말을 했다.

학업을 따라가는 것은 불가능했다. 밤새 록을 피우고 나면 몸이 너무 피곤하고 지쳐서 오전 수업을 들으러 갈 수가 없었다. 그래서 교과서를 읽었다. 아니, 적어도 저녁을 먹기 전에 잠시 책을 펼쳤다. 그러나 이미 엉망이 되어버린 나의 공부 습관은 훨씬 강력한 록 유리 파이프의 상대가 되지 못했다. JG와 나는 학업에서 뒤쳐지기 시작했다. 나는 3학년이, JG는 4학년이 시작된 시기였다. 중간고사가 다가오자 우리는 그간 우리가 잃어버린 것들을 다시 헤아리기 위해서 잠시 록을 멈췄다.

결과는 좋지 않았다. 우리는 이제 록 거래에서도 간신히 수익을 내고 있었다. 꿍쳐놓았던 록이 다 떨어졌고 우리가 도매로 록을 넘겼던 놈들에게서 소매로 록을 구하기 시작했다. 그러는 동안 우리는 모든 과목에서 D 아니면 F 학점을 받았다. 단 한 과목도 통과하지 못했다. 차라리 F 학점이 기록되지 않도록 학교를 그만두는 것이 낫겠다고 생각했다. 그렇게 하면 나중에 재입학했을 때 재정적인 지원을 받을 수 있는 자격이 유지되었다.

자퇴를 승인받으려면 공식적인 절차를 밟아야 했다. 각 수업의 교수로들부터 서명을 받고, 그다음에 학과장인 베티 파커-스미스Bettye Parker-Smith 박사의 최종 승인을 받아야 했다. 그러기 위해서 우리는 오전 내내 뱀파이어 같은 몰골을 정돈하고 오후 내내 인간 치장을 했다.

JG가 먼저 학과장을 만났다. 파커-스미스 박사는 이미 4학년이 시작되었으니 학교에 남아서 마지막 학기까지 끝내는 것이 낫지 않겠냐고 JG를 설득했다. 왜 졸업까지 겨우 한 학기 반을 남겨놓고 굳이 중퇴를 하려는 거지? 그녀는 JG의 의중을 추측하려고 했다. JG는 자신의 입장을 끝까지 고수했다.

내 차례가 되었다. 파커-스미스 박사가 내 기록부를 마치 전과 기록을 보듯이 빠르게 훑었다. 그녀는 내가 2학년 때에 기록된 한 사건, 당시

1학년 학생회장이던 로저 호튼의 머리를 카파 몽둥이로 가격한 사건에 대해서 물었다. 나는 로저 호튼이 먼저 나의 동기를 때렸기 때문에 그랬다고 설명했고, 그녀는 눈썹을 치켜올리면서 기록부에 메모를 남겼다. 확실히 나는 내면의 사악한 뱀파이어 흔적을 다 씻어내지 못한 상태였다. 목소리 톤도 낮추지 않고, 어떤 망할 자식이 동기 머리 위로 손을 올리는 하극상을 일으키면 반드시 맞서 싸워야 한다는 명예에 대한 카파의 가르침에 대해서 열변을 토하고 있었으니까.

“그래, 알겠다.” 그녀가 기록부를 옆으로 치우고는 나의 눈을 똑바로 쳐다보면서 말했다. “살펴보니 자네가 학교를 그만두는 편이 옳은 것 같구나. 분명 지금의 자네에겐 대학이라는 곳이 전혀 적합하지 않군. 시간이 좀 지나서 개인적인 반성과 성찰의 시간이 끝나면, 투갈루 또는 다른 대학교에 가서 학업을 이어갈 수 있을 게다.”

나는 그녀의 말에 기분이 상했다. 학과장은 나의 내면에 숨어 있는 명석한 플러머를 전혀 발견하지 못한 듯했다. 내가 소속되어야 하는 곳이 있다면 당연히 대학교였다! 내가 생각했던 학과장의 책무는 내가 학교에 머무르도록 설득하면서, 나의 무한한 잠재력을 일깨우는 것이었다. 그러나 그녀는 자퇴 서류에 서명을 했고, 책상 너머로 나에게 서류를 내밀었다.

“행운을 빈다, 플러머.” 그녀가 말했다. “학생증과 식권은 교무처에 가서 반납하고, 내일 오후까지 기숙사 짐을 빼라.”

45

JG와 나는 투갈루와 잭슨 사이에 있는 그로브 아파트에 가구가 갖춰진 방을 하나 구했다. 그로브 아파트는 임대료가 아주 저렴했고, 보증금을 낼 필요도 없었다. JG는 55번 고속도로에 있는 고급 호텔인 라마다 르네상스 호텔에서 연회장 웨이터를 구한다는 소식을 들었고, 우리는 그 즉시 호텔로 직행했다.

호텔 잡역부 책임자인 졸리는 나에게 연회장 웨이터로 일하는 대신 잡역부로 근무하면 시간당 4달러씩 안정적인 수입을 보장받을 수 있다고 설명했다. 내가 최우선으로 생각하던 것은 안정적인 현금 확보였기 때문에, 나는 잡역부 일을 선택했다. 기본적으로는 건물 이곳저곳에서 허드렛일을 하는 일이었다. JG는 연회장 웨이터로 고용되었다.

졸리와 부매니저는 백인이었다. 잡역부 직원은 전원 흑인이었다. 졸리는 남부 지역에 괜찮은 맨션을 관리하는 사람처럼 보이는 백인 여성이었다. 그녀는 모든 직원들을 "보이"와 "걸"이라고 불렀다. 직원들의 나이가 20대에서 50대까지 있었는데도.

나는 평소처럼, 권위 있는 사람의 아랫사람으로 들어가고 나서야 무엇인가를 배웠다. 흑인 메이드들은 종종 여러가지 사실 관계를 두고서 가벼운 말다툼을 벌이기도 했다. 싸움이 결론이 나지 않으면 가끔 졸리를 불렀다. 한번은 졸리가 잘못된 대답을 하는 것을 들었다. 그래서 내가 끼어들었다. 그러자 메이드 한 명이 말했다. "제임스는 투갈루 대학교를 다녔던 애니까, 당연히 제임스 말이 맞겠죠."

졸리는 그저 미소를 지었다. 그녀는 언제든 나에게 복수의 칼날을 겨눌 수 있었다. 내가 더는 대학생이 아니라는 사실을 그녀가 까발리기까지는 그리 오래 걸리지 않았다. 며칠 후 호텔 연회장에서 투갈루 대학교 동문회가 열린 것이다. 동문회가 시작되기 직전, 졸리가 나를 불렀다.

"제임스, 연회장 바닥이 아직 찐득거리더군요. 손으로 문질러야 할 것 같아요." 그녀는 손톱을 다듬을 때에나 쓸 법한 아주 작은 크기의 청소솔을 주었다.

"동문회 행사가 끝나면 바로 처리하겠습니다."

"아니요, 지금 당장 하세요."

그녀는 투갈루 대학교의 교수진과 동문들이 카나페와 칵테일을 즐기는 동안, 회색 나팔바지에 소매와 바지 끝이 보라색으로 장식된 잡역부 유니폼을 입고서 그 사이를 네 발로 기어다니는 나의 모습을 보고 싶었던 것이다. 나는 교수들이 혹시라도 나를 알아볼까 봐 저녁 내내 바닥에 고개를 푹 숙이고 돌아다녔다. 그러나 그날 밤 나는 중요한 교훈을 배웠다. 네 발로 기어다니면서 바닥을 닦는 흑인에게는 아무도 신경조차 쓰지 않는다는 사실을. 그런 사람은 아무도 신경 쓰지 않는 투명인간 취급을 당한다는 것을.

JG와 나는 일을 마치면 콜로니얼 하이츠, 워싱턴 애디션, 그리고 베일리 애비뉴 등 여러 술집들을 돌았다. 애시 거리는 특히 위험한 지역이었지만, 언제든지 코카인을 얻을 수 있는 곳이기도 했다. 운이 나쁜 밤—점점 더 많아졌다—이면, 나는 그 최악의 장소에서 무엇인가 집어삼킬 만한 더러운 것을 열심히 찾는 바퀴벌레 한 마리가 된 것 같았다. 우리는 마약을 사면 그로브 아파트로 돌아왔다. 그리고 록을 피웠고 새벽 2

시에 다시 바깥으로 기어나갔다. 새벽 4시가 되면 또다시 집으로 돌아왔다. 바로 다음 날에 호텔로 출근하기 직전까지 밖에서 밤을 보낸 적도 있었다.

우리에게 코카인을 파는 사람들은 대부분 자신의 약물 중독을 이어나가기 위해서 마약을 팔았다. 그들은 자기 물건을 길거리에 직접 들고 다니지 않았다. 주문을 받으면 근처의 안전한 곳에 숨겨둔 물건을 가져오거나 거래를 할 수 있는 낯선 장소로 우리를 데려갔다. 어떤 놈들은 선불로 지급하면 물건을 가져오겠다고 약속한 후에 돈을 들고 사라져버렸다. 우리는 항상 경계를 해야 했다. 보통 JG가 거래를 했고 나는 JG 뒤에서 재킷 주머니에 숨긴 총을 쥐고서 거래를 지켜보았다.

그렇게 마약에 전부를 건 놈들과 더 많은 시간을 보낼수록 우리도 그들처럼 마약을 얻기 위해서라면 무자비하고 더러운 짓도 서슴지 않을 놈들이 되어갔다. 가장 추잡했던 순간은 JG가 그의 여자친구 도로시를 턴 날이었다. JG는 그녀가 학자금 대출로 꽤 많은 현금을 받은 상태라는 것을 알고 있었다. 새벽 3시에 우리가 빈털터리가 되자 JG는 그녀의 침실로 몰래 들어가서 화장대에서 현금 다발을 훔쳐왔다. 나는 그에게 절대로 좋은 생각이 아니라고 설득하려고 했다. 그러나 정작 그가 현금을 훔쳐서 록으로 바꿔온 다음에는 그의 바로 옆에서 함께 유리 파이프를 물고 있었다.

크랙에 빠진 약쟁이의 삶을 살면서 록이 떨어질 때마다 가슴속에서는 가장 악랄한 감정이 솟구쳤다. 어느 날 밤 록이 다 떨어지자 우리는 제시카에게 빌린 차를 타고 록을 좀더 구하러 다녔다. 그 차는 제시카 아버지의 쉐보레 SUV였는데 "예수가 우리를 구원하리라"라고 적힌 스티커가 붙어 있었다. 몇몇 허수아비 같은 몰골의 사내들이 자기 차 옆에서 있다가 신호를 보냈다.

"뭘 찾고 있어?" 우리가 내린 차창 너머로 그 녀석이 말을 걸었다.

"20달러짜리 있어?" 밤새 록을 피운 우리가 감당할 수 있는 최대의 금액은 40달러뿐이었다. 그리고 우리는 매우 지친 상태였다.

"잠깐만……기다려." 그 녀석은 자기 차 안으로 손을 뻗더니 뚱뚱한 록 덩어리 두 개를 꺼냈다.

JG는 그것을 나에게 전했다. "확인해봐. 플러머."

록을 바라보기만 해도 나의 머릿속이 타올랐다. 나는 냄새를 맡았다. 그런데 이상한 냄새가 났다. 손톱으로 덩어리를 긁어보았더니 깨지지 않고 움푹 들어갔다. 다른 것도 긁어보았다. 아니나 다를까, 그것은 왁스 덩어리 두 개였다.

"개새끼야, 이건 왁스잖아!" 내가 소리쳤다. 나는 그 자리에서 록을 구할 것이라고 생각했다. 그러나 그 녀석은 나의 허기를 달래주지 않고 나를 망쳐놓았다. 분노가 솟구쳤다. 나는 차에서 내리자마자 그 녀석의 가슴에 가짜 록을 던졌다. 허수아비 같은 그 녀석의 눈을 응시하면서 나는 주머니에 손을 집어넣고 총을 쥐었다. 그 순간 나는 총이 주머니 바깥으로 나오면 쏠 수밖에 없으리라는 것을 알고 있었다. 허수아비 녀석이 더 거칠게 나오기를 바랐다. 간단히 말해서, 꺼지라고 욕을 한다든지. 그러면 나는 그 녀석을 죽일 수 있을 것이다. 그의 가슴팍에 가짜 록을 내던졌으니, 이제는 그 녀석이 나에게 거짓말쟁이라며 맞설 차례라고 생각했다. 그런데 어떤 이유에서인지 그 녀석은 그러지 않았다. 그의 눈에 공포가 보였다. 나에게 남은 마지막 인류애는 내가 총을 꺼내지 못하게 막고 있었다. 그가 나에게 맞서지 않으면 나는 그를 죽일 수 없었다.

"이 새끼가 사기를 쳐?"

"이봐, 물건을 잘못 꺼냈어. 실수야. 사기 칠 생각은 전혀 없었다고."

"그래, 그러시겠지. 이 개새끼야."

JG가 내가 무슨 생각을 하는지 알아챘다. 그는 차에서 뛰어내리더니 나와 그 녀석 사이를 가로막았다.

"JG, 당장 저리 비켜! 이 개새끼한테 본때를 보여줘야겠어."

"플러머, 그러지 마. 그냥 보내주자. 진정해."

"죽여버리겠어!" 나는 주머니 속의 총을 꺼내고 허수아비 녀석의 얼굴을 손가락으로 가리키면서 소리쳤다. "우리한테 사기 치려고 했잖아!"

내가 허수아비를 노려보는 동안 JG는 느리고 차분한 말투로 이야기했다. "플러머. 이건 아니야. 침착해. 그냥 가자, 우리."

나는 마침내 손을 내렸다. 허수아비 녀석은 자기 차에 뛰어들어서 도망가버렸다.

"제기랄! 뭐가 문제야, JG?" 내가 자동차 보닛에 손을 내리치면서 소리쳤다. "그 새끼를 조졌어야 돼! 빌어먹을!"

JG는 내가 이전까지 본 적 없는 눈빛으로 나를 바라보았다. 그의 눈에 공포가 서려 있었다.

"플러머, 넌 변했어. 겨우 40달러 때문에 마약 중독자한테 총을 쏘겠다고? 야, 그건 악마 같은 짓이야. 너답지 않다고."

그의 말이 옳았다. 내가 어떻게 변해가고 있는 거지? 마약 중독자에 살인범이라니. 그건 나답지 않았다. 아니, 나는 원래 그런 사람인가?

잭슨 거리의 모습이 점점 좀비 영화에 나오는 거리처럼 보이기 시작했다. 이런 곳에서 더는 살지 못할 것 같았다. 나는 나를 지키기 위해서 어디를 가든지 항상 총을 가지고 다녔다. 여기는 전쟁터나 다름없었다.

나는 지쳐 있었다. 너무 오랫동안 그저 물 위에 얼굴만 내민 채 혼자 힘겹게 버티고 있었다. 나는 달빛조차 없는 깜깜한 밤바다를 표류하고 있었고 어둠의 물결이 나를 잠식하는 것만 같았다.

46

라마다 르네상스 호텔에서 청소기를 밀며 버는 돈으로는 방값을 내고 록을 구하고 음식을 마련하기에 충분하지 않았다. 나는 사람들이 복도로 내놓은 룸서비스 수레에 남은 음식을 꺼내먹기 시작했다.

나는 손님들의 짐을 방에 옮겨주는 일을 하면서 꽤 괜찮은 팁을 받는 호텔보이와 친하게 지냈다. 그는 호텔의 색깔과 잘 어울리게 만들어진 유니폼을 입었다. 그 자체가 호텔의 분위기를 완성하는 장식의 일부였던 셈이다. 그리고 운 좋게도 나와 그 친구의 정장 사이즈가 일치했다. 그는 주말에 팁으로 100달러를 벌면 여자친구와 놀러 나갔고 "제임스, 나 대신 일해줄래? 난 나갔다 올게!"라고 말하고는 했다. 나는 그의 교대 시간이 끝나는 자정까지 보통 20-30달러 정도의 팁을 벌었다. 그 정도면 나의 늦은 밤 오락에는 충분했다.

그 호텔보이는 얼마 지나지 않아서, 빌럭시에 새로 생긴 카지노에 취직하기 위해서 호텔보이 일을 그만두었고 나는 그 자리에 지원했다. 호텔 매니저인 포르튀네 조베르는 손님과 대면하는 모든 직원의 고용 여부를 결정하는 책임자였다. 남부 지역 출신의 백인 남성인 그는 나를 마음에 들어했다. 아마도 우리 둘 사이에 공통점이 많았기 때문이었을 것이다. 우리는 둘 다 뉴올리언스 출신이었고, 해군에서 복무했고, 튜바를 연주할 줄 알았다.

내가 호텔보이 자리에 지원을 하고 며칠 후, 조베르가 나를 사무실로 불렀다. 그는 책상 맞은편에 있는 의자에 앉으라고 손짓했다. "제임스." 그가 말했다. "자네가 얼마나 열심히 일하는지 내가 잘 알고 있다는 걸 알아주면 좋겠네. 나는 자네에게 호텔보이 자리를 주고 싶네. 그런데 불행하게도……." 그가 책상 위에 있는 종이를 내려다보았다. "졸리가 자네에 대해서 혹평을 하더군."

나는 아무런 대답도 하지 않았다. 내가 뭐라고 하겠는가?

"자네가 호텔 안팎의 미묘한 관계, 그러니까 졸리의 영역과 나의 영역 사이의 균형을 충분히 이해할 거라고 생각하네." 조베르가 말했다. "나도 도와주고 싶지만 어쩔 수가 없네. 부디 날 이해하기를 바라네."

"네, 조베르 씨." 내가 말했다. "알겠습니다."

그는 내가 투갈루 대학교를 다녔다는 것을 알고 있었다. 그가 나의 얼굴에서 고통을 엿본 것이 틀림없었다. 나에게 몸을 가까이 기울이면서 나의 눈을 똑바로 쳐다보았기 때문이다. "자네 기분이 어떨지 충분히 이해하네." 그가 말했다. "나도 자네처럼 비슷한 자리에서 출발해서 내 힘으로 이 자리까지 올라왔거든. 내가 자네에게 해줄 수 있는 말은, 스스로 겸손해지는 경험 없이는 절대로 신사가 되는 법을 배울 수 없다는 것뿐이야."

그가 나의 기분을 풀어주려고 노력하고 있다는 점과 나도 언젠가 신사가 될 것을 믿는다고 말해준 점이 고마웠다. 그러나 그의 사무실을 떠나 잡역부 일로 복귀하면서 나는 생각했다. 잡역부에서 호텔보이로는 이동할 수 없다니? 그런 거야? 그때까지 나는 다시 대학교로 돌아가겠다는 확고한 계획은 없었다. 그러나 남은 삶을 잡역부로 일하면서 보낼 수는 없다는 것은 알고 있었다. 조베르는 잡역부에서 출발해서 온전히 자신의 힘으로 지금의 자리까지 올라갔을지 모르지만, 나는 절대로 그처럼 할 수 없을 것이다. 적어도 졸리가 호텔 잡역부들의 모든 결정권을 쥐고 있는 한.

나의 상황을 바꿔야 할 때였다.

11월 초 나는 제시카의 생일을 맞아 그녀를 만나러 갔다. 나는 JG와 이미 이틀 내내 술을 마셨기 때문에 굉장히 후줄근했고 수중에 돈도 얼마 없었다. 그 돈으로 할 수 있는 데이트라고는 그저 영화 한 편 보고 패스트푸드로 저녁을 먹는 것뿐이었다. 나는 제시카에게 줄 선물도 준비하지 못했다.

우리는 시체로 만들어진 사악한 괴물이 사람들을 한바탕 죽이고 다니는 공포 영화 「펌프킨 헤드」를 보았다. 그 괴물을 죽이려던 주인공은 마침내 자신이 펌프킨 헤드였다는 사실을 깨닫고, 결국 그 괴물을 없애는 유일한 방법은 스스로 목숨을 끊는 것이라는 사실을 알게 된다.

극장 바깥 벤치에 앉아 가방에서 맥도날드 빅맥을 꺼내 먹으면서 나는 「펌프킨 헤드」의 끔찍한 내용을 머릿속에서 지우려고 했다. 그 영화의 내용이 정곡을 찔렀기 때문이다. 나의 인생에 닥친 악몽으로부터 벗어나려면 나도 목숨을 끊어야 할까?

나는 너무 힘들고 너무 중요한 시기를 너무 많이 흘려보내고 있었다. 나는 마약 중독자가 되거나 살해될지도 모르는 삶을 살고 있었다. 나는 하루 종일 거리에서 살며 미래가 없는 부랑자가 되고 싶지는 않았다. 그러나 날이 갈수록 나와 거래하던 마약 중독자들의 눈동자에서, 그들과 똑같아지고 있는 나 자신의 모습을 보기 시작했다.

살아남고 이 굴레에서 벗어나고 싶다면, 특히 자정부터 새벽 6시까지는 절대 거리를 돌아다녀서는 안 되었다. 그 시간에는 거리가 미쳐 돌아가기 때문이다. 나는 깔끔한 미래를 원했다. 다시 말해서 대학교로 돌아가서 열심히 살고 싶었다. 그리고 정신을 치유하고 회복해야 했다. 악령에 홀린 기분이었다. 꿈을 꾸고 있을 때에도, 깨어 있을 때에도 코카인이 유혹하는 목소리가 들렸다. 나는 그러한 유혹에 넘어가지 않고 나만의 삶을 살아야 했다.

한편 제시카는 간호학교에서 낙제당할 위기에 처했다. 미시시피 의학센터에서 그녀의 마지막 학기 성적은 아슬아슬한 낙제 경계선에 걸쳐 있었다. 제시카는 나체즈 고등학교에서 성적이 상위 20등 안에 드는 우수한 학생이었고 투갈루 대학교에서도 괜찮았다. 그러나 흑인 사회를 벗어나 여러 인종이 모인 학교를 다니기 시작하면서, 그 학교에서 요구하는 높은 기대치에 비해서 자신의 학력 수준이 매우 부족하다는 사실을 깨닫는 중이었다. 나는 제시카가 쓴 글을 보고 매우 충격을 받은 적이 있었다. 내가 보기에 6학년 수준의 글이었다. 제시카와 나는 벤치에 말없이 앉아 눅눅한 감자튀김을 만지작거리면서 우리 둘의 무미건조한 미래를 상상했다.

나는 그녀를 향해 고개를 돌리고 말했다. "나랑 결혼할래?"

"뭐?"

"나랑 결혼할 거냐고."

"정말 진심으로 말하는 거야?"

"응, 진심이야."

내가 좋은 신랑감이 아니라는 사실은 잘 알고 있었다. 나는 출세할 가망은 전혀 없이 호텔 잡역부로 일하는 대학교 중퇴자였고 제시카 몰래 아주 심각한 수준으로 마약에 찌들어 살고 있었다. 나는 JG와의 어두운 삶에 대해서는 차마 털어놓을 자신이 없었다. 고백하기에는 너무 수치스러운 이야기였다.

제시카는 자신이 나를 진심으로 사랑하는지 확신이 들지 않는다고 했다. 나도 그녀에게 솔직하게 말했다. 나 역시 그녀를 진심으로 사랑하는지 확신이 들지 않는다고. 우리의 관계가 시작된 계기였고, 또 관계에 활력을 불어넣었던 것은 순전히 욕망이었다. 그러나 우리는 마텔과 있었던 슬픈 악몽을 포함해서, 롤러코스터와 같았던 한 해를 함께 보냈다. 이제 우리는 과거에는 서로 느껴본 적 없는, 완전히 다른 층위의 사랑과 존중을 느끼고 있었다. 나는 그녀에게, 내가 모든 일을 망친 장본인이지만 이제 다시 모든 것을 바로잡고 싶다고 말했다. 다시 학교로 돌아가고 그녀와 결혼해서 안정된 삶을 꾸리고 싶다고 호소했다.

그녀는 나의 진심이 느껴진다고 말했다. 그리고 내가 더 나은 사람이 될 수 있다고 믿어주었다. "넌 마텔을 위해 올바른 일을 하려는 거야." 그녀가 말했다. 그리고 나의 손을 꽉 잡았다. "그리고 내가 함께하고 싶은 남자는 바로 그런 사람이야. 내가 결혼하고 싶은 남자."

우리는 그로부터 2주일 후에 잭슨 법원에 가서 혼인 신고를 했다. 단 둘이서. 제시카는 매주 일요일마다 교회에 가는 사람이었지만, 결혼식까지 교회에서 하고 싶어하지는 않았다. 그때에는 우리 둘 다 그랬다.

나는 제시카의 부모님을 딱 한 번 만났고 만나자마자 사이가 틀어졌다. 제시카의 아버지는 신앙심이 아주 깊었고 나를 사탄 취급했다. 그리고 내가 학교를 그만둔 이후로는 그녀의 학생 모임 친구들도 나를 높이 평가하지 않았다.

그래서 우리의 결혼식은 그다지 행복한 결혼식은 아니었다. "이제 오늘부터 이 둘은 모든 것을 새롭게 시작할 것입니다. 모두 축하하고 함께 돈을 실컷 씁시다!"와 같은 기쁨의 순간은 없었다. 우리에게는 선택권도 없었다. 우리는 결혼이 축복받을 자격이 없다고 생각하는 빈털터리였으니까. 우리는 그저 생존을, 함께 나락에 빠지지 않기를 바랄 뿐이었다.

47

제시카는 잭슨의 안전한 상업 지구에서 월 200달러에 침실이 하나 딸린 아파트를 구했다. 우리는 새로운 일상에 금방 익숙해졌다. 그녀는 의학 센터의 간호학교를 계속 다녔고 그 의학 센터에서 시간당 5달러를 받으면서 환자를 휠체어로 이송하는 아르바이트도 했다. 나는 투갈루 대학교에서 낮 동안 수업을 들었고 일주일에 3일은 오후 3시부터 11시까지 라마다 호텔에서 잡역부로 일했다. 주말에도 교대 근무를 했다. 그리고 성적을 원상복구시키기 위해서 일하지 않는 시간은 공부에 매진했다.

이번에는 기필코 투갈루 대학교에서 성공하겠다고 결심했다. 대학교 수업이 여전히 어려웠기 때문에 나는 수업 외 시간에 할 수 있는 한 열심히 공부하려고 했다. 나는 수학을 제대로 하지 못하면 과학 분야에서 성공할 수 없다는 것을 잘 알고 있었다. 그래서 미적분학 강의에서 나만큼 열정적으로 공부하는 학생을 찾았다. 나는 그 친구와 함께 칠판 앞에 서서 교과서 속의 모든 예제 문제와 한 장章이 끝날 때마다 나오는 연습 문제들을 풀었다. 나는 그 학기 미적분학 수업에서 A 학점을 받았다. 그리고 나는 더 중요한 것을 배웠다. 단순히 문제만 푸는 방법이 아니라 동료와 문제를 해결하는 것의 중요함을. 동료와 함께 공부하는 것이 어떤 과목을 배우든지 간에 어려운 내용을 공부하고 문제를 풀기 위한 최고의 전략이 되겠다고 생각했다.

졸업할 때까지 더 많은 수학 수업을 수강하기 위해서 투갈루 대학교에 재입학을 하자마자 물리학을 전공으로, 수학을 복수 전공으로 신청했다. 물리학은 내가 월드 북 백과사전을 읽기 시작할 때부터 빠졌던, 나의 지적인 첫사랑이었다. 심지어 크랙에 빠져 있었던 지난 학기에도 물리학 시험에서는 모두 만점을 맞았다. 물리학과 데이브 틸Dave Teal 교수는 자기가 직접 시험 답안지를 만드는 것보다 그냥 내가 제출한 답지를 그대로 쓰는 것이 더 낫겠다는 농담을 하기도 했다.

틸 박사는 투갈루 대학교의 유일한 물리학 교수였고 나와 같은 학년에는 나 말고는 물리학 전공자가 딱 한 명밖에 없었다. 투갈루 대학교에는 1965년에 틸 박사가 오기 전까지 물리학과도 없었다. 그는 캘리포니아 공과대학교와 하버드 대학교에서 물리학 박사학위를 받고 즉시 투갈루 대학교로 왔다. 법원이 미시시피 주에 속한 대학교에 인종차별 정책을 폐지할 것을 명령한 직후였다. 틸 박사는 잭슨에 있는 교회를 통해서 시민운동에 깊이 참여하던 사람이었다. 그가 투갈루 대학교에 처음 왔을 때만 해도 많은 학생들이 그의 동기를 의심했다. 그가 그냥 한 학기 정도만 불쌍한 남부 지역 흑인 아이들을 독려하는 척하고 고향으로 돌아가서 책을 집필하려는 선교사 같은 인물은 아닌지 의심이 들었던 것이다. 그러나 투갈루 대학교에서 일하던 많은 백인 교수들과 마찬가지로, 틸 박사도 최소 2–3년은 머무를 생각으로 남부로 왔고, 그렇게 남은 경력을 이곳에서 보냈다.

그는 물리학 개론 수업에 아주 많은 시간을 할애했다. 그러나 물리학에 재능이 있거나 깊은 애정을 보이는 학생들을 만나면 자신이 아는 모든 것을 확실히 전수하고자 했다. 투갈루 대학교에서는 내가 배우고 싶었던 양자역학 과목이 없었다. 근처의 밀샙스 대학교로 가서 양자역학 수업을 들으려고 했지만 일정이 맞지 않았다. 그래서 틸 박사는 오직 나 한 명을 위한 커리큘럼을 짰고 일대일로 나를 지도해주었다.

틸 교수는 학생들, 특히 나처럼 밤에 일을 하는 학생들이 계속 학교에 다니면서 장학금을 받거나 대학원 과정에 진학할 수 있도록 많은 도움을 주었다. 게다가 내가 약속한 시간에 나타나지 않으면 나를 찾아서 수업에 끌어 앉히는 사람이기도 했다.

내가 재입학을 한 지 얼마 지나지 않은 초겨울, 그는 점심 시간에 나를 찾으러 식당까지 왔다.

"제임스, 오늘 오후에 제시간에 도서관에 와야 한다."

"물론이죠, 틸 박사님." 나는 내가 왜 도서관에 가야 하는지 떠올리려고 애쓰면서 대답했다. "정확히 몇 시까지 가야 하는 거였죠?"

"매사추세츠 공과대학교에서 온 사람들이 3시 정각에 발표를 시작할 거야."

나는 3시 5분에 도서관에 도착했다. 틸 박사는 다섯 명의 투갈루 물리학과 학생들과 함께 책상 끝에 앉아 있었다. 도서관에 있는 또다른 세 명은 처음 보는 사람들이었다. 젊은 여자 한 명과 젊은 남자 두 명이 책상 반대편 끝에 앉아 있었다.

"드디어 제임스가 왔군요." 틸 박사가 근엄한 표정으로 나를 보면서 말했다. "이제 시작합시다. 오늘 매사추세츠 공과대학교에서 세 명의 물리학과 대학원생들이 우리를 방문했습니다. 여러분에게 아주 멋진 전문 연구에 참여할 기회에 대해 소개할 겁니다. 그러니 발표에 각별히 집중해주십시오."

나는 이 북부 지역에서 온 사람들이 다른 종류의 과학 너드라는 것을 바로 눈치챌 수 있었다. 그들은 흑인이었지만 다들 도시 출신이었다. 옷차림만 봐도 딱히 멋부리기 좋아하는 사람은 아님을 알 수 있었다. 학생이라기보다는 오히려 우리 학교의 백인 이과 교수들처럼 보였고 책상에 아주 바른 자세로 앉아 있었다. 여성은 블레이저 재킷을 입고 있었고,

한편으로는 세련되어 보이지만 동시에 굉장히 너드처럼 보일 법한 아주 큰 안경을 끼고 있었다. 나는 그녀가 아주 길고 우아한 손가락 모두에 반지를 끼고 있는 것을 발견했다.

"다들 와주셔서 감사합니다." 그녀가 우리와 한 사람씩 눈을 마주치며 말했다. "제 이름은 신시아 매킨타이어입니다. 그리고 제 동료 푸아드 무하마드, 클로드 푹스를 소개합니다." 그녀는 아주 낮은 저음의 섹시한 목소리로 말했다. 내가 상상하던 북부 지역의 여자 과학 너드가 말하는 방식이었다. "매사추세츠 공과대학교에서 물리학 공부를 시작했을 때, 저는 저 말고 또다른 흑인 대학원생이 있을 것이라고는 생각하지 못했습니다. 매사추세츠 공과대학교 역사상 지금까지 물리학 박사를 받은 흑인 여성은 단 한 명밖에 없었거든요. 제가 두 번째가 되겠지요. 그리고 말씀드리자면, 이 나라에는 우리와 같은 사람이 많지 않습니다." 그녀는 맞은편에 앉은 두 여학생을 바라보며 말을 이었다.

"그때 푸아드를 만났고 제가 혼자가 아니라는 사실을 알게 되었죠. 그는 제게 클로드도 소개했습니다. 우리는 함께 머리를 맞대고 고민했죠. 물리학과 대학원에 진학하는 흑인 학생들의 수를 어떻게 늘릴 수 있을까. 우리는 매사추세츠 공과대학교의 이공계 학과장들과 이야기를 나눴고 다음 달 매사추세츠 공과대학교에서 개최될 흑인 물리학과 학생 및 흑인 물리학자들을 위한 콘퍼런스에 학부 학생들을 초청할 수 있도록 도움을 요청했습니다. 그래서 여러분을 초대하려고 왔어요."

그녀는 잠시 말을 멈추고 책상 주위를 둘러보며 이 제안에 응하는 사람이 있는지를 살펴보았다. 불편한 침묵 속에서 내가 말했다. "저희더러 매사추세츠 공과대학교 콘퍼런스까지 와달라고요? 저는 거기가 어딘지도 몰라요! 그리고 거기까지 갈 돈도 없다고요."

책상에 앉아 있던 투갈루 대학교 여학생들이 내가 자기들을 난처하게 만들었다는 듯이 내 말을 툭 끊었다.

"제 설명이 부족했나 봐요." 신시아가 다시 입을 열었다. "저희는 여러분이 매사추세츠 공과대학교까지 오는 데 드는 경비를 지원할 예정입니다. 보스턴 바로 외곽에 있는 곳이에요. 항공권과 호텔 비용, 식사 비용까지 모두 저희가 부담할 겁니다."

책상 주위에서 '헉!' 하는 소리가 들렸다. 그 누구도, 어디에서도, 단 한 번도 우리에게 무료 항공편과 호텔 객실을 제공해준 적이 없었다. 우리 모두는 참석하기로 결정했다.

48

로건 공항에 내리자 나는 태어나서 처음으로 보스턴의 겨울 공기를 맛보았다. 미시시피 주에서는 찬 겨울 바람을 "매"라고 불렀는데, 수하물을 찾는 곳 바깥으로 나가려고 공항의 이중 유리문을 나선 순간 나는 매는 무슨 익룡이 뾰족뾰족한 이빨로 나의 가슴과 뺨을 물어뜯는 것만 같았다. 나는 쏜살같이 셔틀 버스에 올라탔다.

호텔에서 우리는 각자 다른 대학교에서 온 학생과 한 방을 쓰도록 배정되었다. 나와 같은 방을 쓰게 된 학생은 내가 들어본 적 없는, 펜실베이니아 주에 위치한 흑인대학인 링컨 대학교 출신이었다. 전국 각지에서 학생들이 왔는데 그중 절반은 작은 규모의 흑인대학에서 온 학생들이었다. 그리고 나머지 절반은 모어하우스와 같은 아주 잘난 흑인대학이나 미시건 대학교처럼 저명한 주립대학교에서 온 학생들이었다.

매사추세츠 공과대학교는 눈과 얼음으로 덮여 있어 아주 인상적이었다. 그러나 나는 슈퍼맨이 살던, 서리로 덮인 고독의 요새가 떠올랐다. 블레이저 재킷을 입고 거대한 안경을 쓴 큰 키의 근엄한 신시아 매킨타이어가 콘퍼런스 센터 안에서 우리를 반겼다. 그녀는 이번 콘퍼런스를 통해서 흑인 물리학과 학생들을 지원할 네트워크를 흑인 물리학자 공동체 안에 형성하고, 대학원 및 전문직의 기회에 대한 학생들의 관심을 제고하며, 졸업생들에게 새로운 물리학 분야로 진출할 기회를 주고자 한다고 설명했다.

"여러분 모두가 함께 점심을 먹으면서 서로 이야기를 나누기를 바랍니다. 그후에는 강의실로 이동해서 유명한 흑인 물리학자들의 과학 강의를 듣겠습니다."

추위와 눈, 북부 지역의 억양과 낯선 음식으로 가득 찬 풍경 속에서 나는 굉장히 혼란스러웠다. 나는 뉴잉글랜드 지역의 전통적인 클램차우더에 숟가락을 넣고는 탁자 주변을 둘러보았다. 눈동자를 반짝이고 있는 미래의 물리학자들이 가득 차 있었다. 나는 뒤에 있던 한 학생이 자기가 제1저자인 논문의 게재를 앞두고 있다고 자랑하는 소리를 우연히 들었다. 또다른 학생은 「네이처*Nature*」와 「사이언스*Science*」 중에서 어떤 학술지의 임팩트 팩터impact factor(학술지에 게재된 논문들의 최근 인용 횟수를 활용하여 학술지의 영향력을 나타내는 지수/옮긴이)가 더 높은지를 물었다. 나는 다시 그릇에 집중하면서 클램차우더 속 조개의 개수를 세려고 했지만, 조개는 모두 작게 잘려 있었다.

점심 식사가 끝나고 사람들은 우리를 강당으로 안내했다. 우리는 그곳에서 흑인 물리학 교수들이 진행하는 끈 이론, 비선형 역학, 수학적 모델링 등 다양한 분야에 대한 강의를 들었다. 나는 벨 연구소에서 왔다는 양자 물리학자가 상대성 이론과 관련된 이야기를 들려주기를 기대했다. 그러나 그는 내가 생전 처음 들어보는, 그리고 따라갈 수조차 없는 수학 방정식을 설명했다.

바로 그것이 실제 연구 현장에서 일하는 물리학자들과의 첫 만남이었다. 그러나 나는 거의 현실감을 느끼지 못했다. 그들이 설명하는 내용의 99퍼센트를 이해하지 못했다. 투갈루 대학교 학생들은 다 그랬을 것이다. 스리피스 정장을 입은 교수들은 분명 흑인이었지만 그들은 나와는 다른 행성에서 온 흑인들이었다. 그들이 대마초를 팔거나 닭의 털을 뽑아보았거나 길거리에서 도박 삼아 주사위 놀이를 해보았을 것이라고는 전혀 상상할 수가 없었다. 신시아 매킨타이어와 그녀의 동료들도 그랬다. 나는 그들에게서 어떤 동질감도 느끼지 못했다. 나는 빈민가 출신이면 물리학자가 될 자격이 없는지 걱정이 되었다.

이후에는 패널 간 토론이 진행되었는데 훨씬 더 실용적인 주제를 다루었다. 나는 물리학 전공이기는 했지만 앞으로 물리학자로서 어떤 경력을 쌓아야 하는지에 대해서는 말할 것도 없고 대학원 진학에 대해서도 생각해본 적이 없었다. 나는 물리학 박사과정 학생은 등록금을 내지 않을 뿐만 아니라 연구를 수행하고 학부생을 가르치면서 약간의 보수를 받을 수도 있다는 소식에 솔깃했다. 그러나 그러려면 물리학과 수학에서 아주 좋은 학점을 받아야 했고, GRE 시험(영미권 국가에서 시행하는 대학원 입학 시험/옮긴이)에서도 좋은 점수를 얻어야 했고, 추천서와 연구 경력도 필요했다.

물리학과 대학원에 진학하는 데에 필요한 조건들 중에 그때까지 내가 갖춘 것은 단 하나도 없었다. 성적은 나빴고, 여름 연구 경력도 없었다. 이제 와서 열심히 공부한들 좋은 대학원은 고사하고 아무 대학원에 갈 수나 있을지 의문이 들었다.

콘퍼런스의 마지막 행사로 우주비행사 프레드 그레고리Fred Gregory의 연설이 있었다. 나는 흑인 우주비행사는커녕 우주비행사를 직접 본 적이 없었다. 나는 그 순간을 절대 잊지 못할 것이다.

강의실에 가보니 이미 자리가 하나도 없어서 서 있어야 했다. 그레고리는 우주왕복선에서 비행 임무를 하던 자신의 멋진 사진들을 보여주면서 이야기를 시작했다. 그러나 나에게 정말로 영감을 주었던 것은 그의 연설이었다. 그레고리는 어떻게 그가 1978년의 우주비행사 선발에서 세 명의 흑인 우주비행사 중의 한 명이 될 수 있었는지를 이야기했다. 론 맥네어Ron McNair, 기온 "가이" 블루퍼드Guion "Guy" Bluford, 그리고 그까지 세 명은 우주로 날아간 최초의 흑인 남성들이었다. 블루퍼드는 1983년에 처음으로 우주를 비행했고, 그를 따라서 맥네어는 1984년에, 그리고 프레드 그레고리는 1985년에 우주 비행 실험실 스페이스 랩 3의 발사를 조종했다.

"우리 셋이 처음 선발되었을 때 우리는 새로운 흑인 우주비행사 세 명이 더 합류할 때까지 은퇴하지 말자고 약속했습니다. 1981년에 찰리 볼든Charlie Bolden이 우주비행사로 선발되면서 한 명의 동료를 얻게 되었죠. 그러나 1986년에 비극적인 챌린저 호 사고로 론을 잃었습니다. 그는 정말 멋진 사람이었고, 우리는 지금도 그가 그립습니다. 론은, 여러분들도 앞으로 받게 될 물리학 박사학위를, 바로 매사추세츠 공과대학교에서 받았습니다."

"NASA는 그후에 첫 번째 흑인 여성 우주비행사도 선발했습니다. 그녀의 이름은 메이 제미선Mae Jemison입니다. 그녀는 스탠퍼드 대학교에서 학부를 보냈고 코넬 대학교 의학전문 대학원을 마쳤습니다. 이 이름을 잘 기억하세요. 여러분은 앞으로 그녀에 대해서 더 많이 듣게 될 겁니다. 이렇게 두 명, 찰리와 메이가 흑인 우주비행사가 되었습니다. 세 명의 흑인 우주비행사를 채우려면 한 명이 더 필요합니다. 그래야 제가 비로소 은퇴를 할 수 있을 겁니다."

그는 잠시 멈춰서 젊은 흑인 물리학과 학생들이 있는 강의실을 훑어보았다.

"이 순간 이후로는 절대 움츠러들지 마세요. 역사가 여러분을 기다리고 있습니다. 박사학위를 받으세요. 우주비행사 선발 과정에 지원하세요. 그리고 제발 부디, 멈추지 말고 앞으로 나아가세요. 우리는 여러분이 필요합니다. 미국에는 바로 당신이 필요합니다. 흑인 사회에는 여러분의 도전이 필요합니다."

모든 청중이 자리에서 일어났고 나는 그 누구보다도 크게 박수를 치면서 환호했다.

그날 밤 집으로 돌아오는 비행기에서 조명이 어두워지자 나는 비행기 창문에 이마를 기대고 바깥의 밤하늘을 바라보았다. 나는 우주왕복선 창문 너머로 보이는 우주는 어떤 모습일지, 그 하늘이 얼마나 어두울지, 그리고 별은 얼마나 밝게 빛날지를 상상했다. 우주복을 입고 우주 유영을 하는 모습을 상상했다. 나는 아주 빠른 속도로 지구 주위를 자유 낙하하여 지구 표면에 결코 부딪히지 않을 것이다. 우주 공간은 내가 있어야 할 너무나 완벽하고 자연스러운 곳처럼 느껴졌다. 별을 향해서 나를 쏘지 않을 이유가 있을까?

다음 날 오후, 나는 다시 지구의 현실로 돌아와서 라마다 르네상스 호텔의 복도 카펫을 청소했다. 청소부 아주머니 한 명이 JG가 지난주에 출근하지 않았다면서 혹시 그에게 무슨 일이 생겼냐고 물었다. 나는 제시카와 결혼하고 함께 살기 시작하면서 JG와 거리를 두었다. 여전히 밤만 되면 록이 나를 유혹했고 나는 다시 JG와 어울리면 록의 유혹을 뿌리치지 못할 것임을 잘 알고 있었다. JG는 나에게 전화해서 내가 계속 그와 연락하기를 바라는지 확인받고 싶어했다. 전화기 너머로 마약에 취한 그의 목소리를 듣는 것만으로도 내가 일이 끝나자마자 곧장 집으로 가야 하는 이유를 바로 느낄 수 있었다.

그러나 JG가 출근하지 않았다는 말을 듣고는 걱정이 되었다. 나는 그가 괜찮은지, 적어도 밥은 먹고 다니는지 확인해보기로 했다. 어쩌면 그에게 하이델버그에 있는 집으로 돌아가서 잠깐 쉬고 오는 것이 좋겠다고 조언할 수도 있을 거라고 생각했다.

나는 JG가 여전히 지내고 있던 그로브 아파트에 도착했다. JG가 신경질적인 목소리로 문을 열고 나오더니, 완전히 흥분한 목소리로 침대를 50달러에 팔아치웠다며 자기와 함께 록을 빨면서 즐기겠냐고 물었다.

나는 속으로 생각했다. 이런 망할. 이미 이 녀석은 강을 건넌 지 오래였다. 그깟 록을 피우려고 침대를 팔았다고? 그건 정말 소름끼치는 일이었다. 예전에는 가구들이 잔뜩 있었던 그의 방에는 텔레비전도, 당연히 침대도 없었다. 그냥 침대보와 지저분한 담요가 바닥에 깔려 있을 뿐이었다.

나는 JG에게 수업 시간에 늦어서 가야겠다고 말하고는 당장 그곳을 빠져나왔다.

49

진심으로 대학원에 진학할 작정이라면 일단 연구 경력을 쌓아야 했다. 내가 다녀왔던 콘퍼런스에서는 NASA, 국립 에너지 연구소, 그리고 다양한 연구 기관과 대학에서 여름 동안 진행하는 연구 과정들의 목록을 제공했다. 나는 그 목록에 있는 모든 연구 과정에 지원했고, 모두 나를 거절했다. 나의 학점이 겨우 2.56이었기 때문에 그 정도로는 어디에도 합격할 수 없었을 것이다.

나는 당장의 여름뿐만 아니라, 그 이후의 전망에 대해서도 꽤 암울한 기분이 들었다. 그러던 어느 날 아침 기말고사 기간이었는데 투갈루 대학교 교무처에서 누군가가 전화를 걸어왔다. "조지아 대학교에서 연락이 왔는데요, 학생에게 첫 수표를 발급하려면 사회보장번호가 필요하다고 합니다."

나는 처음에는 대체 무슨 말을 하는 것인지 이해하지 못했다. 그러나 "수표"라는 말을 알아듣고는 일단 옷을 주섬주섬 챙겨 입고 교무처로 향했다. 알고 보니 미국 국립과학재단의 지원으로 조지아 대학교에서 진행되는 여름 화학 연구 과정에 내가 합격했다는 것이었다. 그런데 내가 지원한 적 없는 과정이었다. 그래서 나는 일반화학 수업에서 나를 조교로 고용한 리처드 맥기니스Richard McGinnis 교수를 찾아갔다.

"혹시 어떻게 된 일인지 아시나요?" 내가 물었다.

"합격했구나!" 그는 학생들이 복잡한 분자 구조식을 그리는 데 성공했을 때에나 짓던 흐뭇한 표정을 지으며 소리쳤다. "아는 교수가 한 명 있는데, 그 사람이 추천할 만한 학생이 있는지 물어보더군. 그래서 자네가 내 화학 수업에서 가장 유명한 학생이자 훌륭한 조교였다고 했지. 합격했다니 정말 잘됐군!"

"감사합니다." 내가 말했다. "그런데 저는 조지아 주 애선스까지 갈 돈도, 차도 없는걸요."

1년 전 JG와 내가 잭슨에서 밤새도록 흥청망청 노는 동안, 나는 휘발유가 다 떨어지는 바람에 차를 위험한 동네에 주차해놓았다. 그다음 날 차를 찾으러 돌아갔지만 이미 차는 뼈대만 남은 채 다 털린 상태였다. 그후로 나는 대중교통을 타거나 제시카의 차를 빌려야 했다.

"이건 어떤가?" 맥기니스 교수가 물었다. "내가 만약 자네에게 그레이하운드 버스 표를 끊어주면, 나중에 돈을 갚겠나?"

"물론이죠! 첫 월급을 받자마자 바로 갚겠습니다!"

나는 맥기니스 교수가 나를 위해서 그렇게까지 해줄 거라고는 기대하지 않았다. 나는 백인들에 대한 깊은 불신 속에서 자랐다. 그런데 놀랍게도 백인 남자가 내가 연구 과정에 참여할 수 있도록 신경 써주었을 뿐만 아니라, 자기 주머니에서 직접 교통비까지 지원해주겠다는 것 아닌가. 틸 박사나 많은 이공계 교수들처럼 맥기니스 박사도 인종차별 폐지를 위해서 투쟁하는 '자유의 기수Freedom Rider' 운동의 일원으로서 투갈루에 와서 머무르기로 결정한 사람이었다. 대체 왜 캘리포니아 공과대학교와 하버드 대학교에 있던 백인 남성들이 대부분의 사람들은 잘 알지도 못하는 이 조그만 흑인대학까지 와서 흑인을 교육하는 데에 자신의 경력을 바치는 걸까?

하루 종일 버스를 타고 애선스로 가는 동안 나는 몇 가지를 고민했다. 나는 내가 지금 어디로 가는지 또 앞으로 어떤 일이 펼쳐질지에 대해서 아는 것이 없었다. 나는 연구실에서 연구를 해본 경험이 없었다. 내가 알 수 있는 것은 실험실에서 할 일이 무엇이든 간에 무더운 여름에 잔디를 깎거나 패스트푸드 가게에서 튀김기를 다루는 것보다는 훨씬 재미있고 쉬울 것이라는 점뿐이었다.

조지아 대학교에서의 첫날 아침, 나의 여름 멘토가 될 화학과 교수 마이클 던컨Michael Duncan이 나를 환영해주었다. 그는 나에게 거대한 레이저 기계 장비가 군림하고 있는 자신의 연구실을 소개했다. 그의 연구진은 전국 각지에서 온 젊은 백인 연구자들로 구성되어 있었다. 던컨은 연구진이 초저온의 소규모 분자 군집을 연구하고 있다고 소개했고, 나는 여름 동안 그들의 연구를 지원하면 된다고 이야기했다. 나는 초저온 분자 군집에 대해서는 아무것도 몰랐는데, 던컨은 내가 여름 동안 차츰차츰 배우게 될 것이라고 장담했다. "맥기니스 교수한테 들었는데 배우는 속도가 굉장히 빠르다면서."

그러고 나서 그는 봉투를 열고 열쇠고리를 하나 꺼냈다. "이제 앞으로 이 건물에 드나들 테니 이 열쇠들을 쓰게. 이 열쇠가 아래층에 있는 정문 열쇠야. 그리고 연구실 열쇠도 있다네. 가끔은 내 사무실에도 와야 할 거야. 그때는 여기 내 사무실 열쇠를 쓰게."

나는 드라마 「환상 특급」의 세계에 와 있는 기분이 들었다. 백인이 나에게 자기 방 열쇠, 연구실 열쇠, 심지어 건물 전체의 현관 열쇠까지 그냥 맡기다니! 실험실은 엄청나게 비싼 실험 장비들로 가득했다. 레이저와 온갖 종류의 첨단 측정 장비들이었다. 내가 실제로 신뢰를 얻었는지와는 상관없이, 그 누구도 나에게 이렇게까지 강한 신뢰를 보여준 적이 없었다. 나는 항상 잠재적인 범죄자 취급을 당했다. 특히 권위 있는 대부분의 백인들에게서. 그런데 이 백인 남자는 나를 믿었다. 이제 처음 만난 사람인데도!

다음 날 아침, 나는 8시에 연구실로 출근했다. 아침 10시가 되도록 연구실에는 아무도 나타나지 않았다. 연구실에 도착한 사람들은 커피를 마시고 일을 조금 했다. 그러고 나자 점심 먹을 시간이 되었다. 연구실에는 출퇴근 도장을 찍는 기계도 없었다. 출입 명부를 쓰지도 않았다. 사람들은 자기 멋대로 아무 때나 들락날락하는 것 같았다. 며칠 후에 나는 한 대학원생에게 물었다. "대체 내가 몇 시까지 여기에 와야 하는 거야? 아침에 올 때마다 아무도 없던데."

"이봐." 그가 설명했다. "네가 여기에 언제 왔는지는 중요하지 않아. 네가 맡은 일을 끝냈느냐가 중요하지. 알겠어? 지금 넌 혼자서 일하는 중이니까, 아무 때나 나와서 일하고 맡은 일을 끝내면 돼. 그리고 매주 회의에만 나와. 그게 다야."

그 순간, 천상 외톨이 성향인 나의 머릿속에 밝은 네온사인이 반짝 켜졌다. 연구자가 바로 나의 체질이다!

이 모든 신뢰와 자율성은 나에게 무척 중요했다. 나는 어렸을 때부터 끊임없이 아무 이유 없이 절도범으로 의심을 받았을 뿐만 아니라, 사람들은 내가 그런 부류의 사람인 것처럼 나를 대했다. 나는 도둑놈에다 거짓말쟁이 취급을 당했다. 그래서 나는 거짓말을 하고 남의 물건을 훔쳤다. 내가 갱스터가 될 것 같다고? 그렇게 되어주마. 내가 무섭고 믿을 수 없는 사람 같다고? 누가 엿 먹일 수 있는지 똑똑히 보여주마.

그러나 그해 여름은 달랐다. 내가 그 실험실에 들어선 순간, 모든 사람들은 내가 똑똑한 사람이라고, 그렇지 않다면 그곳에 있을 리가 없다고 생각했다. 투갈루 대학교의 화학 교수가 나를 보증한 셈이다. 사람들은 내가 할 일을 할 것으로 기대했다. 하루가 끝나면 나는 어느 정도 연구에 기여했는지 평가를 받았다. 아주 신나고 새로운 개념이었다. 그러면서 나는 난생처음으로 앞으로 어떤 과학자가 되고 싶은지를 고민했다. 그 전까지 내 머릿속에는 온통 어떻게 끼니를 해결할지, 오늘 밤에 과연 실내에서 잘 만한 공간을 찾을 수 있을지와 같은 생존에 관련된 질문들만 가득했다. 그러나 이제 나는 스스로에게 묻기 시작했다. 내가 정말 잘하는 것은 뭘까? 거기에 정신을 집중하면 나는 무엇을 성취할 수 있을까?

던컨 박사의 연구진은 투갈루 대학교에서는 볼 수도, 상상할 수도 없었던 아주 높은 수준의 연구를 수행하고 있었다. 우리는 레이저를 활용해서 목표 분자 군집에서 원자를 하나씩 떼어내는 일을 했다. 그러고 나서 초음속 제트 단열 팽창 기구를 활용해서 그 원자와 분자가 비정형적인 구조로 뭉쳐질 때까지 거의 절대 영도에 가까운 온도로 냉각시키는 작업을 수행했다. 나의 임무는 MM2라고 불리는 분자 역학 코드를 사용해서 이 나노 수준의 분자 군집을 산정하는 일이었다. 그러고 나서 MM2 코드로 출력된 결과를 이미 검증된 군집 측정 결과와 비교해서 시뮬레이션의 정밀도를 결정해야 했다. 측정 결과를 구하기 위해서 나는 여러 과학 논문들을 자세히 조사해야 했다. 나는 문헌을 검색하고 읽는 데에 아주 뛰어난 재능이 있다는 사실을 발견했다! 나는 지루한 논문들을 매우 자세히 살펴보면서 몇 시간이고 집중력을 잃지 않을 수 있었다. 그리고 던컨 박사가 장담한 대로 정말 2주일 만에 그 말도 안 되는 것들을 이해하게 되었다!

나는 또한 지금껏 살아오면서 고군분투해온 나의 강박장애적인 특징들—자꾸 주변에 있는 물건 개수를 세거나 사물들을 순서에 맞게 정리하거나 줄 맞춰서 정렬하려는 욕구—이 연구실에서는 최고의 자산이라는 사실을 깨달았다. 나는 몇 시간 동안 아주 세밀하고 작은 일들에 과도할 정도로 집중력을 유지할 수 있었다. 그리고 어떻게 그럴 수 있는지 완벽하게 알지는 못했지만, 나는 복잡한 일련의 계산을 머릿속에 통째로 집어넣을 수 있었고 계산을 시작하자마자 끝낼 수도 있었다.

던컨 박사, 그리고 대학원 학생들과 박사후 연구자들의 존중을 받기 위해서 나는 여름 내내 열심히 연구했다. 여름이 끝날 무렵 그들은 모두 나에게 성공적인 연구자가 되는 데에 필요한 "그것"이 있다며 나를 격려해주었다.

그 하얀 연구실에는 나와 같은 사람이 아무도 없었다. 그렇게 비싼 레이저 장비를 다루는 사람들 중에 나처럼 불우한 어린 시절을 보냈거나 스스로를 파괴하는 경험을 한 사람은 아무도 없었다. 그러나 그들은 나를 연구실의 일원으로 받아들였고, 나는 그곳에서 완벽한 편안함을 느꼈다. 애선스 거리에서는 가끔 사람들이 차를 타고 지나가면서 나에게 "깜둥아!"라고 소리를 지르거나 머리 위에 쓰레기를 투척하기도 했다. 그러나 던컨의 실험실 안으로 들어오면 누구도 나에게 그런 무례한 짓을 하지 않았다. 누가 나를 얕보거나 무시한다는 느낌은 전혀 없었다. 나는 안전하다고, 그리고 내가 가치 있는 존재라고 느꼈다.

8월 말에 버스를 타고 집으로 돌아오면서, 마치 잠시 동안 친절한 외계인에게 납치를 당했다가 다시 지구로 돌아오는 것 같은 기분이 들었다. 나는 미래 과학 기술의 세계에 다녀온 것 같았다. 마침내 내가 진정으로 속해 있다고 느낀 세계였고, 피부색과 계급이라는 사회적인 기표에 의해서 더는 평가받지 않는 세계였다. 그런 세상을 실제로 맛보자 이제 나는 더 많은 것을 갈망했다. 단순히 우주 시대에 걸맞는 연구나 연구실 동료들에게 느끼는 동지애뿐만이 아니었다. 진정으로 잘할 수 있는 임무에의 몰입, 나의 능력을 뛰어넘는 더 많은 일을 하고 싶다는 열정, 그리고 무엇보다도 과학적인 질문에 최초로 답을 찾은 사람이 되기 위한 노력. 나는 이 새롭고도 낯선 감정을 더욱 느끼고 싶었다.

그러다 버스가 터미널에 도착했고, 나는 다시 망할 2.56학점의 투갈루 대학교로 돌아왔다.

50

제시카와 나는 잭슨에서 달콤한 재회를 했다. 제시카는 여름 학교에 다니고 있었고 수업에서도 훨씬 잘하고 있었다. 우리는 둘 다 몇 년 전에 비해서 우리 미래를 더 희망적으로 느꼈다.

가을이 되자 수업을 앞두고 설레는 감정을 오랜만에 느꼈다. 나는 성적을 올리기로 다짐했고 교수들의 든든한 지원도 받을 수 있었다. 틸 박사와 맥기니스 박사뿐만 아니라, 투갈루 대학교에서 어려운 과목이었던 물리화학을 가르치는 또다른 멘토, 제럴드 브루노Gerald Bruno 교수를 만났다.

브루노 박사는 전자 스핀 공명을 모델링하기 위한 적분 방정식 프로그래밍과 관련된 연구 과정에 내가 참여할 수 있도록 해주었다. 그는 내가 베이식보다 훨씬 더 강력한 컴퓨터 언어인 포트란FORTRAN을 배울 수 있게 힘썼다. 연구 과정이 끝나자 그는 노던 애리조나 대학교에서 열린 학회에서 그와 함께 연구 결과를 발표할 수 있도록 나를 초대했다.

애리조나 주의 플래그스태프로 이틀간 차를 타고 가는 동안 우리는 많은 대화를 나누었다. 브루노 박사는 나에게 문제 해결과 연구에 대한 특별한 재능이 있다고 했다. 나는 대학원 진학에 관심이 있지만 대학교 첫 1년 반 동안의 성적이 너무 좋지 않아서 그 어느 대학원에도 합격하지 못할까 봐 걱정이라고 그에게 말했다.

"내 말 잘 듣게." 그가 입을 열었다. "자네는 충분히 대학원에 갈 자격이 있네. 다른 모든 교수들도 자네의 지적 능력과 결단력을 아주 높이 평가한다네. 그리고 내가 지금까지 직접 본 바에 따르면, 나도 그들의 말에 동의한다네. 상황을 바꾸기까지 아직 늦지 않았어. 남은 세 학기를 더 열심히 다닌다면, 최고 수준의 대학원 과정에도 참여할 수 있네. 지금처럼 연구를 계속 열심히 하고, 노던 애리조나 대학교에서 할 것처럼 연구 발표도 하고, 논문에 자네 이름만 올리면 될 거야."

"최고 수준의 대학원 과정이라고요?"

"그럼. 정말 중요한 건 더 높은 학년일 때의 성적이야. 첫 2년간 C 학점을 받고 마지막 2년간 A 학점을 받는 게 더 나아. 시간이 갈수록 얼마나 동기 부여가 있었는지, 또 얼마나 성장했는지를 보여줄 수 있으니까. 대학원에서 정말로 신경 쓰는 건 성적이 아니라 바로 연구 능력이야. 자네는 타고난 연구자야."

그의 응원을 듣고 나니 정말 큰 힘이 되었다. 브루노 박사는 곧 열릴 흑인 물리학과 학생들의 국립 콘퍼런스에 참석해서 진학하고 싶은 모든 학교의 채용 담당자들을 최대한 많이 만나 상담을 받아보라고 조언했다. "그들에게 말하게. 자네가 얼마나 큰 목표를 가지고 있는지, 얼마나 열정적인 사람인지 말이야."

노던 애리조나 대학교에는 남부 지역의 인종 간 장벽도 없었고, 동부 해안 학교들의 따분함도 없었다. 그 대학교에 있는 카파 알파 프사이 학생 한 명이 유료 텔레비전 채널에서 하는 권투 챔피언십 경기를 같이 보자고 나를 초대했다. 그래서 그의 집에 방문했는데 단순한 학생 모임 동문회 행사가 아니었다. 40명에서 50명 정도 되는 학생들이 그 집에 모여서 즐거운 시간을 보내고 있었다. 흑인, 백인, 멕시칸 아메리칸, 아시안, 그리고 나바호 원주민 출신까지 함께 모여 앉아서 파티를 즐기고 있었다. 남부 지역의 인종차별을 항상 경멸했던 나 같은 사람에게는 이렇게 여러 인종들이 함께 어울려 노는 광경이 너무나 아름답게 느껴졌다.

51

4학년이 된 가을, 나는 지역 흑인대학인 햄프턴 대학교에서 주최하고 버지니아 주 햄프턴 로드에서 열린 흑인 물리학과 학생들의 국립 콘퍼런스에 참석했다. 그때까지 나는 고학년 수업에서 전부 A 학점을 받았고 브루노 박사의 조언에 따라 상위권 학교 대학원 과정의 채용 담당자를 만날 생각에 집중하고 있었다. 그 자리에는 미국 최고 수준의 물리학과 대학원 과정의 많은 담당자와 대학원생들이 있었다. 나는 그들 모두와 상담을 했다. 그리고 나는 총 열 곳에 지원했다. 부디 그중에 나에게 딱 맞는 자리가 있기를 바라면서.

나는 스탠퍼드 대학교 물리학과 대학원을 포함해 총 네 곳에서 합격 소식을 들었다. 나는 스탠퍼드가 다른 학교들보다 더 많은 흑인 박사를 배출했다는 이야기를 들었다. 합격 통지서와 함께 빳빳한 크림색 종이의 초대장이 있었다.

"4월 19일에서 21일 사이에 대학원 이공계 학과에서 주최하는, 스탠퍼드에 합격한 소수인종 학생들을 위한 행사에 참석해주시기 바랍니다."

초대장 하단에는 "우리 학교의 여행 담당자에게 연락해서 무료 항공권 예약을 받으십시오"라고 쓰여 있었다. 그 순간 나는 모든 상황이 뒤바뀌었음을 체감했다. 처음에는 내가 스탠퍼드를 원했지만, 이제는 역으로 스탠퍼드가 나의 선택을 바라고 있었다.

그들의 구애에는 어떤 교묘한 속임수도 없었다. 나는 캠퍼스에서 물리학과 대학원 과정 5년 차인 흑인 대학원생 호머 닐Homer Neal을 만났다. 호머는 내가 그해 스탠퍼드 물리학과에 합격한 유일한 흑인이라는 사실을 알려주었다. 그는 전형적인 과학 너드였고 백인처럼 사는 흑인이었다. 눈을 감고 그의 말투만 들으면, 그가 흑인이라고는 눈치채지 못할 정도였다. 우리가 만난 지 한 시간 만에 그는 나에게 아직 섹스 경험이 없다고 고백했다. 세상에, 그는 대학원생 5년 차였다! 대체 어떤 흑인이 그런 고백을 할 수 있겠는가!

그는 캠퍼스 이곳저곳을 안내해주었다. 스탠퍼드는 내가 보았던 그 어떤 학교보다도 더 컨트리클럽 같았다. 심지어 학교 안에 18홀 골프장도 있었다. 캠퍼스에는 내가 처음 보는 이국적인 나무들로 가득했고, 온갖 종류의 다람쥐들이 나뭇가지를 따라서 뛰어다녔다. 나는 왜 캠퍼스의 사람들이 그 다람쥐들을 잡아먹지 않는지 궁금했지만, 호머에게 그런 질문을 했다간 나를 시골뜨기 취급을 할까 봐 묻지는 않았다.

나를 정말 깜짝 놀라게 한 것은 모든 여학생들이 마치 해변에 있는 것처럼 캠퍼스 안에서 일광욕을 하고 있다는 점이었다. 화창한 봄날이었고, 끈으로 된 비키니 상의에 팬티가 다 보이는 매우 짧은 청바지만 입고 있는 백인과 아시안 여학생들이 교내의 모든 잔디밭에 드러누워 있었다. 솔직히 말해서 그들을 보는 것이 민망했다. 남부 지역에서는 흑인 여자아이들이 많은 사람들에게 자기 맨살을 보이지 않았다. 당연한 일이었다.

호머는 아주 집착에 근접한 수준으로 입자물리학에 큰 관심이 있었다. 그와 함께한 캠퍼스 구경의 절정은 스탠퍼드의 선형 입자가속기 센터SLAC였다. 지하에 있는 이 입자가속기는 길이가 약 3.2킬로미터에 달했다. 세계에서 가장 기다란 이 선형 입자가속기는 전자를 빛의 속도의 99.99퍼센트로 발사할 수 있었다. 겉으로 보았을 때는 별것 아닌 것처럼 보였는데, 호머는 나에게 스탠퍼드 연구원들이 이 선형 입자가속기 센터에서 수행한 실험으로 노벨상을 네 번이나 받았다고 했다.

호머와 나는 입자가속기가 내려다보이는 잔디밭에 앉아서 오직 물리학 너드들이나 신경 쓸 만한 질문들을 가지고 토론했다. 양성자도 과연 붕괴할 수 있을까? 최근의 우주론 모형에 따르면 양성자 붕괴의 가능성이 필요했지만, 호머는 그렇지 않을 것이라고 주장했다. 스탠퍼드에서 입자물리학을 공부하는 5년 차 대학원생과 논쟁을 벌이는 것은 만만하지 않았지만, 나에게는 비장의 무기가 있었다.

"내가 올해 국립 흑인 물리학회에 참여했는데 한 유명한 입자물리학자가 그랬어요." 내가 그에게 설명했다. "양성자도 붕괴할 수 있다고요."

"그 입자물리학자가 내 아버지였을걸." 호머가 말했다. "그리고 절대 그렇게 말했을 리 없어."

"아버지가 입자물리학자라고요?" 나는 너무 깜짝 놀란 티를 내지 않으려고 애쓰면서 질문했다.

"응, 내 아버지가 미시건 대학교 물리학과 학과장인 호머 닐 시니어Homer Neal Senior야. 그리고 페르미 연구소에서 탑 쿼크top quark를 관찰하기 위해 연구 중인 D제로 연구진이고."

그의 말에 더는 할 말이 없었다. 그래서 대화의 주제를 바꾸려고 했다. "그럼 아버지랑 이름이 같군요. 나도 그런데! 내 이름은 제임스 에드워드 플러머 주니어거든요."

"그거 멋지다." 호머가 정중하게 대답했다. "제임스 플러머 시니어는 무슨 일을 하셔?"

"아, 아빠는 알루미늄 공장에서 일해요." 내가 말했다. "아니, 은퇴할 때까지 줄곧 그곳에서 일했죠." 이제 나는 스탠퍼드의 컨트리클럽에 합격한 사람이었기 때문에, 빈민가의 거리에서 살아왔던 나의 처참한 과거나 아빠에 대해서는 말하고 싶지 않았다.

우리의 다음 행선지는 이공계에 합격한 학생들을 위한 "환영" 바비큐 만찬이었다. 진짜 바비큐는 아니었다. 미시시피 주 기준으로는 확실히 아니었다. 핫소스도 없고, 갈비도 없었다. 많은 "소수인종 학생들"이 새끼 손가락을 삐죽 내밀고 햄버거와 핫도그를 먹고 있을 뿐이었다. 내가 극소수의 "빈민가에서 온 아주 가난한 깜둥이" 중의 한 명이고, 물리학과 대학원에는 그런 학생이 달랑 나 하나뿐이라는 사실을 깨닫게 되기까지 그리 오랜 시간이 걸리지 않았다.

그다음 날, 나는 물리학과 교수들을 한 명씩 만나서 면담할 예정이었다. 나는 호머에게 교수들에 대해서 간단하게 알려달라고 했고, 교수들은 나의 예상과 크게 다르지 않았다. 다들 아이비리그나 유럽의 학교 출신인 백인 남성에, 노벨상을 노리고 있는 것 같았다.

그 학과에서 유일한 유색인종 교수는 세계적으로 유명한 태양물리학자, 아서 워커Arthur Walker 한 명뿐이었다.

아서 워커는 1980년대 초에 스탠퍼드 물리학과에 임용되었다. 그가 별과 별 사이 우주 공간에 있는 물질, 즉 성간 물질과 태양을 연구하기 위해서 우주로 발사한 엑스선 우주망원경을 설계하여 유명해진 후의 일이었다. "워커 박사의 망원경으로 포착한 태양의 코로나 덕분에 인류가 우리 태양계 중심에 있는 별을 이해하는 데에 혁신이 일어났다." 스탠퍼드의 합격 통지서와 함께 들어 있던 물리학과 소개 브로슈어에는 이렇게 쓰여 있었다.

워커는 바베이도스 출신이자 흑인 부모에게서 태어난 외아들이다. 그의 아버지는 변호사였고, 어머니는 사회복지사였다. 그는 할렘에서 자랐는데, 그의 어머니는 뉴욕에 있는 최고 수준의 과학고등학교를 포함해서 자신의 아들이 좋은 교육을 받도록 항상 힘썼다.

그는 케이스 웨스턴 리저브 대학교에서 물리학과 학사학위를, 일리노이 대학교에서 천체물리학과 석사와 박사학위를 받았다. 이후 그는 공군 무기 연구소에서 근무했고 그곳에서 인공위성과 카메라를 우주로 발사하는 로켓을 설계했다. 스탠퍼드로 오기 전까지 그는 10여 년간 항공우주 분야의 회사 에어로스페이스에서 태양과 지구의 상층 대기를 연구했다. 그가 가장 최근에 수행한 주요 연구는 바로 태양의 극자외선EUV과 엑스선을 관측하기 위한 다층 거울을 설계하고 발사하는 것이었다. 그는 태양물리학 분야의 슈퍼스타였다.

워커를 찾아가기 전에 나는 다른 물리학과 교수들을 빠르게 만났다. 그들은 쉬지 않고 자신의 연구에 대해 설명하는 것을 아주 좋아했다. 나는 그들의 말을 다 이해한다는 듯이 고개를 끄덕이면서 최대한 자세히 귀를 기울였다. 그들은 나에게 어떤 질문도 하지 않았다. 우리는 모두 15분이 지나자마자 당장 자리를 뜰 수 있어서 기뻤다.

워커 교수의 연구실에 방문했을 때, 바닥을 포함해서 평평한 곳이라면 어디든지 종이 뭉치들이 아주 높이 쌓여 있는 광경을 목격했다. 나는 문 앞에 서서 과학 논문들의 바리케이드 너머로 보이는 그의 머리 꼭대기를 바라보았다. 그는 나무로 만든 제도용 책상 위에 커다란 설계도를 펼쳐놓고, 각도기 같은 것으로 무엇인가를 측정하면서 열심히 작업하고 있었다.

나는 문을 두드려 그의 주의를 끌었다.

"예?" 그가 나를 쳐다보지도 않고 말했다. 20초 정도 설계도의 무엇인가를 열심히 측정하던 그는 드디어 나를 향해서 고개를 돌렸다. 그는 이마에 있던 주름살을 풀고 미소를 지었다.

"아, 그래! 어서 오게. 어……. 그 종이 더미들을 그냥 옆으로 치우고 앉게나."

나는 1미터가 훌쩍 넘는 높이의 종이 더미를 의자에서 바닥으로 내려놓았다. 그 더미가 쓰러지지 않게 최대한 조심하면서.

"스탠퍼드에 온 걸 환영하네!" 그가 말했다. "좋아. 자네 소개를 좀 해주겠나?"

나는 개인적인 유년기 이야기는 대부분 건너뛰고 내가 우주 연구에 아주 큰 관심이 있다는 것을 강조하면서 별로 인상적이지는 않은 나의 학력에 대한 소개를 이어갔다. 나는 그에게 버클리 대학교의 한 연구진에서 암흑물질 검출기를 제작하는 굉장히 실험적인 연구 과정에 참여한 적이 있다고 이야기했다.

"아주 좋아!" 워커는 아주 열광적인 반응을 보였다. "나는 지금 관측로켓을 활용해서 태양의 코로나를 관측하는 실험 천체물리학 연구 과정을 진행하고 있다네. 올봄에는 태양의 대기를 연구하기 위해서 14개의 망원경 집합체를 띄울 예정이야. 실험용 탑재체搭載體를 우리 손으로 직접 설계하고 조정하고 발사하기 때문에 연구진의 모두가 실습 경험을 쌓을 수 있을 거야."

나는 신시아 매킨타이어의 조언대로, 함께 연구하게 될지도 모르는 교수에게 두 가지 질문을 반드시 했다. "졸업 이후 대학원생들이 안정적으로 취업하는 일은 교수님에게 얼마나 중요한 문제인가요?" 그리고 "과거 교수님을 거친 제자들은 지금은 어디에서 무엇을 하고 있나요?" 였다. 스탠퍼드의 다른 교수들은 이런 질문을 받자 다들 나를 곁눈질로 쳐다보았다. 마치 내가 지나치게 앞서나갔다는 듯이. 그러나 워커 교수는 그렇지 않았다. 그는 나에게 분명하게 말했다.

"학생들이 좋은 일자리를 얻는 것은 내게 아주 중요한 문제라네." 그가 설명했다. "내 첫 번째 박사과정 학생은 샐리 라이드Sally Ride였는데 아주 좋은 직업을 구했지." 그녀가 우주에 간 최초의 여성 우주비행사라는 사실은 굳이 설명하지 않아도 알고 있었다. 그는 자신이 가르쳤던 흑인 대학원생들이 지금 여러 연구 및 산업 분야에서 일하고 있다고 말해주었다.

우주 연구. 로켓 발사의 탑재체. 망원경. 나는 완전히 매료되었다.

"저는 교수님의 연구진에서 함께 일하고 싶습니다. 워커 교수님!"

그가 껄껄 웃었다. "그래, 두고 보세."

나는 대학원에서 나에게 얼마만큼의 재정적 지원이 가능한지를 확실하게 알기 전까지는 어느 대학원으로 진학할지 결정하지 못했다. 그러던 어느 날, 제시카가 스탠퍼드가 내 앞으로 보낸 재정 지원 관련 우편을 전해주었다. 나는 손에 쥐어진 편지 봉투를 열기가 너무 두려웠다. 과연 나는 스탠퍼드의 컨트리클럽에서 어울릴 수 있을까? 아서 워커는 물론 훌륭한 사람이었지만, 과연 나는 스탠퍼드에 가서 나를 완전히 탈바꿈하고 그곳에서 챔피언이 될 수 있을까? 그리고 제시카도 그곳에서 편히 지낼 수 있을까?

봉투 뒷면에는 학교의 모토가 독일어로 쓰여 있었다. "Die Luft der Freiheit weht." 그 아래에는 번역이 되어 있었다. "자유의 바람이 분다." 좋은 징조 같았다. 나는 봉투를 열었다.

스탠퍼드가 매년 나에게 1만5,000달러—다른 세 학교보다 무려 4,000달러가 더 많은 금액이었다—를 제시했다는 것을 확인하자, 제시카와 나는 스테이트 거리에 있던 우리의 비좁은 아파트 바닥이 흔들릴 정도로 신나게 펄쩍펄쩍 뛰었다.

52

제시카와 내가 캘리포니아 주로 떠나기 전, 나는 아빠에게 작별 인사를 하러 가고 싶었다. 아빠는 나의 투갈루 대학교 졸업식에 오지 못했고, 나도 한동안 아빠를 보지 못했다. 이복형 바이런이 아빠가 살고 있는 곳을 알려주었다. 아빠의 기준에는 전혀 미치지 못하는, 뉴올리언스 동부의 한 빈민가에 위치한 아파트였다. 아빠는 항상 꽤 괜찮은 중산층 수준의 아파트에서 살았는데. 바이런은 나에게 그곳에 가면 너무 오랫동안 차를 세워두지 말라고 경고했다. 나는 아파트 바로 옆에 있는 주차장에 차를 대고, 자동차 좌석 위에 그 어떤 물건도 두고 내리지 않았다.

문을 두드리자 누군가가 닫힌 문 사이로 내가 누구인지, 또 무슨 용무로 온 것인지를 큰 소리로 물었다. 마침내 문이 열렸는데 나는 문을 연 사람이 파이니 우즈에서 살던 보비 켈리라는 사실에 충격을 받았다. 아빠에게 B&M을 팔았던 사촌이었다! 그는 나를 알아보지도, 기억하지도 못하는 것 같았다. 솔직히 말해서 보비는 완전 맛이 가 있어서 나도 그를 겨우 알아보았다. 누군가가 카펫을 가로질러 기어다니며 바닥에 떨어진 크랙 부스러기를 찾으려고 카펫 보풀 속을 샅샅이 뒤지고 있었다. 알고 보니 보비의 형 헤스켈 켈리였다. 나는 켈리 형제가 아빠 아파트에서 무엇을 하고 있는지 전혀 이해가 되지 않았다. 그러다가 파이니 우즈가 잭슨과 뉴올리언스 동부만큼 마약에 찌든 동네가 되었다는 소식을 들었던 것이 생각났다. 아빠는 소파에 앉아 있었다. 아빠의 눈동자는 더 피울 만한 찌꺼기가 남아 있는지를 확인하려고 유리 파이프 끝을 노려보고 있었다. 정말 암울하고 처참한 아침이었다.

"제임스 주니어……." 아빠가 파이프 너머로 간신히 고개를 들며 중얼거렸다. "다시 만나서 반갑구나." 아빠의 티셔츠는 얼룩져 있었다. 아빠는 면도도 하지 않았고 눈도 흐리멍텅했다.

"나도 다시 만나서 반가워, 아빠." 나는 거짓말을 했다. 아빠가 완전히 마약 중독자처럼 보여서 마음이 아팠다. 아빠와 켈리 형제는 언제나 일류였다. 그들은 멋진 차를 몰고 좋은 옷을 입는 세련된 남자들이었다. 어렸을 때에는 바로 그들이 멋쟁이의 기준이었다. 그들은 항상 돈을 벌고 다니는 남자였다. 그러나 이제 그들은……마치 노예가 된 것 같았다. 그렇게 생각하자 나는 당장이라도 뛰쳐나가서 차로 돌아가고 싶었다.

"한 대 피울래?" 아빠가 방을 훑어보면서 말했다. 나는 그제서야 아파트 안에 가구가 거의 없다는 사실을 알아챘다. 심지어 대마초도 보이지 않았다.

"스테퍼니!" 아빠가 소리쳤다. 아빠의 젊은 아내 스테퍼니가 침실에서 머리를 내밀었다. "여기 제임스 주니어한테 먹을 것 좀 내와!" 그러고는 다시 파이프에 온 정신을 집중했다.

스테퍼니는 나를 부엌으로 안내했다. 그리고 냉장고를 열었다. "이 텅 빈 아이스박스 좀 봐." 그녀가 한숨을 쉬었다. "그리고 지금 내가 사는 꼴 좀 봐. 저 사람보다 빨리 연금을 써야지, 안 그러면 먹을 게 없어."

아빠는 은퇴를 하고 나서 매달 초와 매달 말에 연금을 받았다. 스테퍼니는 아빠가 3일 전에 연금을 받았는데 그날 아침까지 모두 마약을 사는 데 써버렸다고 말했다. 나는 부엌 탁자에 앉아서 잼이 발라진 빵을 예의상 먹었다. 그러는 동안 스테퍼니는 얼마나 상황이 나쁜지를 이야기했다. 그녀는 여전히 병원에서 야간 교대 간호사로 일하고 있었고 이제 세 살이 된 어린 딸 자이라를 이 소름 돋는 사람들과 내버려두고 일을 나가야 한다는 것이 너무 걱정된다고 했다.

"저 사람은 자기 자식 바로 앞에서도 마약을 해." 그녀가 말했다. "이제 수치심도 없나 봐." 아빠는 집에 있던 모든 값진 물건들을 팔거나 전당포에 맡겼다고 했다. 심지어 아빠의 오래된 낚시 도구와 사냥 도구까지도. 이제 아빠의 집에는 산탄총도, 장총도 없었다. 스테퍼니는 아빠에게 자신과 자이라와 함께 자기 가족이 있는 애틀란타로 가자고 설득하는 중이라고 했다. 그곳에서 새 출발을 할 수 있을 것이라고.

"제임스 주니어." 아빠가 쉰 목소리로 말했다. 나는 부엌 문간에 있는 아빠 쪽으로 고개를 돌렸다. 아빠는 커다란 44구경 매그넘 권총을 두 손으로 끌어안고 있었다. "이걸 가지고 크리거 전당포에 가서 돈이랑 좀 바꿔와라. 100하고 10달러에 바꿔와. 그 녀석들이 전에는 그 정도 돈을 줬거든. 그리고 전표도 잃어버리지 말고." 그 총은 아빠의 자부심이자 기쁨이었다. 총을 나에게 넘기면서 아빠는 고통스러워했다.

"그리고 돈 가지고 여기로 가." 아빠는 주소가 휘갈겨 쓰여 있는 종이 한 장을 내밀었다. "그리고 록 좀 사와라. 지미 아니면 다른 누구에게도 물건 사지 마. 그 사람이 제임스 플러머를 알고 있는지 꼭 확인해야 돼. 알았지?"

"알겠어, 아빠."

그러나 내가 정말로 알게 된 것은 어린 시절 나의 우상이 무너졌다는 사실뿐이었다.

한 시간 정도 지나서 돌아왔을 때, 켈리 형제는 없었고 아빠는 문 앞에서 나를 기다리고 있었다. 아빠는 록을 피우러 곧바로 화장실로 들어갔다. 문은 닫지 않았다. 나는 아빠가 다시 나오기를 기다렸다. 아빠에게 보여주려고 투갈루 대학교 졸업장을 가지고 갔기 때문이다. 엄마와 브리짓이 고등학교 졸업을 위한 검정고시를 보기는 했지만, 실제로 우리 직계가족 중에서 대학교, 아니 고등학교를 졸업한 사람은 내가 처음이었다. 나는 아빠가 나의 졸업장을 보고 스탠퍼드에 합격했다는 소식을 들으면 자랑스러워할 것이라고 생각했다.

약 10분 동안 화장실 문 너머로 아빠가 록을 피우는 모습을 지켜보다가, 결국 아빠와 이야기를 나누려면 화장실로 들어가야겠다고 생각했다. 내가 화장실로 들어가자마자 자이라의 손을 붙잡은 스테퍼니가 복도로 튀어나오더니 나의 뒤로 화장실 문을 발로 걷어차 닫았다.

화장실 안은 답답했고 흰 연기가 나의 코와 뇌를 간지럽혔다. 아빠가 록을 피우는 동안 나는 옆에서 내가 어떻게 네 곳의 대학원에 합격했는지를 설명했고, 스탠퍼드에서 가장 많은 재정적 지원을 약속했기 때문에 그곳에 가기로 결정했다고 말했다. 아빠는 고개를 위아래로 천천히 끄덕였지만 나의 말을 제대로 듣고 있는지는 알 수가 없었다.

"왜 루이지애나 주립대학교에는 가지 않았어?" 아빠가 불을 붙이면서 물었다. "거기도 괜찮은 학교야. 멀리까지 갈 필요도 없고." 아빠의 목소리가 떨렸다. 아빠의 이가 서로 부딪혔다.

"루이지애나 주립대학교도 좋지. 근데 아빠, 스탠퍼드가 최고야. 그 어느 곳보다 많은 흑인 물리학 박사를 배출한 곳이기도 하고. 그래서 그곳이 최선의 선택이었어. 게다가 내가 공부할 수 있도록 돈도 지원해준다잖아."

"그럼 잘됐네." 아빠가 파이프를 깊이 들이마시면서 말했다. "그래, 너도 이제 어른이다. 허허." 아빠가 동공이 완전히 팽창된 눈으로 나를 똑바로 쳐다보았다.

"너도 피울래?" 아빠가 유리 파이프를 나에게 내밀면서 물었다.

"아니, 됐어."

아빠는 파이프에 록을 하나 더 넣으면서 불을 붙였다.

"아빠, 이제 날이 어두워졌어. 그리고 차도 길거리에 대놓고 왔거든."

아빠는 고개를 끄덕였다. "그럼 가보는 게 좋겠구나."

"그래, 아빠. 다음에 또 봐."

나는 차에 올라타자마자 떨리는 손을 진정시키기 위해서 핸들을 꽉 붙잡았다. 그리고 투갈루 대학교 졸업장을 아빠에게 보여주지도 못했다는 것을 뒤늦게 깨달았다.

제4부

스탠퍼드 스타맨

진실을 배우는 것이 과학자의 목표라면, 그는 자신이 읽는 모든 것의 적이 되어야 한다. 또한 편견과 관대함에 빠지지 않기 위해서 스스로를 의심해야 한다.

—이븐 알하이삼(기원전 1030),
수학자, 천문학자, 그리고
과학적 방법의 창시자

53

내가 스탠퍼드의 가장 밑바닥에서부터 출발하게 될 것임을 알기까지 오래 걸리지 않았다.

스탠퍼드에서의 첫 번째 날, 대학원 신입생 스무 명이 물리학과 건물 로비에 모였다. 누군가가 우리에게 각자의 이름과 학부를 졸업한 대학교의 이름이 정리된 목록을 나눠주었다. 그 목록에는 미국과 세계 전역의 상위 10대 과학 교육기관들의 이름이 쓰여 있었다. 매사추세츠 공과대학교, 하버드 대학교, 캘리포니아 공과대학교, 프린스턴 대학교, 케임브리지 대학교, 옥스퍼드 대학교, 뮌헨 공과대학교, 그리고 모스크바 물리공과대학교.

학생들은 충분히 친근해 보였지만, 그들의 우쭐거리는 모습에 로비 구석으로 점점 떠밀려가는 기분이었다. 나는 몇몇 학생들에게 정중하게 인사를 건넸지만 대부분은 거리를 두거나 멀뚱히 서 있기만 했다.

우리를 소집한 교수는 캠퍼스를 둘러보는 동안 들었던 내용을 다시 한번 반복했다. 스탠퍼드는 우리가 전 세계에서 가장 우수한 지원자였기 때문에 우리를 선발했다고. 나는 다른 학생들이 모두 자신의 능력에 꽤 자신이 있다는 느낌을 받았다. 그리고 여름 사이에 처음으로 중요한 연구 과정을 끝낸 나 역시 그랬다. 나는 캘리포니아 대학교 버클리의 입자 천체물리학 센터에서 인턴으로 일하면서 극저온 암흑물질 검출기를 설계하는 연구진과 함께 일했다. 나의 과제는 전자의 위신호 현상aliasing

을 제거하는 필터를 설계하는 것이었고, 나는 이를 예정된 기한보다 훨씬 일찍 완수했다. 지난 1년간 동일한 과제가 버클리 학부생에게도 주어졌지만 그는 단 한 개의 필터도 만들지 못했다. 그래서 나는 꽤 자부심에 차 있는 상태였다.

학생들은 각자의 이름과 출신 대학교의 목록을 훑어보다가 낯선 대학교의 이름에 호기심을 보이기 시작했다. 바로 투갈루 대학교였다.

"제임스 플러머가 누구야?" 한 명이 큰 소리로 말했다.

"천재가 틀림없어." 또다른 학생이 농담을 던졌다.

적당히 시간이 흐르자 그들은 누구와도 대화를 나누지 못한 채 서 있는, 부끄러움이 많은 흑인 청년이 바로 투갈루 대학교 출신이라는 것을 눈치챘다. 곧 나는 여러 학생들에게 둘러싸였고 그들은 질문을 하기 시작했다. 그중 한 명은 무슨 말만 하면 "음, 글쎄"라고 말하는 녀석이었는데, 얼마나 사소하고 작은 실수가 있든 간에 반드시 그 오류를 고쳐주려고 하는 물리학 너드였다.

"넌 어떤 종류의 연구를 하고 있어?" 한 명이 물었다.

"이번 여름에는 버클리 대학교에서 극저온 암흑물질 검출기를 연구했어." 내가 대답했다.

그들의 표정은 꽤 만족스러워 보였다. 나는 그때 멈췄어야 했다. 물론, 나는 그러지 않았다.

"우리는 암흑물질을 직접 검출하기 위해서 게르마늄 원반을 활용했어." 내가 설명을 이어갔다.

"어떤 방식으로?" 다른 학생이 질문했다. "암흑물질은 약하게 상호작용을 하는 입자, 즉 윔프WIMP잖아. 그래서 직접 검출하는 일은 굉장히 까다로울 텐데."

"우리는 암흑물질 입자와 게르마늄 원자를 충돌시켜서 검출할 계획이었어." 나는 이 대답에 무엇인가 문제가 있다는 일찌감치 느꼈다.

"음, 글쎄……." 누군가가 끼어들었다. "게르마늄은 사실 반도체라서, 어떤 윔프와 충돌을 하더라도 각각 SQUID와 FET로 읽을 수 있는 전자-정공 쌍과 포논을 생성하지 못해."

나는 포논, SQUID, 그리고 FET가 무엇인지 전혀 알지 못했다. 그러나 그런 표정을 들키지 않으려고 애썼다.

"너는 왜 스탠퍼드를 골랐어?" 다른 누군가가 물었다.

"여기서 나를 합격시켰으니까!" 나는 반농담조로 대답했다. 이 농담이 전혀 먹히지 않아서, 나는 재빨리 말을 돌렸다. "나는 서해안 지역에 오고 싶었거든. 그런데 여기에 최고 수준의 물리학과가 있는 학교는 두 곳뿐이잖아. 스탠퍼드와 버클리. 나는 두 곳에 모두 합격했어." 사실 약간의 허세가 섞인 답변이었다. 버클리는 처음에 나를 거절했지만, 내가 그들과 함께 여름 연구 과정을 완수한 이후에 나에게 대학원 자리를 제안했다.

"음, 글쎄……. 사실 이 지역에는 그 두 곳 말고도 괜찮은 물리학과 학교들이 꽤 있어." 한 학생이 또 끼어들었다. 다른 학생들도 고개를 끄덕였다. "캘리포니아 공과대학교랑 워싱턴 대학교, 캘리포니아 대학교 산타 바버라, 캘리포니아 대학교 로스앤젤레스, 캘리포니아 대학교 샌디에이고……."

"아, 나는 그런 곳들은 몰랐어." 내가 대답했다. 사방에서 무거운 시선이 느껴졌다. "음, 글쎄" 하던 학생들이 나에게서 흥미를 잃고 자기들끼리 모여서 수다를 떨기 시작했고, 나는 그제서야 비로소 깊은 안도감을 느꼈다.

내가 대학원생들 사이에서 굉장히 독특한 사람이었던 것은 분명했다. 스탠퍼드 물리학과에서는 매년 다양성 전형을 통해서 나와 같은 학생을 한 명씩 선발했다. 그렇게 입학한 학생들은 보통 나머지 학생들과 학업적으로 같은 수준이 아니었다. 선발 대상이 꼭 흑인일 필요는 없었다. 라티노, 여성, 또는 극빈곤 지역 출신의 백인 남성도 가능했다. 나는 학과에서 이국적이고 멸종 위기에 처한 물리학자 지망생이었던 것이다.

나의 지도교수인 월터 마이어호프Walter Meyerhof 교수는, 그의 표현에 따르면 이른바 "소외 지역"에서 학교를 다니면서 내가 경험했던 낮은 학업 수준을 만회할 수 있도록 어떻게 도울 계획인지 설명했다. 그는 나에게 대학원 과정을 바로 듣지 말고, 첫 1년간은 고학년 수준의 학부 물리학 수업을 들을 것을 권유했다. 그는 그런 제안을 하면서 내가 기분 나빠하지는 않을지 염려하고 있었다. 그러나 나는 바보가 아니었다. 여름 내내 버클리 대학원생들과 함께 연구하면서, 내가 기초를 얼마나 더 다져야 하는지를 뼈저리게 느꼈다. 부족한 과목 몇 개를 들어서 해결할 수준이 아니었다. 다른 학생들은 전부 유럽에도 가보았고, 제2외국어, 제3외국어도 할 줄 알고, 일본 음식을 자연스럽게 주문할 줄도 아는 것 같았다. 그래서 마이어호프 교수의 제안에 반항하는 대신, 2년간 학부 수업을 듣는 것에 자원했다. 나는 박사학위를 받을 때쯤이면 30대 초반이 될 것이라고 계산했다. 그후에는 그들이 지원금을 내주는 한 공부와 연구를 이어갈 생각이었다.

마이어호프 교수는 내가 자존심을 내려놓고 스탠퍼드의 연구원이 되기 위해서 필요한 일을 착실하게 따를 준비가 되어 있다는 것에 흡족해했다. "솔직히 말하겠네." 그가 말했다. "학과 내부 상황이 변하고 있어. 스탠퍼드가 지난 10년간 아프리카계 미국인 물리학 박사학위 취득자를 30명이나 배출했다는 사실을 자네도 잘 알겠지. 다른 어느 학교보다도 많은 숫자야. 하지만 안타깝게도 젊은 교수들 중에 일부는 이런 다양성 전형에 동의하지 않아. 그리고 그런 사람이 바로 지금의 학과장이라네.

그 사람은 사실 자네의 입학에 동의하지 않았어. 하지만 투표에서 밀렸지. 자네가 대학원 수준의 물리학 과정을 아주 잘 이수하는 것이 중요한 이유가 바로 이거야. 만약 자네가 대학원 수업에서 대부분 A 학점을 받고 자격시험을 통과한다면, 자네 스스로 자신을 증명하는 일이 될 거야. 소외 지역 출신의 학생들을 지원하는 일을 탐탁지 않게 생각하는 교수들에게 본때를 보여주는 가장 좋은 방법이 바로 당당하게 자격시험을 통과하는 거라고!"

자격시험에 대한 이야기를 듣자, 내가 잡역부에서 호텔보이로 승격될 자격이 없다고 말했던 졸리의 모습이 떠올랐다. 차기 노벨상 수상자로 가장 많이 거론되는 원자 물리학자인 학과장을 생각하면서, 내가 떳떳한 물리학과의 일원으로 인정받으려면 무엇을 해야 할지 고민했다.

아이비리그 출신 학생들과 경쟁하려면 엄청나게 노력해야 한다는 것은 잘 알고 있었다. 그러나 걱정이 되지는 않았다. 내가 대학원 과정에 대한 준비가 가장 덜 된 사람일지도 모르지만, 나는 누구보다도 잘 해낼 수 있다는 자신감이 있었다. 나는 찌는 듯한 미시시피 주에서 여름 내내 무거운 튜바를 들고 다녔고, 해군 신병 훈련소에서도 살아남았고, 카파 알파 프사이의 끔찍한 신고식도 견뎌냈다. 힘든 일에 대해서라면 이 컨트리클럽 같은 학교에서 요구하는 것들은 충분히 견딜 수 있을 것이라고 생각했다.

그러나 내가 전혀 모르는 것이 있었다.

54

나는 신중하게, 이미 투갈루 대학교에서 수강한 세 과목부터 시작하기로 결심했다. 그러나 그 수업들은 전혀 달랐다. 과목명은 똑같았고, 수업 몇 주일까지는 똑같은 교재를 사용했다. 그러나 스탠퍼드의 교수들은 더 높은 수준의 강의를 했고, 학생들에 대한 기대도 매우 높았다. 진도는 훨씬 빨랐고, 실제로 가르치는 빈도는 훨씬 적었다. 교수들은 확실히 자신이 그곳에서 가장 똑똑한 사람이라고 생각했고, 그 수준에 맞춰 어떻게 수업을 따라가야 할지 답을 찾는 것은 학생의 일이었다. 내가 보기에 교수들은 과목을 가르치는 것이 아니라, 자기가 얼마나 똑똑한지를 학생들에게 가까이에서 보여주는 기회를 제공하는 것이 교수의 일이라고 생각하는 듯했다.

나는 교수들이 내준 문제 같은 것을 그때까지 다른 데에서 본 적이 없었다. 모든 물리학과 수학 교과서에는 보통 한 장章이 끝날 때마다 마지막 부분에 과제로 풀기 적당한 전형적인 연습 문제들이 있었다. 초고난도 문제에는 별표나 느낌표로 표시되어 있기도 했다. 스탠퍼드에서는 이 어려운 문제들이 모두 과제였다. 게다가 초고난도 문제로도 충분하지 않을 때에는 우리가 풀어야 하는 더욱 어려운 문제들을 교수들이 직접 만들었다.

모든 강의 첫날 교수들은 똑같은 경고를 했다. "자네들이 각자 스터디 그룹을 만들어서 다른 학생들과 함께 문제들을 풀어보기를 바라네. 그러지 않으면 잘 따라오기 힘들 거야."

나는 물리학과 학부생들이 밤마다 베리언 물리학과 건물 4층에 자연스럽게 모여서 함께 문제를 푼다는 이야기를 들었다. 그래서 나도 저녁 식사를 마치고 베리언 건물에 찾아갔고 빈 책상에 자리를 잡았다.

양자역학 수업에서는 내가 많은 학생들을 앞질렀음을 알게 되었다. 나는 투갈루 대학교에서 틸 박사의 일대일 지도를 받으면서 폴 디랙Paul Dirac의 "브라-켓bra-ket" 표기법(양자역학에서 양자 상태를 나타내는 표준 표기법/옮긴이)과 디랙 델타 함수를 배웠다. 학생들은 내가 매우 어려운 문제들을 별 어려움 없이 푸는 모습을 보았고, 몇몇 학생들은 나에게 델타 함수의 활용법을 물어보기도 했다. 나는 그들에게 도움을 줄 수 있어서 뿌듯했다.

그러나 그다음 주부터 진행된, 선형대수학을 굉장히 많이 활용하는 양자 터널링 문제들은 난처할 지경이었다. 지난주에 많은 학생들을 도와주었으니, 나는 이제 내가 그들의 도움을 받을 차례라고 생각했다. 나는 한 학생에게 다가가서 도움을 청했다. 그는 나를 도와줄 수 없다고 했다. 그래서 다른 학생에게 다가갔고 그 역시 도움을 거절했다. 나는 그들 모두 나처럼 어려움을 겪고 있는 것이라고 생각했다. 나는 몇 시간 동안 문제들에 매달리다가 잠깐 다리를 풀기 위해서 자리에서 일어났다. 그리고 일어나자마자 반 학생들이 함께 모여서 문제를 풀고 있는 것을 발견했고 책상에 있는 종이를 보았다. 그들은 문제를 거의 푼 상태였다! 도움을 청할 만한 학생들을 발견했다는 것에 안도하며, 나는 그들에게 다가가서 문제 해결에 진전이 있었는지, 또 나에게 도움을 줄 수 있는지를 물었다.

"미안해." 한 사람이 나에게 말했고, 다른 사람들은 나를 보고만 있었다. "도와줄 수 없어."

"모두들 문제를 못 푼 거야?" 내가 물었다. "너희들이 문제를 푼 것 같던데."

"좀 풀기는 했어. 근데 아직 너에게는 알려줄 수 없어. 미안해."

그래서 나는 다른 학생들이 모여 있는 쪽으로 이동했다. 그들은 내가 다가가자마자 답이 적힌 종이를 뒤집었다.

"안녕." 내가 인사했다. "나 이 문제들 때문에 고생하고 있어. 어떻게 풀어야 하는지 알아?"

"그럼." 한 명이 답했다. "우리는 거의 다 풀었어. 요령이 있더라고. 좀 더 노력해봐. 너도 알게 될 거야."

나는 당황스러웠다. 나는 그들이 어떻게 도움을 청하든 간에 도움을 주었다. 그런데 나를 진짜 조금도 안 도와준다고? 반 학생들 중에 한 명이 문 근처에 있는 책상에 앉아서 문제를 풀고 있었다. 저 녀석들은 그냥 잊어버리자. 나는 나 자신에게 말했다. 저 사람한테 물어보자.

"안녕." 내가 말했다. "이번 주 과제 때문에 너무 힘들다. 다른 애들은 이 문제를 쉽게 풀 수 있는 요령이 있다던데 말이야. 내가 방정식 여섯 개랑 미지수 여섯 개까지는 찾았거든. 그런데 대수학 때문에 죽을 것 같아. 그냥 대입해서 답을 구하자니 미지수가 너무 많더라고."

그 남학생은 큰 소리로 말하기 시작했다. "속임수가 하나 숨어 있어." 그가 하도 크게 말해서 다른 학생들도 들을 수 있을 정도였다. "하지만 답은 스스로 찾아야 할 거야. 아무도 도와줄 수 없어. 우리가 아니라 너 스스로 해결해야 해." 내가 걸어나가려고 하자, 그가 나에게 큰 소리로 외쳤다. "우리 중에 몇몇은 다른 사람들한테 물어보기 전에 먼저 책을 찾아본다고."

나는 어안이 벙벙해서 그 자리에 그대로 섰다. 나는 그의 얼굴을 붙잡고 엉덩이를 걷어차거나 최소한 꺼지라고 하고 싶었다. 그러나 그런 사람이 될 수는 없었다. 나는 후회할 말이나 행동을 하기 전에 서둘러 짐을 싸고 그 자리를 떠났다. 나는 굴욕감을 느꼈다.

엿이나 먹으라지. 나는 생각했다. 이런 식이라면, 그렇게 나온다면, 그 망할 개자식들을 전부 짓밟아버리겠어.

나는 내면의 암흑물질 검출기를 최대로 켰다. 그 시점부터 나는 모든 학문적 난관을 오직 혼자서 해결하기로 마음먹었다.

55

나는 계속 열심히 공부했다. 나는 거의 매일 밤을 물리학과 도서관에서 보냈다. 그래서 대학원 학생들은 내가 도서관에서 산다며 농담을 했다. 내가 정기적으로 물리학과 대학원생을 만나던 또다른 장소는 매주 열리는 물리학과 세미나뿐이었다. 그 시간에는 전 세계 최고의 물리학자들이 초청을 받아서 자신의 연구를 발표했다. 첫 학기에 들은 대학원 수업은 스탠퍼드의 연구법이라는 이름의 수업 딱 하나였다.

대부분의 세미나는 지루했다. 나는 경력 내내 실내 실험실 의자에 웅크리고 앉아서 컴퓨터 키보드로 응집물질이나 광학을 연구하면서 보낼 수는 없었다. 나는 현장에 나가고 싶었다. 아인슈타인의 일반 상대성 이론이 예측한 대로 질량이 없는 빛이 중력에 영향을 받는지를 검증하기 위해서 1919년에 아서 에딩턴Arthur Eddington이 개기일식을 관측했던 것과 같은 아주 멋진 천체물리학 실험을 하고 싶었다. 또는 은하계 구석구석을 들여다볼 수 있는 무엇인가를 설계해서 직접 우주에 띄우는 일을 하고 싶었다. 나는 웜홀과 휘어진 시공간 등 우주에서 벌어지는 기이한 현상들에 매료되어 있었다. 나의 상상력을 만족시켜주는 분야는 상대성 이론, 양자역학, 그리고 천체물리학뿐이었다.

1991년 스탠퍼드에서는 우주실험 분야의 연구를 거의 하지 않았다. 그런데 정말 고맙게도, 아서 워커가 그가 직접 촬영한 태양의 엑스선 사진과 함께 스탠퍼드에 등장했다.

그의 발표는 처음에는 다른 물리학 교수들과 마찬가지로 근엄했다. 그는 "코로나 가열 문제"와 "태양풍 문제", 그리고 우리 태양계의 중심에 있는 이 별을 관찰하고 이해하기 위해서 수 세기 넘게 여러 과학자들이 씨름해온 문제들에 대해서 말했다.

그러나 슬라이드 쇼가 시작되자 그는 마치 자식들을 자랑하는 아빠처럼 뿌듯한 미소를 지었다. 그의 자식들은 로켓에 장착된 망원경 집합체와 그가 이끄는 여섯 명 규모의 대학원생들이었다.

불빛이 희미해지자 검은 태양의 사진이 스크린에 등장했다. 나의 눈에는 그저 가장자리에서 희미한 빛 광선을 내뿜는 검고 커다란 원반으로만 보였다. "이것은 1988년 3월 18일에 개기일식이 진행되는 동안 촬영한 사진입니다." 워커가 설명했다. "이 사진 중앙의 검은 원반은 우리 시야로부터 태양을 가리고 있는 달입니다. 달이 태양을 가린 덕분에 어둡고 희미한 코로나의 모습을 볼 수 있었습니다."

최근까지 우리가 수백만 도에 달하는 태양의 외곽 대기, 즉 코로나를 관찰하고 사진을 찍을 수 있는 유일한 기회는 일식이 진행되는 동안뿐이라고 워커는 설명했다. 그는 우리가 관찰할 수 있는 것은 달의 가장자리 바깥으로 보이는 코로나의 일부에 불과하다고 말했다. 그러나 개기일식 동안에는 달이 태양보다 살짝 더 크게 보이기 때문에, 우리는 태양의 표면에 있는 코로나를 발원지에서부터 볼 수는 없었다.

"태양의 원반 전체에서 나오는 코로나를 고해상도 이미지로 담으려면 새로운 망원경 기술을 개발해야 합니다. 바로 극자외선과 엑스선 다층 광학이죠. 저와 저의 학생들은 극자외선 거울과 필터를 설계하고 실험을 진행했습니다. 우리는 열네 개의 망원경에 이 장비를 각각 설치했고, 우리가 담고자 하는 빛을 중간에서 흡수해버리는 지구 대기권의 방해를 받지 않기 위해서 대기권 너머의 우주로 망원경을 발사했습니다. 올해 5

월 13일, 우리 연구진은 다중 스펙트럼 태양 망원경 집합체, 즉 MSSTA를 뉴멕시코 주에 있는 화이트 샌즈 미사일 기지에서 발사했습니다."

다음 슬라이드에서부터는 워커의 대학원생들이 광학계를 시험하고 그의 스탠퍼드 연구실에서 MSSTA 탑재체로 실험하는 장면들이 나왔다. 그리고 화이트 샌즈 미사일 기지에서 MSSTA의 발사 준비를 하는 연구진의 모습도 등장했다. 워커의 학생들이 로켓에 탑재체를 싣고서 발사 준비를 하는 장면이 공개되자 발표장 안이 흥분으로 가득 차는 듯했다. 로켓이 발사대에서부터 하늘 위로 날아오르는 모습에 이어서, 곧 탑재체가 우주를 짧게 비행하는 모습과 워커의 연구진이 망원경과 카메라를 회수하는 사진이 나왔다.

"여러분은 이제 저희 연구진이 아닌 사람들 중에는 처음으로 저희 연구 결과의 사진을 보게 될 겁니다."

그가 보여준 첫 번째 사진은 흰 화염으로 덮인 검은색 구처럼 보였다. "이것은 열한 번 이온화한 철, 즉 철 XII 방출선이 보이는 150만 켈빈에 해당하는 태양의 사진입니다."

나는 참지 못하고 그 깜깜한 발표장 안에서 손을 들고 질문했다. "실례합니다, 교수님. 저게 **태양**이라고 하셨나요?"

"맞습니다." 워커가 대답했다. "중위도 지역에서 보이는 흰 고리 구조, 극에서 뿜어져 나오는 화염 기둥, 그리고 태양 전역에 걸쳐 분포하는 높은 밀도의 밝은 반점들이 바로 코로나의 구조를 보여주고 있습니다. 이것은 지금까지 촬영된 것들 중 가장 고해상도로 찍은, 태양의 극자외선 사진입니다."

정말 놀라운 광경이었다. 그 불타오르는 듯한 사진은 우리가 태양의 모습에 관해서 안다고 생각했던 모든 것을 뒤집어놓았다. 발표장 안은 사람들의 놀라움과 찬사로 가득 찼다. 나는 그 사진에 담긴 의미를 이해하려고 머리를 굴렸다. 태양의 코로나가 실제로는 저렇게 생겼다고? 우와! 그렇다면 우리 은하에 있는 수십억 개의 별들이나 그 너머에 있는 수조 개의 별들은 어떻다는 거지? 모두 저렇게 "불타는" 모습일까? 나는 격렬한 항성풍과 불기둥, 그리고 흑점과 함께 요동치는 자기장과 뜨거운 플라스마들이 숲처럼 빽빽하게 표면을 덮고 있는, 아주 뜨겁고 육중한 공 모양의 별들을 상상해보았다. 그리고 그러한 별들이 빼곡히 채워진 우주의 모습을 그렸다. 나는 태양이나 별을 그런 식으로 생각해본 적이 없었다.

워커는 자신의 사진이 일으킨 소동의 한가운데에서, 자신과 연구진이 촬영한 그 마법 같은 사진에 만족한 듯이 미소를 짓고 있었다. 마치 그가 우리 모두에게 3D 안경을 주어서 우리가 세상에서 최초로 그 세계를 입체적으로 체험한 것만 같았다. 물론 워커 박사는 "백인화된" 흑인이라고 볼 수 있는 사람이기도 했고 또 태양물리학의 선구자였지만, 그가 탐구하는 별들의 세계를 즐기는 그의 태도와 방식 속에는 순수하고 거의 어린아이와 같은 무엇인가가 있었다.

나는 발표장 뒤쪽에 서서, 내가 태양의 숨은 얼굴을 볼 수 있도록 선택받은 극소수의 사람이 되었음을 깨달았다. 우리 태양계 중심에서 밝게 빛나는 거대한 구슬을 곁눈질로 보고 그 정체를 궁금해하던 수만 년을 지나, 우리는 비로소 태양의 본모습을 보게 된 것이다.

나는 아직 그 사진들에 어떤 의미가 있는지, 그리고 그 사진이 다른 은하에 있는 다른 별들을 이해하는 데에 왜 그렇게 중요한지에 대해서는 이해하지 못했다. 그러나 그 사진들이 나의 두개골 꼭대기를 갈라서 그 안에 있는 모든 것들을 완전히 뒤집어놓는 것만 같았다. 바로 그 순간에는 캠퍼스에서 보낸 첫 몇 달 동안의 인종차별도, 부자 동네에 사는 놈들의 우쭐거림도, 그리고 멸시도 전혀 생각나지 않았다. 나의 머릿속에는 오직 워커의 연구진에 들어가고 싶다는 생각뿐이었다.

56

첫 학기가 끝나갈 무렵, 나는 아서 워커나 다른 연구진에 들어갈 기회를 완전히 망치고 있었다. 나는 아주 열심히 공부했지만, 오직 혼자서 해야 했다. 정말 어려운 일이었다. 나는 투갈루 대학교에서 A 또는 B 학점을 받았던 과목에서도 B 또는 C 학점을 받았다. 엄청난 실패 같았다. 보통 나는 해야 하는 일에 전력을 다했고, 큰 성취감과 함께 승리를 맛보았다. 그러나 이번에는 그 어느 때보다 최선을 다했는데도 거대한 실패를 곱씹어야 했다.

그다음 학기가 되자 상황은 더욱 빠르게 악화되었다. 나는 완전히 생소한 분야의 수학과 물리학 수업을 들었고, 여전히 혼자서 해내고자 했다. 중간고사 결과, 모든 수업에서 내가 가장 낮은 점수를 받았다.

나는 바닥을 뚫고 추락하는 중이었고 그 누구도 나를 붙잡아주지 않았다. 내가 그만둔다면, 아무것도 얻지 못할 것이다. 파이니 우즈에 돌아갈 수는 없었다. 그렇지만 스탠퍼드에서 수업을 따라가려면 어떻게 해야 하는지도 알 수가 없었다. 어느 날 밤 나는 눈물을 흘리면서 브리짓에게 전화를 걸었다. 나는 열 살 이후로는 브리짓 앞에서 운 적이 없었다.

"왜 나한테 전화해서 울고 있어?" 브리짓이 물었다. "난 엄마가 아니라고." 나는 엄마가 정확히 어디에서 지내는지도 몰랐다. 엄마는 그때도 이곳저곳을 떠돌아다녔다. 나는 브리짓에게 내가 매우 큰 오크 나무에 올라와버린 것 같은데, 어떻게 해야 다시 내려갈 수 있는지 모르겠다는 이야기를 고백하고 싶지는 않았다. 브리짓은 다 큰 내가 질질 짜지 않아도 자기 자식들을 키우느라 이미 정신이 없었다.

나는 지도교수인 마이어호프 교수를 만나러 가야겠다고 결심했다. 그가 어쩌면 첫 1년을 살아남는 방법을 알려줄지도 모른다. 그는 연구실에 없었다. 나는 그가 올 때까지 기다릴 생각으로, 그의 연구실 문에 등을 기댄 채 바닥에 앉았다.

30분 정도가 지났는데, 더그 오셔로프Doug Osheroff 교수가 복도 맞은편에 있는 그의 연구실에서 나왔다. 나는 몇 달 전에 그의 초유체물리학 연구실에서 잠깐 교대 근무로 연구한 적이 있었다. 나는 별다른 성과를 내지는 못했고 그후로는 그를 마주친 적이 없었다. 그는 내가 교대 근무를 할 때, 내 수준에서 몇 광년은 벗어난 듯한 과제를 주었다. 초유체 헬륨-3의 물리량을 측정하는 과제였다. 그는 결국 몇 년 후에 초유체성을 발견한 공로로 노벨 물리학상을 수상했다. 나는 작업 대부분을 수행하지 못한 것이 너무 부끄러워서 그의 연구실 회의에 나갈 수가 없었고, 그후로는 교묘하게 그를 피해다니는 중이었다.

나는 마이어호프 교수의 연구실 밖에 있는 복도에 웅크리고 앉아서, 나의 부끄러운 모습을 가려주는 투명 망토라도 쓰고 있었으면 좋겠다고 상상했다.

"이봐, 제임스." 오셔로프가 명랑한 목소리로 외쳤다. "바닥에 앉아서 뭐 하는가?"

"마이어호프 교수님을 만나러 왔습니다."

"그래? 무슨 일로?"

나는 우물쭈물거리면서 나의 학업 문제와 중퇴에 관한 고민을 털어놓았다.

“들어와서 얘기 좀 할까?” 그가 자신의 연구실로 들어오라면서 손짓했다. 그는 내가 완수하지 못한 과제나, 그에게서 빌렸지만 돌려주지 못한 책 이야기는 꺼내지 않았다.

“왜 학교를 그만두려는 거지?” 그가 나에게 물었다.

“제가 이 학교에 다닐 만큼 충분히 똑똑하지 않은 것 같습니다.”

“왜 그렇게 생각해? 자네가 입학할 때만 해도 아주 똑똑한 학생이라고 생각했는데.”

“방금 중간고사를 마쳤어요. 그리고 모든 수업에서 꼴찌를 했습니다.” 내가 말했다.

“그렇군.” 오셔로프가 답했다. “어떤 수업을 듣고 있지?”

“전자기학, 양자역학, 그리고 편미분 방정식 수업을 듣고 있습니다.”

“그래.” 그가 말했다. “양자역학에서는 어떤 내용으로 시험을 봤지?”

“1차원 조화 진동자와 수소 원자에 대한 것이었어요.” 내가 답했다.

“그래, 좋아.” 그가 나에게 분필을 하나 건네더니 칠판을 손가락으로 가리켰다. “1차원 조화 진동자에 대한 양자역학적 해밀토니언을 활용해서 시간-독립적인 고윳값 방정식을 유도해보겠나?”

“물론이죠.” 나는 칠판 위에 방정식을 썼다.

“좋아. 그럼 이제 올림과 내림 연산자, 그리고 이 둘의 교환관계를 활용해서 에너지 고윳값도 유도해볼 수 있을까?”

“할 수 있을 것 같아요.” 내가 대답했다. 그리고 곧 그가 요청한 대로 에너지 고윳값을 유도해냈다.

“아주 훌륭해.” 오셔로프가 이야기했다. “편미분 방정식 수업에서는 무엇이 시험으로 나왔지?”

“3차원 열 방정식이요.”

“좋아. 그럼 칠판에 열 흐름 밀도를 전도율과 온도 기울기, 두 변수를 넣은 꼴로 한 번 써보게.”

나는 다시 한번 그가 시킨 일을 그의 도움 없이 칠판에 썼다.

“나쁘지 않아.” 오셔로프가 말했다. “그러면 발산 정리를 활용해서 이 열 방정식을 유도해볼 수 있을까?”

“네.” 나는 칠판에 수식을 적으면서 대답했다.

“하나만 더 풀어볼까?” 그가 질문했다.

“네.”

“내가 기하학적 조건과 경계 조건을 이야기하면, 그걸 가지고 열 방정식의 해를 구해보게.”

“네.” 나는 세 번째로 그의 요청대로 해를 구했다.

“모르겠다, 제임스.” 오셔로프가 이야기했다. “방금 내가 시킨 것들은 모두 꽤 어려운 문제들이야. 그리고 자네는 긴장도 안 하고 모두 잘 풀었다. 내가 봤을 때 자네는 분명 똑똑한 학생이야.”

“그럴지도요. 하지만 다른 학생들은 전부 저보다 시험을 훨씬 더 잘 봤어요.”

“성적과 이해는 별개의 문제라네. 한 학기 동안 성적이 좋지 않았다는 게 자네 전체 경력에 영향을 주지는 않아. 물리학과 수학을 통달하는 데는 아주 오랜 시간이 걸린다는 걸 명심하게. 이제 겨우 전체 학기의 절반밖에 안 지났어. 게다가 자네는 유치원 때부터 자네보다 훨씬 더 좋은 교육 환경에서 공부한 학생들과 경쟁하고 있어. 자네에게는 똑똑한 머리와 훌륭한 연구 가치관이 있지 않나. 올해 남은 학기 동안 잘 버텨보겠다고 약속할 수 있겠나? 그러고 나서 나랑 다시 한번 이야기를 해보는 게 어떤가?”

나는 오셔로프에게 좀더 머무르겠다고 약속했다. 그리고 오셔로프에게서 내가 듣고 싶었던 말을 들었기 때문에 마이어호프 교수와 굳이 면담을 하지는 않았다. 그는 명석함과 성실함으로 내가 여기까지 왔음을 상기시켜주었다. 지금 필요한 것은 바로 용기와 끈기였다. 다시 말해서 같은 반 학생들의 옹졸한 굴욕감을 참아내고, 겸손한 마음으로 밑바닥에서부터 열심히 노력해야 한다는 것을 의미했다.

57

내가 학업의 절벽에서 우물쭈물하는 동안, 제시카는 간호학교의 마지막 학기를 마치러 잭슨으로 돌아갔다. 그녀는 떠나기 전날 밤 짐을 싸면서 가수 글래디스 나이트의 "조지아로 향하는 야간열차"를 흥얼거렸다. "그녀는 되돌아가네……그녀가 떠났던 세계로……더 단순한 공간과 시간으로……."

우리가 8월 말에 스탠퍼드에 도착한 직후부터 제시카는 자신이 이곳에 어울리지 않는다고 생각했다. 처음에는 대학원에 들어간 것 자체가 마치 게임쇼의 경품처럼 느껴졌다. 스탠퍼드는 한 해 동안 내가 공부와 연구를 할 수 있도록 1만5,000달러의 돈을 주었을 뿐 아니라, 에스콘디도 빌리지라는 이름의 대학원생 사옥 단지에 가구를 갖춘 아파트까지 제공했다. 이사를 온 그다음 주에 제시카는 캠퍼스에 있는 한 샌드위치 가게에서 일을 구했다. 제시카를 고용한 여성은 시간당 7달러밖에 주지 못한다며 미안해했다. 우리는 그 이야기를 듣고 배꼽을 잡았다. '시간당 7달러밖에'라니, 우리에게는 거금이었다.

그러나 제시카는 스탠퍼드에서 단 한 번도 집 같은 편안함을 느끼지 못했다. 에스콘디도 빌리지에서도. 캠퍼스에서도. 팰로 앨토에서도. 우리가 처음으로 엘 카미노 레알 국도에 위치한 대규모 쇼핑 센터인 타운 앤드 컨트리 빌리지에 들러서 우리의 작고 낡은 자동차 닛산 센트라를 번쩍거리는 BMW와 벤츠들과 나란히 주차했을 때, 제시카는 고개를 숙여서 이마를 자동차 계기판 위에 올려두더니 끙끙거렸다. "우리는 여기에 어울리지 않아." 제시카는 우리가 남녀 학생들이 원반을 던지고 타월을 깔고 누워 있는, 캠퍼스의 완벽한 푸른 잔디밭을 가로질러 걸어갈 때에도 비슷한 감정을 느꼈다. 제시카는 남부 지역 사람들의 목소리와 말투, 음식을 그리워했다. 우리 둘 다 그랬다.

하루 종일 백인들의 틈에서 사는 것에 지치고 지겨워지면, 우리는 흑인들이 사는 마을인 팰로 앨토 동부로 이어지는 칼트레인 기찻길을 따라 차를 몰았다. 팰로 앨토 동부는 팰로 앨토의 어두운 분신이었다. 스탠퍼드에서 약 5킬로미터에 떨어져 있고 101번 도로의 바로 동쪽에 위치한 팰로 앨토 동부는 그해 미국에서 가장 높은 1인당 살인사건 발생률을 기록했다. 그곳의 사람들 사이에서는 코카인 변형 마약인 크랙(록)이 광풍을 일으켰고 마약 조직들은 콤프턴과 오클랜드의 빈민가 사람들을 살해하기도 했다. 우리가 갔던 유니버시티 거리와 베이 도로의 맥도날드에는 방탄 유리에 자동차 총격 사건의 흔적이 남아 있었다.

팰로 앨토 동부는 그곳의 역사를 그대로 담고 있었다. 과거에는 뱅크 오브 아메리카와 슈퍼마켓이 있는 작은 상업 지구였다. 거리 건너편에는 거주민들 대부분이 스와힐리어(아프리카 동부에서 널리 쓰이는 언어/옮긴이)를 할 줄 알았기 때문에 나이로비(케냐의 수도/옮긴이) 마을이라는 별명으로 불리던, 아프리카 중심의 흑인 공동체가 있었다. 그곳에서는 흑인 유명인을 만나는 것이 어렵지 않았다. 무하마드 알리Muhammad Ali, 셜리 치점Shirley Chisholm(미국 의회 최초의 흑인 여성 의원/옮긴이), 그리고 R&B 그룹인 위스퍼스도 그곳을 찾았다. 그러나 이제 팰로 앨토 동부에는 은행도 없고, 슈퍼마켓도 없었다. 유명인들이 들르기에는 너무 위험한 곳이 되었다.

여전히 나는 팰로 앨토 동부가 스탠퍼드보다 더 편안하게 느껴졌다.

스탠퍼드 캠퍼스에서는 “음, 글쎄”거리는 학생들 사이에서, 적당한 과학 너드처럼 말하면서 최대한 자음을 뭉게지 않고 발음해야만 했다. 그러나 팰로 앨토 동부의 거리에서는 잭슨, 휴스턴, 그리고 로스앤젤레스 남부에 사는 흑인 이웃들의 모습이 떠올랐다. 나는 어둠의 눈을 통해서 팰로 앨토 동부의 모든 구석구석을 들여다볼 수 있었다. 그곳에는 내가 돌아다닐 만한 곳들이 많았다. 고향의 맛도 느낄 수 있었다. 로키의 BBQ 가게에서는 파이니 우즈에서와 똑같이 갈비와 구운 콩, 옥수수빵을 팔았다. 길 건너편에는 웨스트 사운드 레코드 가게가 있었다. 그곳에서 아이스 큐브와 부기 다운 제작사에서 발매한 랩 카세트테이프를 구할 수 있었다. 스타일 셰터라는 옷가게에서 도시적인 스타일의 옷도 구할 수 있었다. 첫스 상점에서는 모든 종류의 흑인 잡지와 다양한 흡연 용품을 팔았다. 마을을 건너서 가든스로 가면, 워커 앤드 프라이스 이발소에서 머리를 자를 수 있었고 크리스털스 음식점에서 치킨과 와플도 사먹을 수 있었다. 팰로 앨토 동부의 경계를 넘어 다시 집으로 돌아오는 길에 마크스타일 서점에 들러서 아프리카 중심주의와 관련된 책들도 구할 수 있었다.

그러다가 갑자기 타운 앤드 컨트리 빌리지에 도착하는 것이다. 지중해풍 식당이 있고 영혼이라고는 없는 음악이 흐르는 곳에.

스탠퍼드의 장점은 흑인 학생들 사이에 끈끈한 공동체 의식이 있다는 것이었다. 우리에게는 이른바 안전지대가 있었다. 스탠퍼드에는 강의 사이사이 쉬는 시간에 모일 수 있는 흑인 공동체 서비스 센터(일명 “흑악관”)가 있었다. 게다가 저녁에 보통 학부생들이 놀면서 시간을 보내는, 우자마 하우스라고 불리던 아프리칸 아메리칸 중심의 기숙사도 있었다. 학부생과 대학원생들에게는 그들끼리의 모임도 있었다. 흑인 학생 단체와 흑인 대학원 학생 협회라는 모임이었다.

스탠퍼드의 진정한 흑인 학부생 엘리트들은 디비전 I Division I(최상위 대학교 간 선수권대회/옮긴이) 운동선수들이었다. 즉, 프로 선수를 꿈꾸는 미식축구나 농구 선수들, 그리고 올림픽 국가대표 팀에 들어가기 위해서 훈련하는 스포츠 스타들이었다. 디비전 I의 선수가 되면 하루 종일 운동에 매진했다. 다시 말해서, 술도 마시지 않고 대마초도 하지 않고 파티도 즐기지 못했다는 뜻이다. 내가 스탠퍼드에 온 지 3년이 될 때까지 타이거 우즈Tiger Woods는 디비전 I 선수가 되지 못했고, 그는 2학년을 마치자 프로로 전향하고 PGA 투어를 시작했다.

내가 지내왔던 모든 흑인 사회가 그랬듯이, 흑인 여성들은 진지하고 책임감이 강했다. 학부 여학생들은 유쾌했지만, 대학원 여학생들은 모두 진지했다. 그들도 유쾌했지만, 자신의 분야에서 선도자가 될 계획을 세우고 굉장히 진지하게 임했다. 흑인 남학생들이 여학생들을 따라잡으려고 노력하는 입장이었다. 많은 흑인 남학생들이 뉴햄프셔 주의 필립스 엑서터 사립학교나 테네시 주 채터누가의 매컬 고등학교와 같은 명문 고등학교 출신이었음에도, 학부 흑인 남학생의 수가 꾸준히 감소하고 있다는 것은 잘 알려진 문제였다. 결국 부유한 사립학교들의 낙원인 스탠퍼드에는 백인들에게 완전히 녹아들어서 살기를 원하는 듯이 행동하는, "백인에 눈이 먼" 소수의 흑인 남학생들만이 다녔다. 그들은 백인 학생들을 위한 학생 모임에 가입했고 다른 인종의 사람이랑만 연애를 했으며 흑인 학생 모임과는 철저하게 거리를 두었다.

운 좋게도 스탠퍼드에는 카파 알파 프사이 지부가 있었다. 그러나 캠퍼스의 백인 학생 모임과는 달리 흑인 학생 모임에는 별도의 건물이 제공되지 않았다. 나는 수업 첫 주일에 카파 동문 셔츠를 입은 학생을 우연히 만났다. 나는 그에게 우리 학생 모임만 아는 비밀 암호로 말을 걸었고, 그는 그 주말에 있을 지역 동문 모임에 나를 초대했다. 그런데 그들 모두가 남부 지역의 카파 동문들과는 달랐고, 내가 그랬듯이 그들도 나를 이상하게 여겼다. 동문 대부분은 내면에 암울함이 전혀 없었다. 남부 지역 출신 사람과 같은 분위기를 가진 사람도 전혀 없었다. 그들은 로스앤젤레스를 "아래 남쪽 동네"라고 불렀다.

나와 같은 암울한 내면을 품은 카파 동문으로는 트로이가 있었다. 그는 다트머스가 있는 동쪽으로 이사하기 전까지는 오클랜드의 거리에서 성장했다. 그는 대학을 졸업한 후에 베이 지역으로 돌아갔고, 멘로 파크에서 IT 계열의 직업을 구했다. 그후에는 스탠퍼드 우편 업무 관리직으로 일했다. 그는 캠퍼스 바깥에 있는 집에서 다른 카파 동문들 몇 명과 함께 살고 있었다. 트로이는 카리스마가 넘치는 친구였다. 그는 노래를 아주 열정적으로 불렀고, 여자들은 그를 "예쁜 소년"이라고 불렀는데 실제로도 예쁘장했다. 몸단장과 옷차림에서 트로이는 비길 데가 없었다. 그는 내가 만난 흑인들 중에 처음으로 페디큐어를 한 남자이기도 했다. 그리고 나처럼 대마초를 피우는 것을 좋아했다.

제시카가 잭슨에서의 봄 학기를 위해서 떠난 이후로, 나는 도서관이 문을 닫으면 거의 매일 트로이의 집으로 향했다. 우리는 부엌에서 수다를 떨다가 대마초를 피웠고, 그는 냉장고에 보관하던 스톨리 보드카를 쭉 들이켰다.

트로이와 함께하는 일은 대학원 과정에서 고지식한 백인 너드들로부터 탈출할 수 있는 반가운 변화였다. 트로이의 집에 코카인이 처음 등장했을 때에도 나는 그냥 너무 멋지다고만 생각했다.

58

나는 트로이가 주말마다 코로 코카인을 들이마신다는 것을 알게 되었다. 트로이는 코카인을 담배 위에 뿌려서 함께 피우는 "프리모primo"도 좋아했다. 오클랜드 출신인 그는 팰로 앨토 동부를 잘 알고 있었다. 그곳에 사는 오래된 여자친구 베티가 트로이의 코카인 공급책이었다. 베티는 미시시피 주 출신으로, 트로이와 나처럼 빈민가에서 자랐다. 스탠퍼드 학부를 졸업한 그녀는 스탠퍼드 의학 센터의 행정부에서 괜찮은 일자리를 잡았다.

우리는 베티에게 코카인을 1–2그램 정도 받아서, 그녀의 집에서 시간을 보내고는 했다. 우리는 코카인을 한 줄로 깔고 코로 흡입하거나 카드놀이를 하면서 프리모를 피웠다. 나는 그녀의 시골스러운 억양과 역동적이고 대담한 성격, 그리고 근육질 몸매에 곧바로 편안함을 느꼈다. 나는 엄마를 통해서 강인하고 똑똑하고 자기 주장이 강한 남부 지방 여성들의 성향을 존경하게 되었다.

나는 코로 코카인을 들이마셔본 적은 없었다. 그리고 한번 록을 맛보면 프리모는 실망스러워진다. 가루를 피우는 것은 록만큼 강하지 않아서 그다지 "뿅!" 가는 기분이 오지 않았다. 진짜의 맛을 보면, 가루로는 성이 차지 않는다.

어느 날 밤, 나는 트로이가 부엌 조리대에서 코카인을 일렬로 쭉 깔고 코로 흡입하려는 모습을 지켜보았다. 내가 봤을 때에는 코카인 낭비였다. 그래서 말했다. “야, 그걸로 록을 만들어볼 생각은 안 해봤어?”
“그게 무슨 뜻이야?”
내가 말했다. “내가 보여줄게.”
나는 에스콘디도 빌리지에 있는 나의 아파트로 그를 데려왔다. 나는 부엌 선반에서 작은 유리병을 꺼내서 그것을 비우고, 코카인 가루와 약간의 물과 베이킹 소다를 그 속에 넣은 다음, 가스레인지로 가열해서 록을 만드는 법을 보여주었다. 파이프가 없어서 음료수 캔에 작은 구멍을 뚫고는 트로이의 담배 중 하나에 불을 붙였다. 구멍 위에 재를 조금 올리고, 그 재 위에 록을 올린 다음에 록을 재와 함께 녹이는 방법과 불을 붙이는 방법을 보여주었다.
트로이는 한 번도 록을 피워본 적이 없었다. 나는 약간 이기적인 마음으로—크랙을 다른 사람에게 소개하는 사람에게는 이기적인 마음뿐이다—그가 록을 마음에 들어하기를 바랐다. 아니나 다를까, 그의 동공이 확장되면서 멍해졌고, 얼굴에는 웃음이 피어났다. 입이 귀에 걸릴 정도였다. 마치 섹스에 버금가는 아주 황홀한 쾌락을 발견한 듯했다. 나도 얼른 차례가 돌아와서 캔에 든 록을 피우고만 싶었다.
아주 오랜만에 록을 다시 피우면, 가장 마지막에 록을 피웠던 순간으로 순식간에 돌아가버린다. 처음에는 기분이 아주 좋아지고 또 좋아진다. 마치 최고의 환영 파티를 즐기는 것처럼. 그러나 순식간에 한 가지 생각에 사로잡힌다. 바로, **록을 한 번 더 피워야 한다**는 생각이다. 록이 다 떨어지면 곧바로 엄청난 슬픔이 뇌를 지배한다. 그래서 자연스럽게 나가서 더 많은 록을 구하러 다니기 시작한다.
록으로부터, 아니 애초에 코카인 가루로부터 당장 멀리 떨어지라는 경고음이 머릿속에서 울리지 않았느냐고? 나는 이미 영혼이 크랙에 잠식당하고 갉아먹히는 모습을 똑똑히 보았다. JG와 아빠가 그랬고, 나도 거의 그럴 뻔했다. 그러나 이제는 내가 바로 여기, 물리학과 도서관으로부터 불과 수 킬로미터 거리에 떨어진 에스콘디도 빌리지의 한 아파트에서 트로이에게 록을 만들고 피우는 법을 알려주고 있었다. 그다음 날 우리는 세상에서 이것보다 당연한 일은 없다는 듯이 팰로 앨토 동부에 위치한 헤드 상점까지 걸어가서 유리 파이프를 구입했다. 내가 단 한 번도 그 존재를 의심한 적은 없었던 내면의 일부를 나는 분명히 느꼈다. 바로 나의 어두운 자아를.

우리 집에서 록을 만들기 시작하면서, 나는 트로이와 함께 캠퍼스에 있는 모든 사람들에게, 특히 베티에게 이 비밀을 어떻게 지킬지를 논의했다. 베티가 주요 공급책이라는 점을 생각하면 우스꽝스러운 이야기였다. 그러나 베티는 만만치 않은 여자였다. 우리 둘 다 어릴 때부터 함께 보고 자라왔던, 허튼 짓에는 당장 엉덩이를 걷어찰 여장부였다. 베티는 우리에게 학업과 직업이 있다는 사실을 알고 있었다. 우리가 록을 피우고 다닌다는 사실을 알게 된다면, 그녀는 우리를 심하게 질책할 것이다.

머지않아 우리는 베티에게서 1-2그램짜리 대신 훨씬 더 큰 8분의 1온스 단위로 코카인을 구하기 시작했다. 그리고 더는 베티와 함께 놀거나 파티를 즐기지 않기 시작했다. 어느 날 밤 우리는 코카인 때문에 팰로 앨토 동부에 있는 베티의 아파트를 여러 번 방문했다. 베티는 아침마다 일찍 일어나서 출근을 해야 했다. 우리가 세 번째로 그녀의 집 앞에 나타나자, 그녀는 놀라며 짜증을 냈다. "이렇게나 많이 코카인을 빨리가 없는데." 그녀가 말했다. "요리라도 하는 거야?"

그녀의 말이 우리를 초조하게 만들었다. 우리는 요리라니 무슨 소리냐며 변명도 하지 못할 정도로 코카인에 완전히 취해 있었다. 그래서 그녀가 곧장 우리의 엉덩이를 걷어차고 내쫓을 것이라고 생각했다. 그런데 베티가 활짝 웃으면서 말했다. "이런 제기랄, 나도 요리해먹는 거 같이 좀 해보자!"

베티가 우리와 합류하자 우리의 마약 파티 열차는 역을 완전히 떠나버렸다. 베티에게는 파티 열차의 분위기를 더욱 무르익게 만들 또다른 친구들이 있었다. 베티의 친구 테리사는 놀라울 정도로 아름답고, 밝은 피부에 머리숱이 풍성한 여자였다. 끈팬티가 다 보일 정도로 청바지를 아주 아래까지 내려 입고 다니기도 했다. 테리사는 청소년 드라마 「베벌리 힐스 아이들」의 캘리포니아 북부 버전이라고 할 수 있는 팰로 앨토 고등학교를 졸업했다. 그녀는 아직 엄마와 함께 사는 순수한 소녀였다. 그러나 베티가 가는 곳이면 어디든지 같이 다녔다. 트로이, 베티, 그리고 나는 비밀스럽게 파티를 즐기는 데에는 이미 도가 튼 사람들이었다. 테리사는 우리의 파티를 아주 즐거워했다.

우리는 누구도 경제적으로 여유롭지 않았다. 그래서 일주일에 며칠 밤만 파티를 즐길 수 있었다. 그리고 우리 대부분은 매일 출근 도장을 찍어야 했기 때문에, 아주 심각할 정도로 코카인에 빠질 리는 없다고 생각했다. 일단 트로이는 JG와는 달랐으니까.

그러나 도처에 위험한 함정들이 도사렸다. 베티의 공급책에게서 마약이 다 떨어지면, 결국 우리는 트로이가 아는 "접선 장소"로 갔다. 그곳에 차를 세우기만 하면 거칠어 보이는 갱스터들 대여섯 명이 차를 둘러싼다. 대부분은 마약을 팔러 오는 사람들이지만, 반드시 주의해야 한다. 자동차 창문 틈으로 코카인이 든 봉투를 우겨넣다가 갑자기 차 문을 열라고 하는 경우가 있다. 차 밖으로 나오면 얼굴에 총을 들이밀면서 강도질을 하려는 것이다. 자동차 창문을 절대로 너무 아래까지 내리지 말고, 자동차 문을 절대로 열지 말고, 두려워하는 티를 절대로 내지 말아야 한다. 만약 겁먹은 것을 들켰다면, 차라리 현금, 그리고 차 열쇠까지 순순히 내주는 편이 낫다.

봄이 깊어가면서 나는 점점 더 힘겹고 혹독한 길로 들어섰다. 나는 트로이보다도 마약에 더 깊이 빠져들었다. 우리가 트로이의 세금 환급금을 탕진해서 36시간 동안 쉬지 않고 마약을 하고도 세 번째로 무서운 접선 장소에 가서는 총을 맞을 뻔한, 심각하게 끔찍한 경험을 하고 나자 트로이는 인생을 낭비하지 않기 위해 로스앤젤레스에서 새로운 직업을 구하기로 다짐했다.

테리사는 우리 중에서 가장 연약했다. 다른 사람들과는 달리, 그녀는 하루 이틀 정도 세게 달리고 나서 일주일 정도 쉬는 요령을 끝까지 터득하지 못했다. 테리사는 곧바로 심각한 마약 중독자가 되어 록이 담긴 유리 파이프에 바로 달려들고는 했다. 나는 트로이를 끌어들인 것에 죄책감을 느꼈다. 그리고 테리사에 대해서는 더 심한 죄책감을 느꼈다. 테리사를 끌어들인 것은 내가 아니라 베티였다. 그러나 나는 팰로 앨토 고등학교 출신의 혼혈 미녀가 거친 빈민가에서 자란 나 같은 사람보다 훨씬 더 여리다는 사실을 이미 잘 알고 있었다.

59

잠시 동안 나는 거리와 캠퍼스의 아슬아슬한 이중생활을 계속할 수 있었다. 한쪽에는 팰로 앨토 동부에서 패거리와 함께 마약을 구하고 주말 내내 파티를 즐기는 중독자 록맨 제임스가 있었다. 다른 쪽에는 그해 봄에 실제로 성적이 점점 향상된 열정적인 로켓맨 제임스가 있었다. 나는 스탠퍼드의 높은 학문적 수준에 적응해갔고, 최고 수준이자 가장 순수한 물리학 용어들을 능숙하게 사용하게 되었다. 말끝마다 사람들에게 "죄송한데 그 단어의 뜻을 몰라서요"라고 반복하던 초보 물리학자의 모습은 깨끗하게 사라졌다. 나는 아주 빠르게 배웠다. 새로운 단어나 용어를 딱 한 번만 들으면 얼마 지나지 않아서 그 단어를 가지고 랩을 할 수 있을 정도였다.

봄 학기 말부터는 아서 워커의 연구진에서 함께 일할 수 있게 되었다. 나는 전기 연구 실험실 건물에서 대학원 학생들이 공유하던 연구실을 하나 배정받았다. 그리고 선형 입자가속기의 빔라인beamline 실험에 정기적으로 참여했다.

아서의 연구진 자리를 얻는 것은 결코 쉬운 일이 아니었다. 나는 신입으로서 첫 해를 잘 보내야 했다. 나는 A 학점을 받지는 못했지만 그래도 연말 성적은 꽤 괜찮았다. 그래서 아서가 나를 뽑았다. 아서는 나에게 MSSTA에 실린 망원경이 태양의 코로나에서 방출되는 빛과 상호작용할 수 있으려면 어떻게 설계해야 할지를 연구하는 과제를 주었고 나는 그 임무를 아주 잘 해냈다. 이 연구는 나의 첫 번째 과학 논문의 토대가 되기도 했다.

내가 연구진에 공식적으로 합류하기 전에, 연구진은 내가 과연 적합한 인재인지를 확인해야 했다. 아서의 연구진은 최고로 멋진 물리학자들이 있는 곳으로 명성이 자자했다. 그들 모두 아주 똑똑한 너드들이자 고급 음향 시설을 갖춘 유일한 학생 연구실을 사용하기도 했다. 크레이그 디포리스트Craig DeForest는 긴 머리의 멋진 히피였고 오토바이를 몰았으며 신발을 신는 법이 없었다. 연구실 동료로 맥가이버 스타일의 해결사 레이 오닐Ray O'Neal과 자물쇠 따는 취미가 있는 천재 찰스 캔클보그Charles Kankelborg가 있었다. 이런 연구진에 빈민가 출신의 멋진 너드 한 명이 합류하는 일은 자연스러웠다. 그래서 나도 그들과 합류했다.

6월에 제시카가 돌아오자 나의 이중생활은 더욱 까다로워졌다. 나는 밤늦게까지 연구실에서 야근을 한다면서 이중생활의 흔적을 지워야 했다. 어떨 때는 정말로 야근을 했고, 어떨 때는 거짓말이었다.

7월에 제시카가 임신을 했다.

다시 아빠가 되었으니 나의 이중생활도 멈췄을 것이라고 생각할지도 모르겠다. 그러나 제시카의 임신 소식은 오히려 리사, 마텔과의 너무나 슬픈 과거와 나를 무너뜨렸던 토끼굴을 떠올리게 했다.

마텔의 상황은 전혀 나아지지 않았다. 리사는 웨슬리 채플에 배니와 마텔을 두고 휴스턴으로 떠나버렸다. 나는 양육비를 보냈고, 사회보장국이 마텔의 치료비를 지원했다. 그러나 배니는 잭슨에 있는 병원에 마텔을 데려가지 않았다. 투갈루에 머무르는 동안에는 내가 웨슬리 채플까지 차를 몰고 가서 배니의 집에서 마텔을 태우고, 치료를 위해 잭슨으로 데려갔다가, 웨슬리 채플까지 다시 데려다주었다. 그러나 나는 학교에 가야 했기 때문에 이를 꾸준히 할 수는 없었다. 잭슨에 있는 치료사는 제시카와 나에게 마텔이 일곱 살이 되기 전까지 걷거나 말하는 능력을 확실하게 기르지 못한다면 평생 고생할 것이라고 설명했다. 그러나 마텔은 충분한 치료를 받지 못했기 때문에 뒤처지기만 했다. 제시카와 나는 마텔을 잭슨으로 데려와서 우리와 함께 살도록 노력했고, 실패했다. 나는 아버지로서 비참하게 실패한 것 같았다.

우리가 팰로 앨토에 도착하자마자 제시카는 스탠퍼드 의학 센터의 소아간호학과에서 진찰을 받아볼 기회가 있는지를 확인했다. 소아간호학과는 제시카의 전문 분야이기도 했다. 그녀는 마텔에게 딱 맞는 뇌성마비 센터가 있다는 사실을 알게 되었다. 그래서 우리는 다시 한번 마텔이 우리와 함께 살 수 있도록 그를 데려오려고 했다. 배니가 말했다. "이건 리사 일이야." 그러나 리사는 마텔이 우리와 함께 사는 일에 대해서는 그 어떤 말도 하지 않았다.

"대체 뭐가 문제야?" 나는 대학원에서 첫 번째 가을을 보내고 크리스마스 연휴에 웨슬리 채플로 잠깐 돌아온 동안 리사에게 직접 물었다. 리사는 아무런 대답도 하지 않았다. "너 말고 다른 여자가 네 자식 키운다는 게 마음에 안 들어?" 리사는 그저 팔짱만 끼고 아무 말 없이 나를 응시했다. 바위 같은 여자였다. 그리고 그 모습은 나를 가슴 아프게 했다.

부끄럽고 비밀스러운 거리에서의 삶, 나를 괴롭히려고 돌아온 익숙한 어둠 때문에 제시카와 나 사이에 아기가 생겼다는 소식을 듣고도 행복하지 않았다. 나의 비밀이 우리의 행복을 집어삼키는 것 같았고, 나는 이 이야기를 제시카에게 어떻게 고백해야 할지 알 수가 없었다. 우리가 투갈루 대학교에서 만나던 때에 록이 어떻게 잭슨의 길거리를 따라서 나를 쫓아왔는지, 또 록이 어떻게 우리 집에서 그렇게나 멀리 떨어진 팰로 앨토 동부까지 이어진 길을 따라서 나에게 되돌아왔는지를.

그해 여름 나는 어떤 수업에도 나가지 않았고 트로이도 나를 떠났다. 이제 브레이크 페달을 밟을 사람이 아무도 없었다. 베티와 테리사와 나는 자포자기한 채 선을 넘고 있었다.

가을 학기가 시작되자 상황은 정말 위험할 정도로 아슬아슬해졌다. 나는 아서가 진행하는 학부 천문학 강의에서 조교로 일하기 시작했고, 내가 마쳐야 할 대학원 과정도 있었다. 게다가 나는 스탠퍼드 싱크로트론 방사선 연구소SSRL에서 아서의 연구진과 함께 연구를 하기 시작했다. 절대로 망치고 싶지 않은 일이었다.

그러나 록은 나를 계속 유혹했다. 어서 와, 날 가져. 록은 밤마다 머릿속에서 노래를 불렀다. 그리고 록의 유혹은 한밤중이 되면, 명령조로 변했다.

60

10월 30일 오후 11시, 스탠퍼드 대학교 천문대

나의 머릿속으로 모든 초신성이 돌진하는 기분이었지만, 나는 최대한 관측 안내서에 있는 토성의 좌표를 나의 눈동자에 문신으로 새긴 것처럼 마음속에 떠올렸다. "적경 20시 59분 6.4초." 나는 읊조렸다. "적위 18도 20분 33.2초." 내가 좌표를 입력하자 볼러 앤드 치븐스 망원경 마운트mount(망원경의 경통을 지지하면서 움직이게 하는 구동부/옮긴이)의 기어가 고정되는 소리가 들렸다. 그러나 내가 망원경 렌즈로 들여다보았을 때에는 구름이 망원경의 시야를 가리고 있었다.

나의 마음은 다른 곳에 가 있었다. 자정에 계획된 만남이 있었고, 마치 영화에서 째깍 째깍 째깍 하는 시계 초침을 클로즈업하면 소리가 더욱 선명해지듯이, 머릿속에서 초침이 째깍대고 있었다. 나는 머릿속 한 구석으로 그 초침 소리를 세고 있었고, 나머지 부분으로는 앞으로 남은 3,500초 안에 할 일이 얼마나 많이 남았는지를 헤아리고 있었다. 록이 밤에 나를 유혹할 때에 내가 대처하는 방식이었다. 나의 뇌는 강박적으로 시간을 쟀고, 유혹이 충족되기 전까지는 시계가 움직이는 소리가 머릿속에서 떠나지 않았다.

내가 아서 워커의 학부 관측천문학 수업에서 조교를 맡은 첫 학기였다. 물리학 50 수업은 퍼지fuzzy, 즉 한 학기 동안 이수해야 하는 과학 과목 학점 때문에 수업을 수강하는 인문학과 학생들도 쉽게 A 학점을 받을 수 있는 수업으로 유명했다. 학기가 끝날 때까지 이 수업의 조교로 일하면서 돈을 벌 수 있어서 참 다행이었다. 그러나 나는 가슴을 꽉 조이는 긴장을 풀 수도, 머릿속의 아주 좁은 터널 속에서 나를 부르는 짐승의 괴로워하는 낮은 신음을 억누를 수도 없었다.

마침내 구름이 시야를 벗어났고 나를 구해줄 토성의 고리가 모습을 드러냈다. 수백만 킬로미터 거리에 떨어진 토성을 맨눈으로 보면 하늘에 있는 희미한 노란색 점일 뿐이다. 그러나 35센티미터 슈미트-카세그레인식 망원경으로 확대해서 본 토성의 고리는 언제나 눈을 머리 뒤까지 넘겨버릴 정도로 환상적이었다. 나는 호기심 가득한 눈으로 마치 그 모습을 처음 보는 것처럼, 토성의 선명한 세 고리—토성 주변에 있는 약 27만 킬로미터의 얼음과 바위들—를 바라보았다. 그 고리를 바라보자 머릿속이 진정되었다. 토성이 선명하게 보이는 렌즈에서 눈을 떼고 싶지 않았다.

그러다가 자정의 약속이 떠올랐고, 학교 천문대가 문을 닫기 전에 학생들에게 토성 고리를 보여주어야 한다는 사실이 생각났다. 그래서 나는 마지못하게 망원경에서 물러나 첫 번째 학생이 망원경을 살펴보도록 손짓했다. 그들은 처음 보는 광경에 함박 웃음을 지으며 탄성을 지르고 감탄했다.

11시 28분, 나는 자전거에 올라타고 SSRL로 향하는 언덕을 내려갔다. 우리 연구진은 선형 입자가속기를 이용해서, 망원경 거울이 엑스선과 극자외선 빛을 얼마나 잘 반사하는지를 파장에 따른 함수로 측정하는 실험을 진행 중이었다. 이 실험이 끝나면 그 거울을 MSSTA II에 실을 19개의 망원경에 장착하여 그해 가을에 우주로 발사할 예정이었다.

계산해보니, 실험실로 기어들어가서 진공실을 확인하고 실험을 실행한 다음에 11시 55분까지 돌아올 수 있을 것 같았다. 나는 아서가 야간 교대 학생들을 살펴보러 오지 말고 집에서 아내와 있기를 바랐다. 빔라인을 사용할 수 있는 시간은 아주 귀했고 치열한 경쟁을 통해서만 얻을 수 있었다. 그래서 실험은 24시간 7일 내내 돌아갔다. 아서의 연구진은 12시간과 6시간 교대로 돌아갔다. 나의 교대 시간은 오전 6시부터였지만 헬륨 냉동 펌프를 확인하고 싶었다. 며칠 전에 펌프가 작동을 멈춰서 다시 고치느라 하루 종일 시간을 허비했기 때문이다.

실험실에 들어가자 데니스 마르티네스Dennis Martinez가 줄지은 흡착 펌프 안에 액체 질소를 퍼붓고 있었다. 그가 액체 질소를 사방에 흘리고 있어서, 냉각 펌프까지 가는 동안 최대한 멀리 떨어져서 걸었다.

"거의 다 끝났어." 데니스가 진공 장치에서 나를 올려다보며 말했다. "다시 펌프를 채우려면 시간이 좀 걸릴 거야. 나랑 세르베사(스페인어로 맥주/옮긴이)나 한잔할래?"

나는 우리 연구진의 3년 차 연구원인 에콰도르 출신의 데니스와 아주 친하게 지냈다. 그러나 머릿속에서 째깍거리는 소리가 들렸다. 자정이 점점 더 다가오고 있었다.

"좋은데요." 나는 펌프의 이온 압력값이 10^{-7}토르를 유지하고 있는 것을 확인하고는 안도를 느끼며 말했다. "그런데 제시카에게 자정까지는 집에 들어가겠다고 약속했어요. 이제 제시카도 임신 2기에 들어서서 계속 배고파하거든요. 나랑 같이 두 번째 저녁을 먹으려고 기다리고 있을 거예요. 다음 교대 시간 끝날 때 같이 놀아요."

11시 56분, 나는 시원한 밤공기 속으로 다시 나와 깔끔하게 손질된 잔디밭과 조명이 비치는 학교 분수를 가로질러 내리막길로 들어섰다.

자정이 되기 2분 전에 나는 에스콘디도 빌리지로 들어가 자전거를 입구에 묶어두었다. 그러나 건물 안으로 들어가지는 않았다. 그 대신 안뜰로 허겁지겁 나서서 엘 카미노 레알까지 이어지는 언덕을 빠르게 걸어 내려갔다.

베티의 차가 도로변에서 공회전을 하는 모습을 보자 안도감, 흥분 그리고 죄책감이 모두 뒤섞인 감정이 들었다. 일단 차에 들어간 나는 곧바로 굶주린 배를 채웠다. 베티는 평소처럼 테리사를 데리고 나왔다. 우리의 계획은 팰로 앨토 동부까지 가서 마약을 구한 다음에, 베티의 집으로 돌아와서 파티를 즐기는 것이었다. 그러나 테리사가 마약을 구할 수 있는 "접선 장소"가 어디인지 알고 있다고 떠들기만 할 뿐, 우리의 계획은 허술하기 짝이 없었다.

"제기랄, 안 돼! 나는 접선 장소에는 절대 안 가!" 나는 자동차 스피커에서 나오는 게토 보이스의 노랫소리보다 더 크게 소리쳤다. "접선 장소에 가면 총 맞아 뒤질걸?"

"걱정 마, 겁쟁아." 베티가 속삭였다. "실내에 있는데, 절대 실패할 리 없는 접선 장소야. 24시간 내내 록을 구할 수 있다니까!"

"그냥, 도망칠 곳이 없는 접선 장소로는 가지 마, 베티. 나 진지하다고!" 테리사가 나의 뒤에서 웃는 동안 내가 말했다.

"실패할 리 없는" 접선 장소가 존재한다고 믿기에는 나는 그 거리를 너무 많이 가보았다. 우선, 아주 매력적인 외모의 두 여자들과 함께 마약 거래 현장에 등장하는 일은 언제나 아주 위험했다. 특히, 그날 밤의 테리사와 베티처럼 다른 때보다 더 멋지게 차려입었다면 더더욱 위험했다. 두 번째로, 나는 테리사와 베티가 이미 차 안에서 한바탕 무엇인가를 피우고 온 상태라는 것을 알 수 있었다. 이륙도 하기 전에 벌써 눈이 부신 꼴이었다. 세 번째로, 나는 몇 달 전에 총을 도난당했다. 그래서 우리는 부디 신의 은총이 함께하기를 바라는 것 말고는 우리를 보호할 대책이 아무것도 없었다. 우리는 정말 뚜렷한 계획도 없이 팰로 앨토 동부에 굴러들어가는 것이나 다름없었다.

"이것만 알아둬." 내가 말했다. "나는 6시까지 연구실로 돌아가야 해."

자동차 뒷좌석에 앉아 있던 테리사가 몸을 일으켜 나의 머리를 쓰다듬고 맑은 웃음을 지었다. "걱정 마, 로켓맨. 오늘 밤 정확하게 제시간에 데려다줄게." 그녀는 프리모에 불을 붙이더니 앞좌석으로 건네주었다.

101번 도로를 건넜을 때, 나는 몇 시간 후에 빈민가를 헤매면서 어두운 접선 장소들을 미친 듯이 돌아다닐 필요가 없도록, 반드시 마약을 충분히 구하자고 다짐했다. 우리는 성공할 것이고, 곧바로 베티 집으로 돌아갈 것이고, 평화롭게 파티를 즐길 것이라고.

새벽 1시 15분, 아직 "24시간 내내 록"은 보이지 않았다. 우리는 이미 접선 장소를 찾느라, 건물 안에 들어가느라, 위층으로 올라가느라, 그리고 실제로 누군가가 록을 들고 나타나기만을 기다리느라 한 시간이나 보낸 상태였다. 나는 얼룩진 벽에 그려진 파란 수레국화의 개수를 두 번이나 센 후였다. 수레국화는 마치 반도체에 정렬된 원자들처럼 격자 모양으로 배열되어 있었는데, 한 줄에 16송이의 꽃이 총 43개의 대각선을 따라서 그려져 있어서 다 합치면 688송이였다.

1시 40분이 되자 청바지에 누더기 같은 옷을 입고 맛이 간 듯한 남자가 물건을 들고 등장했다. 테리사는 구석에서 가짜 포주처럼 보이는 후레자식과 함께 수다를 떨고 있었다. 나는 이곳을 뜨기 전에 테리사를 그놈에게서 떼어놓아야 할 것만 같은 불안감을 느꼈다. 나는 얼른 록을 받고 바로 튀고 싶었지만, 베티는 우리가 그 물건을 확인해야 한다고 고집을 부렸다. 여기에서 "우리"란 나를 의미했다. 베티는 항상 내가 그 망할 물건들의 진위 여부를 확인해주기를 바랐다.

나는 록을 바로 빨아들일 수 있도록 유리 파이프 끝에 록을 하나 채워 넣었다. 그리고 다른 쪽 끝을 입술로 물었다. 불을 붙이고 부드럽고 길게 연기를 빨아들였다. 그러고 나서 세게 빨아들였다. 발사 카운트다운이 시작되었다.

증기가 더러운 유리 파이프를 빠져나와 목구멍을 통과하고 목말라하는 폐로 들어가기까지 단 몇 초밖에 걸리지 않았다.

불이 붙었다. 이륙이 시작되었다.

마침내 은총이 내리듯이 째깍거리던 뇌가 고요해졌다. 가슴을 옥죄던 느낌이 사라졌다. 눈꺼풀이 풀리자 토성의 고리가 다시 보이기 시작했다. 수많은 먼지와 얼음의 알갱이가 마치 얼어붙은 후광처럼 나의 머리 주위를 떠다니는 장면을 너무나도 선명하게 볼 수 있었다.

자리를 떠나야 할 때가 되었다며 머릿속의 알림이 울렸다. 그런데 테리사가 그 가짜 포주 녀석과 함께 길 건너로 사라져 있었다. 아마도 더 크고 품질 좋은 록이 있다며 꼬셨겠지. 베티는 테리사를 찾겠다며 떠났고, 나는 누군지도 모르는 여자와 함께였다. 그 여자가 파이프를 꺼내더니 나에게 건넸다. 그 순간의 가장 합리적인 선택은 제시카가 기다리는 집으로 돌아가는 것이었으나, 동시에 가장 내리기 어려운 선택이었다.

한 시간 후에 파이프가 다 비자 그 여자가 말했다. "세븐일레븐에 있는 ATM으로 가자. 계속 달리자고!" 나는 거절할 수 없을 정도로 너무나 마약이 간절했다.

ATM에서 나의 마지막 100달러를 꺼냈고, 우리는 그녀의 둥지로 돌아가는 중이었다. 시끄러운 뷰익 자동차 한 대가 갑자기 우리 옆에 섰고, 그 차에서 네 명의 갱스터들이 뛰쳐나왔다. 열네 살 정도로 보였지만 눈매가 굉장히 사나웠다. 그 여자가 그 갱스터들에게 소리쳤다. "너네 돈 좀 벌고 싶다고 했지! 이 새끼 덮쳐!"

은색으로 빛나는 무엇인가가 시야에 들어왔고, 나는 그것이 칼인 줄만 알았다. 그런데 내 눈 앞에 있는 그 물건은 크롬으로 도금된 작은 권총이었다. 누군가가 나를 철조망 울타리로 세게 밀어붙였고, 뒤통수에서 차가운 총구가 느껴졌다.

나는 손목시계를 벗어서 공중으로 높이 흔들었다. 갱스터 한 명이 시계를 낚아챘고, 다른 한 명은 나의 호주머니를 뒤지면서 현금을 찾았다.

"그 새끼 쏴버려!" 여자가 나의 뒤에서 소리쳤다.

나는 너무나 큰 충격에 소리를 지를 수도 없었다. 싸우거나 도망치기에는 마약에 너무 취한 상태였다. 나의 운이 다했다고 생각했다. 나는 이런 끔찍한 함정에 빠져 죽은 사람들을 많이 알았다. 그리고 이제 내 차례가 된 것이다. 나는 이렇게 인도 위에서 죽을 것이다. 제시카를 다시는 보지 못할 것이다. 아기의 얼굴도 볼 수 없을 것이다.

나는 두 손으로 철조망을 움켜잡고 그대로 서 있었다. 방아쇠가 당겨지면서 탕 하는 큰 소리를 들었다. 힘이 풀려서 무릎을 꿇은 채 왜 머리에 총을 맞은 느낌이 들지 않는지 의아해하는데, 그 녀석들이 시끄럽게 웃으며 야단법석을 떨었다. 나는 그들이 자동차로 뛰어들어 사라지는 소리를 듣고 나서야 총이 허공에 발사되었다는 것을 깨달았다.

그들은 그렇게 사라졌다. 뒤이어 두려움과 눈물이 나를 덮쳤다. 그 순간에 나는 아무것도 느낄 수 없었다. 그저 정신이 멍했다.

61

새벽에 SSRL로 향하는 언덕을 터벅터벅 오르는데, 스탠퍼드가 밤새도록 나를 밀어내는 것만 같았다.

돈을 다 털려서 캠퍼스까지 약 5–6킬로미터를 걸어가야 했다. 시계를 빼앗겨서 시간도 알 수 없었다. 오리온 자리가 밤하늘 남서쪽에 떠 있는 모습을 보면서 실험실 교대 시간인 아침 6시가 다가오고 있다는 것을 알 수 있었다.

칼트레인 기찻길 건널목을 지나자 무뎌졌던 감정들이 되살아나기 시작했다. 불쾌한 감정들뿐이었다. 속이 메슥거리고 심장이 아팠다. 스스로 판 무덤에 빠졌다는 사실에 나 자신이 증오스러웠다. 나의 친구들을 같은 무덤으로 빠뜨린 것이 너무 부끄러웠다. 아서와 연구진 동료들, 그리고 제시카와 우리 둘 사이에서 아직 태어나지도 않은 아기의 기대를 저버렸다는 것이 수치스러웠다.

무섭고 피곤했다. 죽음이 두려웠다. 죽지 않기 위해서 내가 해야 할 일도 두려웠다. 그렇다고 계속 이렇게 살 수는 없었다. 빌어먹을 무엇인가를 바꿔야만 했다. 누군가에게 내 이야기를 전부 털어놓아야 했다. 그러나 대체 누구에게? 제시카에게는 차마 말할 수 없었다. 그녀는 내가 이런 삶을 살아왔다는 사실을 전혀 몰랐고, 나는 그녀가 나를 그런 식으로 보지 않기를 바랐다.

연구실로 돌아가자 데니스 마르티네스가 빔라인의 컴퓨터에 앉아서 교대를 위해서 로그아웃을 하고 있었다. 내가 굉장히 피폐한 상태였음이 분명했다. 그가 나를 위아래로 훑어보더니 말했다. "어디 술집에서 퍼마시고 온 거야?"

데니스는 항공 회사 록히드 마틴에서 엔지니어로 일하다가 물리학과로 온 나이 많은 대학원생이었다. 그는 내가 입학하기 몇 년 전에 다양성 전형으로 입학했고, 그래서 나는 그에게 모두 털어놓아도 괜찮겠다고 생각한 것 같다. 아니면 그저 그날 아침 처음으로 만난 사람이면 누구에게라도 나의 영혼 깊은 곳까지 모든 것을 털어놓고 싶었던 건지도 모르겠다.

"있죠." 내가 입을 열었다. "지금부터 내가 하는 말은 절대로 비밀로 해줘요. 누구한테도 말하지 않겠다고 약속해요."

데니스는 나의 고백에도 전혀 흥분하지 않았다. 그는 단지 어깨를 으쓱하며 말했다. "알겠어……."

그래서 나는 그에게 이야기를 털어놓았다. 모든 것을 말하지는 않았다. 나는 그에게 내가 나쁜 일에 휘말렸다고 말했다. 마약 같은 것에. 침울하고 단조로운 목소리로 나의 말은 쉬지 않고 이어졌다. 나는 누군가가 나에게 몇 번이나 총을 겨눴고 내가 정말 죽는 줄 알았다고 했다. 그러나 대체 어떻게 그만둬야 할지 모르겠다고, 그리고 이제 어떻게 해야 할지도 모르겠다고 털어놓았다.

마침내 나는 말을 끝냈다. 그는 무슨 말을 해야 할지 모르겠다는 표정이었다. 그가 마침내 입을 열었다. "너, 아서 교수님과 얘기해봐야 할 것 같아."

아서에게 말하는 것은 내가 정말 마지막 순간까지 절대 하고 싶지 않은 일이었다. 나는 데니스에게 알겠다고, 아서에게 이야기를 해야 할지도 모르겠다고 말했다. 그리고 그에게 다시 한번 누구에게도 절대 이야기하지 말라고 약속을 받아냈다. 잠을 자거나 편하게 쉬지도 못한 채, 무자비한 형광등 불빛과 마치 금방이라도 기침을 내뱉을 것 같은 노인처럼 삐걱거리는 진공 장치만 있는 곳에서 6시간이나 버텨야 하는 끔찍한 미래가 나를 기다리고 있었다.

정오가 되어 교대 시간이 끝나자 달리 할 것도, 갈 곳도 없었다. 나의 스승을 만날 시간이었다.

62

마침내 아서의 연구실 문을 두드리고 그 안으로 들어갈 용기를 냈다. 아서의 연구실은 높이 쌓인 서류 더미들의 숲과도 같았다. 문에서 연구실 안쪽까지 쌓여 있는 서류 더미 사이로 아서가 열심히 작업 중인 모습이 보였다.

나는 문틀을 두드렸지만 아서는 서류들에 줄을 치고 무엇인가를 적느라 고개를 들지도 않았다. 몇 분 후에 나는 더 세게 두드렸다. 그는 고개를 여전히 숙인 채 안경 너머로 나를 힐끔 쳐다보았다.

"아서 교수님, 잠깐 말씀 좀 드릴 수 있을까요?"

"그래." 그가 안경을 천천히 벗으면서 똑바로 앉았다. "앉거라."

앉을 곳이 전혀 없어서 나는 그의 책상 앞 의자에 쌓여 있던 종이 더미를 치워야 했다. 나는 실험실에서부터 아서의 연구실까지 걸어오면서 그에게 어떻게 이야기해야 할지 대본을 완벽하게 짜려고 했다. 그러나 그러지 못했다. 대학원에 합격했을 때 아서와 처음 일대일로 만났고, 그 이후에 그와 일대일 면담을 하는 것은 처음이었다. 지난 18개월 동안 나는 그와 가깝고 좋은 관계를 만들고 싶어서 일대일로 면담을 할 만한 거리를 찾아왔다. 모든 대학원생들이 자기 지도교수와 하고 싶어하는 일이었다. 그런데 나는 지금 내가 그를 실망시켰다는 사실을 고백하기 위해서 그의 연구실에 앉아 있었다.

나는 아서가 나를 그의 연구실에서 그리고 연구 과정에서 쫓아낼 수도 있음을 알고 있었다. 그러나 그 부분은 크게 신경 쓰지 않았다. 나에게 더 중요한 것은 내가 힘겨운 이중생활 때문에 고통스럽다는 것이었고, 이제는 그 모든 것을 내려놓아야 한다는 것뿐이었다. 그러나 어디에서부터 어떻게 말을 시작해야 할지 감이 오지 않았다.

나의 분위기가 너무 침울했기 때문에, 아서도 뭔가 심각하다는 것을 눈치했을 것이다. 게다가 나는 보통 연구실에서 활기차고 활달한 사람이었다. 그러나 그는 아무 말도 하지 않았다. 그저 두 손의 손가락들을 맞대고서 조용히 기다리고 있었다.

"투갈루 대학교에 있을 때부터였어요." 내가 입을 열었다. 그리고 그에게 모두 털어놓았다. 마텔과 나의 아빠 이야기, 친구들과 함께 록을 만들고 피웠던 일, 학교를 중퇴하고 JG와 거리를 쏘다니던 일, 그리고 과거에 했던 모든 나쁜 짓들을. 그리고 스탠퍼드에서 열심히 공부해서 연구진에 기여하고 다가오는 로켓 발사에 참여하고 싶음에도 불구하고 지난겨울을 어떻게 보냈는지를. 그리고 마침내, 지난밤에는 누군가가 머리에 총구를 겨누는 끔찍한 경험을 했고, 이제 다시는 그런 일을 반복하고 싶지 않다고 말했다. 이런 삶을 끝내기 위해서 어떻게 해야 할지 고민했고, 정말로 손을 씻고 싶어서 그에게 모든 것을 털어놓아야겠다는 생각으로 이 자리에 왔다고 이야기했다.

나의 이야기를 듣는 동안 아서는 얼굴에 그 어떤 반응도 드러내지 않았다. 그저 가만히 들었다. 내가 말을 다 끝내자, 그는 그렇게 대화를 끝내려고 했다.

"음, 이제는 그런 짓을 하지 않을 거잖나, 그렇지?" 그가 입을 열었다.

나는 내가 잘못 들었나 싶었다. 그래서 그가 한 말의 정확한 의미를 파악하기 위해서 머리를 빠르게 굴렸다. 이렇게 쉽게 끝나는 문제라고? 아서와의 저 약속을 지키기만 하면 되는 건가? 정말로 아서는 나를 믿는 걸까? 내가 이 끔찍한 것들을 모두 털어놓았는데도 나를 믿는다고?

"네." 내가 대답했다. "더는 그런 짓을 하지 않을 겁니다."

"좋아. 자네는 결혼했잖아, 그렇지?"

"네." 내가 고개를 끄덕이며 말했다. "아이도 곧 태어납니다."

"아내도 이 일을 모두 알고 있나?"

"아니요, 교수님."

"그렇다면 아내에게도 이 얘기를 하게."

"네……. 그렇게 할게요."

그의 말이 이제 그만 자리를 떠나라는 신호임을 알 수 있었다. 그러나 몸을 움직일 수 없었다.

아서도 내가 발을 떼지 못하고 있다는 것을 눈치챘을 것이다. 아서는 의자를 책상 뒤쪽으로 살짝 밀고 한숨을 쉬었다. "알겠지만, 자네처럼 과속방지턱에 탁 걸린 흑인 학생은 자네가 처음이 아니야. 나도 빈민가에서 자랐고. 어머니는 나를 모닝사이드 하이츠에 있는 명문 유대인 학교에, 그리고 나중에는 브롱크스 과학고등학교에 보내기 위해 뼈 빠지게 일하셨지. 그렇다고 나를 가르친 과학 선생님들이 내가 나중에 과학 분야에서 경력을 쌓을 거라고 믿었다는 뜻은 아니야. 화학 선생님이 내게 뭐라고 했는지 아니? 내가 과학자가 되려면 내 아버지가 떠나온 고향 섬이나 쿠바에 가는 수밖에 없을 것이라고 했단다. 그래서 어머니가 그 선생님 머리를 쥐어뜯을 뻔했지." 그가 웃으면서 자신의 과거를 회상했다.

"누군가가 나한테 '너는 절대 못 해'라고 면박을 준 게 그때가 처음이자 마지막이었을까? 아니, 그렇지 않지. 자네는 스탠퍼드가 백인들에게나 어울리는 학교라고 생각하지? 1950년대에 일리노이 대학교에서 천체물리학과를 졸업한 흑인 박사가 몇 명이었는지 상상이나 가니? 당시

공군은 내게 무기 개발 연구실에서 연구하는 자리는 기꺼이 주었지만, 관리직 자리는 절대 맡기지 않았어. 나는 내 경력을 위해서 남들보다 훨씬 더 많은 시간을 쏟아야 했다. 인생이 쉽게 풀릴 거라고 절대 생각하지 마라. 물리학은 원래 어려운 거야. 어쩌면 우리 학과 교수들 몇몇을 납득시키는 건 절대 불가능한 일일지도 모른다. 그러나 자네는 분명 똑똑한 학생이야. 그래서 자네를 우리 연구진에 참여시키고 싶었고. 나는 자네를 믿네. 그동안의 일을 잘 잊고 극복해낼 거라고 믿는다고."

그날 내가 감사하다는 말을 했는지 잘 기억이 나지 않는다. 어쩌면 속으로만 그렇게 되뇌었을지도 모른다. 그가 그날 해준 말들이 오랫동안 공허하게 비어 있던 나의 마음속을 가득 채워주었다는 것만은 확실하게 알 수 있었다.

63

제시카는 학교를 졸업하고 나서 처음으로 새너제이 지역의 의학 센터에서 간호사로 근무하고 있었다. 나는 제시카가 일을 마치고 집으로 돌아오기 전에 샤워를 하고 쪽잠을 자려고 했다. 그러나 내가 할 수 있었던 일이라고는 침대에 누워서 내가 JG와 함께 깊은 구멍에 빠진 이후로 그녀 몰래 비밀스러운 이중생활을 해왔음을 어떻게 말해야 할지 뜬눈으로 고민하는 것뿐이었다.

우리의 저녁 식사 자리는 항상 편안한 공간이었기 때문에, 나는 할 말을 하기 위해서 식사가 끝날 때까지 기다렸다. 나의 침울한 분위기가 그녀에게 낯설지는 않았을 것이다. 그녀는 내가 평소에는 행복하고 에너지가 넘치다가도 힘든 일이 있을 때면 너무 심각해진다며, 나에게 조울증이 있을 거라고 반농담조로 말하고는 했다.

저녁을 먹은 후 나는 천천히 설거지를 하면서 대화의 시작을 미루려고 했다. 나는 그녀가 나에게 크게 실망할까 봐 두려웠다. 그리고 내가 그녀의 가슴을 아프게 할까 봐 걱정되었고 또 그녀가 나를 비웃고 한심하게 생각할까 봐 무서웠다. 우리는 언제나 말다툼을 주고받았다. 그러나 서로에게 헌신했다. 제시카는 아침 9시에서 저녁 5시까지 성실하게 일하는 남자와 함께 사는 평범한 삶을 꿈꾸었다. 하느님을 경외하는 그녀의 가족들과 잘 지내고, 그녀가 자란 나체즈 또는 나체즈와 비슷한 동네에서 같이 살 사람을 원했다. 그녀도 내가 그런 사람이 아님을 알았다. 그러나 나를 그저 독특하고 상대적으로 순진한 너드로 생각하고 있었다. 내가 그 이미지를 막 부수려는 참이었다. 솔직히 말해서 나는 그녀가 두려웠다. 여자의 분노는 언제나 나를 압도했다.

"자기야, 할 말이 있어." 내가 마침내 입을 열었다.

"좋아, 무슨 얘기?" 제시카가 임신한 후로 더 자주 지었던 따뜻하고 아름다운 미소를 지으며 부드럽게 말했다. 그녀의 쾌활한 모습에 오히려 더 죄책감이 느껴졌다. 나는 긴장을 놓치기 전에 그녀에게 말을 해야 했다.

"나 사실 어젯밤에 연구실에 가지 않았어." 내가 말을 시작했다.

그녀의 밝은 표정이 순식간에 어두워졌다. "그래, 그러면……어디에 갔었는데?" 그녀가 속삭이듯이 아주 작은 목소리로 말했다.

"팰로 앨토 동부에 갔었어. 마약을 하려고."

그녀는 오히려 약간 안도하는 듯했다. 제시카는 나에게 다른 여자가 생겼다고 생각했던 것 같다. "어떤 마약?"

"아주 안 좋은 거야……. 록 코카인."

"시작한 지는 얼마나 됐는데?"

"투갈루 대학교 때부터 쭉. 우리가 결혼했을 땐 잠깐 마약을 끊었어."

그녀는 어떤 대꾸도 하지 않았다. 그래서 나는 말을 이어갔다.

"자기가 2월에 잭슨으로 돌아갔을 때, 다시 마약에 손을 대기 시작했어. 자기가 돌아오면 끊을 생각이었어. 그후에 임신한 걸 알았을 때는 진짜 그만둬야겠다고 생각했고. 그런데 그러지 못했어. 생각했던 것보다 마약을 끊는 일이 쉽지 않았어."

"그러니까 연구실에서 일한다고 할 때마다 마약을 했던 거야?"

"매번 그랬던 건 아니야. 하지만 그래. 그랬어. 그리고 마약을 한번 하면 며칠 밤씩 하기도 했어."

“나도 가끔은 자기가 나한테 완전히 솔직한 건 아니라고 느꼈어. 자기가 바람을 피우고 있을까 봐 두려웠어.” 그녀가 말했다. 나는 제시카의 눈에 눈물이 맺히는 모습을 바라보았다. “혹시 그랬어?”

나는 그녀의 손을 잡고 그녀의 눈동자를 바라보았다. “맹세할게. 바람은 절대 안 피웠어. 마약을 했어. 그게 내 유일하고 부끄러운 비밀이야. 그리고 이제는 그만 멈추고 싶어. 그렇지만 대체 어떻게 그만둘 수 있을지 모르겠어. 매일 밤 마약이 나를 불러내. 하지만 약속할게. 어떻게든 반드시 멈추겠다고. 자기를 더 이상 속이지도 않을게.”

제시카는 몸을 기울이고 나를 끌어안았다. 그녀의 눈물이 나의 셔츠를 적셨다. 우리는 몇 분간 서로 끌어안았다. 그러나 나는 눈물을 흘리지 않았다. 그녀에게 나의 약한 모습을 더는 보이고 싶지 않았다.

제시카는 다시 뒤로 물러섰다. 그리고 손으로 나의 볼을 감싸고는 달콤하면서도 진지한 목소리로 말했다. “나는 자기와 함께할 거야. 자기가 마음만 먹으면 다 해낼 수 있는 사람이라는 거 알고 있어. 우리는 함께 이 난관을 극복해나갈 거야.”

“지난밤에는 열네 살짜리 갱스터가 뒤통수에 총을 겨눴어. 나는 내가 죽는다고 생각했어. 우리 아이를 영영 못 보게 될까 봐 너무 두려웠어.” 내가 말했다.

그러고 나자 처음으로, 아주 오랫동안 마음속에 가득 차 있던 두려움이 마치 로켓 추진체처럼 나에게서 떨어져나가 사라지는 기분을 느꼈다. 제시카가 나를 토닥이는 동안, 나는 마치 어린아이가 우는 것처럼 눈물이 흐르도록 두었다.

64

그날 밤 이후로 2주일에 걸쳐서 나는 제시카와 앞으로 어떻게 해야 마약을 멀리하고 길거리와의 인연을 끊을 수 있을지를 이야기했다. 내가 결정해야 했던 가장 큰 질문은 "중독 재활치료를 받을 것인가?"였다. 나는 재활치료를 받았다는 기록을 남기고 싶지 않았다. 그 기록이 미래의 경력에 악영향을 줄 것 같아서 망설여졌다. 나에게는 전과 기록도, 빚을 진 기록도 없었다. 재활치료 기록이 나를 따라다니는 것은 싫었다. 우주 연구 분야는 연방정부 및 군대와 밀접한 연관이 있었고, 마약 중독자였다는 기록이 있으면 보안 승인에 필요한 절차를 결코 통과할 수 없다는 사실도 잘 알고 있었다.

내가 재활치료를 꺼렸던 또다른 이유가 있었다. 나는 어린 시절부터, 아주 위급한 상황을 제외하고는 병원에 가서는 안 된다고 듣고 자랐다. 병원은 빌어먹게 비쌌다. 그리고 중독 재활치료는 일반 진료보다 훨씬 더 비쌀 것 같았다. 한 가지 좋은 점은 내가 살면서 처음으로 건강보험에 가입되어 있었다는 사실이다. 스탠퍼드는 모든 대학원생들에게 건강보험을 보장했고, 나는 조교로 일했기 때문에 학교 보험에 가입되어 있었다.

나는 악마를 통제하려면 외부의 개입이 필요하다는 것을 잘 알고 있었다. 지금이 바로 아주 위급한 상황이었다. 물건들의 개수를 세려는 생각까지도 날려버릴 만큼 머릿속에서 크랙의 목소리가 너무 집요하게 반복되었다. 크랙의 목소리는 이미 나의 통제를 벗어나 있었다. 아니, 그 목소리가 나를 지배하고 있었다.

왜인지는 모르겠지만, 크랙의 목소리는 확실히 여자의 목소리였다. 그리고 매일 밤 잠에 들 때마다 크랙이 나의 마음을 완전히 장악했다. 꿈에도 나타나서 너무나 유혹적인 모습으로 나에게 손짓했다. 여자의 모습을 한 크랙은 나의 귓속에 속삭이며 더없는 쾌락과 희열과 오르가슴을 약속했다. 나는 그녀를 거부할 수 없었다. 꿈속에서 나는 항상 그녀를 행복한 마음으로 나의 입술로 끌어당겼다. 매일, 밤, 언제나. 그리고 그녀를 만나는 시간은 너무나 달콤했다.

아침이 되면 그녀는 어둠 속으로 사라졌다. 날이 저물면 그녀는 다시 나를 유혹했다. 나는 스스로를 합리화했다. 마약에 접근만 안 하면 돼. 나는 생각했다. 거리로 나가지만 않으면 괜찮을 거야. 그러나 매일 밤 그녀는 나를 유혹했고, 매일 밤 나는 꿈속에서 그녀를 따라 거리로 나섰고, 한밤중에 잠에서 깨서 땀에 흠뻑 젖은 채 두려워했다. 나는 그녀를 거부할 수 있을지 자신이 없었다. 그러나 중독 재활치료를 받지 않고서도 그녀를 이겨낼 방법이 분명 어딘가에 있을 것이라고 기대했다.

나는 망설였다. 제시카는 그러지 않았다. 제시카가 능숙한 간호사가 된 것에는 다 이유가 있었다. 그녀는 약물 중독을 굉장히 심각하게 생각하는 사람이었다. 그녀는 책임감 있게 의학 센터에 전화를 걸었고 스탠퍼드 병원 정신건강 의학과를 소개받았다. 그녀는 나에게 상담 예약을 잡고 이야기를 나눠보라고 했다.

예약 날, 나는 자전거를 타고 스탠퍼드 의학 센터로 갔다. 치료사는 비쩍 마른 백인 남자였는데, 머리카락이 너무 곱슬거려서 거의 아프로 스타일이라고 볼 수 있을 정도였다. 그는 아주 침착했고, 조용하고 차분한 말투로 이야기했다. 그는 내가 중독 재활치료를 받은 기록이 없다는 것을 확인했다. 내가 30일 동안이나 입원할 형편은 되지 않는다고 말했더니, 나에게는 8주일짜리 외래 진료 과정이 낫겠다며 소개해주었다.

그러고 나서 그는 나의 감정 상태를 묻기 시작했다. 중독 재활치료에 대해서는 어떤 기분이 드시나요? 크랙을 피웠을 때에는 어떤 기분이 들었나요? 그의 질문들은 굉장히 낯설었다. 지금껏 그 누구도 나에게 "기분은 어때?"라고 물은 적이 없었기 때문이다.

나는 처음에 그의 질문을 제대로 이해하지 못한 것처럼 반사적으로 답했다. "제 생각에는……."

내가 왜 크랙의 구렁텅이에 빠졌다고 생각하는지, 그리고 그것이 왜 문제라고 생각하는지를 설명하는 동안, 그는 참을성 있게 경청했다. 그리고 다시 물었다. "네, 알겠습니다. 그래서 어떤 기분이 드시나요?" 이 질문은 재활치료 내내 나에게 100번은 되돌아왔다. 몇 주일이 더 지나고 나서야 나는 그런 질문에 진정성 있는 답변을 하기 시작했다.

일주일에 두 번씩, 마약에 대한 나의 갈망이 가장 심각해지는 저녁 시간마다 단체치료가 진행되었다. 참가자들 중에는 또다른 스탠퍼드 대학생도 한 명 있었다. 인도에서 온 학부생이었는데, 대학교에 온 후로 하루도 쉬지 않고 파티와 음주를 즐겼다고 했다. 결국 그녀는 알코올 중독으로 거의 죽을 뻔한 상태에서 병원에서 깨어났다고 했다. 알코올과 약물에 중독된 30대 스탠퍼드 교직원 두 명도 있었다. 그리고 실리콘밸리에서 작은 회사의 CEO로 일하던 50대 초반의 알코올 중독자도 있었다. 아일랜드 사람이었는데, 내가 아프리카와 크리올 혈통에 아일랜드 피까지 섞인 혼혈이라는 것을 알고 나자 나에게 아주 친근하게 대했다. 우리 치료 모임에서 나 외에 크랙에 중독된 또다른 사람은 굉장히 평범해 보이는 백인 여성뿐이었다. 재활치료를 꾸준히 받으면서 가장 먼저 깨달았던 것은 마약 중독이 흑인만의 문제가 아니라는 점이었다. 물론 머리로는 이미 알던 사실이었지만, 눈앞에서 백인 마약 중독자를 본 것은 처음이었다.

두 번째로 깨달은 것은 나 혼자만의 힘으로는 절대로 마약을 끊을 수 없다는 점이었다. 이것은 스터디 그룹의 도움 없이 물리학과 수업 과정을 따라가지 못하는 것과는 차원이 다른 수준의 어려움이었다. 중독 재활치료는 아주 어려운 과정이었다. 양자역학보다도 훨씬 어려웠다. 수십 년간 마음속에 꽉 눌러놓았던 온갖 감정들 속으로 깊이 들어가는 과정이었기 때문이다. 나에게는 길을 인도하고 나를 진창으로부터 구해줄 동료들이 절실했다.

같은 치료 모임에 참여하는 참가자들 모두가 꾸준히 치료에 참여하는 데에 서로 의지했다. 그러던 중에 알코올 중독자였던 한 사람이 다시 알코올에 빠지고 말았다. 깡마른 백인이었고 하룻밤에 매우 독한 술을 5분의 1병이나 마시는 사람이었다. 그가 알코올 중독이 재발하여 더는 모임에 나오지 않자, 그 개 같은 상황에 우리는 큰 충격을 받았다. 우리는 다 같이 회복을 위해서 나아가는 과정에 있었다. 우리 중에 한 명이 망각의 절벽으로 떨어져버리면, 우리는 우리가 얼마나 깊은 심연 근처에서 발버둥 치고 있었는지를 새삼스럽게 다시 깨달았다.

몇 주일 동안 우리는 중독 증상에 대해서 수백 번의 대화를 나눴다. 그리고 어떤 감정을 느끼는지에 대해서도 여러 차례 대화를 했다. 스탠퍼드의 치료사들은 치료 과정에 진지하게 임하지 않는 사람들을 용납하지 않는 아주 엄격한 사람들이었다. 전문적이고 단정해 보이던 그들에게는 한때 알코올이나 마약에 중독되었던 경험이 있었다. 그래서 그들은 우리가 얼마나 큰 어려움을 겪는지, 우리가 어떻게 싸우고 견디는지를 잘 알고 있었다.

그러나 몇 주일이 지나자 치료 모임이 시간 낭비라는 생각이 들기 시작했다. 사람들과 대화를 아무리 나누어도, 머릿속에서는 나를 유혹하는 크랙의 목소리가 밤낮으로 계속되었다. 나는 그 어느 때보다도 그녀를 갈망했다.

6주일째가 되어서야 비로소 나는 어떻게 그 목소리를 막을 수 있는지를 배웠다. 모두의 이야기를 들으며 나는 우리 모두가 같은 말을 되뇌인다는 것을 깨달았다.

약을 하면, 나쁜 일이 생긴다.

약을 하면, 나의 존엄성이 추락한다.

이 문장들은 나의 가슴에 깊이 새겨졌다. 나를 유혹하는 악마는 그 부름에 답하면 나를 뿅 가게 해줄 것이라고 약속하지. 그러나 그것은 거짓말이야. 사실은 추락하게 되거든.

물론 마약을 하면 처음에는 기분이 좋다. 그러나 곧 더 많은 마약을 원하게 되면서 어둡고 더러운 거리를 헤매게 된다. 마약으로 추락하면, 결국 아빠처럼 방바닥을 기어다니면서 카펫 위에 떨어진 부스러기들을 좇게 된다. 아니면 JG처럼 마약 때문에 침대를 단돈 50달러에 팔아먹게 된다. 그것은 절대로 기분 좋은 일이 아니다. 추락이다.

그래서 이제 이 한마디가 나의 주문이 되었다. "되돌아가면, 행복하지 못할 거야. 추락하게 될 거야."

65

그해 봄 중독 재활치료를 받는 동안, 나는 학부 과정을 성공적으로 마무리하기 위한 전략을 짜내려고 노력했다. 일주일에 몇 번씩 중독 재활치료에 참여하면서 물리학 수업에서도 좋은 성적을 받으려면 스터디 그룹의 도움이 절실했다. 그러나 첫 학기에 학생들로부터 거절당한 후라서 나는 같은 상황이 벌어질까 봐 걱정이었다.

그러던 어느 날 수업이 끝난 후 폴 에스트라다Paul Estrada가 나에게 자신과 함께 스터디를 할 생각이 있는지 물었다. 처음에는 그를 의심했다. 그는 물리학과 학생 기준으로 봐도 굉장히 희한한 학생이었다. 폴은 백인이라고도 볼 수 있는 라티노였고, 물리학과 너드라는 티가 잔뜩 났다. 나는 그의 제안을 정중하게 거절했다. 그런데도 그는 여러 이유를 대면서 끈질기게 스터디를 제안했다. 그가 네 번째로 제안하자 나는 그 녀석에게 세게 나가기로 결정했다. 나는 걸음을 멈추고 그의 눈을 바라보며 말했다. "야, 너 대체 누군데?"

폴은 눈도 깜빡이지 않았다. 그는 아주 확신에 찬 목소리로 말했다. "바로 네 자식을 구원해줄 존재시다, 멍청아! 그러니까 나랑 할 거야, 말 거야?"

그 말이 너무 우스꽝스러워서 웃음이 터지고 말았다. 조용하고 이상한 이 녀석에게는 유머 감각과 멋이 있었다.

"좋아, 폴." 나는 고개를 끄덕였다. "같이하자." 나는 오른손을 뻗어 그에게 주먹 인사를 건넸다. 확실히 그는 주먹 인사에 익숙한 사람은 아니었다. 그는 팔을 쭉 뻗더니 어정쩡하게 나의 주먹을 곧장 붙잡고는 너드같이 악수를 했다.

그날 저녁 7시 반에 폴의 기숙사 방으로 찾아갔는데, 나와 수업을 같이 듣는 학생이 한 명 더 있었다. 개빈 폴헤머스Gavin Polhemus라는 이름의 금발 학생이었다. 개빈은 북서부 지역 출신의 백인 너드이자 물리학과 학부의 최상위권 학생이었다. 그와 폴은 정말 이상한 놈들이었다. 나까지 셋이 되자 더 이상한 삼총사가 되었다. 그럼에도 불구하고 우리는 잘 맞았다.

나처럼 폴도 다른 학부생들보다 네 살 정도 나이가 더 많았다. 물리학이나 수학 수업을 함께 들을 때, 나는 우리 둘 사이에서 공통점을 찾지 못했다. 그러나 그는 우리의 공통점을 발견했고, 그랬기 때문에 그가 나에게 먼저 손을 내밀었던 것이다. 그는 스탠퍼드에서 나 못지 않은 외톨이였다.

폴의 부모님은 멕시코와 과테말라에서 이주해온 성실한 노동자 계층이었다. 폴은 베이 지역에 위치한 괜찮은 공립학교를 다녔다. 그러나 부모님이 이혼을 하면서 그의 방황이 시작되었다. 그는 고등학교에서 질 나쁜 무리들과 어울리기 시작했고, 마약에 손을 댔고 수업에 빠지기 시작했다. 그는 자랑스럽게 한 학년 동안 수업을 107번이나 결석했다고 이야기했다. 결국 아버지가 그를 집에서 내쫓았고, 폴은 혼자 살아가면서 고등학교를 졸업했다.

이후 4년간 폴은 무법자가 되어 팰로 앨토 동부에서 대마초를 재배하고 거래하며 생활했다. 결국 그는 코카인에까지 손을 댔고 불법적인 일도 했다. 그러다가 자신의 삶을 바꿔야 한다고 느꼈고 풋힐 커뮤니티 칼리지에 지원했다. 2년간 치열하게 노력해서 풋힐 커뮤니티 칼리지에서 전 과목 A 학점을 받은 폴은 스탠퍼드로 편입할 수 있었다. 우리가 처음 만났을 때는 그가 스탠퍼드로 온 지 몇 달 되지 않았을 때였다. 그러나 그는 이미 천체물리학 학업에 집중하면서 근처에 있는 마운틴 뷰에 위치한 NASA 에임스 연구 센터에서 인턴으로 일하고 있었다.

폴, 개빈, 그리고 나는 아주 강력한 스터디 그룹으로 빠르게 성장했다. 매주 4일 밤 동안 우리는 폴의 기숙사 방에 모여서 문제들을 풀었다. 나는 새로운 경지의 물리학을 배울 수 있었을 뿐만 아니라, 함께 힘을 합친다면 그 어떤 어려운 문제도 해결할 수 있다는 자신감을 얻었다.

우리는 각자 물리학 문제에 접근하는 방식이 완전히 달랐다. 우리는 에스트라다를 "야수의 힘을 품은 폴"이라고 불렀다. 그가 정해진 논리에 따른 계산식을 쓰지 않고 문제를 풀었기 때문이다. 그는 모든 계산 과정을 일일이 쓰는 것을 좋아했다. 한편, 개빈은 두 가지 측면에서 아주 강력한 면모가 있었다. 그는 물리학과에서 수학적으로 그 누구보다도 뛰어났고, 또 엄청난 물리학적 통찰력도 있었다. 그는 아직 학부생에 불과했는데도 노련한 물리학자처럼 생각했다.

그리고 나도 있었다. 폴, 개빈과 함께 공부하면서 나에게도 특별한 능력이 있다는 것을 깨달았다. 나는 머릿속에서 누군가가 귓속말로 어디로 가야 할지를 속삭여주는 듯이, 복잡한 문제의 미로를 직관적으로 헤쳐나갈 수 있었다. 나는 슈퍼히어로들과 같이 다니며 자신의 특별한 능력을 완전히 이해하지 못한 채로 방향을 잡고 날아가는 방법을 터득하지 못해서 벽에 부딪히는 미숙한 조수가 된 것만 같았다.

1학년 때는 이리저리 치이고 부딪혔지만, 2학년이 된 해의 봄까지 성적이 치솟더니 결국 세 과목에서나 A 학점을 받으면서 학기를 훌륭하게 마칠 수 있었다.

그후로 나의 두 명의 학부생 동료들은 졸업을 했고, 각자 물리학 박사

과정을 위해서 스탠퍼드를 떠났다. 폴은 칼 세이건Carl Sagan과 함께 연구하러 코넬 대학교로, 개빈은 초끈이론을 공부하러 시카고 대학교로 떠났다.

나는 다시 혼자서 공부하는 외톨이가 되었다.

66

한편, 제시카의 출산 예정일이 빠르게 다가오고 있었다. 원래 아이를 낳을 계획이 있었던 것은 아니었지만, 우리 둘 사이에 아이가 생긴다니 너무나도 황홀한 일이었다. 나는 중독 재활치료를 받고 있었고 학구적인 삶도 되찾았으니 아빠가 될 준비가 되었다고 생각했다.

마텔의 출생 그리고 리사와의 이별 과정에서 재앙을 경험하고 나서, 나는 더욱 행복한 결혼 생활을 위해서라면 무엇이든 해야겠다고 단단히 다짐했다. 나와 제시카는 일주일에 이틀 밤씩 출산 수업을 들었고, 각자 관계를 더 즐겁게 만들 방법도 함께 고민했다. 제시카에게 나의 일탈을 고백하고 중독 재활치료를 시작하기 전까지 우리는 스트레스의 굴레에 갇혀 있었다. 나는 대학원과 거리에서의 비밀스러운 삶 때문에 스트레스를 받았다. 그래서 종종 성급하게 말을 꺼내거나 감정을 마음속에 쌓아두었다. 제시카도 제시카대로 나에게 잔소리를 하거나 짜증을 냈다.

그러나 이제 제시카는 임신을 했다. 나는 중독 재활치료를 받고 있었다. 그리고 우리는 함께였다.

우리는 젊고 희망찬 부부에 걸맞는 일들을 했다. 마텔이 태어나기 전에 리사와는 한 번도 한 적 없었던 일들이었다. 나는 제시카와 함께 아이 방에 들어갈 물건들을 샀고, 내가 스탠퍼드에서 인턴을 하기 전에 알고 지냈던 친구들에게 봉긋하게 나온 제시카의 배를 자랑스럽게 보여주었다. 버클리 입자 천체물리학 센터의 동료들과 친구들이 제시카의 임신 축하 파티를 열어주기도 했다.

수년간 병원에서 간호사로 일했던 제시카는 병원에서 아이를 출산하고 싶어하지 않았다. 마텔이 병원에서 태어난 과정에서 겪은 일을 잘 알고 있었던 나도 그녀의 의견에 동의했다. 제시카는 집에서 산파와 함께 출산을 하고 싶어했다. 베이 지역은 뉴에이지 생활양식과 치유의 중심지였기 때문에 우리에게는 많은 선택지가 있었다. 우리는 캠퍼스로부터 그리 멀지 않은 곳에서 평판이 좋은 산파 한 명을 구했다.

그러나 배 속의 아이도 자신만의 계획이 있었다. 5월 29일 저녁, 갑자기 제시카가 진통을 느끼기 시작했다.

다음 날 이른 아침에 산파가 우리의 아파트에 도착해서 제시카의 자궁 경부를 확인했다. 제시카의 자궁 입구는 아직 4센티미터 정도만 열린 상태였다. 하루 종일 제시카의 진통은 심해졌다가 잠잠해졌다가를 반복했고, 산파도 우리 집을 왔다 갔다 했다. 그러나 자궁 입구가 더 열리지는 않았다. 그다음 날 저녁이 되었고 결국 우리는 병원에 갈 수밖에 없었다.

응급실에서 담당 의사가 몇 분 동안 아이의 심장박동을 확인했다. 그리고 이렇게 말했다. "아이가 힘들어하고 있습니다. 지금 당장 꺼내야 해요." 간호사가 서둘러서 나를 대신해 제시카 곁에 자리했다. 그들은 제시카를 분만실로 서둘러 데리고 갔다. 나는 가운을 입고 같이 들어가도 되지만 아이가 태어나는 동안에는 분만실 벽 끝에 있어야 한다고 했다. 나는 제시카가 얼마나 외롭고 힘들까를 생각했다.

의사는 제시카의 복부를 가르고, 제시카의 자궁 속에서 딸을 꺼냈다. 그리고 옆에 있는 탁자 위에 딸을 올려놓고는 아이를 살폈다. 나는 딸아이의 울음소리가 들릴 때까지 말 그대로 숨을 쉴 수가 없었다. 잠시 후,

간호사 한 명이 나의 팔에 자그마한 카밀라를 안겨주었다. 카밀라는 담요에 싸여 있었다. 나는 아이의 작고 귀여운 얼굴을 내려다보았다. 카밀라는 나와 제시카를 모두 바라보더니 눈을 한 번 깜빡였다. 눈동자가 회색빛이 도는 푸른색이었다. 나의 아빠와 이복형제인 피온, 바이런과 같은 눈동자 색이었다. 나는 카밀라를 향해 얼굴을 내밀고 아이의 작은 이마에 키스를 해주었다. 나의 눈에서는 기쁨의 눈물이 흘렀다. 나는 제시카에게 아이를 안겨주고 이렇게 말해주고 싶었다. "카밀라가 바로 여기에 있어!" 그러나 제시카는 여전히 의식 없이 움직이지 못하는 상태였다. 마취 때문이라는 것을 알고 있었지만, 나는 빨리 제시카가 깨어나는 모습을 보고 싶었다.

나는 아이를 품에 안고 사랑에 푹 빠진 채 제시카가 깨어나기를 기다렸다. 마침내 제시카가 눈을 떴고 나는 제시카에게 우리의 작은 딸을 보여주었다. 그녀는 카밀라를 바라보더니 눈물을 흘리기 시작했다. 나는 그녀 옆에 앉아서 팔로 그녀의 어깨를 감쌌고, 그녀는 아이를 감싸안았다. 그녀는 가운을 내리고 카밀라를 가슴에 바짝 끌어안았다.

마침내 우리는 가족이 되었다.

67

2년간 수학과와 물리학과의 학부 과정을 독하게 마친 후, 나는 드디어 대학원에 갈 준비가 되었다. 나는 아서 워커의 연구진에 들어갔고 아서의 다른 대학원생들과 함께 다음 로켓 발사를 준비하고 있었다. 아내와 갓 태어난 아이와 함께 행복한 가정 생활도 하고 있었다. 그리고 크랙에서는 완전히 손을 뗐다. 나는 난생처음으로 내가 이룰 수 있는 삶을 누리고 있었고, 앞으로 펼쳐질 나의 미래도 분명했다.

그러나 물리학과 대학원에서 요구하는 훨씬 높은 수준의 학업 성취도를 따라가며 느끼는 스트레스를 해소하기 위해서 신체적인 수단이 필요했다. 폴과 개빈이 대학을 졸업했기 때문에 함께 공부할 학문적 조력자들도 필요했다.

그리고 농구가 이 둘 모두의 해결책이 되었다.

스탠퍼드에 도착하자마자 나는 에스콘디도 빌리지에 있는 아파트 바로 옆에서 농구 코트를 발견했다. 매일 오후가 되면 4 대 4 경기를 할 사람들을 구할 수 있었다. 농구를 하면서 나는 머릿속 스트레스에서 벗어나 즐겁게 몸을 움직일 수 있었다.

10대 초반에 파이니 우즈에서 처음으로 공을 가지고 놀기 시작했을 때에는 공놀이를 할 체육관도, 심지어 아스팔트가 깔린 길도 없었다. 그래서 우리는 우리만의 코트를 만들었다. 그물이 있든 없든 상관없이 농구 골대 역할을 할 고리와 그 고리를 달 수 있는 합판, 그리고 평평한 땅에 박을 수 있는 나무만 있으면 충분했다. 그렇게만 있으면 공을 가지고 놀면서 발로 식물들을 자연스럽게 짓밟으며 땅을 더 단단하게 굳히면 되었다.

나는 미시시피 주에서 농구를 할 때까지만 해도 기술은 전혀 없었다. 그저 에너지만 넘쳤다. 나는 발이 빨랐고 점프도 잘 해서 리바운드를 많이 했다. 그리고 언제나 공격적이고 경쟁적으로 경기에 임했기 때문에 공을 빼앗고 슛을 시도할 기회도 많이 잡았다. 해군에서 복무할 때 그리고 투갈루에서 대학교를 다닐 때 농구를 많이 하기는 했지만, 스탠퍼드에 오기 전까지 나의 농구 실력은 계속 제자리 걸음이었다.

중독 재활치료가 끝나자 농구는 단순히 땀을 흘리면서 몸의 과도한 에너지를 발산시키는 것 이상이 되었다. 농구는 나의 필수적인 회복법이 되었다. 나는 농구를 통해서, 나의 머릿속에서 계속 지워지지 않을 것만 같은 악마의 조롱하는 목소리를 잠재웠다. 그 목소리는 내가 사기꾼이라고 속삭였다. 캠퍼스의 다른 똑똑한 아이들과 어울리지 않는 부류의 사람이라고. 나는 그저 빈민가에서 잠깐 캠퍼스에 들른 방문객일 뿐이라고. 농구 골대에 슛을 쏘면 그런 목소리들이 작아졌다.

매일 오후 나는 농구 코트에 나가서 녹초가 될 때까지 농구를 했다. 여름이 되자 인생 최고의 몸 상태가 되었다. 나는 어떤 선수라도 쓰러뜨릴 수 있었고, 한 번에 몇 시간씩 농구를 할 수 있었다. 또 누구보다도 최선을 다해서 경기에 임했다. 경기에 대한 열정과 몰입이 나의 부족한 농구 실력을 대신했다. 정신력이 강한 선수가 아니라면 버티기 힘들 만큼 거칠었던 나의 천부적인 입담도 있었다. 물론 경기 중에만 그랬다. 경기는 항상 재미있었다. 코트 위에서 해결해야 하는 물리학 문제는 단 하나, 농구 골대에 공을 넣기 위한 올바른 궤적을 찾는 것뿐이었다.

다비드가 에스콘디도 빌리지 농구 코트에 등장하면서, 농구는 단순한 신체적, 정신적 배출구 이상의 의미가 되었다. 다비드는 평범한 길거리 농구 선수들 사이에서 단연 눈에 띄었다. 다비드는 농구를 할 것이라고 보기에는 어려울 정도로 아주 통통했다. 그러나 그에게는 긴 팔과 빠른 손, 골대 주위에서의 아주 기민한 움직임, 그리고 끝내주는 3점 슛 기술이 있었다. 그는 푸에르토리코 억양으로 말했고, 내가 처음 듣는 스페인식 영어를 즐겨 썼다. 그래서 나는 그가 거리에서 농구를 하면서 자랐을 것이라고 생각했다.

우리는 대학원 수업이 시작되기 전이었던 8월의 어느 오후에 처음으로 함께 농구를 했다. 우리는 서로 최선을 다해서 실력을 견주며 지칠 때까지 함께 놀았다. 나는 그를 향해서 대부분의 선수들이 벌벌 떨 만한 거친 말들을 내뱉었다. 그리고 그를 향해서 곧바로 몸을 굴렸다. 나는 그에게 반칙을 하려고 몸을 움직였지만, 그는 재빠르게 몸을 돌려서 공을 아래로 넘긴 뒤 2점 슛을 던졌다. 우리는 날이 너무 어두워져서 더는 경기를 할 수 없을 때까지, 웃으면서 엎치락뒤치락 경기를 계속했다. 3 대 3으로 붙었던 경기가 결국 1 대 1 경기로 끝났다.

우리가 땀을 흘리면서 잔디밭 코트 가장자리에 누워 있는데, 그때에서야 그가 대학원 물리학과에 진학할 예정이라고 말했다! 그가 푸에르토리코에서 바로 팰로 앨토로 이사왔다고 하길래 나는 그가 살던 고향 섬에는 어느 정도의 인종차별이 있는지를 물었다. 다비드는 자기 고향 섬이 본토만큼 나쁘지는 않다고 말했다. "그래도 오해는 하지 마." 그가 말했다. "거기 가면 자기가 백인인 줄 알면서 다른 사람들보다 낫다고 착각하는 푸에르토리코 사람들도 많아."

나는 다비드의 하얀 엉덩이를 보고 물어보았다. "그럼 너는 어떤데?"

"야!" 그가 투덜거렸다. "난 백인이 아니야! 푸에르토리코 사람이라고!"

"내 눈에는 네 엉덩이도 굉장히 하얗게 보이는데!" 내가 말했다. "하지만 그래, 알겠어. 넌 흑인이랑 잘 지내는 백인이구나!"

"그래, 맞아." 그가 답했다.

68

학기가 시작되자 나는 다른 대학원 1학년 학생들이 다비드에게 푹 빠져 있다는 사실을 알 수 있었다. 처음에는 왜 사람들이 그가 하는 한마디 한마디에 그렇게 열광하는지를 이해하지 못했다.

어느 날 농구 코트 근처에 같이 앉아 있다가 그에게 물리학에서 어떤 분야로 갈지 결정했냐고 물었다. 그는 이미 로버트 왜거너Robert Wagoner 교수의 연구진에 들어갔다고 했다. 왜거너는 입자물리학자이자 우주론학자였고 빅뱅 직후 초기 우주의 화학 조성을 재구성한 저서이자 베스트셀러인 『우주의 지평선*Cosmic Horizons*』의 저자였다.

왜거너가 1학년 신입생인 다비드를 연구진으로 받아들였다는 사실 자체가 다비드가 학과의 실세임을 보여주는 셈이었다. 연구실이 베리언 건물의 3층에 있었기 때문에 "3층의 이론가들"이라는 별명으로 불리던 왜거너의 연구진은 학문적 엘리트주의로 악명이 높았다. 소문에 따르면 그들은 미국 학생들이나 소수자들과 함께 일하는 데에 관심이 없었다. 그들은 오직 러시아인, 유럽인, 그리고 아시아인 학생들만 받았다. 그런데 다비드가 그들의 상아탑을 뚫고 연구진에 소속된 것이다.

학기가 계속되면서 다비드가 거의 수업에 나오지 않았기 때문에 이제는 농구 코트에서만 그를 만날 수 있었다. 그것은 그의 습관이었다. 다비드는 산후안의 중산층에서 자랐다. 부모는 모두 화학자였지만, 그의 아버지는 수도에서 가장 낙후된 빈민가였던 카타니아라는 고향 근처에서 살고 싶어했다. 다비드는 바로 그곳에서 길거리 농구를 배웠다. 그는 9학년 때 산후안의 아메리칸 스쿨로 전학을 가기 전까지는 영어를 배우지 못했다.

푸에르토리코 대학교 1학년 때 그는 로널드 셀스비Ronald Selsby가 가르치는 물리학 수업을 들었다. 셀스비는 럼주를 마시고 낚시를 하는 것을 아주 좋아했기 때문에 푸에르토리코에서 자신의 남은 경력을 마무리하기로 결심한, 브롱크스 출신의 유대인 물리학자였다. 셀스비는 다비드가 물리학에 재능이 있는 아주 똑똑한 학생이라는 것을 알아보았다. 그러나 다비드는 수업을 듣는 것을 싫어했다. 그래서 그는 다비드에게 개인적으로 과외를 해주겠다고 제안했다. 이후 4년간 셀스비 교수는 다비드에게 물리학에 대해서 자신이 아는 모든 것을 알려주었고, 이는 교과서에 실린 내용을 훨씬 능가했다.

과외와 멘토링으로 공부를 하는 것은 다비드가 스탠퍼드에 오기 전부터 익숙했던 그의 공부 습관이었다. 그는 이런 과거 덕분에 물리학에 대해서 아주 인상적일 정도로 깊이 이해하고 있었다. 그는 셀스비 교수에게 진 빚을 갚기 위해서, 자기에게 물리학에 관해 물어보는 모든 학생들에게 물리학에 대한 자신의 사랑과 지식을 공유하기로 결심한 것 같았다. 다비드와 물리학과 관련된 이야기를 나누면 그의 목소리가 더 높아졌다. 엘 카미노 레알에 있는 동네 술집인 안토니오의 넛 하우스가 그의 진짜 교실이었다. 맥주잔, 컵 받침, 소금통을 소품으로 삼아서, 다비드는 내가 몇 시간 동안 씨름해야 했던 교과서 속 입자물리학이나 양자역학의 난해한 이론들을 설명했다.

나는 제시카, 카밀라와 함께 저녁 시간을 보냈기 때문에 다비드와는 주로 낮에 만났다. 내가 아침 9시에 그의 집에 찾아가면 그는 산후안에서 그의 할머니가 보내준 원두로 푸에르토리코 커피를 끓여주었다. 우리는 아침부터 물리학을 공부하고 논쟁을 했고, 그후에는 체육관에 가서 운동을 했다. 함께 점심을 간단히 먹고, 나는 연구실로 가거나 강의를 들었다. 늦은 오후가 되면 우리는 다시 만나서 저녁 시간까지 농구를 함께 했다.

다비드와 나는 둘 다 외톨이라고 느꼈다. 그는 학과에서 유일한 라티노 학생이었고 이곳은 산후안에서 멀리 떨어진 곳이었다. 그는 푸에르토리코의 언어, 음식, 음악 그리고 가족들까지 그 모든 것을 그리워했다. 그리고 나와 마찬가지로, 자기가 "더 나은" 영어를 구사하고 어릴 때부터 세계 곳곳을 여행했다는 이유로 특권 의식에 젖은 스탠퍼드의 속물들과도 사이가 좋지 않았다. 이미 특별한 재능 덕분에 물리학과 안에서 누구도 넘볼 수 없는 자리에 있었음에도 불구하고, 그는 나만큼이나 그런 엘리트주의에 젖은 녀석들을 골탕 먹이고 싶어했다.

어쩌면 바로 그 이유 때문에 내가 다비드에게 마음을 열었는지도 모른다. 내가 그에게 팰로 앨토 동부에서 경험했던 위험 그리고 록과 함께 했던 끔찍한 로맨스에 대해 고백했을 때, 그는 나를 선부르게 비난하지 않았다. 그는 아주 거친 빈민가인 카타니아에서 자랐기 때문에 바로 곁에서 온갖 나쁜 일들을 보았다며, 나의 이야기에 놀라지 않았다고 말했다. 그리고 나는 그를 믿었다. 아서는 가끔 나에게 중독 재활치료에 잘 나가고 있냐고 물었다. 내가 궤도를 잘 따르고 있는지를 확인하기 위해서였다. 그러나 아서는 나의 친구이자 인생의 코치가 되고 싶어하는 것 같지는 않았다. 그래서 나는 다비드에게 모든 것을 솔직하게 털어놓을 수 있다는 것이 좋았다.

다비드와 더 많은 시간을 보낼수록 스탠퍼드가 더 아늑하게 느껴졌고 물리학에 대한 이해도도 높아지면서 자신감도 되찾았다. 나는 그에게 어떤 질문도 던질 수 있을 정도로 그를 신뢰했다. 그가 결코 나를 얕잡아 보지 않으리라고 믿었기 때문이다. 그는 내가 물리학과의 다른 학생들과는 전혀 다른 계기로 과학을 접했다는 사실을 알고 있었다. 그와 함께 있으면 내가 사용하는 언어나 물리학 문제를 푸는 방식이, 유치원 때부터 과학 영재로 선발되어 특별한 과정을 거쳐온 잘난 러시아인 학생들보다 멍청하다는 느낌을 조금도 받지 않았다.

다비드는 항상 이렇게 말했다. "물리 문제에 접근하는 방식은 이 세상에 1,000가지가 넘어. 그리고 올바른 답을 찾아가는 과정도 1,000가지가 넘지. 그중 너만의 가장 좋은 길을 가야 해." 나는 원하는 목적지까지 도달하는 방법이 수없이 많다는 그의 이야기가 마음에 들었다. 그 말은 복잡한 숲속에서 길을 잃을 수도 있지만, 충분한 상상력과 결단력만 있다면 목적지까지의 길을 찾을 수 있다는 뜻이었다. 나는 그의 관점이 마음에 들었다. 나는 길고 외롭게 느껴지는 여정에서 그간 잘못된 방향으로 들어선 적도 있었지만 더 중요한 것을 발견했다. 마침내 이 여정의 동반자를 만난 것이다. 정말 멋진 일이었다.

69

아서의 연구진에서 딱 맞는 나만의 역할을 찾기 위해서 나는 그에게 실력을 최대한 선보여야 했다. 그의 대학원생 제자로서 나는 태양물리학의 주요 문제, 즉 태양 표면의 구조에 관한 문제를 다루는 데에 결정적인 역할을 맡아야만 했다. 우리는 모두 경력을 멋지게 시작하기 위해서 연구 분야에 의미 있는 족적을 남기고자 했다.

1990년대 중반에 스탠퍼드 물리학과 교수들은 4년 연속으로 노벨상을 수상했다. 프로 농구 팀 시카고 불스가 NBA 파이널 3년 연속 우승을 1990년대에 두 번이나 기록한 것과 똑같은, 엄청나게 압도적인 성과였다. 그리고 지옥 못지않게 치열한 경쟁의 결과였다. 내가 기대했던 바로 그 수준이었다.

아서의 연구진은 주요 물리학상을 차지하기 위한 경쟁에 뛰어든 학생들로 가득했다. 그중 절반은 아버지가 물리학을 가르치거나 연구실을 운영하는 대학교 캠퍼스에서 자랐다. 매일 아침 식사 자리에서 시리얼을 먹으면서 물리학과 관련된 대화를 해왔을 것이다. 톰 윌리스Tom Willis의 아버지 빌 윌리스Bill Willis는 제네바에 있는 CERN에서 일하는 입자물리학자이자 입자물리학계의 노벨상으로 불리는 파노프스키상 수상자였다. 맥스 앨런Max Allen의 아버지와 할아버지는 저명한 캐나다 물리학자였다. 크레이그 디포리스트는 진정한 물리학자 혈통이었다. 그의 아버지는 캘리포니아 대학교 샌디에이고의 물리학과 교수였고, 그의 증조부는 1906년에 오디언 진공관을 발명하여 "라디오의 아버지"이자 "텔레비전의 할아버지"라고 불리던 리 디포리스트Lee de Forest였다.

아서의 연구진에 속한 모든 사람들은 팀워크를 진지하게 여겼다. 로켓 발사의 성공 여부는 모든 연구원이 각자 맡은 바를 제대로 하느냐 못하느냐에 달려 있었다. 그러나 모든 연구원들이 평등했다는 말은 아니다. 연구진 내에서 서열을 결정하는 가장 중요한 기준은 바로 연차였다. 나는 연구실에 갓 들어간 신입 연구원이었기 때문에 서열로는 최하위였고, 대학원 졸업을 앞둔 고학년 학생들이 높은 위치에 있었다. 동료들이 나와 같이 연구 아이디어를 논의하고 프로그래밍이나 코딩 문제에 대해서 나에게 조언을 구하기 시작했을 때에야 나는 비로소 동료로서 받아들여졌다는 기분을 느꼈다.

나는 조직도의 가장 아래에 있는 연구원이었기 때문에 아서가 프로젝트에서 함께 연구하자고 나에게 직접 제안했을 때에는 정말 깜짝 놀랐다. 처음에 그가 자기 연구실에서 면담을 하자고 했을 때, 나는 중독 재활치료 근황을 확인하려고 불렀겠거니 했다. 그는 그 이야기로 대화를 시작하기는 했다.

"그래서 어떻게 되고 있지?" 끔찍하게 어수선한 책상을 사이에 두고 앉자 아서가 물었다. "지금도 계속 치료를 받으러 다니고 있나?" 아서는 항상 적절하고 신사적인 화법을 구사했다.

나는 그의 눈을 똑바로 쳐다보면서 이제는 마약 문제를 거의 해결했다고 말했다. 언제라도 록이 나를 또 유혹할 수 있다는 이야기는 하지 않았다. 그리고 오랜 세월 더러운 삶을 살아오면서 자연스럽게 터득했던 나의 어둠의 눈 능력에 대해서도 이야기하지 않았다. 팰로 앨토에서는 고급 주택에 사는 사람들조차 마약을 했다. 사람들은 마약을 거래하고 마약에 취해 있었다. 물론 거리에서 거래를 하거나 크랙을 요리해서 피우지는 않았다. 그러나 그게 어떤 마약이든, 어떻게 피우든 간에 그건 똑같은 더러운 삶이었다. 나는 어디를 가든 그런 질 나쁜 사람들을 보았다. 그러나 나는 아서에게 이렇게 말했다. "저는 지금 오직 MSSTA II 발사에만 집중하고 있습니다. 밤에는 집에 가서 카밀라와 제시카하고만 시간을 보내요."

"좋아." 그가 말했다. "자네가 치료 과정을 잘 따라가고 있다니 정말 뿌듯하군. 지금까지 자네가 연구진에 들어와서 걸어온 길을 지켜봤는데, 아주 좋은 인상을 받았네. 현재 작업 중인 논문들 몇 편에 자네 도움이 필요할 것 같네."

나는 완전히 넋이 나갔다. 그는 연구원이라면 누구나 원하는 일 두 가지를 나에게 제안했다. 아서와 직접 연구하는 것, 그리고 논문을 내는 것 말이다. 아서는 오직 임팩트 팩터가 높은 학술지에만 논문을 게재했고, 그래서 그와 공동저자로 이름을 올리면 즉시 학자로서 높은 신뢰와 권위를 얻었다.

아서가 나에게 도움을 요청했다는 사실만으로도 나는 너무 행복했다. 그는 연구실과 연구진에서 내가 맡았던 일들을 존중해주었을 뿐만 아니라, 1년 전의 나의 일탈과 잘못에도 불구하고 내가 다시 연구실로 돌아와서 좋은 결과를 낼 것이라고 믿었다. 나는 그가 지난 몇 년간 교수진을 설득시킨 덕분에 입학이 허가된 흑인 대학원생이자 연구진의 신입 연구원이었기 때문에, 그가 나에게 부성애를 느꼈던 것 같기도 했다. 당시 아서의 아버지는 암 투병 중이었고, 평소 자기 감정을 잘 드러내지 않던 아서는 큰 변화를 앞두고 자신의 감정을 드러내고는 했다.

아서와 그의 공학과 동료들은 태양 표면의 코로나를 관측하는 과정의 근본적인 어려움 하나를 해결했다. 망원경 속의 거울은 코로나에서 방출되는 극자외선과 약한 엑스선을 반사하지 못한다. 그러나 천문학자들은, 망원경 속의 거울을 90도 기울이면 거울 표면 위로 빛이 "튀어서" 이미지를 얻을 수 있다는 것을 알아냈다. 마치 돌멩이를 비스듬히 던지면 수면에서 튀어오르듯이 말이다. 그러나 그렇게 얻은 이미지의 품질은 좋지 않았고, 의미 있는 데이터를 산출하기도 어려웠다. 망원경을 훨씬 더 크게 만들면 되지만 돈이 너무 많이 든다. 아서와 그의 연구진이 찾아낸 해결책은 바로, 극자외선과 엑스선의 스펙트럼을 반사할 수 있도록 일반 거울에 특수 코팅을 하는 것이었다. 이 방법으로는 망원경을 통해서, 태양 표면을 덮고 있는 코로나 고리, 빛줄기, 화염을 아주 세밀하게 담은 고품질의 이미지를 얻을 수 있었다.

아서가 새로운 다층 거울 기술을 활용하여 찍은 태양의 모습을 세상에 처음 공개하자 그의 동료들은 그 성과를 진심으로 축하했지만 어떤 이들은 그 이미지의 진위에 의문을 품었다. 마치 갈릴레오 시대에 태양 천문학이 도약했던 것처럼, 아서의 발견은 획기적인 일이자 그의 동료들의 의심을 불러일으킨 일이었던 것이다. 특히나 그 과학자가 유명한 학교에서 수학하지 않은 흑인이라면, 회의적인 태양물리학자들만 바글거리는 국제 학계에서 연구의 돌파구를 마련했음을 인정받는 일은 쉽지 않았다.

아서는 두 편의 논문을 발표함으로써 회의론자들의 의심을 직접 잠재우고자 했다. 하나는 망원경의 거울과 필터가 어떻게 설계되었는지를 설명하는 논문이었고, 다른 하나는 태양의 복사radiation에 초점을 맞춘 논문이었다. 그는 회의론자들에게 반박할 수 있도록 논문의 데이터를 정량적으로 분석하는 일을 나에게 맡겼다. 나는 그의 제안에 감격했다. 아서와 함께 논문을 발표할 수 있다면, 나는 새너제이의 일간지 「머큐리 뉴스*Mercury News*」의 주식 시장 면을 전부 손으로 옮겨 적는 일이라도 기꺼이 할 수 있었다.

몇 달간 같이 두 편의 논문을 작업하고 나서, 아서는 나에게 여름 동안 MSSTA II 발사를 준비하는 일을 함께하자고 했다. 그는 나에게 자신의 아버지에 대한 이야기도 해주었다. 아버지의 투병 생활이 시작되자, 오랜 갈등을 끝내고 화해를 했다는 이야기였다. 아버지가 시한부 판정을 받자 아서는 아버지를 가까이에서 보살피기 위해서 그의 집으로 이사를 갔다. 어떨 때 아서는 자신의 아내와 딸에 대한 이야기도 했고, 나의 가족에 대해서 묻기도 했다.

나는 여전히 파이프를 물고 사는 나의 아빠에 대해서 그에게 말하고 싶지 않았다. 그리고 마텔에 대한 이야기도 차마 할 수가 없었다. 그러나 나는 카밀라의 사진을 보여주고, 아빠가 된다는 것과 나의 도움이 필요한 아이를 키운다는 것이 얼마나 나의 심장을 두근거리고 행복하게 해주었는지에 관해서는 기꺼이 이야기했다. 이렇게 솔직하고 사랑스러운 관계는 처음이었다. 부모가 베풀고 자식은 받아먹는 단순한 부모 자식의 관계 이상이었다. 태양계 행성이 태양의 중력장에 붙잡혀서 타원궤도를 그린다는 케플러의 행성운동 법칙과도 같았다. 아서에게 이런 이야기를 소리 내어 말하지는 않았지만, 나는 나의 아빠에게서는 느낄 수 없었던, 안정된 궤도를 도는 듯한 느낌을 바로 아서 곁에서 느꼈다.

70

여름이 시작될 무렵, 아서는 연구실에서 나를 찾더니 자신을 따라오라고 손짓했다. "같이 가세. 보여줄 게 있어."

그는 나를 데리고 복도를 따라서 작은 방으로 갔다. 방의 중앙에 큰 상자가 몇 개 있었다. 상자 안에는 알루미늄 부품으로 가득한 분홍색 봉투가 수십 개 들어 있었다. 아서는 책상 서랍에서 커다란 바인더 노트를 꺼내더니 책상 위에 펼쳤다. 각 페이지에 아주 세밀한 기계 부품 설계도가 그려져 있었다. 내가 그의 연구실을 불쑥 찾아갈 때마다 제도용 책상 위에 펼쳐져 있던 바로 그 아름다운 설계도임을 즉시 알아챘다.

"자네가 올여름에 MSSTA에 들어갈 이 트러스(뼈대 재료를 엮어서 만드는 지지 구조물/옮긴이)를 조립해야 하네." 그가 말했다. 그 트러스는, 로켓이 약 초속 11킬로미터의 속도로 지구의 대기권을 돌파하는 동안 19개의 망원경으로 구성된 MSSTA II의 탑재체가 제자리에서 움직이지 않도록 잡아주는 뼈대의 역할을 할 수 있도록 아서가 직접 설계한 것이었다. 갓 만들어진 부품들이 공장에서 방금 도착한 상황이었다. 말 그대로 정말 수백 개의 부품들이 있었다. 부품 대부분은 내 손보다도 훨씬 작았다. 그러나 조립 설명서는 없었다. 조립 방법을 내가 직접 알아내야 하는 수백 개의 부품들만 있을 뿐이었다.

모든 부품이 정확하게 가공된 것도 아니었다. 그래서 도면과 비교한 후에 문제가 있는 부품이 있으면 다시 공장으로 보내서 수정을 요청해야 했다. 부품을 고정하는 데에 필요한 너트, 나사, 볼트도 따로 없었기 때문에 각각 측정해서 주문해야 했다. 시중에 있는 아무 너트나 볼트를 사용할 수는 없었다. 우주 연구의 모든 작업은 항상 특별한 방식으로 진행된다. 만약 발사 과정에서 볼트 하나라도 풀리는 불상사가 벌어지면, 로켓이 성층권을 뚫고 날아갈 때 그 부품이 마치 총알처럼 탑재체를 관통할 수도 있다.

또 아주 엄격한 청결 규정도 지켜야 했다. 만약 내 손에서 나온 유분이나 다른 부품에서 흘러나온 잔여물이 묻으면, 로켓이 우주의 진공 상태에 진입했을 때, 그 물질이 증발했다가 거울에 응결되어 붙어버릴 수도 있었다. 그러면 우리가 포착하고자 하는 태양의 극자외선과 엑스선을 가릴 수도 있었다.

아서가 로켓 발사에서 이렇게 핵심적인 부분을 나를 믿고 맡긴다는 사실은 나에게 중요한 의미가 있었다. MSSTA II의 망원경 탑재체와 새롭게 설계된 거울 광학 장비들은 그해 가을에 발사될 예정이었다. 나는 그 임무의 성패가 바로 나의 역량에 달려 있음을 이해했다. 나의 일은 전자 회로 보드를 프로그래밍하거나 광학 장비의 초점을 맞추는 일을 하는 대학원 고학년들의 작업만큼이나 중요한 임무였다.

아서는 그해 여름의 트러스 작업을 위해서 내가 매일 아침 8시까지 연구실로 출근했으면 좋겠다고 분명히 이야기했다. 연구실에서는 맡은 일을 끝내기만 한다면 출퇴근 시간은 크게 중요하지 않았다. 그래서 그런 생활에는 이미 익숙했다. 나는 처음 이틀간은 아침 8시까지 출근했다. 그러나 셋째 날, 전날 밤 카밀라를 재우려고 아이를 안고 아파트를 밤새도록 서성거리느라 정오까지 연구실에 가지 못했다. 그날 아서는 나를 호되게 꾸짖었다. 크로스 선생님의 격언, "훈육이란 더 큰 처벌을 불필요하게 만들어주는 훈련이다"라는 말을 가슴에 더욱 새겼다면, 아서의 질책을 피할 수 있었을 것이다.

아서는 일주일 동안은 나와 함께 트러스를 조립했다. 그러다가 어느 순간 나에게 "네게 맡기마"라고 말하고는 자리를 떴다. 나는 첫 연구 프로젝트를 받은 후로 혼자서 작업을 완수하고 과제를 해결하는 일을 즐겼다. 그러나 몇 주일이 지나도 트러스 조립 작업을 마무리할 수가 없었다. 그 작업을 모두 끝내려면 나는 앞으로도 그 작은 방에 갇혀서 3개월이라는 긴 시간을 보내야 했다. 부품 회사에 전화를 걸어서 부품을 새로 주문하고, 철물점에 들러서 잘못된 부분을 수정하거나 누락된 부품을 직접 설계해야 했다.

이는 그때까지 내가 했던 작업들 중에 가장 큰 작업이었다. 트러스는 아주 서서히 모습을 갖추기 시작했다. 마치 아서의 머릿속에 들어가서 그가 구상한 퍼즐을 하나하나 맞춰나가는 기분이었다. 아서는 트러스를 종이에 공들여서 설계했고, 나는 그 종이에 그려진 것을 실제 세계에서 살려내고자 했다.

몇 주일, 몇 달에 걸친 긴 작업이 진행되면서 나는 비로소 아서의 마음속으로 들어가 그가 그 조각들을 어떻게 연결하고 조립하고 싶어했는지 감을 잡을 수 있었다. 나는 반쯤 완성된 트러스와 아직 조립되지 않은 많은 부품들이 방 안에 널브러져 있는 것을 떠올리면서 잠자리에 들었다. 당장 다음 날 아침이 되어 침대를 박차고 나가 다시 그 좁은 방 안에서 부품을 조립하고 싶은 마음뿐이었다.

마침내 모든 부품, 모든 나사, 모든 볼트가 다 제자리에 조립되어 완성되었다. 아서가 방으로 들어와서 내가 조립한 버팀대, 그리고 트러스의 여러 연결 부분들을 살폈다. 그리고 하나하나 상태를 점검했다. 하루 종일 꼼꼼하게 점검을 마친 아서는 내가 계획대로 완벽하게 트러스를 조립한 것을 확인하고는 아주 만족해했다. 그는 트러스를 보고 웃더니 다시 나를 보고 웃었다.

"수고했다, 제임스." 이것이 그가 나에게 해준 말의 전부였다.

내가 그에게서 듣고 싶은 말 역시 그것이 전부였다. 나는 그렇게 아서의 시험을 통과했다.

71

극자외선을 활용하여 태양의 사진을 찍으려면 망원경과 카메라를 지구 대기권 바깥까지 보내야 한다. 그러기 위해서는 지구의 중력을 이겨내고 우주까지 올라갈 수 있는 충분한 속도의 로켓이 필요하다. 망원경 19개에 카메라까지 실으려면, 최소 시속 3만2,000킬로미터까지 가속할 수 있을 만큼 충분히 강한 추력推力을 낼 수 있는 고체 연료 로켓이 필요하다. 1994년에 태양 연구를 위한 로켓이라고는 NASA의 자금으로 제작된 "관측 로켓"뿐이었다. 그리고 이 로켓을 띄울 최고의 발사대는 국방부의 가장 큰 야외 시험장, 화이트 샌즈 미사일 발사 기지였다.

제2차 세계대전이 끝날 무렵, 당시 전쟁부 장관은 뉴멕시코 주 남부의 사막 1만3,000제곱킬로미터에 화이트 샌즈 로켓 시험장을 만들었다. 1945년 7월 26일, 트리니티 연구진은 세계 최초로 우라늄 기반의 원자폭탄을 화이트 샌즈에서 터트렸다. 히로시마에 리틀 보이를 투하하기 2주일 전이었다. 그리고 얼마 지나지 않아서 전쟁부는 노획한 독일의 V-2 로켓 수백 대와 부품들을 시험하기 위해서 화이트 샌즈로 운송했다. 미국은 V-2 로켓과 함께, 나치 출신의 로켓 공학자 베른헤르 폰 브라운Wernher von Braun과 그의 최고의 로켓 과학자들을 영입했다. 이후 10년간 브라운과 연구진은 화이트 샌즈에서 수십 대의 V-2 로켓을 시험 발사했고, 미국 최초의 탄도 미사일과 로켓을 개발했다. 그중에는 1969년에 달에 착륙한 우주선에 동력을 제공한 새턴 V 로켓의 원형도 있었다.

1994년 9월 말, 아서 워커와 연구진은 우리의 망원경 탑재체와 전자 회로 보드를 화이트 샌즈로 날랐다. 나는 연구진의 신참 동료로서 스탠퍼드에 남아서, 다른 사람들이 탑재체를 조립하고 시험하는 데에 필요한 부품들을 주문하고 가공하고 배송하는 일을 했다. 주문 제작한 거울과 극도로 얇은 두께의 필터로 구성된 19개의 망원경들의 초점을 맞추고 정렬하는 일은 매우 복잡한 작업이었고, 예정보다 몇 주일 늦어진 10월 초까지 작업이 진행되었다.

우리의 로켓 발사일을 2주일 앞둔 10월 말의 어느 날, 나는 연구진과 합류하기 위해서 차를 몰고 화이트 샌즈로 향했다. 미사일 기지에 접근하자 끝없이 펼쳐진 척박한 사막 말고는 아무것도 보이지 않았다. 나는 중무장한 군인이 지키는 출입구에 차를 세우고, 방문 등록을 하기 위해서 나의 미국 시민권을 입증하는 출생 증명서를 보여주었다. 그들은 나에게 기지 출입을 허용하는, 사진이 부착된 증명서를 발급해주었고 우리 연구진에게 지정된 38번 발사 기지까지 가는 길을 안내했다. 그리고 내가 절대로 들어가면 안 되는 곳들도 분명하게 알려주었다.

"저 길로는 절대 들어가지 마십시오." 군인이 우리의 발사 기지 바로 옆에 있는 발사 기지로 향하는 길을 가리키면서 말했다. "들어가면 발포합니다." 그는 내가 그 말을 제대로 들었는지를 확인하기 위해서 '농담 아닙니다'라는 표정으로 나를 바라보았다.

발사 기지에 위치한 격납고 안에 들어가자마자 우리 로켓이 바로 보였다. 약 9미터 높이에 날렵한 형태의 티타늄과 알루미늄으로 제작된 로켓이 격납고 안에 있는 작업장 위에 수직으로 고정되어 있었다. 내가 열정을 다해 완성한 트러스가 망원경 탑재체와 함께 있었다. 그 모습을 보니 뿌듯했다. 격납고는 내가 SF 영화에서 보았던 우주선 격납고와 비슷했다. 아주 높은 천장에 내부는 온통 하얀색이었고 웅웅거리는 소리가 들렸다. 캠퍼스에 있던 연구실의 스스럼 없는 분위기와는 달리, 모든 사람들이 각자 맡은 바에 몰두하고 있었다. 맥스 앨런은 전자 회로 보드와 씨름 중이었다. 찰스 캔클보그는 컴퓨터 단말기 앞에서 코드를 짜고 있었다. 크레이크 디포리스트와 리처드 후버Richard Hoover는 태양 시뮬레이터가 만들어낸 미 공군의 해상도 테스트 패턴에 한 망원경의 초점을 맞추고 있었다.

발사 날짜가 빠르게 다가오면서 모든 사람들이 긴장하고 있었다. 이번 발사를 계획하고 실행에 옮기기까지 3년이 걸렸다. 그때부터 한 달 동안 연구진은 망원경의 초점을 맞추고 또 맞추고, 탑재체를 시험하고 또 시험했다.

이번 발사의 성패는 아서에게 매우 중요했다. 태양의 극자외선 사진은 그가 고안한 아이디어였고, 그는 NASA로부터 많은 연구 자금을 끌어모았다. 아서의 모든 고학년 대학원생들은 우리가 수집할 태양 데이터와 발사 과정을 다양한 측면에서 분석한 박사학위 논문을 쓰고 있었다. 지구의 중력에 대항하여 빠르게 발사되는 로켓 안에 실린 채, 아주 세밀하게 조정된 거울과 필터들이 부착된 망원경이 과연 강력한 중력 가속도를 버틸 수 있을지를 생각하자 불안해서 미쳐버릴 것 같았다. 아서는 일어날 수 있는 모든 문제들의 시나리오를 머리에 담아두고, 그 모든 스트레스를 어깨에 짊어지고 있는 것이 분명했다. 그는 평소보다도 더욱 깐깐했다. 나머지 연구원들도 사소한 일에 신경질을 내고 야단법석을 떨면서 긴장하고 있었다.

나는 생애 처음 로켓 발사를 앞두고, 수리가 필요한 모든 것들을 함께 고치고 요청받은 일을 처리하면서 연구진에 유용한 존재가 되려고 노력했다. 망원경 초점을 맞추거나 컴퓨터 프로그램을 손보고 오류를 고치는 과정에서 누구든지 손이나 눈을 필요로 하면 내가 바로 뛰어들었다.

내가 도착한 날 오후, 우리는 로켓과 탑재체 발사 조건의 모의 실험을 진행했다. 단단하게 고정된 부품과 그렇지 못한 부품을 점검하기 위한 초기 "진동 테스트"였다. 그다음 날부터, 수행해야 할 테스트와 실험이 끝없이 이어졌다.

발사 날이 가까워지자 우리는 거의 24시간 내내 작업을 해야 했다. 결국 우리는 격납고 안에 간이침대를 여럿 들여놓고 나란히 쪽잠을 잤다. 하루하루가 지나갈수록 우리는 몸에서 무슨 냄새가 나는지, 잠을 잘 때 무슨 소리를 내는지 등 서로에 대해서 굳이 알고 싶지 않은 것까지 알게 되었다. 긴장감이 고조되고 신경이 날카로워지면서, 우리는 마치 몇 주일 동안 깊은 잠수함에 갇힌 채 적과 교전을 하고 싶어서 안달이 난 잠수함 속 군인들과 닮아갔다.

72

발사 전날, 우리는 모든 시스템을 확인하고 또 확인했다. 데니스 마르티네스는 비행 중인 탑재체의 데이터 흐름을 추적할 수 있도록 지상 지원 장비들을 다시 프로그래밍했다. 다음 날 부디 좋은 날씨와 행운이 따르기를 바라는 것 말고는 할 수 있는 일이 없었다.

화이트 샌즈는 육군과 해군이 함께 관리하고 있었다. 그리고 NASA의 전문가들이 원격 측정과 기타 기술적인 영역을 감독하는 데에 도움을 주었다. 나는 우리가 발사할 로켓의 부품을 관리하던 해군 엔지니어와 친해졌다. 나는 그에게 내가 해군에서 복무한 적이 있다고 말했고, 그는 나에게 기지 입구 근처에 있는 체육관에서 농구를 할 수 있다고 했다. 내가 자연스럽게 나도 농구를 한다고 말하자 그가 말했다. "같이 해볼래요? 지금 체육관 쪽으로 가려는데."

나는 캠퍼스에서 매일 즐기던 농구가 굉장히 그리웠다. 다가오는 발사 날짜로 인해서 긴장감이 감도는 격납고 안에서도 나는 잠시라도 가만히 있지를 못했다. 그래서 나는 그 해군 엔지니어와 함께 지프에 올라타서 체육관으로 향했다.

1시간 30분이 지나고 다시 돌아왔을 때, 나는 여전히 남아 있는 농구의 여흥으로 인해서 몸이 한껏 달아오른 채 땀에 젖어 있었다. 아서가 나에게 오더니 물었다.

"대체 어디 갔다 온 거야?"

"어……." 나는 발을 내려다보았다. "발사 기지에 있던 사람들이 농구 경기를 하는데 사람이 부족하다고 해서……."

"발사 바로 전날, 기지 바깥에 다녀왔다고? 농구하러? 넌 정신을 대체 어디에 팔고 다니는 거야! 다른 연구원들은 탑재체를 최종 점검하느라 눈이 빠지게 일하고 있는데, 넌 네가 있어야 할 자리에 없었어!"

나는 계속 아래를 내려다보았다. 아서 그리고 그가 나를 꾸짖는 소리를 듣고 있을 다른 연구원들의 눈을 제대로 볼 수가 없었다.

"여기, 알아서 해라." 아서는 나에게 작은 금속판을 주더니 작업대 쪽을 가리켰다. "내가 표시한 자리에 0.5센티미터 크기로 구멍을 세 개 뚫어라. 망원경을 고정시킬 나사받이를 만드는 중이야. 저기에 탁상 드릴이 있으니 가서 작업해."

나는 그 금속판을 가지고 작업대로 가서 탁상 드릴을 찾았다. 한 번도 사용해본 적 없는 기계였다. 나는 작업을 망치고 싶지 않아서 탁상 드릴을 잠시 동안 자세히 살펴보고는 다른 금속판에다가 구멍 뚫는 연습을 했다. 깔끔하게 구멍이 뚫리지 않았다. 모두의 앞에서 아서가 나에게 면박을 준 일이 머릿속에서 떠나지 않았기 때문이었을 것이다. 그러나 아서에게는 차마 도움을 요청할 수가 없었고, 격납고에 있는 다른 사람들은 각자 작업에 열중하고 있었다. 그 망할 탁상 드릴의 사용법을 알아내려고 혼자 끙끙대고 있는데, 나의 뒤에서 아서의 인기척이 느껴졌다.

"왜 이렇게 오래 걸려?"

"이런 종류의 드릴은 써본 적이 없어서……."

그는 내가 거실 한가운데에서 라디오를 분해했을 때, 나를 한심하게 쳐다보던 엄마의 표정을 짓고 있었다.

"왜 도와달라고 하지 않았지? 열여덟 시간 후엔 발사를 해야 한다는 건 알고는 있나?"

아서는 대체 나를 어떻게 해야 할지 모르겠다는 듯이 고개를 저었다. 아서는 아주 점잖고 참을성이 많은 사람이었다. 그러나 그런 모습이 사라져 있었다. "내가 직접 하지." 그가 나의 어깨를 옆으로 밀치고 탁상 드릴을 잡았다. 아서가 구멍의 치수를 확인하고 드릴에 가할 회전력의 세기를 조정하는 동안, 나는 그저 바닥에 녹아들고 싶었다. 스트레스를 받자 한쪽 발이 떨리기 시작했다. 주변에 무엇인가 개수를 셀 만한 것이 있는지를 찾으려고 눈동자를 굴렸다. 경련이 일어난 손을 당장 어떻게 하고 싶었다. 작업대 옆에 있던 에어캡 포장재 한 더미가 눈에 뜨였다. 나는 두 손가락 사이에 에어캡을 끼우고 공기가 터져나올 때까지 눌렀다……. 뽁!

아서가 손에 드릴을 쥔 채로 깜짝 놀라서 내 쪽으로 빙글 고개를 돌렸다. "대체 그 망할 짓을 왜 하고 있는 거야? 내가 지금 위험한 장비로 작업하고 있는 거 안 보여?"

나는 고개를 푹 숙였지만 주변의 다른 동료들이 우리를 쳐다보는 시선을 느낄 수 있었다. 심지어 해군 엔지니어도 하던 일을 멈추고 나를 보고 있었다. 누군가가 낄낄거리는 듯한 소리가 들리는 것 같았다.

아서는 계속 나를 꾸짖었고 나는 그냥 가만히 서 있었다. 마침내 그가 말했다. "그냥 눈앞에서 사라져."

나는 그에게서 등을 돌린 채 합판 더미들을 허둥지둥 정리했다. 내가 할 일이 있다는 듯이. 가장 인정을 받고 싶었던 사람에게 그렇게 매몰차게 무시를 당하자 수치심과 당혹감이 가득했다.

아서는 금속판에 구멍을 다 뚫고는 눈을 구멍에 바짝 대고 들여다보면서 깔끔하게 뚫렸는지를 점검했다. 나는 목청을 가다듬고 그에게 입을 열었다. "개인적으로 교수님과 면담을 하고 싶어요."

아서가 나를 노려보았다. 이렇게 말하는 것 같았다. **진심이야? 지금?** 격납고 안에는 단 둘이 따로 이야기할 수 있는 공간이 없었다. 그래서 그는 뜨거운 태양이 작열하는 바깥으로 걸어나갔다. 나는 그가 내 쪽으로 고개를 돌릴 때까지 그를 따라서 사막을 걸었다.

나는 나의 행동을 변명하고 그가 다른 사람들이 전부 보는 앞에서 나를 비난한 것에 대해서 이야기를 할 생각이었다. 그러나 아서는 다른 생각을 하고 있었다. 그는 "자네가 뭘 잘못했고 나를 어떻게 돌아버리게 만들었는지 똑똑히 말하지"라는 말로 장광설을 시작했다. 왜 나는 항상 손을 떨거나 몸을 긁고 눈동자를 어색하게 움직일까? 대체 나는 언제 정신을 차릴 수 있을까? 왜 다른 연구원들이 하는 일을 잘 지켜보다가 그대로 하지 못했을까?

잠시 동안 나는 그가 퍼붓는 말을 한 귀로 흘리면서 흰 모래 위에 반사된 눈부신 햇빛을 힐끔 바라보았다. 그의 목소리가 아닌 무엇이든 다른 소리를 듣고 싶었고, 질책과 비난으로 가득한 그의 얼굴이 아닌 다른 쪽을 바라보려고 했다. 나는 사납게 내리쬐는 하얀 태양빛이 나에게 쏟아지도록 내버려둔 채 손을 등 뒤로 단단히 잡고 그대로 서 있었다.

그러나 아서의 목소리가 그 하얀 태양빛을 뚫고 귀로 들어왔다. "제임스 플러머, 자네 자신을 증명하려면 아주 오오오오오래 걸릴 거야."

73

발사 전날 밤, 아서는 데니스 마르티네스와 나에게 격납고 안을 지키라고 했다. 격납고 안에는 모두 조립된 로켓과 탑재체가 데크 위에 수직으로 고정되어 있었다. 새벽에 해군 엔지니어들이 와서, 정오에 발사할 수 있도록 로켓을 발사대로 옮길 예정이었다.

나의 임무는 밤새 탑재체의 진공 상태를 유지하는 것이었다. 아서가 이렇게 중요한 임무를 맡길 정도로 여전히 나를 신뢰한다는 것이 믿기지 않았다. 발사가 진행되는 동안 아주 소량의 공기라도 탑재체 안으로 새어들어가면, 탑재체의 한쪽 끝에서 다른 반대쪽 끝으로 강력한 압력파가 발생하여 망원경 필터가 찢어지고 경통이 부서질 수 있다. 나의 임무는 우리의 연구 전체를 망칠 수도 있는 결함이 단 하나도 없도록 망원경을 지키는 것이었다. 나는 너무 불안해서 밤새 잠을 잘 수가 없었다.

다음 날 아침 우리는 진공 상태를 마지막으로 확인했다. 그리고 데니스가 프로그래밍한 지상 관제 장치의 "재설정" 프로그램을 포함하여 전자 시스템들을 점검했다. 마침내 해군이 조립된 로켓과 탑재체를 발사대까지 견인하여 똑바로 세웠다. 그 모습이 마치 태양 아래에서 반짝이는 은빛 창처럼 보였다.

발사 30분 전, 우리는 이륙 순간을 지켜보기 위해서 모두 격납고를 떠나 발사대 끝에 있는 콘크리트 요새로 이동했다. 심지어 요새의 지붕도

콘크리트였는데, 마야 문명의 계단식 피라미드 모양이었다. 요새는 만약 로켓의 발사가 잘못되거나, 2단 로켓의 첫 번째 추진체가 우리를 향해 똑바로 추락하는 사고가 벌어져도 우리가 납작하게 깔려 으깨지지 않도록 지켜주는 역할을 했다.

3년간의 연구와 설계와 모든 작업이 30분간의 실험에 달려 있었다. 탑재체가 대기권을 뚫고 발사되어 태양에서부터 데이터를 수집하고 다시 지구로 돌아오기까지 걸리는 시간이었다.

로켓 발사에서는 목표 속도까지 도달하는 것이 관건이다. 지구의 중력장을 벗어나고 대기권 상층까지 올라가려면 로켓 하단에서 나오는 가스가 위를 향하는 반작용, 즉 추력을 만들어내야 한다. 우리의 로켓 발사는 텔레비전에 나온, 달을 향해서 아폴로 우주선을 쏘아올렸던 거대한 아틀라스 로켓과는 다른 모습이었다. 우리의 니케 추진체 블랙 브랜트 로켓은 큰 기체機體를 땅에서부터 하늘로 천천히 밀어올리는 거대한 연기 구름이 없었다. 대신 순식간에 올라갔다. **쌔애애앵!**

로켓은 첫 번째 추진체가 꺼지는 모습이 보일 때까지 곧바로 하늘로 솟구쳐 올라갔다. 작은 폭발이 이어졌다. **쾅!** 그러자 니케 추진체가 우리의 탑재체와 노즈콘nose cone(로켓, 미사일, 비행기 등의 뾰족한 앞부분/옮긴이)이 있는 블랙 브랜트 로켓으로부터 분리되었다. 탑재체와 노즈콘은 관성에 의해서 계속해서 위로 올라갔고, 그 순간 블랙 브랜트 로켓에 다시 한번 불이 붙었다. **슝!** 로켓은 계속해서 위로 올라갔고, 분리된 니케 추진체는 지구로 떨어졌다.

몇 분 후 로켓이 수 킬로미터 높이의 하늘에서 작고 둥근 불덩어리가 되었을 때, 데니스와 찰스는 요새에 있는 기계들에 시선을 고정했다. 로켓의 탑재체가 정상적인 항로에 있는지 그리고 전자 장비와 카메라들의 전원이 정상적으로 켜지고 있는지를 확인하기 위해서였다.

나는 그들의 걱정스러운 표정과 빠르게 주고받는 정보들로 전자 장비들이 데이터를 전송하지 못하고 있음을 눈치챘다. "재설정해야 해!" 아서는 데니스와 찰스에게 소리쳤다. "지금!"

그들은 탑재체에 재설정 명령을 날렸다. 우리는 모두 괄약근에 힘을 준 채로 숨을 죽였다.

"작동합니다!" 찰스가 말했다. "데이터가 오고 있어요……." 하이파이브를 하기에는 아직 일렀다. 그래도 이제는 숨을 쉴 수 있었다.

발사 15분 후, 계기판에 탑재체가 예정대로 다시 지구를 향해서 떨어지고 있다는 표시가 떴다. 노즈콘이 대기권에 재진입하자마자 우리가 설계한 대로 낙하산이 펼쳐졌다. 그러나 강풍이 불어서 탑재체가 약 100킬로미터나 떨어진 곳까지 날아가버렸다. 찰스는 요새에서 탑재체의 경로를 추적했고 사막 위의 착륙 예상 좌표를 표시했다.

바로 그때 두 대의 거대한 육군 헬리콥터가 발사대에 도착했다. 찰스, 데니스, 그리고 내가 헬리콥터 한 대에 같이 올라탔고, 아서, 리처드 후버, 크레이그가 다른 헬리콥터에 올라탔다. 우리는 안전벨트를 착용하고 헤드셋을 꼈다. 엔진과 프로펠러의 소음 속에서도 헤드셋을 통해서 대화를 나눌 수 있었다. 탑재체를 추적하기 위해서 미사일 발사 기지 주변을 비행하면서, 나는 화이트 샌즈의 주요 임무가 군사 무기 실험이라는 사실을 다시 한번 깨달았다. 우리 같은 너드들의 과학 연구는 부수적인 일이었다.

우리가 합판으로 지어진 마을 모형 위를 날고 있을 때, 나는 헤드셋 너머로 헬리콥터 조종사에게 소리쳤다. "저건 뭔가요?"

"기밀입니다." 그가 대답했다.

그후로 우리는 대형을 갖춘 유인용 탱크 함대 위를 지나갔고 나는 손을 흔들었다. "기밀입니다." 사막 바닥에 직경이 약 90미터에 달하는 거대한 그림이 그려져 있는 것도 볼 수 있었다. 공군이 해상도를 테스트하는 데에 쓰이는 인공 목표물이었다. 인근에는 폭탄이 터지면서 만들어진 깊은 크레이터들도 있었다. 조종사는 그 크레이터들이 수천 킬로미터 떨어져 있는 하와이에서 발사된 유도 미사일을 격추시키면서 대공 미사일들이 폭발한 흔적이라고 설명했다. "6미터 이내의 정밀도를 달성했죠. 미사일마다 차이는 있지만요!" 그가 큰 소리로 설명했다.

마침내 전방에 낙하산과 나란히 땅에 놓인 탑재체가 보였다. 노즈콘을 만져보니 여전히 따뜻했다. 우리는 헬리콥터에서 빠르게 내려서 탑재체를 싣고 다시 하늘로 올랐다.

우리가 발사 기지로 돌아오자마자 리처드 후버와 크레이그가 망원경 카메라 안에서 필름을 꺼냈다. 그리고 곧장 암실로 들어갔다. 카메라 19대의 필름을 모두 현상하려면 며칠이 걸릴 것이다. 우리는 모두 리처드와 크레이그가 필름 첫 두 롤을 현상해서 나올 때까지 초조한 마음으로 기다렸다. 30분 뒤 그들이 활짝 웃으며 엄지 두 개를 치켜들고 돌아왔다. 우리는 마침내 환호성과 함성을 지를 수 있었다.

아서는 저녁 식사를 위해서 우리 모두를 라스 크루시스에서 가장 좋은 식당으로 데리고 갔다. 우리는 맥주와 데킬라를 마시며 축하를 했고 아서는 우리 모두에게 축배를 들었다. 모두가 몇 주일 동안의 긴장 끝에 기분이 들떠 있었다. 나만 빼고. 나는 아서가 다른 사람들이 다 보는 앞에서 면박을 주고 실망했다고 이야기한 순간을 머릿속에서 떨쳐낼 수가 없었다.

74

다음 날 오후 우리는 MSSTA II 탑재체를 상자에 담아서 스탠퍼드로 보냈고, 장비를 챙겨서 집으로 향했다. 나는 화이트 샌즈에서 팰로 앨토까지 열일곱 시간 동안 혼자서 차를 몰았다. 평소 같았으면 로스앤젤레스의 10번 고속도로를 따라서 직진했겠지만, 집에 바로 돌아가고 싶지가 않았다. 화이트 샌즈에서 벌어진 일에 대한 생각을 정리하기 전까지는. 나는 아직 제시카와 나 자신에게 그 모든 일을 설명할 준비가 되지 않은 상태였다.

나는 2차선 고속도로를 타고 북쪽에 있는 도시 플래그스태프에 들렀다가, 40번 고속도로를 타고 서쪽에 있는 모하비 사막에 들르기로 결심했다. 해가 저물고 조슈아 트리 국립공원을 지나서 차를 갓길에 세웠다. 그리고 격납고에 있는 몇 주일 동안 썼던 침낭에 누워 바깥에서 잠을 자기로 했다. 땅은 단단했고 주변에 뾰족한 풀이나 동물은 없었다. 적어도 나의 시야에서는 그랬다. 나는 침낭 속으로 기어들어가서 스웨터를 돌돌 말아 베개로 만들었다. 얼음처럼 반짝이는 별들이 달빛 하나 없는 깜깜한 어둠을 뚫고 빛나는 쌀쌀한 밤이었다.

별 아래에 누워 있으면 보통 내가 마치……정확하게 신이 된 기분은 아니지만 그래도 아주 거대하고 웅장한 존재가 된 것 같은 기분이 들었다. 그러나 그날 밤에는 아주 작고 쓸모없는 존재가 된 것 같았다. 천체물리학자가 되겠다는 나의 꿈이 그 어느 때보다도 멀어진 기분이었다.

나는 우리 연구진을 위한 전문적인 면모를 하나도 보여주지 못했다. 연구원들은 이번 발사에 수년간의 노력을 쏟아부었는데, 나는 중요한 순간에 집중력을 잃었다. 최악은 아서를 실망시켰다는 점이었다. 크로스 선생님의 목소리가 마음속에서 울렸다. **훈육은 더 큰 처벌을 불필요하게 만들어주는 훈련이다.** 내가 보기에는 내가 **자신에게** 계속해서 벌을 주는 것 같았다. 대체 스스로를 벌하는 짓은 언제까지 계속될까?

나는 서쪽으로 두 시간을 더 운전해서 가면 로스앤젤레스 남부에 사는 크립스 갱단 소속 사촌들을 만날 수 있다는 것을 알고 있었다. 적어도 감옥에 있지 않은 사촌들은 만날 수 있을 것이다. **그곳에 가면 자정까지 마약을 구해서 뽕 갈 수 있어.** 익숙한 목소리가 나를 유혹했다. 나는 그 목소리가 머릿속에서 한동안 맴돌게 내버려두었다. 뇌가 시키지도 않았는데 한쪽 손이 침낭 지퍼를 내리고 있었다. 로스앤젤레스로 달려가기 전에 나는 다시 침낭 지퍼를 올리고 누워서 별을 바라보았다. 악마의 속삭임이 차가운 사막의 어둠 속으로 떠나기 전까지는 움직이기가 두려웠다.

그러나 그 목소리 때문에 겁을 먹지는 않았다. 나는 이제 그 목소리의 유혹에 저항하거나 최소한 무시하는 데에 익숙했다. 나는 이제 내가 그 목소리가 이끄는 수렁으로 다시는 빠지지 않을 것임을 알고 있었다. 정말로 무서웠던 것은 거칠게 나를 조롱하는 질문을 던지는 머릿속의 또 다른 목소리였다. 나는 왜 항상 외롭고 동떨어진 것 같은 기분을 느낄까? 내가 진정으로 소속감을 느낄 곳이 있기는 할까? 왜 나는 항상 도망치는 걸까? 또 무엇으로부터 도망을 치는 걸까?

나는 밤하늘에서 그 어떤 답도 찾지 못했다. 단지 무수히 많은 물음표들만이 펼쳐져 있을 뿐이었다. 눈을 감았다가 다시 뜨자 새벽이 찾아오면서 별들이 사라지고 있었다. 일어나서 집으로 돌아갈 시간이었다.

75

화이트 샌즈에서 돌아온 지 일주일 만에 책상의 전화가 울렸다. 아서였다. “제임스, 내 방으로 오게.”

나는 공책과 연필을 들고 복도를 가로질러서 그의 어수선한 연구실 안으로 들어갔다. 그는 종이가 쌓인 의자를 가리키면서 말했다. “앉게.”

“방금 자격시험 위원회로부터 연락을 받았네.” 그가 말했다. “자네는 불합격했어.”

자격시험 또는 “퀄Qual”이라고 부르는 시험은 대학원생들이 해당 학과에 대한 전반적인 지식을 증명하기 위해서 1–2년 정도의 대학원 과정을 마친 후에 치르는 종합시험이다. 박사학위 논문 작업을 시작하기 전에 이 자격시험에 반드시 합격해야 한다.

로켓 발사 한 달 전인 9월 말에 나는 자격시험을 보았다. 여름 내내 로켓 트러스를 조립하느라 너무 바빠서, 자격시험 공부에 시간을 충분히 할애하기가 어려웠다. 나는 대학원 과목들의 성적이 좋았기 때문에 당연히 자격시험에 합격할 수 있을 만큼은 내용을 알고 있을 것이라고 생각했다. 나의 추측은 빗나갔다. 첫 자격시험에 합격하지 못한 대학원생들은 많았다. 그래도 나는 실망스러웠다. 무엇보다도 나에 대한 아서의 신뢰를 잃을까 봐 걱정이 되었다. 특히, MSSTA II를 발사하기 직전에 부딪쳤던 일 때문에 더더욱 신경이 쓰였다.

아서는 평소와 같은 침착한 태도로 책상 너머의 나를 바라보았다. 그의 얼굴과 목소리에서는 아무런 감정이 보이지 않았다. “위원회에서 자네에게 전해달라는 말이 하나 더 있네.”

“네?” 나는 부디 격려와 같은 말이기를 바랐다.

“위원회에서는 자네에게 세 가지 선택지가 있다고 알려주었네. 그 내용을 그대로 옮겨주겠네. 알겠지?” 아서가 말했다.

“알겠습니다.” 내가 대답했다.

“우선 첫 번째, 대학원이 자네에게 맞지 않을 수도 있으니 자퇴하는 것. 두 번째, 대학원이 자네와 맞을 수도 있지만 스탠퍼드가 자네와 맞지 않을 수 있으니 다른 곳으로 편입을 하는 것. 그리고 마지막 세 번째, 여기에 남아서 내년에 시험을 다시 보는 것. 위원회는 처음 두 가지 선택지 중에 하나를 선택하기를 강력하게 권고했네.”

아서는 내가 충격을 받아들이는 동안 잠시 말을 멈췄다. 학교에서 모든 면에서 큰 발전을 보여주었는데, 고작 이게 나에 대한 교수진들의 평가라고?

아서는 다시 말을 이었다. “어떻게 하겠나?”

나는 힘없는 목소리로 말했다. “남아서 다시 시험을 치르겠습니다.”

아서가 갑자기 벌떡 일어서서 소리쳤다. “좋아! 엿 먹으라지!” 그는 주먹으로 책상을 때렸다. “모두 엿이나 먹으라고 해! 내 이럴 줄 알았지!” 그는 잠시 말을 멈췄다가 내 눈을 똑바로 쳐다보면서 말했다. “나는 교수진들 중에 누구의 말도 믿지 않아.”

아서는 내가 만났던 흑인들 중에서 가장 백인 같고 가장 고지식한 사람이었다. 그는 자신이 로널드 레이건 대통령과 악수하는 사진을 액자에 담아 벽에 걸어놓았다, 빌어먹게도. 그는 완전히 기득권층의 흑인이었다. 그런데 그런 그가 아주 큰 소리로, 다른 백인들 누구도 믿지 않는다고 소리친 것이다.

"그들은 나에게 아주 불쾌한, 그리고 학교 규정에도 위배되는 아주 불공평한 얘기를 했지. 만약 자네가 두 번째 자격시험에서도 합격하지 못하면, 구술시험도 볼 수가 없다는 거야. 자네를 학교에 더 오래 머무를 수 있게 허락하는 일반적인 지도교수의 특권조차도 줄 수가 없다더군."

나는 두 가지 이유로 당황스러웠다. 하나는 다른 교수진이 자기 학생에 대한 아서의 재량권에 제동을 걸 수 있다는 점이었다. 학생이 자격시험에 두 번 합격하지 못하면 지도교수가 구술시험을 신청할 수 있는 것이 관행이었고, 학생이 학교에 더 머무를지에 대한 문제는 순전히 지도교수의 결정에 달린 문제였다. 나는 아서가 다른 교수들에게 학자로서 존중받고 인정받기 위해서 고군분투해왔다는 것을 알고는 있었지만, 차분하던 그가 다른 교수들과의 갈등으로 흐트러진 모습을 보인 것은 처음이었다.

두 번째로, 교수진이 내가 대학원생 과정을 계속하는 것을 경멸하고 있음을 깨닫고 상처를 받았다. 물론 나는 위원회의 장을 맡은 젊은 교수들이 자격시험에 더 "엄격한" 조건을 적용해야 한다고 주장한다는 이야기를 마이어호프 교수나 다른 교수들로부터 들은 적은 있었다. 그들은 다양성 전형으로 매년 한두 명씩 대학원생들을 입학시켜야 한다는 것에 강한 거부감을 가진 사람들이기도 했다. 나는 여전히 그 개인적인 적대감이 대체 어디에서 기인했는지를 이해할 수가 없었다. 대학원에서의 경험은 학부생들과 함께했던 나의 첫 2년과는 완전히 달랐다. 나는 대부분의 사람들에게서 사랑과 존경을 받았다. 내가 왜 이런 대접을 받아야 하지?

아서는 심호흡을 하고 평정심을 되찾았다. "내년에는 꼭 합격해야 해. 그래야 내가 이 개자식들의 말을 들을 필요가 없어지겠지? 절대 그럴 일 없어야 할 거야."

“최선을 다하겠습니다.” 내가 대답했다.

“좋아.” 아서가 말했다. “자격시험 위원회 회장을 맡고 있는 왜거너 교수와 약속을 잡게. 그도 자네에게 똑같은 말을 할 거야. 그냥 그에게도 나에게 한 말을 똑같이 하게.”

나는 왜거너 교수와 약속을 잡았다. 그러고 나서 나는 시험에 불합격한 다른 학생들에게 왜거너와 면담을 했는지, 또 내가 어떤 대답을 들을 수 있을지를 물었다. 그들은 모두 똑같은 말을 해주었다. 왜거너는 그들에게 왜 시험에서 불합격했다고 생각하는지를 물었고, 다음 해에는 시험에 합격할 수 있도록 더 열심히 공부하라고 말했다는 것이었다.

그러나 왜거너와 나의 대화는 그렇게 흘러가지 않았다.

내가 그의 맞은편 의자에 앉자, 그는 아서가 말했던 것과 똑같은 세 가지 선택지를 제시했다. 내가 남아서 시험을 다시 보겠다고 이야기하자, 그는 다른 교수진이 생각하는 나의 전망을 상세하게 이야기했다.

“자네는 지난 2년간 학부 수업을 들었으니 이미 학교에 아주 오랫동안 머문 셈이야. 내년에 다시 시험을 치른다면 자네는 4년 내내 학교에 있는 거지. 일반적으로 학생들은 실력이 부족하다고 생각하면 첫 번째나 두 번째 해에 학교를 떠나지. 위원회에서는 자네가 올해 석사학위에 필요한 모든 요건을 완료하기를 요구하네. 그러면 자네가 내년 자격시험에 또다시 불합격해도 최소한 석사학위는 받을 수 있을 테니까. 이해했나?”

“네, 알겠습니다.” 내가 무뚝뚝하게 대답했다.

“또다른 하나는 내년 가을에는 자네에게 일자리가 필요하다는 거야. 자네 수준에서 직업을 구하려면 1년 내내 걸릴 테니, 위원회에서는 차라리 자네가 당장 구직을 시작하는 편이 낫다는 의견일세. 그러면 내년 자격시험에서 또 불합격해도 갈 데는 있을 테니 말일세. 알겠지?”

"알겠습니다."

나는 반항심을 느끼면서 왜거너의 연구실을 떠났다. 내가 내년 자격시험에서 또 불합격해도? 그딴 개소리를? 아서가 옳았다. 그들 누구의 말도 믿을 수가 없었다. 나는 열심히 공부했고 학과에서 좋은 성적을 얻었다. 나는 획기적인 연구를 수행하는 연구진의 일원이기도 했다. 그들에게 본때를 보여줄 것이다! 나는 생각했다. 그러나 마음속 한구석으로는 내가 아무리 인정을 받기 위해서 노력해왔음에도 나를 위한 자리는 없었다는 생각에 고통스러웠다.

적어도 나의 뒤에는 아서가 있었다. 아서는 나를 신뢰했다. 그리고 나는 그에게, 내가 그의 지지를 받을 자격이 충분하다는 것을 보여주고 싶었다.

76

아서와 나의 관계는 겨울과 봄을 지나면서 다시 발전했다. 그는 내가 SSRL에 있는 연구실에서 근무 시간을 잘 지키는지, 그리고 수업을 제대로 듣고 있는지를 꼼꼼하게 감시하는 감독관이 되었다. 나는 그와 함께 연구를 잘 수행했고, 해군에 있었을 때처럼 모든 약속 시간보다 15분 일찍 나오며 시간을 엄수했다.

나의 첫 임무는 MSSTA II 연구를 완수하는 것이었다. 탑재체를 준비하고 날리고 수거하여 데이터를 얻었다고 해서 모든 임무가 끝난 것은 아니었다. SSRL에서 MSSTA II 연구에 사용된 모든 광학 장비들의 비행 후 정밀 측정을 진행했다. SSRL의 가속기 빔라인을 사용할 시간을 확보하는 것은 매우 어려웠다. 아서는 나에게 실험 제안서의 작성과 우리 연구진의 대변인 역할을 맡겼다. 내가 작성한 제안서가 높은 우선순위로 승인을 받은 덕분에 우리 연구진이 SSRL의 가속기를 8시간씩 교대로 21번 사용할 수 있는 허가를 받자 나는 매우 기뻤다. 24시간 내내 7일간 가속기를 돌릴 수 있는 시간을 확보한 셈이었다. 내가 아서에게 결과 보고서를 제출하자 그는 부드럽게 "고맙네"라고 했다.

냉정했던 아서는 다시 지혜롭고 다정한 멘토의 모습으로 돌아왔다. 나는 거의 모든 일을 그의 바로 옆에서 수행했다. 나는 동료들에게 보낼 보고서의 초안을 작성했고 NASA, SSRL, 그리고 항공 회사 록히드 마틴에 대하여 그의 대리인 역할을 했다. 또 그가 연구비 지원서를 작성할 때에도 도왔다. 그러는 한편 대학원 과정도 꾸준히 들으면서 관측천문학 수업도 가르쳤다.

그와 자주 시간을 보내면서 많은 이야기를 나누었다. 그는 나에게 학위 과정의 진행 상황에 대해서 물었고, 나의 가족이 잘 지내는지도 궁금해했다. 아서는 나에게 질문을 던지면서 가르침을 주었다. "자네는 그 내용을 아는가?" 그는 무엇이든지 내가 안다고 말한 것들에 대해서도 다시 질문했다. "아니면 자네가 안다고 믿는가?" 그는 이런 방식으로, 과학적인 사실을 제대로 규명하는 데에 필요한 증거의 수준이 어느 정도인지 내가 깨닫게 해주었다.

어느 날 아서가 물었다. "왜거너가 제안한 대로 올해 안에 석사과정을 마칠 생각인가?" 스탠퍼드 대학원 과정은 모두 박사학위를 위한 것이었다. 박사과정 학생들은 그냥 받고 싶으면 도중에 석사학위를 받을 수도 있었다. 그러나 대부분의 경우 석사학위는 박사학위 취득에 실패한 사람에게 위로로 주어지는 상처럼 여겨졌다.

"네, 그렇습니다." 내가 대답했다.

"좋아." 그가 말했다. "졸업식에는 가족들을 초대할 예정인가?"

"아뇨." 내가 말했다. "졸업식에는 참석하지 않을 겁니다."

아서가 안경을 벗고 의자에 앉으며 말했다. "졸업식에 참석하지 않을 거라니?"

"안 할 생각이에요."

"왜 안 해?"

"음, 좀 수치스러워서요. 그냥 위로로 주는 학위잖아요." 내가 말했다.

"농담하는 거야?" 아서가 말했다.

나는 어깨를 으쓱했다.

"자네 가족들 중에 물리학 석사를 받은 사람이 있나?" 아서가 물었다.

"아뇨." 내가 답했다.

"자네 가족들 중에서 스탠퍼드에서 학위를 받은 사람이 있나?" 그가 물었다.

"아뇨." 내가 다시 답했다. 나는 그에게, 직계 가족들 중에서 내가 고등학교를 졸업한 유일한 사람이라고 말하지는 않았다.

"그럼 대체 뭐가 문제지? 자네 졸업은 아주 큰 성과야. 자네가 석사학위를 받는다고 기분 나쁘게 생각하지 말게. 가족들을 초대하게. 나는 자네 가족들을 만날 생각에 설레는걸."

우리 가족을 초대해야 한다는 아서의 말은 옳았다. 엄마, 브리짓, 그리고 브리짓의 두 딸 모두가 주말에 졸업식을 위해서 찾아왔다. 스탠퍼드에서는 아주 큰 사건이었다. 브리짓과 엄마는 정말 많은 사진을 찍었고 아서는 호들갑을 떨면서 그들을 환대했다. 그는 내가 연구진에서 얼마나 중요한 존재인지 그리고 내가 그의 연구에 얼마나 큰 기여를 하고 있는지를 이야기했고, 아주 친절하고 매력적으로 나를 칭찬했다. 나의 얼굴은 붉어졌지만, 가족들 앞에서 그가 나를 칭찬하는 것을 들으니 기분이 좋았다.

자격시험을 준비하기 위해서 물리학과에서는 나에게 튜터를 준비해주겠다고 했고, 나는 튜터로 다비드를 요청했다.

튜터와 제자의 관계로 우리가 천체물리학과 도서관에서 만났던 첫날 밤, 다비드는 나에게 전략을 하나 제안했다. "이봐, 우리는 집중해서 앞으로 남은 시간을 최대한 활용해야 해. 내가 너한테 모든 기초 지식을 알려줄 거야. 그리고 양자역학을 가르쳐줄게. 시험의 25퍼센트는 양자역학에 관한 내용이거든. 그리고 그 문제들이 점수가 더 높아."

"아무렴, 다비드. 나는 널 믿어. 해치워버리자고." 내가 말했다.

"당연하지. 넌 다 잘 해낼 거야. 앞으로는 매일 두 장章씩 공부해와. 그리고 저녁마다 나한테 각 장의 내용을 순서대로 설명하는 거야. 그다음에는 책에 있는 문제들을 전부 풀고. 거기까지 하면 내가 몇 가지 문제를 더 내줄게."

"글쎄, 말은 그만하고 일단 시작하자!" 내가 대답했다.

"난 진지하다고, 친구!" 다비드가 말했다. "우리는 매일 저녁마다 만나야 해. **매일** 저녁 말이야. 단 하룻밤도 쉬지 않을 거라고."

"젠장, 다비드. 오늘 밤부터 당장 시작하자!"

다비드가 나의 면전에 대고 마치 신병 훈련소의 병장들처럼 위협적으로 으르렁거리는 소리를 내며 말했다. "널 산산조각 내서 이 망할 곳에서 가장 완벽한 놈으로 다시 태어나도록 똑똑히 가르쳐주마!"

단 하룻밤도 쉬지 않을 것이라는 다비드의 말은 진심이었다. 나는 그 망할 천체물리학과 도서관에서 그와 함께 하룻밤을 더 보내다가는 완전히 미쳐버릴 것이라고 생각했다. 그러나 그의 방식은 아주 잘 통했다. 다비드는 내가 만난 최고의 선생님이었다. 양자역학에 통달하자, 모든 것이 이해되었다.

"넌 이제 준비가 됐어, 친구." 다비드는 자격시험 일주일 전에 이렇게 말했다. "시험에 합격할 거야."

"당연하지." 내가 말했다. "하지만 친구, 나는 마지막 1초까지 공부를 해야겠어."

77

그다음 주에 나는 다른 대학원생 학생들과 함께 이틀에 걸친 자격시험을 보았다. 매일 네 시간 동안 시험을 보고 한 시간 동안 점심을 먹고 다시 또 네 시간 동안 시험을 보았다. 우리는 시험 결과가 나올 때까지 2주일을 기다렸다. 그러던 어느 날 아침, 그날 오후에 물리학과 건물 로비에 성적이 게시될 것이라는 소문이 돌았다.

나는 로비에 이미 모여 있던 학생들 사이에 끼었다. 몇 분 정도 기다리고 있는데 군중들 끝에서 나에게 이쪽으로 나오라고 손을 흔드는 다비드를 발견했다. 다비드는 그 물리학과 건물의 이름이기도 한 러셀 베리언Russell Varian을 기념하는 황동 조각상이 있는 벽 바로 옆에 있었다.

"이봐, 친구." 다비드가 말했다. "나쁜 소식이야. 넌 불합격이야."

믿을 수가 없었다. "어떻게 알았어?" 내가 물었다.

"그건 말해줄 수 없어." 다비드가 이야기했다. "근데 내가 자격시험 위원회 학생 대표거든. 방금 회의가 끝나서 나왔어."

"제기랄!" 그의 말은 사실이었다. 나의 마음은 나락으로 떨어진 대학원생 과정을 어떻게 해야 할지에 대한 고민으로 가득 찼다.

"근데 친구, 들어봐. 떨어진 건 아니야." 다비드가 설명했다.

"뭐?" 내가 대답했다. "방금 내가 불합격이라고 했잖아."

"떨어진 건 아니야. 학교에서 널 쫓아내지는 않을 거야. 학교에 남을 거라고. 내가 나중에 설명해줄게."

대학원생 사무실에서 근무하는 마샤 키팅Marcia Keating이 로비로 걸어오더니 시험 결과를 벽에 붙였다. 순간 적막이 흘렀다. 시험 결과가 두 열로 쓰여 있었다. 한쪽에는 학번이, 그리고 다른 쪽에는 시험 결과가 있었다. 합격, 불합격, 또는 조건부 합격. 당연하게도 나는 불합격이라고 쓰여 있었다.

내가 걸어나가려고 하자 마샤가 나를 불렀다. "제임스, 사무실로 잠깐 와줄래요? 설명할 게 있어요." 그녀가 말했다.

내가 마샤의 사무실에 찾아갔을 때 그 안에는 다비드도 있었다. 자격시험 위원회는 시험 절차에 대해서 비밀을 지킬 것을 맹세했다. 그렇기 때문에 마샤와 다비드 모두, 나와 개인적으로 이야기를 나누는 일은 문제가 될 수 있었다. 다비드가 설명했다. "개판이었어. 우리는 너한테 꼭 말해야 한다고 생각했어."

마샤가 다비드의 팔에 손을 얹으며 그를 진정시켰다. 다비드는 마치 자기가 시험에 떨어진 것처럼 격양되어 있었다. "무슨 일인지 설명해줄게." 그가 말했다. "여덟 가지 과목 중에서 다섯 과목을 통과해야 자격시험에 합격할 수 있어. 넌 네 가지 과목은 문제없이 통과했어. 가장 어려운 세 과목, 양자역학 과목 두 개랑 통계역학 분야를 포함해서 말이지. 다섯 번째 과목에서도 충분히 높은 점수를 얻었어. 그런데 로마니가 규칙을 바꿔서 불합격하게 만든 거야."

이제야 이해가 되었다. 자격시험 위원회의 회장인 로마니는, 물리학과의 다양성 입학 전형 비중을 높이는 것에 극렬히 반대하는 학과장과 같은 편에 있는 인물이었다.

"그렇지만 시험은 익명으로 보잖아." 내가 말했다. "어떻게 로마니가 딱 나만 골라서 불합격시킬 수 있다는 거야?"

"이봐, 누구든 어떤 시험지가 네 건지 바로 알 수 있을걸? 독특한 필체도 그렇고, 특히 네 독특한 논리 전개 방식 때문에. 4년 정도면 모든 교수들이 네 스타일을 간파한다고."

"그래서 로마니가 날 일부러 불합격시켰는데, 그후에는 대체 무슨 일이 벌어진 거야?" 내가 물었다.

"마샤가 밀실 토론을 열었어." 다비드가 말했다. "마샤는 네가 기존의 규정에 따르면 충분히 합격할 수 있다고 분명하게 지적했어. 그래서 네 지도교수가 네가 머물기를 원한다면, 머물 수 있어야 한다고 했지. 그랬더니 로마니 교수가 '그렇다면 일단 불합격시킵시다. 그리고 그의 운명을 그의 지도교수에게 맡기지요'라는 거야."

"누가 뭐라든 상관없어요." 마샤가 나에게 말했다. "당신은 시험에서 불합격하지 않았어요. 제가 위원회 사람들과 같은 방에 있었어요. 그 사람들은 당신을 떨어뜨리려고 규정을 위반한 거예요. 다비드는 당신이 시험에서 가장 어려운 과목을 통과했다고 변호했고, 저는 로마니와의 타협점을 찾았죠. 그러니 걱정 마세요. 아서가 당신 뒤에 있잖아요."

"아서가 뭘 할 수 있는데요?" 내가 물었다. "위원회는 제가 시험에서 두 번 떨어지면 절 쫓아낼 거라고 했다고요."

"당신은 떨어진 게 아니에요! 그 사람들은 그냥 당신의 학적 기록에 불합격이라는 기록을 남기고 싶어하는 거예요. 당신은 남게 될 겁니다. 지금 필요한 건 아서의 편지뿐이에요."

"대체 저 사람들은 나한테 왜 이러는 거야?" 내가 물었다.

"빌어먹을 엘리트주의자이기 때문이지!" 다비드가 소리쳤다.

"이제 다 괜찮아요." 마샤가 부드러운 목소리로 말했다. "이제 그 사람들에 대해서는 생각하지 말아요. 그들이 당신에게 할 수 있는 일은 이제 없어요. 지금부터는 아서와 함께 나아가야죠. 제 말 명심해요. 당신은 우리 학과에서 크게 성공한 사람들 중 한 사람이 될 겁니다. 당신에게는 특별한 점들이 있다고요. 박사학위가 있는 사람이면 물리학은 할 줄 알겠죠. 그렇지만 당신은 그런 사람들과는 달라요. 당신의 인격, 성격, 그리고 뛰어난 상상력은 따라가지 못한다고요."

"고마워요, 마샤." 내가 말했다. 나는 한결 나아진 기분으로 사무실을 떠났다. 이제 아서와 대면할 시간이었다.

아서의 연구실에 도착하자 그는 웃으며 나를 반겼다. "들어와!" 이제 나의 나쁜 소식으로 그의 하루를 망칠 것이라고 생각했는데, 그가 선수를 쳤다. "그래, 자격시험을 통과는 했는데 불합격했다고?" 그가 껄껄 웃으며 말했다.

나는 한쪽 눈썹을 치켜올렸다. "정말 별일 아니라는 듯이 말씀하시네요." 내가 말했다.

"그들도 자네가 합격했다는 건 알고 있네. 이 문제에 관해선 걱정 말게. 중요한 문제가 아니야. 내가 오늘 그들에게 자네가 학교에 계속 머무르도록 승인한다는 편지를 쓸 거야. 형식적인 절차에 불과한 게 아니네. 그들이 자넬 허위 핑계로 내쫓을 순 없다는 걸 그들 스스로 인정하게 만들겠다는 뜻이야!"

"그래요, 하지만 그래도 불공평하잖아요." 내가 말했다.

"이해하게. 사람들이 여럿 모인 집단은 종 모양의 분포(가우시안 정규분포/옮긴이)를 따르지." 아서가 확률 이론의 기본적인 원리를 인용하면서 이야기했다. "종 모양 분포 곡선의 중심에는 가장 많은 사람들이 있네. 특출나지도 않고 그냥 세상에 무관심한 사람들이지. 그들은 자기 자신만 생각해. 한편, 한쪽에는 도움의 손길을 내미는 소수의 사람들도 있네. 그들은 자네와 함께 일하고 자원을 공유해. 마지막으로, 자네에게 적대감을 보이는 또 한쪽의 소수의 사람들도 있네. 그 작은 의심꾼들 때문에 길을 잃어서는 안 되네."

나는 납득이 되지 않았다. 그리고 아서는 나의 그런 표정을 읽은 것이 틀림없다.

"질문을 하나 하지." 아서가 말했다. "교수진들이 날 어떻게 생각할까? 그들은 과연 내 업적을 정당하게 인정할까?"

"음, 그럴 것 같아요." 내가 말했다. "교수님은 정교수잖아요."

"그럼에도 불구하고 상당수가 여전히 내 지적 능력에 의심을 품고 있지. 그들은 흑인인 내가 자기들과 지적으로 동등하다는 걸 절대 인정하지 않아. 그리고 자네나 내가 독창적인 기여를 할 수 있다는 것도 결코 받아들이지 못해."

나는 조용히 앉아서 그가 이야기하는 사실들을 천천히 받아들였다.

"나는 우주를 공부하고 새로운 기술을 개발하는 일을 아주 사랑하는 사람이야." 아서가 말했다. "자네는 어떤가?"

"저도 그렇다는 거 아시잖아요." 내가 말했다.

아서는 계속해서 말했다. "나는 동료들과 함께 연구하는 일이 즐겁단다. 적어도 이런 작자들과는 다른 사람들이지. 그렇지만 내 경력의 기쁨은 학생들과 협력하는 거야. 나는 자네와 같은 젊은 과학자들을 특히 눈여겨본다네. 나는 자네를 알아. 자네가 얼마나 열심히 공부해왔는지를 다 지켜봤어. 자네 실력을 의심하고 자네 삶을 훼방 놓는 놈들이 어딜 가나 있을 거라는 사실을 기억하게. 그런 놈들은 엿이나 먹으라지!"

나는 고개를 끄덕였다.

"자, 이제 데이터를 보정하고 대체 태양 표면에서는 무슨 일이 벌어지는지나 함께 알아볼까?"

78

내가 박사학위 연구를 시작하면서 아서와 나는 국제적인 우주 경쟁에 뛰어들었다.

화이트 샌즈에서 관측 로켓 실험을 한 지 불과 1년 만에, 유럽과 미국의 태양물리학자들로 구성된 한 국제 연구진이 케이프 커내버럴에서 태양 및 태양권 관측위성SOHO(Solar and Heliospheric Observatory)이라는 이름의 관측위성을 발사했다. 2년으로 계획된 SOHO 위성의 임무는 태양의 내부 구조와 광범위한 외곽 대기, 그리고 태양풍—꾸준히 태양계 공간을 가로질러 지속적으로 부는, 고도로 이온화된 가스들의 흐름—의 기원을 연구하는 것을 목적으로 했다.

과학계에서는 다른 연구진보다 먼저 동료 평가peer review를 받은 논문을 발표하기 위한 국제적 경쟁이 치열하게 벌어진다. 그리고 이 과정을 통해서 과학자로서의 명성을 쌓는다. 아서와 나는 더 많은 예산을 들여서 더 좋은 장비로 구성된 SOHO 위성 때문에 묻히기 전에 MSSTA II로 얻은 우리의 중요한 발견을 발표하기 위한 단거리 경주로에 선 셈이었다.

(SOHO와 같은) 위성 그리고 (MSSTA II에서 사용한) 관측 로켓은 우주 연구에서 마치 거북이와 토끼 같다. 관측 로켓은 새로운 기술로 만든 탑재체를 신속하고 저렴하게 우주로 올려보내고 몇 분 만에 데이터 스냅사진을 찍는 데에 유용하다. 반면, 로켓으로 띄우는 위성은 고품질의 데이터를 수년에 걸쳐 지속적으로 얻는 데에 적합하다.

SOHO 위성은 발사 후 8개월 이내에 궤도에 올라서 데이터를 수집하고 전송하기 시작할 것이다. 그로부터 2년이 지나면 이 연구에 참여하는 국제 연구진이 그 데이터를 분석하고 논문을 발표할 것이다. 그것은 곧 우리의 데이터를 발표하여 태양물리학 분야에서 아서의 경력을 마무리하기까지, 그리고 바라건대 나의 경력을 시작하기까지 3년이 채 남지 않았다는 뜻이다.

1996년까지 크레이그, 찰스, 맥스, 그리고 레이는 모두 박사학위를 취득했고, 다른 대학교와 연구 센터에서 박사후 과정이나 연구원으로 일하러 떠났다. 이제 내가 아서의 수석 대학원생이자 그의 오른팔이었다. SOHO 위성이 발사된 그다음 주에 그는 논문 발표 전략을 짜기 위해서 나와 함께 앉았다.

"우리에게는 행운이다." 아서가 말했다. "가장 낮은 곳에 있는 과일이 어떨 때는 가장 과즙이 많기도 하지. 우리 데이터는 고해상도 이미지고 관측 가능한 온도 범위(열적 커버리지)가 넓다는 장점이 있다. 우리는 태양의 화염 기둥이 코로나 구멍에서 분출되는 고속 태양풍의 기원인지 아닌지를 최초로 규명할 수 있을 거야. 내가 기본적인 방정식을 작업하고 있으니 자네는 이미지 데이터를 재보정하고 그 데이터에 들어가는 공간 및 스펙트럼 측정 결과를 만들어주게."

"네, 교수님!"

나는 흥분했다. 이 연구는 일상생활에서 실용적으로도 의미가 있었기 때문이다. 과학자가 아닌 사람이라도 태양계의 우주 날씨를 지배하는 태양풍의 기원을 밝혀내는 일이 중요하다는 것을 잘 알고 있었다. 인공위성이 통신, 기상 관측 그리고 국방 정보 수집에서 핵심적인 역할을 했기 때문이다. 이로 인해 태양 표면에서 발생하는 거대한 폭발, 즉 태양 폭풍이 인류의 우주 기술에 치명적인 영향을 미칠 수 있는 가장 위험한 자연 재해로 주목받기 시작했다. 태양 폭풍은 인공위성을 무력화시키고 통신을 방해할 뿐 아니라, 전력망을 차단하고 항공기의 비행 통제까지 무력화시킬 수 있는 강력한 자기장을 만들어낸다.

그래서 태양 폭풍의 기원과 그 특징을 밝히기 위한 경쟁은 동시에 우리 지구와 태양풍에 취약한 전기 기반 시설을 보호하기 위한 경쟁이기도 했다. 바로 현실 세계의 지구를 지키는 슈퍼히어로 역할인 것이다!

이 시점에서 나와 아서는 같은 파장에서 공명하고 있었다. 나는 "이미지 데이터를 재보정하고 공간 및 스펙트럼 측정 결과를 만들어달라"라는 아서의 지시가 단순한 프로그래밍 과제가 아니라는 것을 이미 파악하고 있었다. 나는 우리 논문을 논쟁의 여지가 없는 완벽한 논리로 구축하기 위해서 아주 많은 참고 문헌을 읽어야 했다. 다시 말해서 태양의 화염 기둥에 관해서 지금까지 쓰인 모든 학술 논문을 읽어야 한다는 뜻이었다. 그리고 물리학과 도서관의 학술지 구역에 파묻혀서, 「태양물리학*Solar Physics*」, 「천체물리학 학술지*The Astrophysical Journal*」, 「천문학과 천체물리학*Astronomy & Astrophysics*」, 그리고 「월간 왕립 천문학회지*Monthly Notices of the Royal Astronomical Society*」의 최신 호와 지난 호를 샅샅이 파헤쳐야 한다는 뜻이었다. 나는 수십 년을 거스르고 몇 세기를 거슬러서 모든 학술지의 모든 호를 살펴보았다.

나는 학술지를 한 아름 대출하고 연구실과 실험실로 가져가서 복사를 했다. 복사한 논문들이 서랍을 가득 채웠고 책상을 전부 덮었다. 나의 연구실은 아서의 연구실만큼이나 어수선해졌다.

그리고 나는 그 자료들의 내용을 대부분 머릿속에 저장했다. 아서가 우리 논문과 관련된 태양천체물리학, 플라스마 물리학 또는 양자역학의 특정 현상을 참조하고자 하면, 나는 기억을 더듬어서 그에게 최신 논문을 인용할 수 있었다. 나의 전문성이 높아지고 아서와의 관계가 더 돈독해질수록 그는 나를 제자가 아닌 동료로 대하기 시작했다. 처음에는 이상하게 느껴졌지만, 시간이 지나자 자연스러워졌다. 나는 아서가 신뢰하는 두 번째 뇌가 되고자 했다.

79

아서는 제자와 함께 어울리거나 집에서 여는 바비큐 파티에 제자를 초대하는 교수는 아니었다. 그는 내성적이었고 속을 잘 드러내지 않았고 항상 격식을 차렸다. 그래서 아서가 일이 끝나면 같이 맥주를 마시러 가자고 했을 때는 정말 큰 의미로 다가왔다. 저명한 아서의 동료 교수가 캠퍼스에 방문해서 함께 저녁을 먹으러 갈 때에도 아서는 나를 데리고 나갔다.

아서는 과학뿐만이 아니라 여러 방면에서 나의 스승이 되어주었다. 그는 나를 스탠퍼드 바깥에 있는 더 큰 세계와 연결해주었다. 때로는 심지어 단순히 새로운 사람을 소개해주는 것이 아니라 그들에게 나를 자랑하는 것처럼 느껴지기도 했다. 그는 미국에서 가장 오래된 흑인 전문인 모임인 시그마 피 파이Sigma Pi Phi의 행사에 나를 초대했다. 예술, 법률, 의학, 경영 분야에서 아주 뛰어난 성취를 이룬 사람만이 그 모임에 가입할 수 있었다. 아서는 테니스 선수 아서 애시Arthur Ashe, 시민운동가 버넌 조던Vernon Jordan 그리고 하원위원 존 루이스John Lewis 등 저명한 공인으로부터 초청을 받은 소수의 과학자들 중 한 명이었다. 마틴 루서 킹도 그 모임 소속이었다. 이 수준의 저녁 식사에 초대를 받으면 나는 결혼식, 장례식, 졸업식에 갈 때마다 입는 나의 한 벌짜리 정장을 깨끗하게 차려입어야 했다. 나는 해군에서 배운 대로 구두까지 광을 냈다.

프린스턴 대학교에서 온 강사와 함께 저녁 외식을 하고 나서 아서는 나를 집에 데려다주었다. 그의 옆모습을 보니, 평소에 통통하던 그의 얼굴이 훨씬 헬쑥하고 야위어 보였다. 그의 정장 재킷은 마치 옷걸이처럼 야윈 그의 몸에 걸려 있는 것 같았다. 내가 요새 체중 감량을 하고 있냐고 물었더니 그가 웃음을 터트렸다. "아니, 요즘 속이 안 좋아서 그래. 나이가 들어서 그런지 예전처럼 음식을 소화를 잘 못한다네."

아서는 아직 60대 초반이었는데, 나는 지칠 줄 모르던 그의 페이스가 무너졌다는 것을 알아차렸다. 그는 어떤 연구를 진행하건 항상 밤낮없이 일하는 사람이었다. 그의 아내 빅토리아가 나에게, 둘이 같이 버뮤다로 신혼여행을 갔을 때에 그가 어떤 사람인지 깨달았다는 이야기를 해준 적이 있었다. 신혼여행의 둘째 밤에 그녀는 새벽 3시에 일어나서 서류 뭉치와 함께 웅크리고 앉아 있는 아서의 모습을 봤다고 했다. 그는 신혼여행에 가서까지도 아내가 잠에 들면 일을 했던 것이다.

나는 빅토리아에게 아서의 건강 상태가 어떤지 물어보고 싶었다. 그러나 아서와 빅토리아 모두 타인에게 사적인 이야기를 하지 않는 편이었고 아서 없이 혼자 있는 빅토리아를 본 적도 없었다. 그러던 어느 날 세이프웨이 슈퍼마켓에서 빅토리아를 우연히 마주쳤고 아서에 관해서 물어보기로 결심했다. 나는 그녀에게, 아서에게서 평소의 에너지 넘치는 모습을 보기가 어렵다고 말했다. 정말 무슨 문제라도 있는 걸까?

그녀는 망설이다가, 우리 주변에 누군가가 있지는 않은지 잘 살피고서는 말했다. "그이는 종종 당신이 자기 아들 같다고 하더군요. 아들도 없으면서요. 그래서 이 얘기를 하는 거예요. 다른 사람들한테는 절대 말하지 말아요. 그이는 만약 소문이 나면 다른 교수진이 자기 연구실과 실험실을 노릴 거라면서 걱정해요. 그이가 다른 사람들한테 얼마나 자기 얘기를 안 하는지는 잘 알죠?" 그녀가 나의 얼굴에서 걱정 가득한 표정을 읽었던 것이 분명했다. 그녀가 나의 손을 잡고 말했다. "지난 달에 그이는 췌장암 4기 진단을 받았어요."

무엇을 생각하기도 전에 감정이 나를 휘감았다. 중요한 것을 갑자기 잃어버린 듯한 느낌이 들었다. 마치 가슴속의 중요한 장기가 사라지고, 강렬한 감정들이 흘러넘치는 구멍만이 남은 것 같았다. 나는 아서 없이, 멘토를 잃어버린 고아 신세가 될 것이다. 아서는 말했다. "자네 딸이 자랑스러워할 수 있는 삶을 살게나." 그러나 나는 과학자로서 세상에 중요한 족적을 남겼을 때 아서가 나를 자랑스러워하기를 바랐다. 아서가 터득하고 발견하고 또 나에게 전수해주었던 그 모든 것들이 너무나 거대하게 느껴졌다. 그 위대한 생각과 심장이 어떻게 단순히 흙먼지가 되어 사라질 수 있다는 말인가?

이제 나를 재촉하는 시계 소리는 두 가지가 되었다. 하나는 SOHO 연구진의 논문 날짜였고, 또다른 하나는 바로 아서의 췌장암이었다. 나는 그의 병이 어떻게 진행되는지는 몰랐지만 우리가 준비하던 논문이 단순히 아서의 최신 논문에 불과하지 않다는 것을 느낄 수 있었다. 이 논문은 아서의 중요한 유산이자 흑인 물리학자들의 유산이었다.

한번은 아서가 허심탄회하게, 태양물리학 분야에서 그의 뛰어난 업적에도 불구하고 흑인이라는 이유로 지적 능력에 의심을 제기하는 인종차별주의의 유산과 끊임없이 싸우고 있다는 이야기를 털어놓은 적이 있었다. 아서의 말에 따르면, 물리학의 세계에서도 몇몇 이들은 흑인 과학자들이 잘하면 기발한 기계장치 정도는 만들 수 있겠지만, 순수물리학 분야에서 새로운 이론을 정립하거나 데이터를 관찰하고 분석하면서 그 안에서 우주의 작동원리를 깨우칠 만큼 훌륭한 통찰력이나 지적 수준, 수학적인 재능을 발휘할 수는 없다고 생각한다는 것이었다.

공학과 이론물리학 분야 모두에서 아서의 경력은 폭발하듯이 시작되었다. 그러나 아서가 혁신적인 물리학 이론에 기반을 두고 태양 표면에서 코로나를 일상적으로 관측할 수 있는 새로운 기술을 개발한 공로를 인정받았음에도 불구하고, 엘리트주의적 과학자들은 그가 거의 20년 전에 샐리 라이드와 함께 쓴 논문 이후로는 단 한 번도 천체물리학 분야의 논문을 발표하지 않았다고 지적했다. 이런 비판론자들이 보기에 그가 최근까지 썼던 논문들 중에서 순수 "과학" 분야 논문은 단 한 편뿐이고, 나머지 논문들은 기계공학 분야의 논문이라는 말이었다.

아서는 태양 표면에서 무슨 일이 일어나는지를 MSSTA II의 데이터를 통해서 물리학적으로 규명하는 논문을 발표하고자 했다. 그의 목표는 태양풍, 태양의 대기 형성과 가열 방식, 태양 대기를 통한 에너지 이동 메커니즘에 대한 과학적인 이해를 증진시키는 것이었다.

나의 임무는 아서가 살아 있는 동안 그의 유산의 이 마지막 장章을 세상에 전달하는 것이었다.

80

나는 몇 년간 아빠를 보거나 아빠와 대화를 나누지 않았다. 아빠를 직접 만나기는 두려웠다. 그래도 이복형 피온으로부터 아빠가 잘 지낸다는 소식을 듣기는 했다. 피온이 뉴올리언스에서 신년 파티를 한다며 나를 초대했을 때, 나는 이번 기회에 아빠를 만나야겠다고 다짐했다.

아빠는 뉴올리언스 동부의 강 근처에서 혼자 살고 있었다. 내가 아빠의 집까지 찾아갔지만 아빠는 나를 집 안으로 들이지 않았다. 그래서 우리는 현관 계단에 함께 앉았다. 반쯤 어두운 가운데 아빠의 모습을 제대로 볼 수는 없었지만, 마지막으로 아빠를 봤을 때보다 더 늙고 조용해진 듯이 보였다. 나는 아빠에게 학교에서 잘 지내고 있다고 말했고, 5월에 열릴 박사학위 졸업식에 아빠를 초대했다.

"정말 잘됐구나. 나도 당연히 가고 싶지." 그가 말했다. "이제 진짜 교수가 된 거네, 그치?"

"거의 그렇지." 내가 말했다.

"네 엄마 말로는 중독 재활치료에 다닌다던데. 그래?"

"응, 맞아. 길거리 생활에서 탈출하고 싶었거든."

"잘됐다, 아들. 나도 그랬어. 가서 정신 차렸지. 나도 이제 더 나은 남자가 되었어. 망할 록은 남자의 삶을 망칠 뿐이지."

"아빠도 잘 지낸다니 다행이야. 아빠가 자랑스러워."

우리는 잠시 말 같지도 않은 잡담을 나누었고 이제 피온을 만나러 갈 시간이 되었다. 작별 인사를 하자 아빠가 속삭이듯이 말했다.

"이번 달에 돈이 좀 부족한데. 크리스마스도 있었고 이것저것 때문에. 내일 집세를 내야 하고……. 음, 좀 모자라. 빌려줄 수 있을까?"

"물론이지, 아빠." 주머니에는 130달러가 있었다. 나는 그 돈을 아빠에게 전부 주었다. 그러고 나서 파티를 위해서 자리를 떴다.

그 파티는 사촌의 집에서 열리는 구식 하우스 파티였다. 사람들은 카드놀이를 하고 춤을 추고 럼과 콜라를 마시고 대마초를 피웠다. 그 자리에 참석한 많은 사람들이 아는 사람이었다. 그들 대부분은 "캘리포니아가 돌아왔다"며 나를 장난스럽게 놀렸다.

방 저 너머에서 아빠를 본 것은 자정이 넘는 시간이 되었을 때였다. 아빠는 손에 맥주를 들고 앞뒤로 몸을 흔들면서 혼자 중얼거리고 있었다. 틀림없이 아빠는 제정신이 아니었다. 아빠가 몸을 흔들고 이를 가는 모습을 보자마자 눈치챌 수 있었다. 아빠는 정신을 차렸다고 나에게 거짓말을 한 것이다.

내가 자리를 떠나려고 일어났는데, 누군가가 자기 처남이 샌프란시스코로 이사를 갔다며 나에게 말을 걸었다. 아는 사람인가? 바로 그때 아빠가 나를 쳐다보았고 우리는 눈이 마주쳤다. 아빠는 내가 자신을 보았다는 것을 눈치챘고, 이전에는 한 번도 본 적이 없었던 표정이 아빠의 얼굴에 떠올랐다. 아빠는 부끄러워하고 있었다.

나는 바로 자리를 떴다. 차마 그런 표정의 아빠를 볼 수가 없었다.

81

아서는 나에게 남자답게 행동하는 법을 가르쳐주었다. 제시간에 나타나서 맡은 임무를 수행하는 전문적인 과학자가 되는 법을. 냉정을 잃지 않고 동료와 학생들에게서 존경을 받는 신사가 되는 법을. 인간관계에서 위계를 형성하지 않고 사람들과 지내는 법을. 나의 입과 발언을 통제하는 방법, 그리고 말할 때와 침묵해야 할 때를 구분하는 방법을.

그리고 가장 중요하게, 내가 사실이라고 믿는 것과 과학자로서 정말 진실이라고 아는 것의 차이가 무엇인지를 가르쳐주었다. 바로 그것이 진정한 과학자의 척도이다. 스스로의 편견과 신념에 맞설 수 있고, 냉철한 시각과 열린 마음으로 사실을 바라보고, 자신의 기대로 빈 곳을 채우는 것이 아니라 증거로 답을 채워야 한다.

남자다움과 과학자다움 모두의 롤모델이 있다는 것이 나에게는 큰 힘이 되었다. 그러나 내가 남자가 되는 것 또는 과학자가 되는 것은 또다른 이야기였다. 그러기 위해서는 어린 시절부터 나를 따라다닌 악마들을 죽여야만 했다. 스스로가 나약하고 쓸모없다고 느낄 때마다 더 거칠고 자기방어적으로 행동하게 만드는 나의 생존 본능을 버려야만 했다. 여전히 망가진 듯한 내면의 일부를 완전히 치유하기 전까지는, 나는 자기 파괴 버튼을 누르지 않거나 없애버릴 수가 없었다. 그리고 나의 순수함과 유산을 되찾기 전까지는, 나를 둘러싼 세상에 대한 나의 어둠의 눈으로부터 자유로울 수가 없었다.

투갈루 대학교에 있었을 때에 아프리카 중심주의 문학의 기초적인 문헌들을 읽은 적이 있다. 스탠퍼드에서는 나와 같은 사람들이 어떻게 미국의 사회계급 체계의 가장 밑바닥까지 떨어지게 되었는지를 알아보기로 결심했다. 아프리카에서 그리고 더 먼 곳에서 온 흑인들의 역사, 종교, 그리고 문화에 대해서 배우고 싶었다. 스탠퍼드의 그린 도서관이 나의 지적 탐험의 무대가 되었다.

도서관 지하층의 서가를 뒤지는 일은 마치 보물이 가득한 동굴을 탐험하는 것과 같았다. 어둠 속에 책들이 줄지어 꽂혀 있었고 각 서가 끝에는 타이머 전등의 스위치가 있었다. 찾던 책을 발견하면 나는 전등의 빛이 쏟아진 바닥에 앉아서 타이머 때문에 불이 꺼질 때까지 읽었다. 그리고 다른 서가에서 또다른 책을 찾았고, 또다시 불이 꺼질 때까지 20-30분 동안 책을 읽었다. 도서관이 문을 닫는 시간이 될 때까지, 나는 책 더미들 사이에 앉아서 아프리카 문화의 바닷속에 깊게 빠져 있었다.

이름을 바꿔야겠다는 나의 결심이 그간 내가 성장했던 종교, 아빠, 그리고 과거를 거부하겠다는 뜻은 아니었다. 나는 뉴올리언스 동부와 파이니 우즈 출신의 제임스 플러머 주니어라는 사실이 항상 자랑스러웠다. 개명은 나의 정체성을 주장한다는 의미가 컸다. 나의 조상들은 마치 쿤타 킨테가 그랬던 것처럼, 미국에 노예로 끌려오면서 이름을 바꾸도록 강요받았다. 그들에게는 선택의 여지가 없었다. 나는 나의 의지와 자기 결정의 의미로, 이름을 바꾸기로 결심했다.

박사학위 심사일이 다가오면서 나는 인생의 새로운 국면을 맞을 준비를 마쳤다. 정확하게 다시 태어난 기분까지는 아니었지만, 소년에서 남자로 성장한 기분이었다. 30년간 나는 나의 생존 본능에 따라서 마치 흐릿한 전조등 불빛만 켜고 어둠 속을 운전하는 사람처럼 살았다. 유년기를 극복하기까지는 정말 긴 시간이 걸렸다. 나는 서른 살이 되어서야 다른 사람들을 위협적으로 보지 않고 자신에게도 위협을 가하지 않을 만큼 나 자신을 소중히 여기는 방법을 터득했다. 제임스 에드워드 플러머 주니어였던 소년이 남자가 될 준비가 된 것이다. 그때부터 나는 미래가 나의 손에 달린 삶을 살게 되었다.

언젠가 내가 과학에 지대한 공헌을 한다면, 나는 사람들이 내 이름만 들어도 내가 아프리카 출신의 흑인이라는 것을 알기를 바랐다.

나는 이름이 내가 되고 싶은 사람의 모습을 반영하면 좋겠다고 생각했다. 북아프리카에서부터 인도 동부에 이르는 문화권에서 "하킴Hakeem"은 "지혜롭다"라는 뜻이다. 나는 중간이름이 내 정체성을 표현하기를 바랐다. "무아타Muata"는 스와힐리어로 "진실을 추구한다"라는 뜻이다. 나는 성이 나의 아프리카 조상들의 출신지인 서아프리카 형식이면서도 고귀한 의미였으면 좋겠다고 생각했다. "올루세이Oluseyi"는 요루바어로 "신이 행하신 일이다"라는 뜻이다. 나는 어떤 특정한 신도 섬기지 않았다. 그러나 그 모든 일들과 나 자신을 극복한 일들을 경험하니 이제는 나의 삶을 신성하게 여겨야 할 때가 되었다고 생각했다.

이름을 바꾸자 사람들은 나의 새로운 이름을 각자 다른 방식으로 받아들였다.

스탠퍼드의 모든 사람들은 곧바로 나의 새 이름을 축하해주었다. 그들은 제임스 플러머보다 더 멋있고 잘 어울린다고 생각했다. 그들은 바로 나를 하킴이라고 부르기 시작했고, 또 대부분은 올루세이를 정확히 어떻게 발음해야 하는지로 골머리를 앓았다.

추수감사절에 미시시피 주로 돌아갔을 때, 그곳 사람들에게서 받은 가장 흔한 반응은 이것이었다. "넌 나에게는 여전히 제임스 플러머야."

아서의 반응은 정말 아서다웠다. "그래, 하킴 올루세이……. 이제 일하러 가세!"

82

나는 흑인이 백인과 동등한 대우를 받으려면, 두 배는 더 훌륭한 사람임을 증명해야 한다는 말을 평생 들었다. 나에게는 어림도 없는 일이었다.

박사학위 논문을 완성하면서 나는 13편의 논문을 게재했는데 그중에 내가 제1저자 또는 제2저자로 들어간 논문은 8편이었다. 나는 완전히 새로운 태양 대기 구조에 대한 발견과 설명이 포함된 나의 분석과 발견 결과에 아주 자신이 있었다. 나는 나의 논문을 발표하고 심사받을 준비를 마쳤다. 그러면 박사학위를 취득할 것이다.

박사학위 심사위원으로 다섯 명의 교수가 필요했는데, 네 명은 물리학과와 응용물리학과에서, 그리고 한 명은 학과 외부에서 초빙해야 했다. 나의 논문 심사를 누구에게 부탁할지는 분명했다. 우선 첫 번째는 나의 멘토인 아서로, 그에게 심사위원장을 부탁했다. 그다음은 스탠퍼드의 또다른 실험 태양물리학자인 필 셰러Phil Scherrer였다. 그는 SOHO 위성에 들어간 마이컬슨 도플러 촬영 장비를 설계함으로써 태양 자기장 관측 분야에 혁신을 일으킨 인물이었다. 심사위원 중에 물리학자가 아닌 사람으로는 공학과 흑인 교수였던 레지널드 토머스Reginald Thomas에게 부탁했다. 마지막으로, 정신이 제대로 박힌 대학원생이라면 절대 심사를 부탁하지 않을 로버트 로플린Robert Laughlin을 포함하여 물리학과에서 가장 냉정한 교수 두 명에게 심사를 요청했다.

지난 해의 노벨 물리학상 수상자인 로플린은 우주론부터 플라스마까지, 또 핵 물리학에서 핵 펌프 엑스선 레이저에 이르기까지 다양한 분야를 연구하는 권위 있는 물리학자였다. 나는 그 누구도 내가 박사학위를 허투루 취득했다고 의심하지 않기를 원했다. 그래서 로플린에게 박사학위 심사를 요청했고, 그는 나의 제안을 수락했다.

대부분의 사람들은 로플린을 똑똑한 갱스터라고 여겼다. 그는 몸이 탄탄하고 거대해서 신체적으로 위협적인 존재로 보였다. 그는 물리학과 세미나가 진행되어 사람들로 가득 찬 강당에서 벌떡 일어나 초청 연사로 온 저명한 물리학자에게 큰 소리로 시비를 건 사건으로 악명이 높았다. 그는 또 학생들의 자격시험에 가장 어려운 문제를 꾸준히 출제하는 것으로도 유명했다. 내가 처음으로 자격시험을 보았을 때, 로플린은 우리에게 냉동 칠면조를 발사체로 사용하는 미사일 방지 시스템을 설계하라는 기상천외한 문제를 냈다.

나는 로플린이 나처럼 외톨이에 너드라고 생각했다. 그는 자신이 납득할 수 없다면 면전에 대고 말다툼을 벌였지만, 내가 봤을 때에는 사람들을 괴롭힌다기보다는 그저 자신의 의견에 의문을 제기하고 동의하지 않는 사람들을 설득하려는 사람이었다. 그는 대학원을 졸업하자마자 스타 물리학자이자 반항아가 되었다. 그 덕분에 학계 동료들로부터 원성을 사기도 했다. 나는 그의 학부 통계역학 수업과 대학원 고체물리학 수업을 들었고 고체물리학에서는 A 학점을 받았다. 로플린은 내가 실수를 해서 면담을 할 때조차 나를 항상 인격적으로 대했다. 그래서 나는 그에게 나의 논문 심사를 맡기는 일이 두렵지 않았다.

마지막 물리학과 교수 심사위원을 정하기 위해서, 나는 자격시험에서 떨어진 이후에 나에게 굴욕적인 마지막 선택지를 제시했던 교수, 바로 로버트 왜거너를 찾아갔다. 나는 왜거너와 다른 교수들이 나를 단단히 잘못 보았음을 직접 증명하고 싶었다.

논문 심사가 있던 날, 나는 논문의 각 장章과 관련된 자료들을 투명 폴더 일곱 개에 나누어 담고 강의실에 들어갔다. 심사는 한 시간 동안 박사학위 논문의 연구 과정과 결과를 발표하는 공개 부문과, 다시 한 시간 동안 심사위원들의 질문을 받는 비공개 부문으로 구성되었다.

나는 태양의 "전이 영역"에 대한 연구 개요를 소개하면서 공개 부문 발표를 시작했다. 그 주제에 관해서 아서와 공저로 발표했던 세 편의 과학 논문도 각각 소개했다. 발표 중간에 로플린 교수가 강의실 맨 앞줄에서 일어나더니, 자기장에 중첩된 태양 코로나의 이미지가 공간적 상관관계를 드러낸다는 나의 주장에 큰 목소리로 이의를 제기했다. 질문과 답을 몇 번이나 왔다 갔다 주고받다가 내가 결국 이야기했다. "보세요, 교수님. 교수님께서 원하는 게 무엇이든 간에 이 이미지에서 다 볼 수 있어요. 하지만 제 양적 분석은 일관되게 강한 상관관계를 보이고 있습니다." 연구 결과에 대한 나의 자신감을 확인하고 싶었던 로플린 교수는 그 부분을 인정하고 자리에 앉았다.

내가 심사의 공개 부문을 마치고 청중으로 앉아 있던 물리학과 학생들의 질문에도 답변을 마치자, 대학원생 진행자는 심사위원 교수들을 제외한 다른 사람들을 모두 강의실 밖으로 나가도록 안내했다.

이제 심사위원들을 상대할 시간이었다. 그들은 나와 몇 줄 떨어진 자리에 모여 앉아서 자기들끼리 나지막한 목소리로 말을 주고받고 낄낄거렸다. 대부분은 잘 들리지 않도록 숨죽인 듯한 목소리였다. 나는 그들의 대화를 전혀 알아들을 수가 없었다. 내가 자리에 서 있는 15분 동안 그들은 나를 완전히 무시했다. 나는 해군 신병 훈련소와 학교 학생 모임 서약식을 할 때의 경험을 살려서, 그 순간의 일에만 집중하고 정신을 흩트리지 않기 위해서 노력했다. 나는 땀이 흐르는 모습을 들키지 않고 아무렇지 않은 듯이 서 있어야 했다.

마침내 질문이 쏟아지기 시작했다. 처음에는 천천히 시작되었지만, 곧 이어 심사위원들이 번갈아가면서 속사포처럼 질문을 쏟아부었다. 그들은 내가 얼마나 침착하게 답변하는지 그리고 나의 논문 주제와 발견을 얼마나 탄탄하게 증명하는지를 시험하고 있었다. 나는 나의 주장을 고수하면서, 이 논문의 주제에 관해서는 내가 그 누구 못지않은 전문가임을 깨달은 데에서 비롯된 자신감으로 그들의 모든 질문에 답했다. 나는 어렸을 때의 주립 과학전람회 현장으로 돌아간 것만 같았다. 심사위원들의 질문을 멋지게 되받아치며 점점 더 자신감이 붙었던 기분이 되살아났다.

한 시간에 걸친 질의응답이 마침내 끝나자 나는 지쳤지만 신이 났다. 아서가 말했다. "내 연구실로 가서 기다리게." 그리고 그는 동료 교수들 쪽으로 몸을 돌렸고 그들은 다시 서로 농담을 주고받기 시작했다.

나는 초조한 마음으로 아서의 연구실을 서성거리면서 책꽂이에 꽂혀 있는 책과 논문들을 훑어보았다. 그러나 글자들에 눈을 집중할 수가 없었다. 마음도 마찬가지였다. 마침내 문이 열리고 아서가 걸어들어왔다.

그가 나를 향해서 손을 뻗었다. "축하해, 박사님." 아서는 나에게 악수를 건넸고, 우리는 확신에 찬 마음으로 함께 포옹을 했다.

그리고 몇 분 뒤에 뜻밖에도 왜거너 교수가 아서의 연구실 바깥 복도로 찾아왔다. 그리고 나를 불러 세워서 이야기를 시작했다.

"대체로 말이지." 왜거너 교수가 근엄한 표정으로 말했다. "나는 박사학위 논문의 길이와 그 질이 반비례한다고 생각해왔네." 나는 흠칫했다. 나의 박사학위 논문은 최근까지 물리학과에서 나온 학위 논문 중에서 길이가 가장 긴 논문이었기 때문이다. 그는 근엄한 표정을 깨고 미소를 지으면서 나에게 손을 내밀었다. "하지만 자네는 그 법칙에 놀라울 만한 예외가 있다는 걸 입증했군. 정말 훌륭했어, 올루세이 박사!"

83

스탠퍼드를 졸업하고 1년이 지난 후인 2001년, 아서와 나는 스탠퍼드에서 미국 흑인 물리학자 학회의 연례 학술회의를 공동 조직했다. 아서는 그 사이 살이 훨씬 더 빠졌고 마치 막대기에 양복을 걸친 듯했지만, 멋진 모습으로 학회 기간을 잘 견뎌냈다. 아서와 함께 학회를 조직하고 흑인 동료들의 모임을 자랑스럽게 또 강인하게 이끄는 그의 모습을 지켜보는데, 그가 나에게 주는 마지막 선물이자 남자다움에 대한 마지막 수업처럼 느껴졌다. 나에게 그 연례 학회의 하이라이트는 아서가 나와 함께 작업한 13편의 논문들 중에서 가장 마지막 논문을 발표하던 순간이었다.

아서는 학회가 있고 나서 한 달 후인 2001년 4월에 세상을 떠났다. 나는 가족장으로 진행된 그의 장례식에 가족이 아닌 유일한 사람으로 초대를 받았다. 나는 장례식에 참석한 유일한 제자로서 그의 관을 운구했다. 그를 위해서 스탠퍼드의 거대한 메모리얼 교회에서 열린 추모식에는 사람들로 가득해서 앉을 자리가 없었다. 나는 그의 죽음을 추모하며 뒤따른 여러 찬사와 칭찬들이 새삼스럽게 놀랍지는 않았지만, 그가 우리 분야에서 얼마나 뛰어난 사람이었는지를 새삼 깨달았다.

아서는 그의 마지막 해에 내가 졸업 후에 경력을 쌓을 수 있도록 도와주었다. 그의 아내 빅토리아는 내가 실리콘밸리의 반도체 기업 어플라이드 머티리얼스에서 첫 직장을 구할 수 있도록 격려해주었다. 그리고 내가 로런스 버클리 국립연구소에서 다음 직장을 구할 수 있게 해준 사람은 바로 아서였다. 나는 그곳에서, 암흑에너지 카메라와 베라 C. 루빈 천문대에서 사용될 검출기를 개발하는 초신성 우주론 프로젝트에 참여했다.

그해 말 아빠는 심한 뇌졸중을 앓았다. 아빠와 나는 그로부터 2년 전 새해 전날 마지막으로 만난 이후로는 대화를 한 번도 나누지 않았다. 아빠를 다시 찾아가자, 흰머리가 난 아빠가 기저귀를 차고 있었다. 그래도 아빠에게는 여전히 아빠만의 개성과 유머감각이 있었다. 그리고 오랜만에 마약에 취하지 않은 상태였다.

아빠는 나에게 로럴 바깥 11번 고속도로에 있는 음악 주점에 데려가 달라고 했다. 우리는 콜라를 마셨고 아빠는 나에게 시골에 관한 이야기를 들려주었다. 농사를 짓고 땅에서 일하는 것 그리고 내가 만났던 그 누구보다도 아빠가 가장 잘 알았던 그 모든 것들에 대해서. 나는 미시시피 주에서 자란 아빠의 노하우가 앞으로 수년 안에 그와 함께 사라질 것이라는 사실을 직감했다.

그때 아빠가 사랑했던 노래가 주크박스에서 흘러나왔고 아빠는 나를 위해서 아빠만의 부드럽고 오래된 미시시피 블루스 스타일로 노래를 불러주었다. 내가 열 살 때 켈리 힐의 사탕수수 밭을 아빠와 함께 걸었던 날 이후로는 한 번도 듣지 못했던 목소리였다.

나는 열 살에 생애 처음으로 사탕수수를 수확했다. 여름 내내 아이들은 사탕수수에 손도 댈 수 없었다. 사탕수수 줄기는 돈이 되었다. 그러나 설탕처럼 달콤한 삶을 살지 못했던 대부분의 가난한 아이들처럼, 나는 그 줄기들을 손에 쥐고 씹어먹는 기분 좋은 상상을 하고는 했다. 추수 날짜가 다가오자 나는 아빠와 사촌들이 줄기를 잘라서 시장에 내다 판 이후에 밭을 뒤져볼 계획을 세웠다.

추수 날에 퀴트먼 초등학교에서 집으로 돌아왔을 때, 나는 밭 한쪽 끝에 남아 있던 사탕수수 줄기들 위에 사람들이 흙을 퍼붓는 모습을 보았다! 사람들이 남은 줄기들을 모조리 땅에 묻는 모습을 보고서 나는 충격을 받았다. 아빠는 몇 달 안에 그 줄기 마디에서 새싹이 돋아날 것이라고 설명하면서 나를 위로했다. 수확 시기에 수확물을 땅에 묻는 것은 그다음 해를 위해서 작물을 심는 방법이었다. 그해의 수확물 일부를 다시 땅에 묻지 않으면, 그다음 해에는 아무것도 수확할 수 없었다.

나의 인생을 함께했던 가장 위대한 두 남자를 잃는다는 사실이 나를 외롭게 만들었지만, 한편으로는 이상하게 해방된 듯한 기분이 들기도 했다. 두 사람은 모두 각자만의 방식으로, 자존감과 자신감이 서로 다르다는 것을 알려주었다. 그리고 자신을 잘 알고 받아들이는 방법과 관련된 모든 것을 가르쳐주었다. 그들은 내가 그들의 길을 따르도록 도와주었다. 그리고 이제 나는 나만의 여정을 마쳐야 했다.

이제 그들은 나의 조상들의 왕국에 머무르지만, 나는 두 남자의 유산을 영원히 구현할 것이다. 가끔 조상들이 그러는 것처럼 그 둘도 나에게 말을 걸고는 한다. 그러나 마치 쌍성binary star이 자신이 만든 행성으로부터 점차 멀어지는 것처럼, 그들의 존재도 점차 사라져갈 것이다.

이제 미래로 향하는 길을 나 스스로 구축할 때가 되었다.

에필로그

연구 물리학자로서의 미래를 받아들인다는 것은 거리에서 살던 과거를 백미러로 비추고 떠난다는 뜻이었다. 그러나 나는 나의 흑인 사회를 뒤로하고 싶지는 않았다. 나는 외톨이 과학자들의 다음 세대가, 나를 얽매었던 투쟁과 도피의 굴레로부터 벗어나도록 돕고 싶었다.

마약 중독 재활치료를 끝낸 지 얼마 지나지 않아서, 나는 벨몬트 인근에 있는 칼몬트 고등학교에서 흑인과 라티노 고등학생들을 가르치는 일을 시작했다. 배우 미셸 파이퍼Michelle Pfeiffer가 학생들을 가르치기 위해서 온 전직 해병 역할로 출연했던 영화 「위험한 아이들」이 촬영된 학교였다. 나는 방과 후 수업에 자발적으로 참여할 정도로 학구열이 높은 10대 학생들에게 수학을 가르쳤다. 자신의 교육 수준이 부족하고, 학업을 갈고닦는 것이 더 나은 삶으로 인도하는 길임을 깨달은 학생들이었다.

그 학생들은 나와 같은 선생님, 즉 그들처럼 말하고 그들처럼 행동하는 선생님을 한 번도 만난 적이 없었다. 나는 학생들에게 수학을 바라보는 새로운 관점과 그 이상의 것들을 가르쳐주었다. 주어진 과제를 완수하는 데에 필요한 엄밀함과 자신감, 그리고 자부심을. 그리고 학생들이 믿을 수 있고 실제로 성취할 수 있는 꿈으로 향하는 길을 제시했다. 나는 과학 분야에서 나만의 능력을 발견하고자 했고, 사회가 나에게 계속 투영했던 부정적인 편견을 그대로 받아들이는 것을 멈추고 나서야 동료들과 함께 일하는 연구자가 될 수 있었다. 나는 칼몬트 고등학교 학생들에게 자신의 장점을 발견해서 최대한 발전시키라고 조언했다.

가끔은 장점이 무엇인지 명확하게 알기 어려울 수도 있다. 살면서 이상한 사람이라는 꼬리표가 붙을 수도 있다. 나는 어릴 때부터 주변에 있는 물건들의 개수를 강박적으로 세는 습관이 있었다. 한편으로는 불안함을 진정시키기 위해서였고, 다른 한편으로는 사물 속에 숨겨진 수수께끼를 풀기 위해서였다. 이 습관은 어린 시절 조롱과 괴롭힘의 원인이었다. 나는 나를 괴롭히는 사람들을 무시하려고 최선을 다했다. 달이 뜨지 않는 밤이면 밤하늘을 올려다보면서 언젠가는 저 별을 전부 셀 수 있을지 궁금해했다. 몇 년 후 내가 우주론 연구자가 되었을 때, 나는 우주에 있는 수많은 보이는 물질과 보이지 않는 물질을 측정하는 검출기를 제작함으로써 큰 공헌을 했다.

박사학위를 취득한 직후인 2002년에 나는 에스와티니, 잠비아, 탄자니아, 케냐에 있는 차세대 우주 과학자들의 교육을 돕기 위해서 아프리카로 여행을 다니기 시작했다. 그리고 몇 년 후에 내가 플로리다 주의 스페이스 코스트에 있는 플로리다 공과대학교의 천체물리학 교수가 되었을 때, 켈로그 재단은 나와 동료들에게 남아프리카 공화국의 흑인 천문학과 학생들을 멘토링하는 과정을 5년간 이끌 수 있는 보조금을 지원해 주었다.

남반구의 독보적인 관측 조건 덕분에 남아프리카 공화국은 항상 세계적인 수준의 천문학자들을 끌어들였다. 역사적으로는 대부분 영국인이었다. 19세기 초에는 존 허셜John Herschel이 핼리 혜성의 귀환을 관측하고 남반구 하늘의 별과 성운들의 지도를 작성하기 위해서 희망봉을 방문했다.

1994년 아파르트헤이트apartheid(남아프리카 공화국의 인종 차별 정책/옮긴이)가 종식되고 많은 백인 천문학자들이 남아프리카 공화국을 떠나면서, 새로운 정부는 "역사적으로 혜택을 받지 못한 교육기관", 즉 아파르트헤이트에 의해서 분리되어 불공평하게 운용되었던 학교에서 수학해 온 상위권 학생들을 모집했다. 케이프타운 대학교에서 운영하는 국립 천체물리학 및 우주과학 과정NASSP에 참가시키기 위해서였다. 그러나 "역사적으로 혜택을 받지 못한" 학생들 대부분은 그 과정의 자격시험을 통과하지 못했다.

그 당시 나는 흑인대학을 졸업하고 나의 분야에서 연구자로 촉망을 받고 있던 유일한 흑인 천체물리학자였다. 켈로그 재단이 지구 반대편에서 천문학자를 꿈꾸는 학생들의 롤모델로서 나를 눈여겨본 것도 우연이 아니었을 것이다.

처음에 남아프리카 공화국 학생들은 나를 그들과는 전혀 다른 사람이라고 생각했다. 그들이 보기에 나는 미국에서 온 부유한 천체물리학자이자 교수였고, 그들은 흑인 거주지역이나 가난한 마을에서 자란 학생이었다. 나는 고군분투하며 살고 있는 그들의 두 세계를 나 역시 아주 잘 이해한다는 것을 보여주어야 했다. 그들은 고향에서는 천문학자가 되기 위해서 케이프타운으로 떠난 영재이자 영웅이었다. 그러나 대학교에 와서는 스스로를 교육 수준이 부족한 열등반 학생이라고 생각했다. 나는 그런 열등감을 극복하고 다른 동료들에게 인정을 받고 학계의 높은 수준의 엄격함을 뛰어넘기 위해서 내가 분투했던 이야기를 그들과 공유했다.

이 학생들이 케이프타운 대학교에서 그리고 나중에는 국제 과학계에서 최고 수준의 사람들과 경쟁하려면, 내가 훨씬 더 높은 기준을 제시해야 한다는 것을 알았다. 그래서 나는 그들이 시험을 보아야 하는 내용뿐만이 아니라 수준을 훨씬 끌어올려서 현대 물리학의 정점으로 여겨지는 우주론과 양자장 이론을 가르치기로 결심했다. 일단 정점을 정복하면 무엇이든 어렵지 않게 배울 수 있을 것이다. 그리고 과학자로 살아가는 자신의 미래를 믿을 수 있을 것이다.

그리고 정말로 일은 그렇게 흘러갔다. 내가 가르친 학생들은 모두 자격시험을 통과했을 뿐만 아니라 상위 20퍼센트 성적에 들었다. 남아프리카 공화국의 천문학 박사과정 흑인 학생들의 수가 그해에 정점을 찍었고, 그후로도 계속 꾸준히 증가했다. 아이들이 꿈을 꾸는 한 한계는 없다. 수천억조 개의 별들로 이루어진 우리 우주는 매우 광활하다. 그러나 무한하지는 않다. 유한하다. 내가 관측한 것 중에 무한에 가장 가까운 것은 바로 희망이다. 나는 남아프리카 공화국 학생들의 얼굴에서 그 무한한 희망을 보았다.

우리가 멘토링 과정을 시작한 이후, 남아프리카 공화국은 세계에서 가장 강력한 전파 망원경 SKA를 유치하기 위한 국제 경쟁에 뛰어들었고 결국 성공을 거두었다. 남아프리카 공화국 SKA 연구진 사진을 보면, 맨 앞줄에 내가 가르쳤던 아프리카 학생 네 명이 당당하게 웃고 있다.

나는 그 사진에는 없지만, 그들 바로 옆에 자랑스럽게 우뚝 서 있다.

감사의 말

이 책이 출판되도록 이끌어준 모든 재능이 넘치는 사람들에게 경의를 표한다.

로스/윤 에이전시의 하워드 윤은 하킴과 조슈아, 우리를 서로에게 소개해주었고 책의 출간을 지지해주었다. 하워드의 헌신과 열정에 깊은 감사를 전한다. 밸런타인 출판사의 최고의 편집자들은 격려와 엄격함으로 큰 도움을 주었다. 브랜던 본은 무한한 열정으로 우리의 제안을 받아들였고, 책의 청사진을 그려주었고 우리가 따라야 할 명확한 제목을 지어주었다. 세라 와이스는 여러 번의 교정을 통해서 우리의 이야기가 가장 매끄럽게 전달되도록 능숙하게 안내해주었다. 세라에게 존경과 감탄과 감사의 뜻을 전한다. 밸런타인 출판사, 로스/윤 에이전시, 그리고 호치키스 데일리&어소시에이트의 모든 천사들에게 감사와 영광의 뜻을 전한다.

마지막으로, 모든 단계에서 각 페이지에 정확히 어떤 내용이 들어가야 하는지 또 들어가지 말아야 하는지, 수없이 조언해준 친구이자 동료 작가 스티븐 밀스에게 특별한 감사를 전한다. 스티븐의 현명하고 견실한 조언에 큰 감사를 표한다.

이 책에 추억과 성찰을 제공한 모든 친구, 가족, 동료들에게 감사를 전한다. 그리고 지난 1년간의 격리 기간 동안, 나의 영원한 동반자이자 마

리오 카트 파트너이자 지적 자문단의 역할을 해준 나의 아들 하킴에게 진심으로 고마움을 전한다.—하킴

고된 책 작업에 생기를 불어넣어준 마살라 아트 작가 모임의 모든 이들에게 감사를 전한다. 그리고 처음이자 마지막이자 언제나, 매일 사랑으로 길을 밝혀주는 나의 북극성 에리카 마크맨에게 영원한 사랑의 마음을 전한다.—조슈아

역자 후기

아주 희박한 확률이라도 무한히 시도하면 기적이 일어날 수밖에 없다.

우리의 머리 위를 밝게 비추는 태양은 벌써 50억 년째 그 꺼지지 않는 불씨를 유지하고 있다. 붉게 이글거리는 표면의 불꽃과 태양 표면 멀리까지 희미하지만 뜨겁게 아른거리는 코로나의 모습은 오묘하게 느껴진다. 수많은 천문학자들은 어떻게 저 가스 덩어리가 쉬지 않고 오랫동안 빛날 수 있는지 궁금해했다. 과거에는 우리에게 익숙한 탄소 기반의 물질이 타오르면서 태양이 밝게 빛난다고 단순하게 생각하기도 했다. 그러나 이런 방식으로는 겨우 수천만 년 만에 태양의 불씨가 꺼져야 한다. 수십억 년 넘게 별이 타오르려면 완전히 다른 방법이 필요하다.

그 비밀은 바로 태양의 뜨거운 중심에서 벌어지는 핵융합 반응에 숨어 있다. 태양과 같은 별의 중심은 아주 강한 온도와 압력으로 짓눌려 있다. 그래서 아주 높은 온도와 높은 밀도로 원자핵들이 바글바글 모여 들끓고 있다. 천만 도를 넘는 아주 뜨거운 온도 때문에 원자핵들은 아주 빠르게 움직인다. 게다가 밀도가 너무 높아서 빠르게 움직이는 원자핵들이 서로 부딪히고 충돌하는 일이 빈번하게 벌어진다. 이렇게 원자핵들이 서로 고속으로 부딪히면 결국 하나로 합쳐지며 강한 에너지를 발산할 수 있다. 이것이 바로, 작은 원자핵들이 함께 붙어서 더 큰 원자핵으로 융합하며 많은 에너지를 만들어내는 핵융합 반응이다.

그런데 얼핏 보면 핵융합 반응은 절대 일어날 수 없는 반응처럼 보인

다. 원자핵은 모두 전기적으로 같은 양극+을 띤다. 따라서 서로 같은 극을 가진 원자핵들은 일반적으로는 다가가기는커녕 서로 멀리 밀어내는 척력을 느낀다. 마치 자석의 같은 극이 서로 밀어내는 것과 같다. 원자핵 둘 사이에 서로 가까이 붙을 수 없게 강하게 가로막고 있는 투명하고 거대한 에너지 장벽이 서 있는 것처럼 말이다. 그런데 미시 세계에서 벌어지는 양자역학의 마법이 이 불가능한 일을 가능하게 만든다.

양자역학은 원자핵이나 전자처럼 눈에 보이지 않을 만큼 아주 작은 입자들의 미시 세계를 이해하기 위해서 탄생했다. 당황스럽게도 미시 세계는 더 이상 거시 세계의 물리학만으로는 표현되지 않는다. 작은 입자들이 단순히 입자로서 행동하지 않는다는 뜻이다. 놀랍게도, 마치 공간을 타고 이곳저곳으로 퍼져가는 음악의 선율처럼 작은 입자들은 파동으로서도 행동한다. 그래서 그저 매 순간 한자리에만 콕 박혀 존재하지 않는다. 사방으로 퍼져나간 음악 소리처럼 동시에 여러 곳에서 나타날 수 있다. 아주 낮은 확률이기는 하지만 예상도 못한 곳에서도 갑자기 튀어나올 수 있다. 바로 이것이 원자핵들끼리 부딪힐 때 서로 밀어내지 않고 붙을 수 있게 하는 마법의 비밀이다.

가까이 맞붙은 원자핵들이 평소라면 서로를 밀어내겠지만, 아주 가끔씩 그 에너지 장벽을 뛰어넘어 한 원자핵이 다른 원자핵 쪽으로 넘어갈 때도 있다. 마치 마르셀 에메Marcel Aymé의 소설 『벽을 드나드는 남자*Le Passe-Muraille*』의 주인공처럼. 덕분에 척력의 장벽을 극복하고 원자핵 두 개가 함께 맞붙어 반죽될 수 있다. 물리학자들은 이 현상을 마치 작은 입자가 에너지 장벽에 터널을 뚫고 통과하는 것과 같다는 뜻에서 양자 터널링이라고 부른다. 벽을 뛰어넘게 해주는 미시 세계의 바로 이 마법 덕분에, 거시 세계의 거대한 별들이 수십억 년간 우주를 밝게 비춘 것이다. 우리의 아름다운 밤하늘은 바로 양자역학의 기적으로 만들어져 있다.

그리고 놀랍게도 이러한 양자역학의 기적은 한 인물에게도 찾아왔다. 이 책의 주인공 하킴 올루세이이다. 어린 시절 그는 매일 부모님의 부부 싸움에 시달렸고 안정된 집 없이 매년 엄마, 브리짓과 함께 빈민가 이곳저곳을 떠돌며 살았다. 심지어 가족 단위로 운영했던 마약 제조와 밀매에 참여하기도 했고, 나중에는 결국 본인도 마약 중독자가 되어 힘든 날들을 보냈다. 그가 고백하는 어린 시절의 이야기만 보면, 그가 결국 NASA에서 직접 태양을 관측하고 태양 주변의 신비로운 현상을 연구하는 태양 천체물리학자가 되는 미래를 맞이할 것이라고는 전혀 생각할 수 없다. 어린 시절부터 마약에 직접 손을 댔고 죽을 고비까지 넘겨야 했던 빈민가 소년의 삶과, 직접 만든 로켓에 망원경을 실어서 세계 최고 수준의 태양 연구를 주도하는 천체물리학자의 삶 사이에는 절대 넘을 수 없는 거대한 벽이 있는 것처럼 느껴진다. 그러나 양자역학은 분명 우리에게 이야기한다. 넘을 수 없는 벽이 앞을 가로막고 있어도, 아주 희박한 확률일지도 모르지만 벽의 반대편으로 넘어갈 확률이 완전히 0은 아니라고.

과학적으로 보면 완전히 0인 것과 아주아주 작기는 하지만 어쨌든 완전히 0은 아닌 것은 굉장히 큰 차이가 있다. 어떤 일이 벌어질 확률이 완전히 0이라면 무한 번 시도하더라도 그 일은 절대 일어나지 않는다. 그러나 희박하더라도, 심지어 0.000000000000……01의 확률이더라도 완전히 0이 아니라면, 무한에 가까운 시도만 주어지면 결국 언젠가는 그 일은 일어날 수밖에 없다. 우리가 이 양자 터널링 효과라는 물리적 현상을 통해서 배울 수 있는 중요한 교훈이 하나 있다. 아무리 희박한 확률이더라도 무한한 시도를 할 수 있다면 결국 그 낮은 확률의 일이 벌어질 수밖에 없다는 점이다. 올루세이의 인생이 그랬다. 행운은 결국 그에게 찾아왔다.

올루세이의 곁에는 끝없이 그를 지지하고 바라봐준 이들이 있었다. 심지어 그가 스스로 자신을 수렁에 빠뜨리고 파괴하는 방향으로 나아갈 때조차 말이다. 그에게는 과학전람회에 나가기 위해서 학교의 가장 비싼 물건인 최신 컴퓨터를 집에 가져가게 해달라는 그의 과감한 부탁을 들어주었던 교사들이 있었다. 또 그가 코카인에 빠져 잘못된 이중생활을 해왔음을 고백했음에도 그를 쫓아내지 않고 새로운 기회를 주었던 지도교수도 있었다. 그가 절망의 수렁에 빠져 자기 자신과 주변 사람들을 괴롭게 하는데도 그를 끝까지 포기하지 않고 지지했던 주변 인물들을 보면 대단하다 못해 신기하다고까지 느껴질 정도였다. 어쩌면 올루세이의 이야기의 진짜 주인공은 바로 그의 곁에서 그를 지켜봐준 이들이 아닐까.

나는 올루세이의 이야기가 단순히 운이 좋은 사람에게 찾아온 인생 역전의 이야기로만 읽히지 않기를 바란다. 우리는 그의 이야기를 통해서, 끝없는 지지와 무한한 응원이 한 개인의 삶을 얼마나 놀랍게 변화시킬 수 있는지를 느낄 수 있다. 마치 별 속의 원자핵들이 무한에 가깝게 수없이 서로 충돌하면서 결국 둘을 가로막는 에너지 장벽을 뛰어넘어 융합할 수 있듯이, 누군가에 대한 무한한 지지는 그를 막고 있던 인생의 장벽을 뛰어넘어 결국 그가 완전히 다른 삶을 살게 하는 가장 중요한 원동력이 될 수 있다. 올루세이의 이야기는 양자역학의 기적을 바라는 모든 이들에게, 그리고 다른 이에게 기적의 무한한 기회를 주고자 하는 모든 이들에게 가장 아름답고 놀라운 지침서가 될 것이다.

2022년 초여름

지웅배